U0184790

季富政
- 著 -

巴蜀乡土建筑文化

三峡
古典场镇

天地出版社 | TIANDI PRESS

图书在版编目（CIP）数据

三峡古典场镇 / 季富政著 . — 成都 : 天地出版社，
2023.12
（巴蜀乡土建筑文化）
ISBN 978-7-5455-7986-4

I. ①三… II. ①季… III. ①三峡－古建筑－建筑艺
术 IV. ① TU-092.2

中国国家版本馆 CIP 数据核字（2023）第 198826 号

SANXIA GUDIAN CHANGZHEN
三峡古典场镇

出品人 杨 政
著 者 季富政
责任编辑 陈文龙
责任校对 梁续红
装帧设计 今亮後聲 HOPESOUND 2580590616@qq.com
责任印制 王学锋

出版发行 天地出版社
（成都市锦江区三色路 238 号 邮政编码：610023）
（北京市方庄芳群园 3 区 3 号 邮政编码：100078）
网 址 http://www.tiandiph.com
电子邮箱 tianditg@163.com

经 销 新华文轩出版传媒股份有限公司
印 刷 北京文昌阁彩色印刷有限责任公司
版 次 2023 年 12 月第 1 版
印 次 2023 年 12 月第 1 次印刷
开 本 787mm×1092mm 1/16
印 张 33
字 数 571 千
定 价 128.00 元
书 号 ISBN 978-7-5455-7986-4

咨询电话：（028）86361282（总编室）
购书热线：（010）67693207（营销中心）

总　序

季富政先生于 2019 年 5 月 18 日离我们而去，我内心的悲痛至今犹存，不觉间他仙去已近 4 年。今日我抽空重读季先生送给我的著作，他投身四川民居研究的火一般的热情和痴迷让我深深感动，他的形象又活生生地浮现在我的脑海中。

我是在 1994 年 5 月赴重庆、大足、阆中参加第五届民居学术会时认识季富政先生的，并获赠一本他编著的《四川小镇民居精选》。由于我和季先生都热衷于研究中国传统民居，我们互赠著作，交流研究心得，成了好朋友。

2004 年 3 月 27 日，我赴重庆参加博士生答辩，巧遇季富政先生，于是向他求赐他的大作《中国羌族建筑》。很快，他寄来此书，让我大饱眼福。我也将拙著寄给他，请他指正。

此后，季先生又寄来《三峡古典场镇》《采风乡土：巴蜀城镇与民居续集》等多本著作，他在学术上的勤奋和多产让我既赞叹又敬佩。得知他为民居研究夜以继日地忘我工作，我也为他的身体担忧，劝他少熬夜。

季先生去世后，他的学生和家人整理他的著作，准备重新出版，并嘱我为季先生的大作写序。作为季先生的生前好友，我感到十分荣幸。我在重新拜读他的全部著作后，对季先生数十年的辛勤劳动和结下的累累硕果有了更深刻的认识，了解了他在中国民族建筑、尤其是包括巴蜀城镇及其传统民居在内的建筑的学术研究上的卓著成果和在建筑教育上的重要贡献。

1. 季富政所著《中国羌族建筑》填补了中国民族建筑研究上的一项空白

季先生在 2000 年出版了《中国羌族建筑》专著。这是我国建筑学术界第一本研究中国羌族建筑的著作，填补了中国羌族建筑研究的空白。

这项研究自 1988 年开始，季先生花费了 8 年时间，其间他曾数十次深入羌寨。季先生的此项研究得到民居学术委员会李长杰教授的鼎力支持，也得到西南交通大学建筑系系主任陈大乾教授的支持。陈主任亲自到高山峡谷中考察羌族建筑，季先生也带建筑系的学生张若愚、李飞、任文跃、张欣、傅强、陈小峰、周登高、秦兵、翁梅青、王俊、蒲斌、张蓉、周亚非、赵东敏、关颖、杨凡、孙宇超、袁园等，参加了羌族建筑的考察、测绘工作。因此，季先生作为羌族建筑研究的领军人物，经过 8 年的艰苦努力，研究了大量羌族的寨和建筑的实例，获取了十分丰富的第一手资料，并融汇历史、民族、文化、风俗等各方面的研究，终于出版了《中国羌族建筑》专著，取得了可喜可贺的成果。

2. 季富政先生对巴蜀城镇的研究有重要贡献

2000 年，季先生出版《巴蜀城镇与民居》一书，罗哲文先生为之写序，李先逵教授为之题写书名。2007 年季先生出版了《三峡古典场镇》一书，陈志华先生为之写序。2008 年，季先生又出版了《采风乡土：巴蜀城镇与民居续集》。这三部力作均与巴蜀城镇研究相关，共计 156.8 万字。

季先生对巴蜀城镇的研究是多方面、全方位的，历史文化、地理、环境、商业、经济、建筑、景观无不涉及。他的研究得到罗哲文先生和陈志华先生的肯定和赞许。季先生这些著作也成为后续巴蜀城镇研究的重要参考文献。

3. 季富政先生对巴蜀民居建筑的研究也作出了重要贡献

早在 1994 年，季先生和庄裕光先生就出版了《四川小镇民居精选》一书，书中有 100 多幅四川各地民居建筑的写生画，引人入胜。在 2000 年出版的《巴蜀城镇与民居》一书中，精选了各类民居 20 例，图文并茂地进行讲解分析。在 2007 年出版的《三峡古典场镇》一书中，也有大量的场镇民居实例。这些成果受到陈志华先生的充分肯定。在 2008 年出版的《采风乡土：巴蜀城镇与民居续集》中，分汉族民居和少数民族民居两类加以分析阐述。

2011 年季先生出版了四本书：《单线手绘民居》《巴蜀屋语》《蜀乡舍踪》《本来宽窄巷子》，把对各种民居的理解作了详细分析。

2013 年，季先生出版《四川民居龙门阵 100 例》，分为田园散居、街道民居、碉楼民居、名人故居、宅第庄园、羌族民居六种类型加以阐释。

2017 年交稿，2019 年季先生去世后才出版的《民居 · 聚落：西南地区乡土建筑文化》一书中，亦有大量篇幅阐述了他对巴蜀民居建筑的独到见解。

4. 季富政先生作为建筑教育家，培养了一批硕士生和本科生，使西南交通大学建筑学院在民居研究和少数民族建筑研究上取得突出成果

季先生自己带的研究生共有 30 多名，其中有一半留在高校从事建筑教育。他带领参加传统民居考察、测绘和研究的本科生有 100 多名。他使西南交通大学的建筑教育形成民居研究和少数民族建筑研究的重要特色。这是季先生对建筑教育的重要贡献。

5. 季富政先生多才多艺

季富政先生多才多艺，不仅著有《季富政乡土建筑钢笔画》，还有《季富政水粉画》《季富政水墨山水画》等图书出版。

以上综述了季先生的多方面的成就和贡献。他的著作的整理和出版，是建筑学术界和建筑教育界的一件大事。我作为季先生的生前好友，翘首以待其出版喜讯的早日传来。

是为序。

吴庆洲

华南理工大学建筑学院教授、博士生导师

亚热带建筑科学国家重点实验室学术委员

中国城市规划学会历史文化名城规划学术委员会委员

2023 年 5 月 12 日

目　录

前　言

2002 年 3 月 19 日，两位年轻人带来了西南交通大学季富政老师写的《三峡古典场镇》的校样。 去年，我拜读过季老师的两本著作:《中国羌族建筑》和《巴蜀城镇与民居》。 它们大大开拓了我的眼界，丰富了我的知识，也让我知道了一位不受当今滚滚而来的发财潮的撼动、跋涉在崇山峻岭中寻找民族乡土建筑遗存的学者。所以，这次收到校样，当天晚上，我就安排好舒服一点儿的座椅，跷起双脚，准备再一次享受季老师的学术成果，我相信必定有新的收获。 果真，越看越入神，到了午夜，我已兴奋到了极点。 过去，关于三峡的乡土建筑遗存，我听说过的只有大昌古城、宁厂、张爷庙和石宝寨玉印山。 其中玉印山要保护，张爷庙和大昌古城要搬迁，所以觉得损失不算大，没有在意。 看了季老师的研究，才知道原来三峡地区有那么多古镇，每个古镇都有那么强烈的特色——都是雄奇壮丽的三峡才有的特色，只有三峡才有的变化莫测的特色。 它们的历史文化内涵，也像三峡那样，非常深厚丰富，瑰丽多彩。 但是，一年零三个月之后，2003 年 6 月，三峡水库将首次蓄水，它们中的大部分都将淹没在 175 米高程的水位之下，永远地消失，毫无挽救的可能。于是我的心又被水库一样浩瀚的遗憾和痛惜淹没。 同样强度的兴奋和痛惜碰撞在一起，我激动得眼睁睁熬到天明。 过度的疲劳使我平静下来，心里便又生出了强烈的感谢之情。 感谢季老师和他率领的同学们，不辞千辛万苦，调查了这些小镇，抢救了可贵的资料，写出了这么珍贵的研究著作。 我相信，这份研究的价值将一天一天地增长，会有千千万万的人，包括未来可以买张票便到月亮上旅游的人，都会感谢季老师和他的年轻伙伴们。 这是一本永远不会被重写，却会被无数次重读的书。

著作写得也很好，全面而详细。 有一些古镇的总平面图和总剖面图，尤其显出他们工作的认真。 我深深知道这些写作和制图的难处，我特别喜欢写西沱镇的那一节，那里面有一段调研日记。细细读来，我仿佛参加到季老师的小组里去了，看同伴们精神百倍地测绘，向 92 岁的寿星请教，也一起感叹多年来文物保护事业的粗疏和整个社会文明程度的低落。滔滔长江在脚下流过，我们祖先几千年的文化积累，难道也将随逝水而去，消失得无形无影？我抬头顺季老师的手指望去，江对岸，玉印山清晰可见。大大出乎意料的是，原来山脚还有整整一圈椭圆形的老街，那是真正的石宝寨。这一圈街和一座山，是血肉相连，谁也离不开谁的呀！怎么我过去所知的竟是那么片面零碎！报章杂志上介绍过许多次的石宝寨保护方案，竟都不提那一圈老街。我的老毛病又犯了——我的眼睛湿润了！

擦一擦眼睛，我再回过头来讲一条意见，我要说的是：恐怕在当今任何一个有相当文明程度的国家，遇到像建三峡水库这样的事情，一定会调动全国有关的力量，来给这 100 多座古镇做一遍细细致致的测绘，拍摄大量各种角度的照片，甚至做一些比例尺不小的模型，从而建立一个极有价值的博物馆。我们其实本来有充裕的时间做这些工作的，所费也并不大。再进一步说，这条意见也不是向专业文物部门提的，他们只能叹息，应该有更有资格听这条意见的人。三峡只有一个，但全国建设方兴未艾，我们还有许多“机会”失去我们民族的历史文化遗产。我们将继续束手无策、听天由命吗？

季老师在校样中夹了一张纸条，上面有一段话：“我们同时正在进行《成都市古镇研究》，所有的节假日全部泡在里面。分 10 个镇，一个老师负责一个镇，可望每一个老师对一个镇写出一本书来。”谢谢具有远见卓识且有责任心的西南交通大学建筑系的老师们，我这篇“前言”终于可以在重新涌上心头的兴奋中结束。

陈志华

2002 年 3 月 20 日凌晨于清华园

第一章

三峡地区概貌

一、地理位置及区域

长江三峡地区西起重庆，东止宜昌，北靠大巴山脉，南接川鄂山地，在北纬 29°~30°、东经 106°~112°区间之内。总面积约为 5.67 万平方千米，96% 以上是丘陵和山地。长江干流在四川盆地东缘下切巫山山地，形成雄奇险峻的长江三峡。

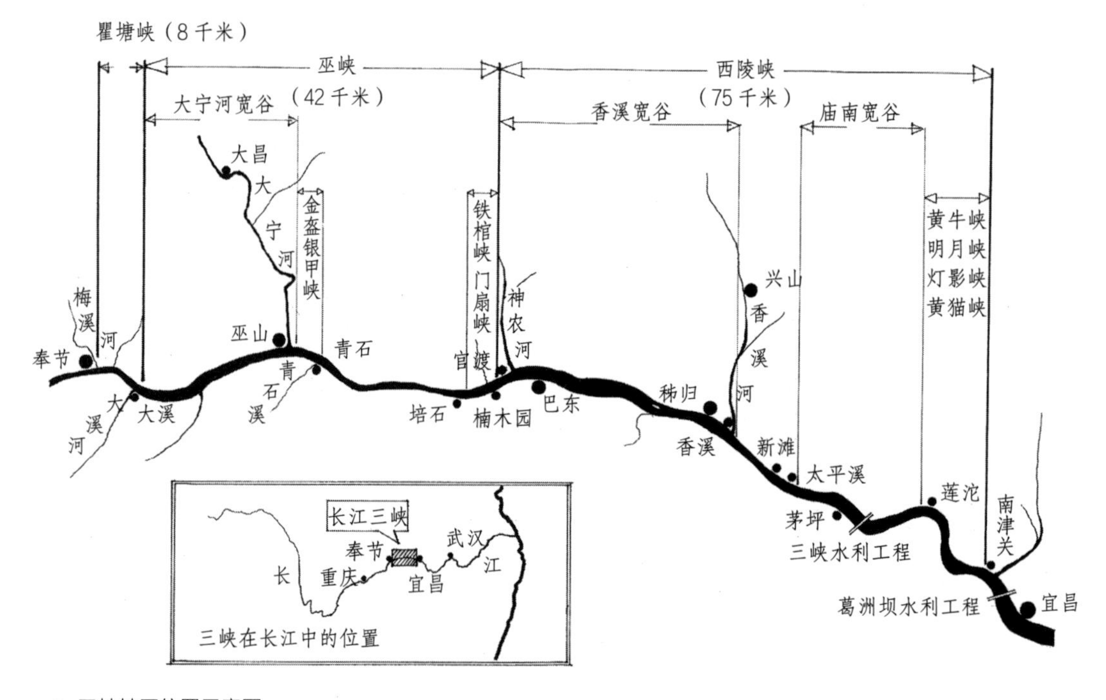

/\ 三峡峡区位置示意图

/\ 瞿塘峡写意

三峡地区包括重庆市辖涪陵地区、黔江地区、万州地区，湖北省的恩施土家苗族自治州、宜昌市，共涉及20个县、市、区，总人口约1780.22万。人口平均密度为250人/平方千米，但分布不均匀。西部重庆地段人口密度大于东部湖北地段，是全国人口高密度地区之一，又普遍呈现北岸人口密度高于南岸的状况。区内城镇大多沿长江及主要支流河谷分布。除重庆为特大城市外，万县市（现为万州区）、宜昌市为中等城市，人口在30万以上，涪陵、长寿的人口也在10万以上，其余县城的人口则多为5万左右。更多的小场小镇人口在万人以下，更小者千人左右，这些是本书研究的重点。

二、气候特点

三峡地区属中亚热带湿润气候区，冬暖夏热，冬旱夏雨，夏雨不充分时常有伏旱；又受地形影响，气候垂直变化明显。海拔 400 米以下的沿江河谷不仅暖季长、霜冻少，且冬季极端最低气温均在 -5℃以上，极端最高气温曾出现过 44℃（1933 年，重庆）。河谷两侧重庆段内年平均气温为 18℃，是原四川省内气温平均值最高的地区，1 月平均气温 6℃，8 月平均气温 28℃，9 月在原四川省境内大部分地区月平均气温 22℃以下的情况下，三峡重庆段河谷仍持续保持 24℃的较高气温。俗话说重庆为长江“三大火炉”之一，这个说法里的重庆实则应包括重庆市所辖长江干流两侧海拔 400 米以下的广大河谷地区。

三峡地区除了 70%~80% 的年份频繁出现伏旱，雾日较多也是一大特点。冬季常后半夜起雾，次日近中午才消散，时有持续多日不散的浓雾弥漫之状。重庆雾最多，有“雾重庆”之称，年平均雾日达 100~150 天，最多曾达到 205 天。万县市雾日也在 40 天左右。而奉节至宜昌段，因时有阵性大风生起，雾日较少，比如，秭归雾日仅 7 天左右。

三峡地区年平均降水量在 1000~1400 毫米，但时空分布不均匀。以万县地区为例，春季降水量占全年降水量的 29%，夏季占 39%，秋季占 27%，冬季仅占 5%。且河谷与山区降水量又有区别，比如，东北部山区冬季雪量很大。涪陵地区也有相似的情况，因此，三峡大部分地区虽降水丰沛，无霜期长，但秋雨连绵，湿度大，日照少，阴天多，风速小，这些气候特点无不对房屋建筑造成影响。

三、地貌概况

三峡地区地貌大致可以重庆奉节为界，分作东西两段，东段自奉节下至宜昌，经巫山、巴东、秭归及巫溪、兴山地面，长约 160 千米，主要为褶皱山地，

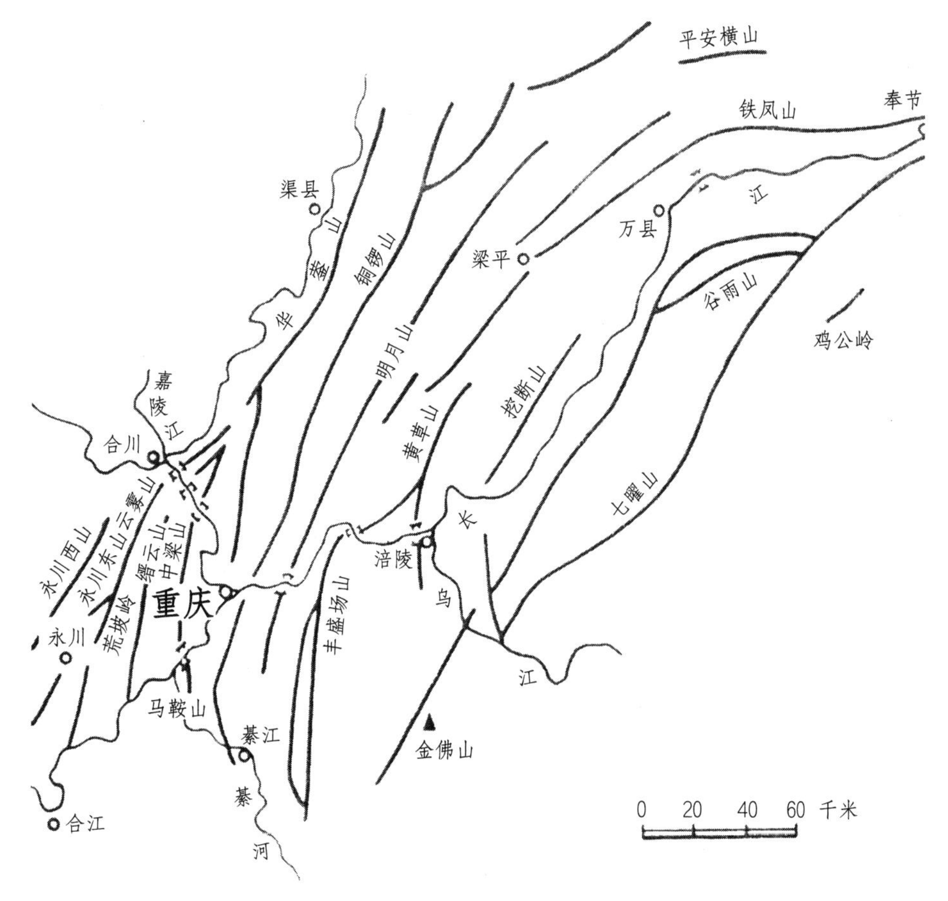

川东山系略图

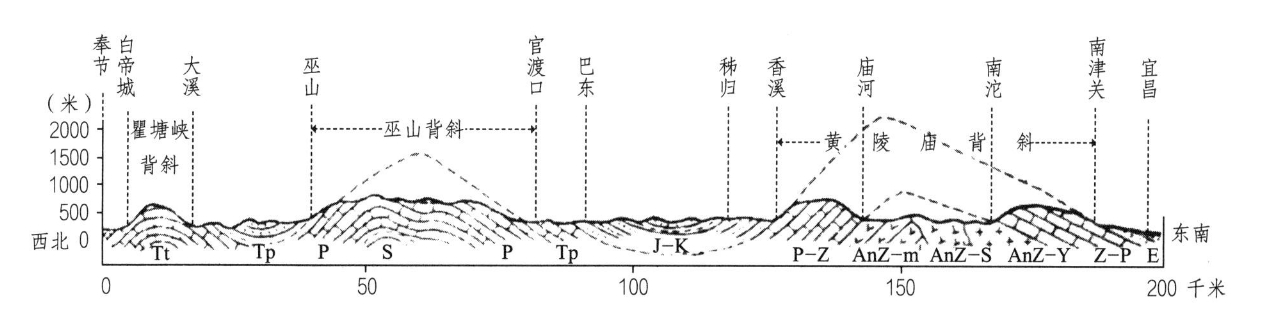

E：早第三纪东湖砂岩；J-K：侏罗—白垩纪砂页岩；Tp：三叠纪页岩及不纯石灰岩；Tt：三叠纪石灰岩；P：二叠纪石灰岩；S：志留纪页岩；Z：震旦纪页岩；AnZ-m：前震旦纪变质岩；AnZ-S：前震旦纪闪长岩；AnZ-Y：前震旦纪花岗岩

注：图中虚线为风化剥蚀线。

三峡地质剖面图概略图

平均海拔1000米以上。西段从奉节上溯至重庆巴南区，经云阳、万县、石柱、丰都、涪陵、武隆、长寿等县市地面，长约440千米，多为丘陵地区，海拔在400~500米。

以上两地段地貌还可分为三大地形区域，即川东平行岭谷、四川盆地边缘山地和川鄂山地。

川东平行岭谷有如下三类地貌：

①位于方斗山和华蓥山之间的重庆至达县的平行岭谷；

②涪陵至万县间的低山与丘陵；

③云阳与开县一带的低中山与低山。

四川盆地边缘山地亦可分为两种地貌：

①大巴山中山地带；

②巫山大娄山中山地形。

川鄂山地则是三峡地区的核心区域，即三峡峡区所在地。三峡即瞿塘峡、巫峡、西陵峡。

瞿塘峡：全长8千米，西起白帝城，东止大溪河与长江交汇口。山峰由石灰岩构成，临江峭壁如刀砍斧切，最窄处不足100米。

巫峡：全长42千米，上自大宁河口，下至巴东官渡口，中间包括巫峡、金盔银甲峡、铁棺峡等。

西陵峡：全长约75千米，上起香溪河口，下止宜昌南津关。

三峡总长约125千米。由于长江在这一带从黄陵庙背斜石灰岩层穿过，造成峡中巉岩裸露，乱石林立，险滩丛生，水流湍急，因此，三峡历来是长江航运中最为险恶、艰难的江段。

四、地质地貌成因

地质工作者用一种古生物法，把漫长的地质变化时期分为前古生代、古生代、中生代、新生代等几个时间上差别甚为巨大的阶段。其中，前古生代是最

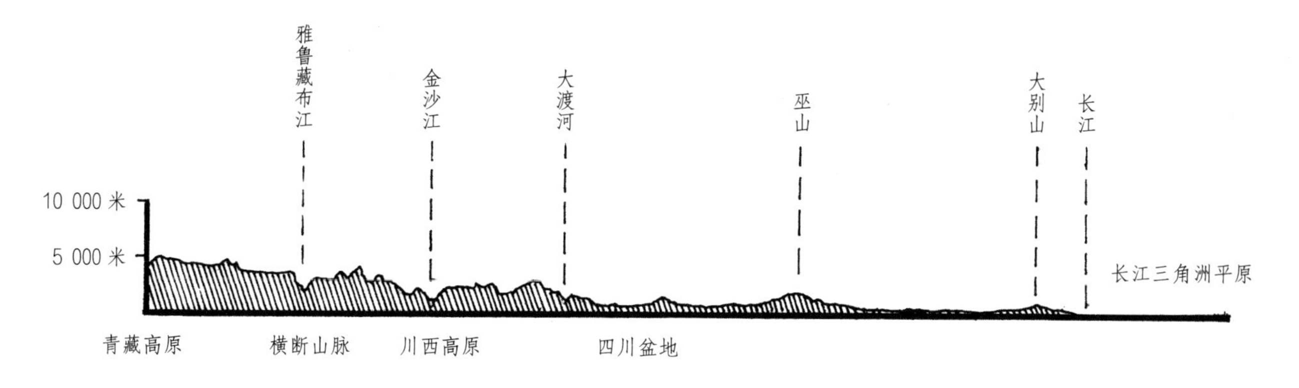

/N 长江干流地形剖面图示意图

初形成地壳和生物环境的时代，约占地球年龄的5/6。现代三峡地区的地貌形成，主要依赖于中生代后期两次重要的造山运动。首先是距今1.5亿年时发生在我国南方的“印支运动”，它使四川、青海、甘肃等海槽全部上升为陆地，彼时，原鄂西仍浸泡于海水之中，并同时露出海面，使三峡地区全部形成陆地；接着是约7000万年前的“燕山运动”，三峡地区地貌的基本骨架——川东褶皱带、盆地中山地，以及鄂西山地基本形成。在此之前，三峡地区有着几十亿年浸没在海水中的历史。

到了2000万年前的“喜马拉雅”运动，又发生了造成中国大陆西高东低的地形变化，青藏高原水系数亿立方米水量汇聚四川盆地，一齐向盆地东缘唯一缺口——川鄂山地低凹带冲去，形成长江干流。经2000万年不停地冲刷，江水侵蚀着以海相沉积为主的三峡地区地表。当它流经泥岩、页岩和砂岩露出地段时，由于岩性松软，那些地段便形成宽敞的向斜河谷，如川东河谷、大宁河谷、香溪河谷等。而当它流经以石灰岩为主的背斜山地时，则因岩性坚硬、抗蚀力强，江水只好在发育较弱的垂直裂缝向下侵蚀，致使两岸谷坡岩层失去支撑而崩塌，从而形成幽深险峻、峭壁临江的三峡大峡谷。原始长江以其无与伦比的伟大自然力，经漫长岁月的雕琢修饰，终于在川鄂山地间神工鬼斧般地造就了一个中外驰名的奇峡——长江三峡。

第二章

三峡地区乡土建筑及城镇历史

一、三峡房屋及聚落初始

古往今来，三峡地区一直是巴人活动的主要区域，因此，研究三峡地区的物质形态和精神形态都必须与巴人直接发生关系。早在二三百万年前，三峡地区气候温和，植被繁茂，日光充足。科学家证实，起码有几十种哺乳动物在这一带栖息，包括与人类起源关系十分密切的灵长类动物，诸如南方古猿、巨猿等。后来在巫山县大庙的考古发掘中，科学家发现了距现在 200 万 ~150 万年的“巫山人”化石。于是，三峡地区成为人类起源及祖先早期活动的地区之一。

1957 年和 1975 年，考古工作者在巫山县长江南岸大溪镇大溪河的对岸，发现了 200 多座新石器时代的墓葬及大量随葬品。这就是著名的大溪文化源出地。公元前 4000~ 前 3000 年，大溪人分布在川东、鄂西、湘北一带。大溪人从事渔猎与农业生产，用从江边拾来的鹅卵石打制成石斧、石锄等多种工具，用以开垦、砍伐、种植，使得农业初期文明呈现出一定水平，而且开始了从母系氏族社会向父系氏族社会的过渡。尤其公元前 3000 多年的屈家岭文化的发现，证实房屋建筑技术在三峡地区有了发展。该建筑取代了大溪人半地穴式建筑，即把房屋直接建在地面上，平面有长方形、方形、圆形等，甚至立一堵土墙把房间隔成套间，每间面积 8~9 平方米。房屋打基础是先挖沟再立木柱于沟中，进而填土夯实。木柱间砌上土块、稻草、黏土混合墙。人们还在室内地上铺上红烧土或黄沙土，上面再铺上一层白灰，这对防潮湿起到了一定作用。他们把这种房屋建筑在平地上或缓坡上，显然这就要求有比大溪人半穴式房屋更复杂

/ 发现巫山人之巫山县大庙乡龙骨坡龙骨洞外观

/ 大溪文化发掘地理位置

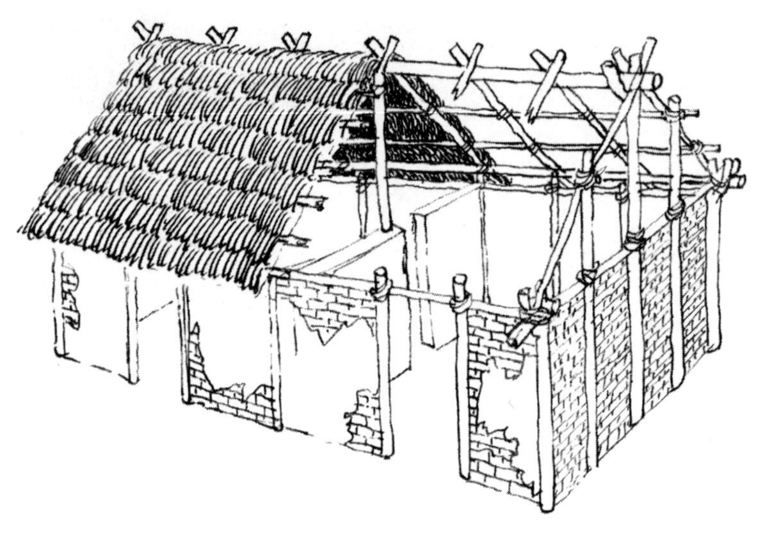

/\ 屈家岭文化房屋复原图

的建筑技术和材料，而且出现了套间，说明屈家岭人已经萌生了初级的建筑设计意识及空间创造力。同时有专家认为，这种套间使“家庭组成关系发生了变化……是与一夫一妻制的家庭相适应的”。另外，蓝勇等著的《中国三峡文化》中也综合考古资料进行阐述：“新石器时代的三峡居民已从石灰岩洞穴里走出来实行建房定居。鄂西宜都红花套、枝江关庙山‘大溪类型’房屋基址，普遍经过烧烤，成为红烧土建筑。”其又分为半地穴式和地面建筑两类。前者呈圆形，后者多为方形、长方形。地面起建的房子，往往先挖墙基槽，再用黏土掺和烧土碎块填实，墙内夹柱之间编扎竹片或小型树干，里外抹泥。室内分布着柱洞，挖有灶坑或用土埂围筑起方形火塘。在居住层面的下部，常用大量红烧土块铺筑起厚实的垫层，既坚固又防潮。有的房顶先铺排竹片和植物茎秆，再涂抹掺有少量稻壳、稻草末的黏土。有的房子还有撑檐柱洞或专门的檐廊，或在墙外铺垫一段红烧土渣地面，形成原始的散水。可见，为适应南方气候条件，当时的房屋建造者已采用了多种有利于防潮、避雨、避热的技术措施。此外，从中堡岛遗址发现的房屋柱洞及沟槽设施来看，有的屈家岭人可能还采用干栏式建筑。

尤为令人振奋的是，四川省文物考古研究所于 1999 年 1 月发布消息（见《华西都市报》1999 年 1 月 29 日）：他们在忠县中坝遗址二区的发掘中发现了距今5000~3200年，包括三星堆文化、老官庙文化、哨棚嘴文化的完整地层叠压文化堆积。这一发掘点属于忠县㽏井沟遗址群的一部分，它沿注入长江的㽏井河分布，长6千米，宽4千米。其中中坝遗址反映的年代涵括新石器时期直至明清时期，时间跨度近5000年，遗址文化层厚达9~10米，仿佛一部由房屋、窖址、墓葬和生活用品堆积而成的"无字天书"。

在中坝遗址上还发掘出东周时期的房屋遗址45座，这是在三峡库区首次发现东周时期的房屋遗址。它说明三峡地区远在东周时期就已经有房屋相距很近的组团形式出现，这种人类活动必须有在生产、生活上大家互为支持、互为协助的空间形式的出现，反映出在三峡地区已经出现了建筑的聚落形式。聚落必须由一定数量的房屋相聚而成。可以想见，在这样一个有相当人口集中的地方，其居民除了农业耕作、渔猎，一定还有其他生产、生活方式，能办成分散居住不易办成的事情。1979年以来，随着三峡工程的开展，在三峡地区中堡岛、朝天嘴、杨家湾等地文化遗址的发掘中出土的数以万计的文物证明，三峡文明不仅具有本地区浓郁的地方色彩，而且已融入了中原文化的成分。尤其是杨家湾出土的陶钵、陶片，上有形似甲骨文的符号，考古学家认为，这有可能是我国最早的文字起源。

但是总的来说，三峡考古工作遇到了对夏、商、周，甚至于秦、汉、唐、宋时期，让人迷惑不解的问题。比如："从峡民古遗址的分布来看，原始社会文化遗存堆积厚，反而夏、商、周时期的遗址较薄，而且文化遗址的分布数量，即古人的居住点也相对少一些……秦、汉、唐、宋时期，这一带文化遗存与原始文化相比显得单薄些。与其他发达地区的汉、唐、宋文化相比显得苍白无力。"（王家德：《试论三峡地区地理环境与原始文化的关系》，见《四川文物》1996年第3期）虽然其间三峡地区也有一些零星发现，如"宜昌三家沱出土众多东周时期建筑瓦片，中有一块长51厘米、宽36厘米的板瓦和一块长57厘米的筒瓦"（屈小强、蓝勇、李殿元：《中国三峡文化》，四川人民出版社，1999）。究其原因，专家们考证：可能与原始先民在三峡地区过量地砍伐森林、刀耕火种、烧毁森林、围捕狩猎及掠夺式捕捞有关。它所造成的森林、土地、水资源、兽类、水生物的破坏，把本来可耕种土地就不多的三峡沿岸居民推向无法退守农业耕种的境地，于是他们只有迁徙别处了。以谭其骧主编的《中国历史地图集》中资料计算，三峡地区的临江、朐忍、鱼腹、巫县、秭归、夷陵六县土地总面积为56382.68平方千米。“以六县人口312 885口计，汉代三峡人口密度为平均每平方千米5.5人。”蓝勇在《深谷回音》中认为：这样稀少的人烟，可以据此推测，形成市镇的机缘虽有，但不会太多。像样的聚落亦不可能产生太多，因为它必须依赖可耕种的大面积土地。但是小型聚落、单户仍是广泛存在的，且分布在沿江台地与平坝上。

先秦以来，三峡峡谷内的先民到哪里去了？1981年5月，四川省考古队在忠县石宝区㽏井沟发掘出3600多件器物，其中有8件保存完好的陶制房屋模型，这批明器的年代属三国蜀汉时期。1993年，四川文管会等在邻近忠县的丰都汇南乡发掘出陶房3件，有趣的是，还同时出土碓房2件，禽栏、畜栏各1件，它们属西汉到六朝时期。这说明三峡地区西部沿江两岸是峡谷先民或者其他地区迁入的居民聚居地之一。

忠县是春秋战国之交时期原江汉之间的巴人开始迁入川东的栖息地之一，这里有巴子台、巴王台、巴王庙、得胜台、巴子营、巴蔓子墓等古文化遗址。但作为建筑，比较有说服力的一是无铭阙、丁房阙，二是陶房模型。

无铭阙、丁房阙，无疑是汉代的作品，忠县阙是仿木结构型，它和川西、川东阙在造型上有区别，阙身显得狭长，平面方形，二重檐间距较宽，且有小楼，檐下露出斗拱。刘致平在《中国建筑类型及结构》中说：“四川汉阙多是一层檐……但在画像砖石上则有三层檐乃至四层檐的（两层的最多）。”由此是否可以这样推测：在四川汉阙中，忠县阙是独树一帜的，而仿木雕凿的结构同时说明汉代木结构建筑相当发达，并在三峡地区有着不同凡响的表现？而且忠县涂井出土的陶房明器在时间上和汉阙相距不远，这恰好说明，三峡地区在汉代、三国蜀汉时期可能是历史上建筑的辉煌时期，尤其忠县出土文物比三峡其他各县多得多，是否又可说明忠县一带是当时人口最为集中的区域，或忠县巴人最喜好修房建屋？若是，则石宝寨爬山寨楼，还有笔者调查的忠县大量优秀乡土建筑的现状就不是一种偶然现象了。我们从汉阙的独特气质中找到了这种渊远的建筑天才的依据。这似乎和汉代三峡六县平均每平方千米仅5.5人的人口密度矛盾，但笔者认为那是包括山区和下游几县的平均值。而当时，三峡峡谷的自然生态恶化，人口的迁徙多集中到了重庆到巫山、奉节、云阳之间的长江中段，其可资容纳更多人口的耕地和丰富的盐产足以造成局部人口集中和形成灿烂的文化。因此，忠县阙和陶房的发现都不是偶然的，甚至它还可上溯到夏商时期。忠县㽏井沟遗址文化“东与鄂西长江干流沿江岸夏商时期的考古文化、西与成都平原早期的蜀文化都有密切关系，是一个重要的中间环节”（蒙默等:《四川古代史稿》，四川人民出版社，1989）。1996 年 12 月，人们在重庆市中区一座东汉岩墓中发掘出两块墓砖，上有“江州庙宫”4 字。专家考证重庆始建于战国时期是可靠的，此和上述人口迁徙是互证的，也和《华阳国志·巴志》中“郡治江州……地势刚险，皆重屋累居”以及对汉代江州城市面貌的描写是吻合的，说明当时人口溯流而上，以重庆为中心的川东城镇格局逐渐形成。就重庆而言，不仅依山建筑密度十分大，而且“结舫水居，五百余家”，不少人家已在江上形成规模化船上之居。这种状况一直延续到 20 世纪 60 年代初。在三峡沿江城镇江面上自然也有这类独特的民居现象。

二、忠县陶房与丰都建筑明器

如果说忠县无铭阙、丁房阙仿木雕凿的结构与样式反映了汉代木结构的辉煌与成熟，那么从忠县、丰都出土的陶房则同时展示出三峡地区乡土建筑文化的灿烂。尤其是丰都县汇南乡还出土了诸如碓房、禽栏、畜栏甚至井亭这样充满生活气息的乡土建筑模型，在国内考古发掘中殊为罕见。

忠县陶房基本是民居模式：“都属于单檐庑殿顶木结构抬梁式建筑……屋顶盖以筒瓦，瓦当为素面圆形，只有正脊和戗脊，没有垂脊……正脊和戗脊端部多有不同程度的翘起，在翘起部位用瓦当贴于表面，作为装饰，屋顶鸥尾，屋面呈凹曲状。”空间上有厅堂、卧室、屋顶平台、说书场，甚至牢屋等。有专家认为，说书场是“后世戏楼的滥觞”，“为蜀汉公共娱乐建筑的首次发现”。（朱小南:《三国蜀汉民居的时代特征》，见《四川文物》1990 年第 3 期）

综上所述，我们可以看到：“我国最尊贵的建筑上常用庑殿顶，这种制度由殷商起一直保留到清代。”（刘致平:《中国建筑类型及结构》，中国建筑工业出

/↖ 忠县涂井沟出土之陶屋模型

版社，1987）忠县民居以庑殿顶形式出现，说明中原建筑文化在汉代对巴蜀地区（其中包括三峡地区）影响的程度。庑殿顶的民居是尊贵之人的住宅，恰好汉代忠县正是产盐地区，宅主（墓主）亦可能是盐商。这同时说明忠县在三国蜀汉时期经济相当繁荣，并直接刺激建筑文化的发展。

庑殿顶屋面呈凹曲状，不同于一般的小型民居屋面所产生的效果。之所以把屋面做成凹曲状，一则是三峡地区多雨，屋面排水可抛出檐口至更远的地面，以免溅水伤及木板墙近地面部分；二则是凹曲屋面产生于举折。举折："中国屋顶之所以有凹曲线，主要是因为立柱多，不同高的柱头彼此不能划成一直线。"（刘致平：《中国建筑类型及结构》，中国建筑工业出版社，1987）此亦可说明忠县民居柱多，室内空间相对较大，也正是与庑殿顶呼应，显示尊贵之家的气派之处。汉以后，建筑等级制度愈加深化，庑殿顶更多使用在宫殿与大型庙宇建筑上。次要的宫殿庙宇则多采用歇山式屋顶，至晚唐这种屋顶越来越多。至于民居，则多采用悬山与硬山式屋顶。虽然丰都汇南出土的与忠县庑殿顶大致相同时期的民居模型中出现了悬山式两坡水屋顶，但只能说明反映在屋顶上的贫富差距，而没有更多的材料证实汉代屋顶等级制度的变化。因为忠县、丰都陶

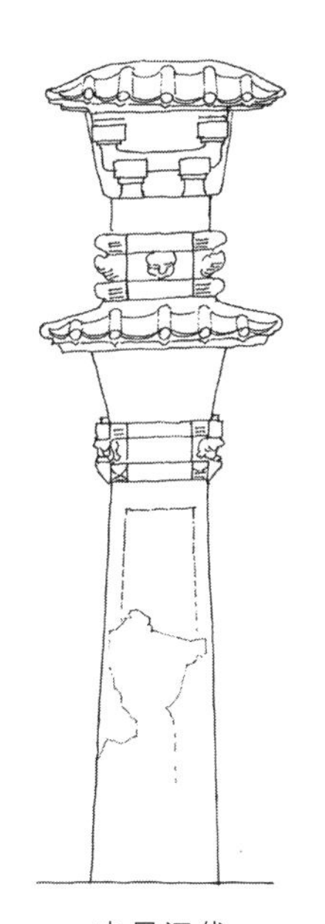

/\\ 忠县汉代无铭阙

/\\ 忠县汉代丁房阙

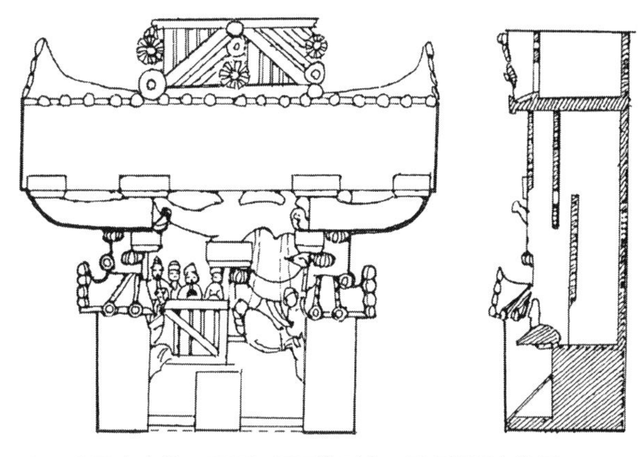

/\\ 忠县出土的三国蜀汉民居模型中，屋顶设平台的民居模型，内有人吹埙、啸吟

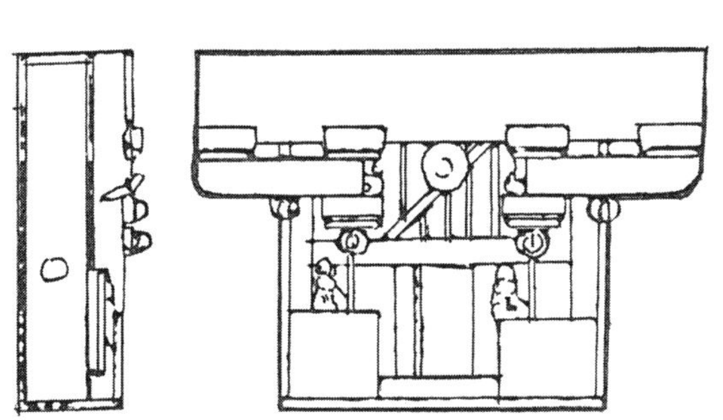

作为盐商交易场所的民居模型

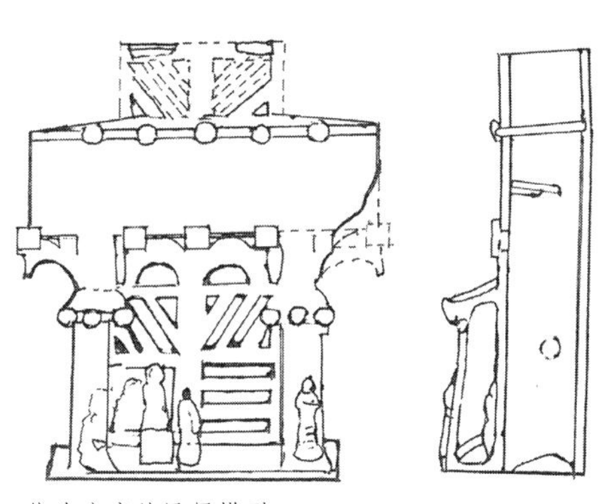

作为牢房的民居模型

屋顶呈凹曲状的民居模型，屋内挤满看戏的人

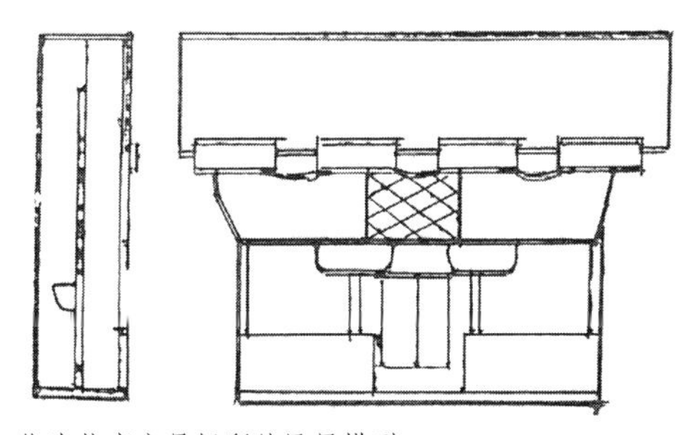

作为盐商交易场所的民居模型

/\\ 忠县出土的三国蜀汉民居模型

房属于民居。

“舍宅为寺”以来，寺庙的神圣性要求民居从外观到内部结构都要与“神”的地位相匹配。这就导致寺庙在选择民居作为神的居所上，对民居外观与内部结构的要求更加严苛。庑殿顶的宽大舒展、凹曲线的庄严优美、抬梁式内部结构的粗壮气度等方面都极符合，并辅助于对神的虔诚和渲染。因此，“舍宅为寺”对民居并不是没有选择的。所以经历代调整，大寺大庙多采用庑殿顶，内部多采用抬梁式结构，尤其是北方寺庙。而忠县陶房作为民居在蜀汉时期就有不俗的建筑表现，至少说明三峡地区建筑在吸收中原文化上、建筑审美上、建筑技术上，态度是开放的。同时这也印证了三峡地区大寺大庙多抬梁式结构、小庙宇多穿逗式结构，是和后来民居的发展同步的。

忠县陶房还值得一书的是：民居间出现了说书场，可能是“后世戏楼的滥觞”。这一观点一则道出了三峡地区乡土建筑功能的多空间渗透发展，二则把民居从单纯的实用性，只管吃喝拉撒的物质功能推到了兼具精神功能的境界。同时还可推测，这给出土的汉代以来的“说书俑”“杂要俑”们找到了一个可资荫庇的场所。因为汉代已经有了带说唱性质的娱乐表演，给表演者展示才能和求生的空间就全在情理之中了。

无独有偶，1993 年 10 月，在紧邻忠县的丰都汇南乡出土的陶房明器中有碓房、井亭，甚至体现养禽畜的禽栏、畜栏亦随之出土 3 件。这是一组乡土建筑，为国内乡土建筑明器罕见的发现。考古学家认为它们的时期在西汉与六朝之间。

忠县㽏井与丰都汇南相距不过数十千米，分属长江南北岸。一处出现了以精美建造为特色的豪华民居系列，另一处则出现了一般农家的质朴的生产生活空间系列。此不能不使人联想到忠县、丰都一带在汉代前后定然有相当发达的农业作为区域经济基础。而基础的根本是农民——勤于垦殖、富于创造、热爱生活的农民。但忠县、丰都两处民居在生活与生产功能上出现的空间差别，又印证了封建社会贫富之间的经济关系和相当明显的阶级关系。汇南乡的陶房，一件是“平面呈长方柱形，两侧直立柱，柱下为长方形柱础，柱上施一斗三升拱，中间以浅线条刻出一小门，低台阶”（《丰都县汇南西汉—六朝墓发掘简报》，见《四川文物》1996 年增刊），另两件则是“悬山顶式双层楼房，楼檐中立柱，柱上施一斗三升斗拱，左右立角柱，柱上施一斗承檐，柱下设栏板。下

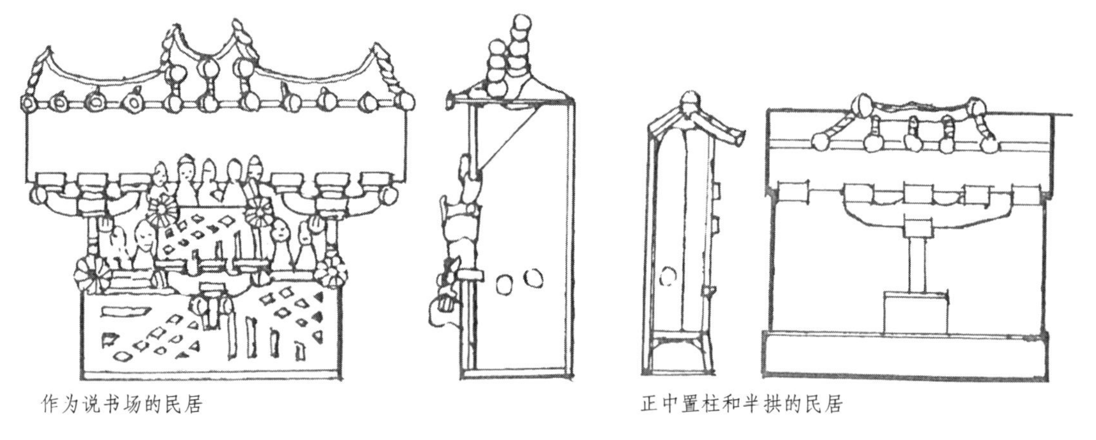

作为说书场的民居

正中置柱和半拱的民居

有屋顶的民居，内有人正在娱乐

/I\ 忠县出土的三国蜀汉民居模型

层房中部于台基上立柱。斗、拱、檐、顶式与上房同，低台基”（《丰都县汇南西汉—六朝墓发掘简报》，见《四川文物》1996年增刊）。这是一个由不算太弱的经济能力支撑起来的建筑，起码它还有“双层楼房”。不过两坡人字顶的悬山式屋顶和“我国最尊贵的建筑上常用庑殿顶”的忠县㽏井沟陶房比较起来，无论地位、建筑豪华程度及透露出来的经济实力，都差了一大截。但这种建筑制度一直延续到明清。除了居住建筑的空间，㽏井陶房还有交易场所、说书场、享受歌舞的平台，尤其出现了牢房模型。再和汇南出土的供加工粮食的碓窝之房、井亭及养鸡喂猪的禽栏、畜栏相比，不难看出，丰都汇南陶房的居住者是一个自食其力的劳动者形象，更是一个热爱、眷恋农耕生活，符合川东人诙谐幽默性格的农人形象，其经济经营尚佳，充其量处于自耕农或上中农地位。或者说墓主生前并不富裕，但安贫乐道，仅崇尚自给自足的小康生活，祈死后在阴间有一个如此的生活环境而已。

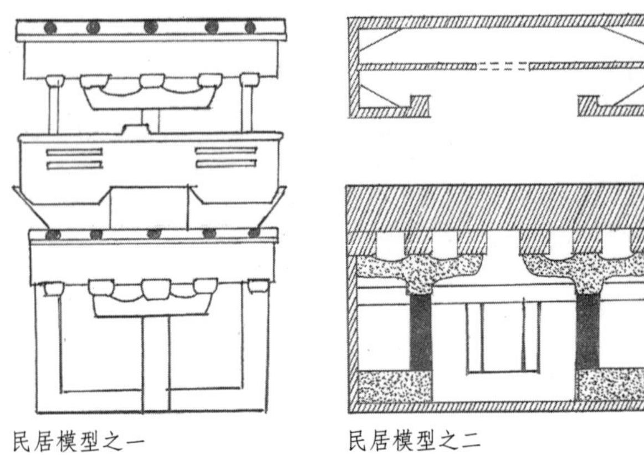

民居模型之一　　民居模型之二

/\ 丰都出土的西汉—六朝民居模型

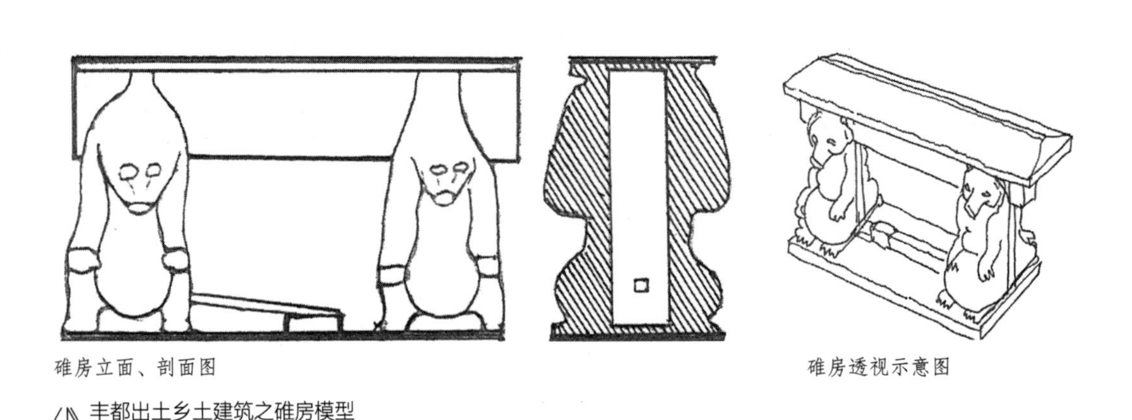

碓房立面、剖面图　　碓房透视示意图

/\ 丰都出土乡土建筑之碓房模型

至于汇南陶房有斗拱的做法，一般认为，房屋有斗拱，似乎房主必有地位。其实“在早年初有斗拱时也是由结构出发的”；“拱的使用（只是横拱）则见于汉代文献及明器、崖墓、画像石……可以说今日的斗拱在汉代已具雏形”；“到了唐代，斗拱已经被看作是装饰品，‘非王室之居不得施重拱藻井’，一般普通的建筑物是不许用的”（刘致平:《中国建筑类型及结构》，中国建筑工业出版社，1987）。这说明唐代富庶，一般百姓普遍好施斗拱，朝廷才明文加以限制，而汉代是仅作为结构用，不是像“勋章一样”表示尊贵的。所以，汇南陶房出现斗拱，全出于工程上的需要。

还有，陶房住宅悬山式人字坡顶和碓房屋顶均为同式，也是饶有趣味的。即是说人居住的地方和安放碓（川东人叫碓窝，似跷跷板，前安舂锤，有踏板，人踩踏板一头，另一头舂锤即落入石窝以加工粮食）的房屋没有体现贵贱之分。此正是一般农人随意之处。尤为精彩者是长方形的“碓架两侧为四熊蹲坐，两两相背”造型与作为支撑房屋的柱子同用的做法，这是一个极具区域情趣的建筑艺术表现手法。把四柱换成四熊支撑碓房，不仅碓房作为开敞空间利于“熊”的体态作为“柱”去表现，更使得“熊”这种川东民间传说中喜好嬉戏的童话幽默性动物和一种简单建筑体有机结合。陶房里熊的憨态可掬、浑圆凸肚、天真的造型和当时各类泥人俑的体态、神态皆异曲同工，十分深刻具体地反映出当时的审美情调和流行色彩，同时还显示出当时民间建筑艺术和泥塑艺术已经发展到了一个相当成熟的阶段。它和汉代绘画艺术中散点透视、重神形兼备如出一辙，可以高度浓缩情与理、形与神、大与小、远与近等空间形态于一体，创造出物质功能与精神功能的优美谐调。这方面更具说服力的则是出土的陶井。

汇南乡出土共7件3式“井”。其中一井有“圆筒形井身，侈口，束颈。井沿上有悬山顶井亭，顶中有一脊，脊两面各有五组瓦当，柱间横轴中部设有辘轳”。另一井“圆筒形井身，井沿上建有悬山式顶井亭，柱间横柱中部设辘轳。井身形体较长”(《丰都县汇南西汉—六朝墓发掘简报》，见《四川文物》1996年增刊)。综合陶井的照片和平、立、剖面图，我们发现了一个艺术现象，民间艺术家们居然把地下的井和地上的井亭连同辘轳一起塑造成一件艺术品；更难能可贵和难以使人相信其想象力者，在于他们把地下之井这一非常难以表现的题材活脱脱地表现了出来。其借鉴竟然是一个汲水或盛水用的圆形物体。这是一个井亭、辘轳、井身三者缺一不可，互为参照的井符号系统。如果只有井亭，无异于一般房屋；只有井亭和辘轳，可作为特定工场加工房解；只有井身亦如陶罐；只有井身和辘轳，充其量描写正在打井，因为人用洁水需要井亭护水；只有井身和井亭，亦不能充分调动人对于井形象的联想，还以为是烧石灰的窑子。这一来非同小可，古人天才的想象力、艺术综合力、娴熟的形体表现力让人叹为观止。井、辘轳、井身三者完美地融为一体，不仅塑造了一个人居环境的饮水空间，还透溢出古人对人居环境质量的追求和对于饮水清洁度的严格要求。这一点使我们看到今天井口之上几乎全部拆毁井亭的粗放和无奈。与古制一相比，今人不觉有些尴尬了。

这里，除了通过陶井形象使我们感悟到古代人出于对自然及本身健康的珍重，因此采用了井亭保护水资源、水质量，我们还通过陶井形象了解到了当时乡土建筑的发展，尤其是住宅之外究竟还存在一些什么建筑，它们形态如何、何式结构，等等。这对于研究巴蜀建筑文化尤其是三峡地区乡土建筑文化有着十分重要的意义。另外则是通过陶井泥塑创作本身，使我们有机会去探索，进而把握巴蜀民间艺术在汉代至六朝之间的发展程度。因此，下面我们再提取汇南乡出土的禽栏、畜栏加以分析。

把川东人俗称的鸡圈、猪圈也艺术化并作为明器置于墓葬之内，在国内考古发掘中实属罕见。这首先道明了墓主到冥间之后亦如人间，别无奢求，仍过一个农人可养鸡、猪的平淡生活，这也是一同带去的陶鸡、陶猪的归宿。而禽栏、畜栏之貌甚是“豪华”，不能与现在的圈棚相比。个中尤可见当时可“临摹”借鉴的“栏”的真实形状。两明器中，无论禽与畜，其栏皆分内外两空间，或一明一暗，即一封闭一开敞。显然功能区分是里间用来栖息，外间用来吃食与游玩。尤其畜圈和现代猪圈一样，可见作者十分洞悉牲畜的生长习性，将畜圈塑造得完美无缺，同时又证明了古代巴蜀地区圈养牲畜之早，当在西部之先，实为农业文明发达所致；而西南地区至今有的地方还在敞放猪之类，尤见发展的区别。这是一个高度智慧、文明、务实而幽默的民族所为。其圈栏之下立四足以与粪便隔绝，里间边壁有花窗使空气流通，均面面俱到，天衣无缝。更可悦者，连鸡圈外间如何使鸡能伸出颈项利于啄食

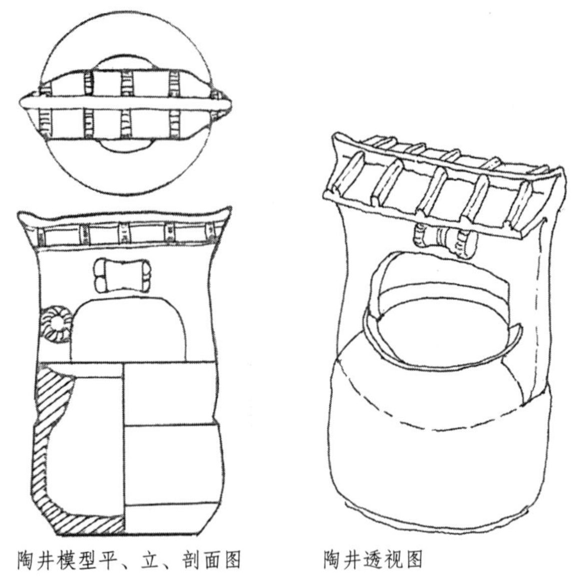
陶井模型平、立、剖面图　　陶井透视图

/\ 丰都出土乡土建筑之陶井模型之一

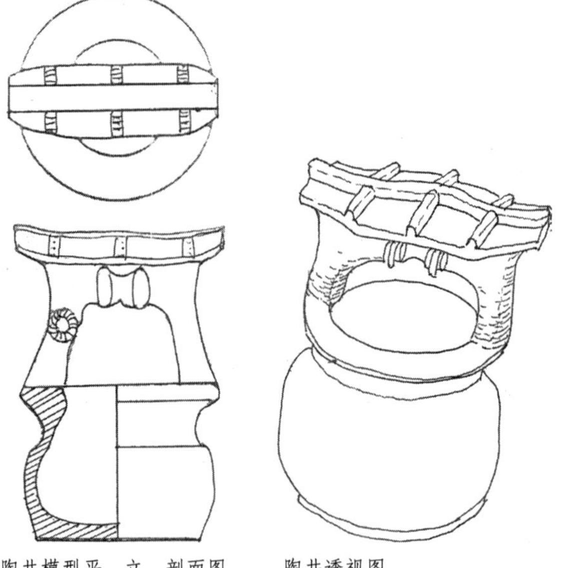
陶井模型平、立、剖面图　　陶井透视图

/\ 丰都出土乡土建筑之陶井模型之二

的竖向垂直排列栏杆也表现出来，真可谓匠心独具，对写实与浪漫手法驾轻就熟。

作为建筑，表面看这是“俗”类，似不能和庑殿相提并论。然而，一个民族或一个区域的百姓，在对待某事物或某建造制作之事上，常厚此薄彼，精此粗彼，貌似有轻重缓急，而实质是丢弃了对世界的整体把握，其结果常出现诸多瑕玷之弊，总使人感到有不尽如人意的地方。近 2000 年前，三峡地区居民不在俗与雅的建造上分彼此，皆制作精良，展现了此地区的百姓自古以来的良好素质。由此可推测，汉代至六朝之间，必是三峡地区建筑的一个十分辉煌的时期，包括那些诸如井亭、塘堰、圈栏等不登大雅之堂的“俗”建筑，更不用说供人起居的住宅了。

忠县㽏井沟与丰都汇南建筑明器所展示的乡土建筑丰富多彩的形态与内涵，归纳起来有如下特点：

（1）两县出土的建筑明器有若干建筑样式，有单檐庑殿顶木结构抬梁式建筑、带阙的房屋模型、悬山式双层楼房、悬山式碓房、悬山式井亭及井、禽栏、畜栏、塘。

（2）建筑功能空间划分有卧室、敞厅、说书场、屋顶平台、牢房、前廊、楼层、楼、楼廊，单独的碓房、禽栏、畜栏、井亭等。

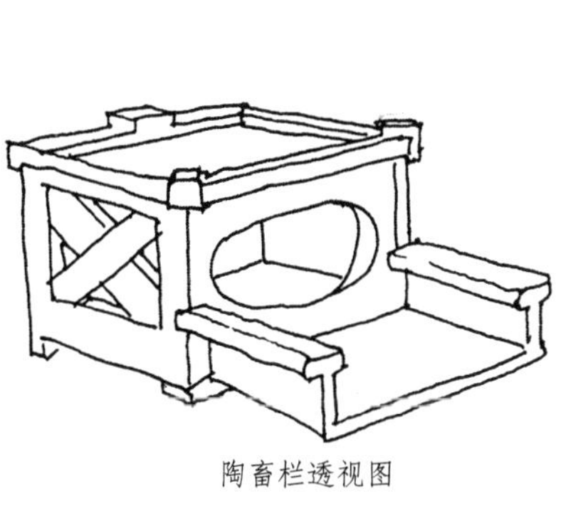

陶畜栏透视图

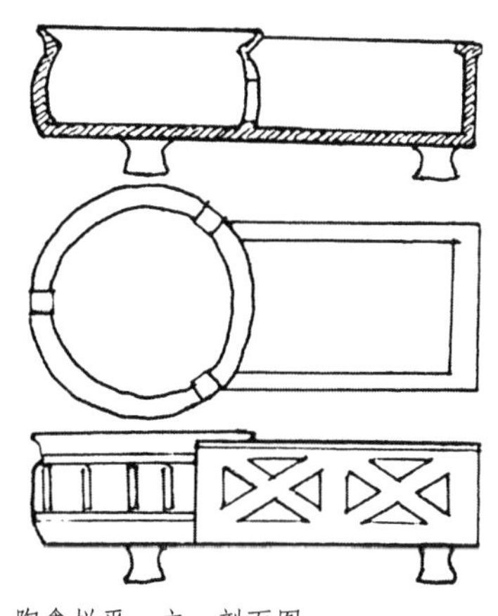

陶禽栏平、立、剖面图

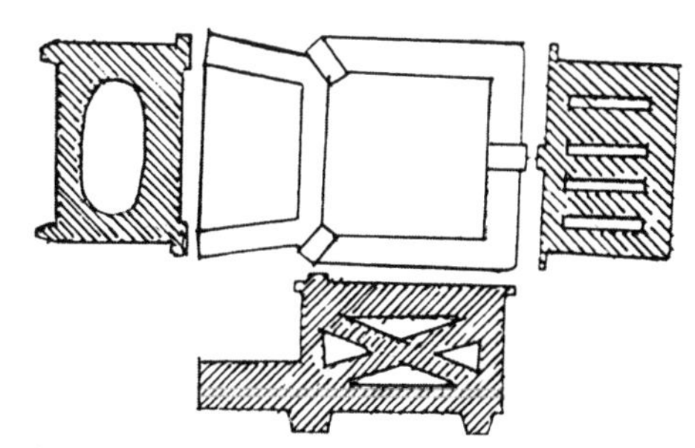

陶畜栏平、立、剖面图

/\ 丰都出土陶畜栏、禽栏

（3）建筑技术与结构上有大木抬梁式（丰都陶房的悬山顶有可能出现穿逗式）。举折与屋面凹曲线共生，木构技术的发达使屋基台面下降变矮，斗拱在建筑上广泛应用，廊道加护栏等。

（4）建筑装饰上有圆形素面瓦当，讲究脊饰，出现正脊，戗脊端部翘起，翘起部表面有瓦当装饰。门窗与栏杆采用菱形纹与直棂纹纹饰。无论两县陶房形态如何，正立面均出现均衡对称的审美布局，兴许正是与平面中轴的发展相得益彰并对之进行的完善和补充。

从西汉到南朝晚期600多年的历史时期，长江中上游地区经济得以发展，建筑必然同时兴盛。但从出土的考古资料看，仅房屋建筑的发展有了相当高度，数十处房屋集中在一起有了聚落，而是否聚落形成排列有了市街，就是场镇之初，亦还不敢断言，尽管有学者认为战国时期沿江已出现了一定规模的城镇。

汉代是四川盆地建筑发展的辉煌时期，成都牧马山曾家包画像砖上的庄园和住宅反映出来的平面布置、空间格局、构思意境、营造技术等，与同时期全国各地的建筑相比，皆为上乘之作。四川盆地特殊的地理环境所容纳的巴蜀文化虽一东一西，然自古相互间的联系是非常紧密，影响是非常巨大的。因此，亦可判断巴蜀地区建筑的发展没有孰重孰轻的情况。那么，三峡地区建筑尤其是民居的发展在全国也是突出的。

三、一段建筑历史“空白”

隋唐、宋元至明，时间跨度在1000年左右，巴蜀境内包括下川东及三峡川江沿岸，何以几乎没遗留下可资考证、可以一阅的房屋遗址和实物？按理，唐宋时期是我国古代经济、文化发展的高峰时期之一，在巴蜀之外的省区均有大量的建筑遗留至今，而巴蜀之境，若仅从历史资料看，建筑与城镇的发达也是和全国同步的，那么为什么没有留下这一时期稍微多一些的遗存？这一现象经历史学家们考证，比较一致的看法是：宋元以来至明末清初，历代战争、天灾、瘟疫造成川内人口数量几次大的跌落，尤其是明末清初张献忠5次在川内纵横捭阖的战事，吴三桂又两次入川，加之接踵而至的瘟疫，致使巴蜀建筑遭到空前浩劫。川内几乎清一色的木构建筑世界，烧的烧，潮的潮，倒的倒。即使有残壁断梁，恐怕也被后来入川移民当作柴火烧掉了。因此，在实物资料较缺乏的情况下，亦只有从文献和其他资料中寻觅和想象当时建筑与城镇的概貌了。以上是说即使清以前就有先人遗留下了部分建筑实物，但遭到了张献忠入川后的毁灭，也荡然无存了。其中自然也包括三峡地区。

另外，考古界还有一种说法：三峡考古，原始社会文化堆积层较厚，而夏、商、周时期的堆积遗址较薄，尤其文化遗址分布数量，即古人居住点相对也比较少，甚至到了秦汉、唐宋时期，这一带文化遗存与原始文化相比仍显得单薄，与其他地区的汉、唐、宋文化相比显得苍白无力。范成大在《大丫隘》中也说"峡行五程无聚落"。造成上述情况的原因，专家们认为，恐与先民们在三峡地区乱砍滥伐、掠夺性的生存方式有关。笔者拿此观点对照三峡地区上述各历史时期建筑遗存苍白的史实，猜想夏、商、周后，三峡地区先民已开始陆续往其他地区迁徙，迁徙路线按理主要是沿长江河谷向上、下游方向发展，不排除少部分往周围山区扩散。再则，迁徙不等于三峡居民全部撤离。那些与农业生产必须依赖的生态环境无关的生存方式者，仍创造了局部繁荣。比如战国至秦国时期，盐业兴旺的三峡地区，仍是滞留大量人口的地方。自然，那里会出现厂房、工棚、服务业建筑和管理者"华屋"等建筑，同时亦会出现聚落，聚落功能空间有序的整合，甚至出现城镇，像巫溪宁厂、巫山故城等。当然，适合垦殖的沿江台地、冲积平坝也滞留了部分农业人口，亦可带来建筑的发展。

沿长江溯上游，自万县、忠县始，河谷明显开阔，耕作面积渐次扩大，至重庆一段，又有忠县等地盐业辅佐。应该说这是容留历史各时期过境移民的理想之地，其中包括从三峡腹地搬迁出来的居民。因此，考古学家发掘出了忠县、丰都的建筑模型，看到了忠县汉阙的遗存。但是到隋唐、宋元、明时期，反倒鲜见建筑遗存。除上述各原因之外，梁思成在《中国建筑史》中说："建筑之术，师徒传授，不重书籍。建筑在我国素称匠学，非士大夫之事。"甚至还"以建筑为劳民害农之事，古史记载或不美其事，或不详其实，其记述非为叙述建筑形状方法而作也"。因此，"不求原物长存之观念，修葺原物之风，远不及重建之盛，历代增修拆建，素不重原物之保存，唯珍其旧址及创建年代而已"。梁思成可谓把对中国木构建筑不屑记载、不值保存的弊端从价值观念上、社会风气上批驳得淋漓尽致。梁先生还略有愠色地说道："唯坟墓工程，则古来确甚着意于巩固永保之观念。"因此，我们也只有从"古来坟墓"中去寻觅三峡地区的建筑状况了。忠县陶房与丰都明器充分证明了这一观点。

以上所述，皆是在有限资料上的一孔之见。1995年初，四川大学历史系考古教研室在云阳县试掘了李家坝、明月坝、旧县坪等遗址。其中在旧县坪遗址试掘中探明汉代文化堆积层厚度在4.5米以上，清理出"……绳纹铜瓦，卷云纹瓦当，发掘出两座房址，出土了一段残长2.5米的陶水管道。明月坝遗址……总面积约10万平方米，文化堆积以唐代为主，试掘出土有陶器、白瓷、青瓷和大量的板瓦、筒瓦，还发现有条石、散水等房屋遗迹"。有三峡考古史家认为："汉唐城市的考古学研究过去多局限于北方，而对长江流域的城镇了解十分有限，朐忍故城（指李家坝遗址）和明月坝小市镇的发现，为研究汉唐南方地区县及县以下市镇的政治、经济、文化以及市镇本身的形制、规模、功能提供了新的资料。"（屈小强、蓝勇、李殿元：《中国三峡文化》，四川人民出版社，1999）后来《成都晚报》报道说："李家坝遗址……表明该地区是巴楚文化的重要交流中心，汉代地层中清理出成组的房屋建筑遗迹，发现有铜柱、柱础、成片成堆的板瓦、石块墙基等。"

以上三处考古发现弥补了汉唐历史时期三峡场镇研究的空白。相信随着考古界三峡发掘的不断深入，一定会有更加惊人的发现，尤其是唐宋时期的城镇发现。果然，本书正在撰写过程中，2002年1月14日，《华西都市报》从现场发来消息："和李家坝隔河而望的明月坝遗址，此次出土了一个完整的唐朝集镇遗迹……发现了寺院、民居、经幢等古建筑遗址，出土了大量的石刻造像、石刻佛像、陶器……这是一处中原文化大行其道的唐朝集镇。"消息又说：在巴山蜀水腹地深处的彭溪河畔，为什么会出现一座繁华的唐朝集镇呢？考古专家们认为，这主要是因为安史之乱期间，唐朝众多豪门贵族为避战祸远走巴蜀边地，奢望享乐的他们逃跑时仍旧带着大量工匠、乐师等，这些艺术家就将大气磅礴的中原文化带到了巴山深处。当然，这则报道仅是关于三峡地区一个似乎不具普遍意义而十分特殊的典型个例，尚没有关于街道、水系、建筑类型、范围、围护界面形式等集镇必需的形态内涵的详尽信息，但至少可以说明这是一次了

编辑:安琦　美编:周□

版

独家报道

揭开千年地域文化汇集点之谜

唐朝集镇惊醒三峡

汉代作坊首次亮相　唐朝集镇完整见天

三峡考古惊世发现

昨晚，正在三峡库区云阳县高阳镇李家坝、明月坝遗址进行考古发掘的川大三峡考古队透露：考古队在现场发掘出一个面积超过2600平方米的汉代手工作坊遗址，这是在国内首次发现如此规模系统的

到的是大量的板瓦、筒瓦及残砖等，经清理，陶罐、陶缸等作坊必备之物陆续现身；最后，专家们看到了几条纵横交错的排水沟、排列有序的原料坑及当时用来支撑工棚木柱的石础，还有一条特

死都会陪葬武器。记者在发掘现场看到，这些战国墓墓穴极深，通常都在2米以上，最深的一座墓挖到了4米多深还只到二层台(即棺椁上的填土)。

战国墓葬中出土的戈、矛、剑、钺中

语言，也有人认为这是巴人所独

蜀图语，隐含着某种力量和威

家们普遍认为，矛、剑上的纹饰是

号，它们的具体寓意和所指还有

/ 《华西都市报》《成都晚报》关于三峡古镇考古发现的报告

不起的关于场镇的重大发现。从该遗址出土的精美的石刻、陶器、青铜佛像中，亦不难猜测，唐代明月坝集镇空间形态应是非常丰富和悦目的。

四、三峡地区城市与场镇

（一）清代以前概况

前面我们曾讨论过在大溪文化、屈家岭文化的发掘中仅发现半穴式居住遗址和房屋遗址，尚没有关于聚落的更深一层的房屋密集遗址被发现。近年在三峡工程库区考古中，发现几处大得惊人的商周时代的巴人遗址，“位于大宁河畔的巫山县大昌盆地双堰塘巴人遗址占地10万平方米，经初步发掘，可以断定这里是距今3000年前巴人的经济中心”（屈小强、蓝勇、李殿元:《中国三峡文化》，四川人民出版社，1999）。与此同时，考古学家又在云阳县李家坝发现一个占地5万平方米的巴人遗址，且两处相距仅80余千米，又同年代，“是巴人的第二个中心地区”（屈小强、蓝勇、李殿元:《中国三峡文化》，四川人民出版社，1999）。中国历史博物馆馆长俞伟超先生认为：“此次有关巴人的考古发掘，最令人振奋的是找到并确认了一批巴人的大型遗址或中心遗址。”（屈小强、蓝勇、李殿元:《中国三峡文化》，四川人民出版社，1999）由于没有关于建筑尤其是聚落方面的信息，无法推测当时空间形成状况，但“中心”必然是由密集建筑组成的。而在忠县中咀建筑遗址的发掘中，则发掘出大约为东周时期的房屋遗址45处，这是三峡地区聚落遗址的准确信息。聚落当然不一定就会发展成最基础的场镇，但场镇必须是具有场镇功能的聚落。所以，可以说自东周起，三峡地区开始出现了场镇的端倪。

有学者考证，可能战国时期在三峡沿江地区开始出现城镇，理由是巴族在川东历次迁徙中都曾在枳、垫江、江州、平都等地建立都城，自然攻防所需的建筑必然存在，也要有相关的生产生活区域及建筑。但是作为考古学意义的城镇的起源，探索“忠县聚落”则最具说服力。

依笔者拙见，商鞅时期中原“别财异居”以及由秦统一巴蜀后而承袭的“人大分家”民俗，在四川被全面沿袭下来，致使秦以来四川很少有血缘性结合的聚落，多是单间独户分布于田野，这又和下述秦汉时期四川出现大量城镇是同步的。到了秦汉时期，沿江也出现许多城镇。因自秦统一四川以来，“乃移秦民万家以实之”（《青川县出土奉更修田律木牍》，见《文物》1982年第1期）的同时，在川内大兴水利与城防，不仅“成都城周回十二里，高七丈”，“还修筑江州、阆中等城”，成都“与咸阳同制”（蒙默等:《四川古代史稿》，四川人民出版社，1989），“还修整了民居住宅和市场”（《华阳国志·蜀志》）。这是具有中原建筑文化色彩的城镇的出现。而历来成都尤其是江州对三峡政治、经济、文化的影响，随江流而下是无时无刻不存在的。江州城：皆重屋累居……结舫水居者五百余家。平都：县有市肆，四日一会。朐忍：跨其山阪，南临大江之南岸。永安宫城：城周十余里，背山面江，颓墉四毁。鱼腹故城：周回二百八十步。巫山故城：城缘山为墉，周十二里一百一十步。秭归：县城东北依山即坂，周回二里，高一丈五尺，南临大江，其城凭岭作固，二百一十步，夹溪临谷，据山枕江。丹阳：城据山跨阜，周八里二百八十步。夔城：跨据川阜，周回一里百一十八步（蓝勇：《深谷回音》，西南师范大学出版社，1994），等等。上述诸城仅为部分叙述。而三峡地区城镇几与成都、重庆建城建镇同步，个中透露出中原治城格局亦渗透至沿江各城镇。同时，城镇分布亦开始在长江支流出现，比如北井县、泰昌县和汤溪盐厂等。

值得再一次指出的是，建筑作为文化，在秦统一治理下，通过移民在川内广为传播，使得"民始能秦言"（卢求：《成都记序》，载《全蜀艺文志》），进而放弃固有语言及民俗，最终影响了巴蜀文化。建筑作为一种特殊语言，亦最终被中原文化代替，具体则指城镇格局，以及建筑选址、布局、空间形成、格调，甚至建筑技术。这一点，东汉出土之画像砖石可佐证。想来三峡地区亦不例外。忠县、丰都陶房就浸透了中原建筑色彩。但又万事不可一刀切之。建筑如同艺术，集中了建筑的城镇在某种程度上亦集艺术之大成，重要的是因时因地因事而治之。受中原建筑文化影响的是有相当农业经济基础之地，方才利于农业文明之仪轨展开。而三峡在汉代有不少城镇均因盐业而兴，就如现今我们看见的宁厂、云安等镇一样，建筑格局大不同于农业型城镇风貌。所以，可想而知汉代三峡因盐而兴的城镇中，自应别有一番空间形态。如临江（今忠县）监、涂二溪，朐忍（今云阳西）云安盐场，巫县（今巫山）之北井（今大宁），汉发县（今酉阳）等县城镇。其选址因盐的发现而无回旋之地，故道路、水系、建筑、桥梁均围绕盐井、厂房而建，空间形态断不会像农业型城镇一样受风水等诸般要义制约。恰如此，才展现了三峡自汉代以来盐业城镇的建筑个性，产生出独特的城镇空间形态及文化风貌，并一直延续到现在。这是很激动人心的三峡居民的空间创造。

唐宋是三峡城镇发展的又一个高峰时期，不仅农业、手工业、商业都得到进一步发展，随之而来的水运，由岷江、嘉陵江、沱江而下出三峡的水运线也成为最繁忙路线。杜甫吟"门泊东吴万里船"，又在《最能行》中描写夔州沿江水运盛况"富豪有钱驾大舸"，"吴盐蜀麻自古通，万斛之舟行若风"（杜甫《夔州歌十绝句》其七）。可见当时由此刺激而兴起的城镇发展该是何等的壮观。

而此时盆地内兴城建镇之风更趋向浩大与精致。成都“扬一益二”时居全国大城市第二位。梓州为“巨镇”，嘉州为“佳郡”，夔州为“峡中大郡”。夔州郡属云安县，时“鱼盐之利，蜀郡之奇货，南国之金锡而杂聚焉”（《全唐文》卷五百四十四），估计人口已在3万以上。

为了满足经济发展的市场需要，城镇发展必然向小、中、大的规模层次纵深演进。值得注意的是，那些尚未形成城镇的地方出现了农村交换商品的定期集市贸易，“时称草市”（蒙默等:《四川古代史稿》，四川人民出版社，1989）。草市即巴蜀最早的场镇胚胎，是区域经济最基层的商品贸易场所，若再发展下去即为场镇之初，亦必然产生房屋使用功能的有序整合，超越农村聚落形态与内涵，把聚落限制在农村村庄的范围内，于是产生聚落和场镇两个不同的空间形态。唐宋时期三峡地区场镇虽文献上难觅踪迹，但其产生的基础已广泛存在，因此可以肯定，其时草市与场镇互为完善，数目定然不会太少。比如，宋元时期的资料《宋会要辑稿》《元丰九域志》《元史》《舆地纪胜》等书中，列述了三峡地区不少城市与场镇。

峡州夷陵县：辖二十七乡，无辖镇。

归州秭归县：辖十七乡，有兴山、秭归二镇和白水沙市。

巴东县：辖九乡，无辖镇。

巫山县：辖八乡，无辖镇。

奉节县：十一乡，无辖镇。

忠州临江县：辖九乡，有涂井、盐井二镇和米市。

垫江县：辖七乡，无辖镇。

丰都县：辖四乡，无辖镇。

南宾县：辖三乡，无辖镇。

万州南浦县：辖十一乡，有渔阳、同宁、巴阳、北池四镇。

武宁县：辖四乡，无辖镇。

开州开县：辖十二乡，有新浦镇一镇。

万岁县：辖六乡，有温汤、井场二镇。

涪州涪陵县：辖六乡，有温山、陵江、蔺市、石门四镇。

乐温县：辖四乡，有龙女一镇。

武龙县：辖六乡，有白马津、新丰二镇。

渝州巴县：辖四乡，有石英、峰玉、清溪、新兴、木洞、安仁、白岩、鱼麓、双石、东阳十镇。

云安县：辖十一乡，有晁阳、高阳二镇。

梁山县：辖五乡，有桂溪、杨市、峡石、龙西四镇。

大昌县：辖四乡，有江禹、大昌、安居三镇。

以上城市与场镇沿长江及支流设置，实则已铺垫了三峡地区城市与场镇的分布框架和格局。但有专家考证，这些数量与质量之比甚是不协调，囿于城市与场镇初创阶段，尤其是农业型、交通型城市与场镇尚处经济积累时期，空间上处处露出简陋单薄。比如，万州城“濒江蹲山，土瘠而民啬，居室多草茨，井闾之间，栉比皆是”（《宋代蜀文辑存》卷二十五：刘公仪，《万州西亭记》），又“官曹倚岩楼，市井唤渡船，瓦屋仄蹬，猿啼闻人语”（《石湖诗集》卷十六，《万州》），称“万州城下草连天”。不过，作为城镇，可慰藉者还在于其空间使用功能及形态与景观，再则是与自然环境的关系。万州草房虽沿坡地层层铺陈，亦不妨有狭窄瓦房镶嵌其间，更有官衙楼房傍岩而建，市井道路离江边很近，呼唤渡船之声亦可听见。这是一个全用乡土材料建立起来的，和城周围碧草、森林连天的环境高度有机协调的农业及交通型城镇，也是中国历来儒学之辈在居住理想上追求的恬淡境界。我们不能用现代建筑材料的观点来审视唐宋时期的城镇建筑，就如我们不能用现在的高楼大厦在建筑历史、建筑文化空间形态方面去生硬地与过去比较。比如成都，20世纪六七十年代某些繁华街道上还残留有非常雅致的草房，给成都及外地人留下了美好记忆；相反，那些20世纪二三十年代舶来的“西式”建筑、公馆之类也与草房同时消失，然似乎不甚可惜，在国人脑里亦无所记忆，此正是几千年的建筑审美观念在人们思想上的反映。再举现代万县市为例，其城市景观动人之处绝不在那些20世纪二三十年代的小洋楼，反而“万县三桥”和周围的坡地瓦房给外国学者、科学家、建筑师、艺术家等留下了难忘的印象。他们看到的是中国独有的城市空间艺术，而不是“破败与简陋”。另外还有一个现象值得注意：《三峡通志》说夷陵州城“其覆皆用茅竹，故岁常火灾。而俗信鬼神，其相传曰作瓦屋者不利”。这种民俗是否就是造成三峡地区多草房的原因呢？

宋代是四川社会经济取得长足进展的历史时期。农业、手工业、商业的发展，促使城市繁荣，场镇也蓬勃兴起。随之兴旺的城镇建筑亦同时大兴。比如纺织业，就有涪州、渝州、云安军、梁山军、忠州成为纺织业中心。“设置了集中生产丝纺品的作坊”，和麻布、葛麻、“僚布”（棉布）作坊。制盐业方面比唐代更为发达，“夔州路有夔、忠、万、黔、开、涪、渝等州和云安军、大宁监……等州”（蒙默等：《四川古代史稿》，四川人民出版社，1989），盐业生产进入一个新的时期，自然，就出现了因盐兴镇，从而带动各类建筑的发展。还有造纸业、印刷业、制瓷业、制糖业、酿酒业等行业的繁盛，亦会与作坊建筑和相应的居住建筑相得益彰，竞相争荣于城镇空间和农村，出现不同造型的建筑外观，城镇形态变得更加丰富。

值得思考的是，使“四川”得名的四路政区建制中，有川峡四路。夔州路为四路之一。除辖四川境内诸府、州、军、监外，还辖湖北施州，贵州珍州、思州、播州。这个区域为土家族和汉族混居之地，两族历来交往密切。从建筑风格上考察，几出一脉，至为接近，木构干栏式遍布境内，形制、空间、材料、做法等大同小异。这直接影响到城镇空间形态，使得这一地区（还包括湘西部分毗邻之地）成为中国干栏建筑及组群最为发达的地区之一。此类型集中与发达是否与宋代政区建制造成政令、文化统一有关呢？应该说是有关系的。

关于明代三峡地区城镇的情况，历史学者蓝勇有比较深入的统计与阐述，下抄录其引述正德《夔州府志》卷二的一些资料（蓝勇：《深谷回音》，西南师范大学出版社，1994）：

本府：五街、二十四坊、三市、一镇、一捷。

奉节县：三坊。东南487丈、西北487丈、周围975丈，440户。

云阳县：二十二坊。1494丈（八里三分），990户。

万县：二街，六坊。五里许（900丈），440户。

巫山县：三街，一市，十四坊。三里二分（575丈），330户。

大昌县：三街，一坊。220户。

建始县：一街，五坊。三里许（550 丈），550 户。

梁山县：四镇，三十坊。五里（950 丈），1100 户。

开县：一市，五坊。二里许（360 丈），770 户。

新宁县：四街，七坊。770 户。

东乡县：五街，十坊。三里（550 丈），550 户。

达州：二十坊，三里五分（629 丈），1430 户。

大宁县：三街，十坊。三里五分（630 丈），330 户。

夷陵州：周 862 丈，770 户。

归州：周六里（1082 丈），660 户。

兴山县：334 丈，220 户。

巴东县：无城郭，1045 户。

三峡为山地丘陵地形，但城镇仍沿用自战国以来适用于北方平原城市规划布局的里坊制，足见中原文化影响之深。里坊制的特点是街道呈方格网状，“25户人家组成一个基层单位‘里’，和‘闾’的行政单位对应，最小城邑单位就是‘闾’‘里’”。“每一块方格用地面积也相等，每一块封闭式的方格用地称为里或称为坊”（孙大章：《中国古代建筑史话》，中国建筑工业出版社，1987）。像这样严格的里坊制度，如果照搬平原规划布局，显然在三峡沿江陡坡之地是无法展开建筑的。迫于压力非做不可，则定然僭纵逾制。中国营造学社抗战时来四川调查城镇与民居时，刘敦桢、刘致平教授嗟叹“僭纵逾制”一词，谓四川表面上遵从上面的“建筑政策”，下面则偷偷地在城镇与民居等建筑营造上我行我素。后来四川普遍出现建筑上不同于全国各地，而自有一种独到之处，则正是“僭纵逾制”的功劳。三峡地区亦不例外，是“上有政策，下有对策”现象在建筑上的反映。当然，地形因素亦起相当大的作用。

（二）清初以来城镇概况

从建筑学角度研究乡土城镇与建筑，现存的空间是第一位。三峡地区现保留下来的古典城镇、乡场、民居、桥梁和其他乡土建筑，几乎都是清代以来的遗存，罕见真正属于明代或以前的作品，尤其是木构体系。原因前面已有阐述。主要是明末清初战乱等方面的原因，把历代积累下来的建筑差不多都毁灭了。像李自成、张献忠率众攻打巫山城多次，城内受到极大破坏，致使乾隆三十二年（1767 年）时知县李裴组织重修，耗银 12 559 两。石砌砖拱，城垣总围 716 丈，城墙四门重新取名为东“太清门”、南“平江门”、西“盛源门”、北“世润门”。忠州城垣，在明洪武十二年（1379 年）、天启六年（1626 年）两次维修基础上，至清康熙六年（1667 年）经战乱破坏又补修一次，并在原已有五道城门的基础上，在城东北又增辟一门，谓之“黄龙门”。

四川明末清初的动荡之烈、时间之长本已为全国仅有，然三峡地区则更有过之而无不及。不仅李自成、张献忠的军队来回穿梭征战，接踵而至的清军又大肆烧城垣，毁民房。后来残明势力拼死抵抗，在所不惜，动用一切手段，包括不给清军以立足之地，主动实行焦土政策，毁其一切可毁之城垣房舍。动乱之中还不乏盗匪趁火打劫，也加入毁灭城镇与建筑的行列。待清统一四川，三峡地区局势稍为安定，接着又爆发了农民起义。康熙年间夔东十三家的起义，直到清中叶川楚、川陕边区白莲教起义，以及镇压起义的地方地主武装坚壁清野，致使三峡地区动荡时间之长、程度之惨烈，在川内乃至全国同样罕见。它造成“人户逃亡，土地荒芜，农村萧条”（道光《忠州直隶志》卷一）。在长达 100 多年的战乱之中，在兵荒马乱的岁月中，谁又敢建像样的新房招惹世间，自找麻烦呢？因此，三峡地区建筑营造兴盛时期应该是以清政治局面统一稳定、

/ 20 世纪初叶归州城概貌（临摹自史建等编的《千里江城》）

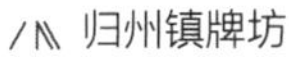 归州镇牌坊

古归州迎和门

经济市场全面复苏的乾隆年间为转折时期。再以忠州为例，乾隆初年“城市萧疏，仅如村落，其十字街一带均属人民住房，南门外河街，米粮而外，唯有布店三间”（道光《忠州直隶志》卷一）。而乾隆中期“田野之民，聚在市，茶房酒社，肉俎脯案，星罗而棋布焉”，“或袜尚通海，鞋尚镶边，烟袋则饰以牙骨，熬糖煮酒，皆效法重庆”（道光《忠州直隶志》卷一）。这里面作为城市功能的建筑，至少可以列出茶房、酒肆、肉铺、鞋袜加工作坊、水烟房、熬糖房、糟房等及相应的民居系列乡土建筑。

而乾隆时川盐销楚：“一交楚界，则价倍于蜀。”（民国《云阳县志》卷十三）这又推动了三峡沿江场镇的建筑兴起。“渝州每岁下楚米石数十万计。”（乾隆《巴县志》卷二十三）船运交通同样也促进了场镇发达。此时的三峡地区长江两岸，农业经济、商品经济、盐业、矿业、手工业等各行各业皆得以全面振兴，并直接带来了建筑营造高潮。

云阳：“嘉，道中，此县商务尝大蕃盛，父老言两关外老街皆贾区，多湘、汉人，故城内外多两湖会馆，并有岳、常、澧、永、保诸府分馆。”（民国《云阳县志》卷二十三）当时云阳城内可谓已成“九宫十八庙”的灿烂建筑大观。

/ 秭归香溪写意

/ 秭归香溪街道民居

2001年6月，成都艺术宫曾展览一德国人1902年于云阳江对岸拍摄的照片，时云阳仍是宫观寺庙居半城之貌，用“辉煌”二字形容毫不过分。今存之云阳张桓侯庙作为祠庙，其建筑之辉煌亦可见一斑。

巫山：“商贾半多客籍，道光初年，多两湖人来巫坐贾，均获厚利。又盐务畅行，山陕富商在巫山邑就埠售盐，财源不竭，以致各行贸易繁兴。”（光绪《巫山县志》卷十五）山陕商贾好建关帝庙、三圣宫之类，和两湖（实则包括闽、粤、赣等省，“两湖”之称，常包括上述在内——笔者注）会馆，诸如禹王宫、南华宫、天后宫等交相辉映，亦构成巫山城内宗祠会馆林立的建筑格局。

城镇商贾宗祠会馆兴建之盛，还可以从三峡库区抢救保护文物项目中略述一二，以窥全貌。

巫山大昌：关帝庙，帝王宫。云阳云安：文昌宫，帝王宫。盐渠：高祖庙。马沱：张王庙。双江：李家祠堂。忠县：巴王庙，太保祠，老官庙，关帝庙，萧公庙，石宝永兴王爷庙。石柱西沱：三圣宫，禹王宫。长寿扇沱：王爷庙，凤城桓侯宫。巴县木洞：万寿宫等。

而城镇宗祠会馆兴建之风又直接影响到农村，其特点是以宗族家祠的面目出现，数量之大、建筑风格之繁复、构造之精美亦不在城镇之下，诸如田家祠堂、谭家祠堂、向家祠堂、冉家祠堂，等等。突出的典型代表是云阳凤鸣镇彭氏宗祠、忠县蒲家场秦氏上祠堂等。

无论在什么地方，民居均是乡土建筑中数量最大者，同时又是最具创造性和个性的。清代中叶，各省移民由于相继稳定在三峡地区的城镇和农村，创造出了各具特色、风格的居住形态。城镇与乡场中，民居毗列，并与宗祠、会馆、寺庙等各类建筑交相辉映，构成独具特色的三峡城镇空间。至今300年左右的建筑史，给国人甚至世界留下了极为深刻的美好印象。在数以百计的城镇中，除万县、宜昌、秭归、巴东、巫山、奉节、云阳、忠县、丰都、涪陵等知名城市外，更有一批享誉国内外的场镇，像西沱、大昌已被评选入四川18历史文化名镇之中。还有石宝、龚滩、宁厂、云安、洋渡、武陵、大溪、培石等各具特色的小镇。这些场镇除本身个性突出外，易于名声四扬的沿江地理位置也起了传播作用。而大量优美场镇藏在深山尚不为人所知。下面引用一些资料以窥一二。

同治时万县江北有31个场镇，江南有18个场镇，以大周里的新场、三正里的武宁场、市郭里龙驹坝最为繁华（同治《万县志》卷八）。光绪时长寿县有20个乡场（光绪《长寿县志》卷一）。丰都县民国时期最多有过76个场镇，其中关圣场为明代所建，林家庙场（现崇兴镇）生意繁盛，高家场则“户口稠密，生意繁盛”（民国《丰都县志》卷八）。道光时忠县志记载城中有13个街坊，其他有43个乡场（道光《忠县直隶州志》卷二、卷三）。道光时城口有29个场镇（道光《城口厅志》卷三）。

“而同治时宜昌东湖县仅城郭就有13个集市了，其他乡场集市还有18个之多。兴山也有14个集市（其中两个在城内），巴东有8个集市。到民国时宜昌地区的城镇有了更大的发展，宜昌县就有5个乡、38个铺、16个镇市；归州4乡镇市。兴山县有2乡14个镇市；巴东县有18个镇市。”（蓝勇：《深谷回音》，西南师范大学出版社，1994）

场镇选址和民居的情况：“归州于山腹为城，居民不过三百户，城中广厦甚少。乡间室庐亦隘。惟滨江一带如归州香溪新滩等处人烟凑集，檐牙相接。”（同治《宜昌府志》卷十一）兴山县：“在邑者聚庐而处，居乡者户不相比，高原下麓散若晨星，村邻远至四五里，犹云隔壁，室皆浅隘，大率灶疗廪无异位，能具门厅堂室者绝少。”（同治《宜昌府志》卷十一）巴东县城：“旧无城郭，巴东前临川江，后耸崇山，自然之城堑也。”（《古今图书集成》卷一一八九）

综上，三峡宜昌长江段城镇，选址皆“自然之城堑”，或“山腹为城”，或“后耸崇山”，充分利用地形特点展开城镇布局。民居则稍嫌简陋，“广厦甚少”，“室皆浅隘”，而“能具门厅堂室者绝少”者，恐指少见有四合大院完整形制的民居。这说明当地民居尚处在坡地干栏式或夯土为主的范围之中，自然进深“浅隘”。即使有经济能力，陡峭之地也难以营建“广厦”。但宜昌城内就不同了：“郡城内外多高楼大厦，华屋连云……东邑四乡中殷富之家喜营室宇，其闬闳之高，墙垣之厚，所在多有。山居者虽多茅茨，而平壤间比屋连居大村落颇不乏。”（同治《宜昌府志》卷十一）此同时说明两种情况：一是“平壤”之地宜于“大厦”“华屋”的营建；二是“郡城”集中财权势力大的住户，自然“喜营室宇”。以上是三峡宜昌辖段在城镇建设上，因地形因贫富而反映在城镇空间形态上和民居形态上的不同写照。

而四川境内三峡地区有所不同的是：不仅郡县所在地建筑较为发达，而且

/// 兴山峡口镇临河“吊脚楼”

/// 兴山峡口镇写生

一些场镇建筑绝不在其之下。比如宁厂：“自溪口至灶所，沿河山坡俱居民铺户，接连六七里不断。”（陈明申：《夔行纪程》）“屋居完美，街市井井，厦屋如云……华屋甚多。”（光绪《大宁县志》卷一）“岩缰断续四五里，石筑屋居人稠。”（王尚彬：《大宁场题壁》）除了宁厂，凡产盐场镇，诸如云安、潧井、涂井等镇，其场镇建筑描述也不乏典籍文献记载。还有一些沿江商业、交通、农业型场镇，诸如龚滩、西沱、武陵、石宝、新场、蔺市、李渡、高镇、洛碛、木洞，等等，无论场镇整体空间形态或者镇内民居、宫观寺庙、宗祠会馆，都有非凡的个性和建筑特色。笔者在多次沿江场镇调研中，所见仅民居一项不在千例之下，皆可言无一雷同者。这是宅主任凭自己对居室空间的独到理解创造出来的民居艺术。它将若干不同而具个性的空间汇聚在一起，又组成一个个生机勃勃的场镇空间组群。故言场镇总体空间形态特色，则必须涉及其基本构成单元之特色，亦即每户民居独特的内外空间。

另外，三峡场镇美名远播还与科学家、建筑师、画家、文学家的宣传有关。他们以睿智的目光从各个层面展示三峡场镇，全方位地著文解剖、测绘详图、丹青渲染、纵情讴歌。如英国李约瑟等一批西方科学家对场镇建筑的考察，国内若干建筑师——诸如清华大学汪国瑜、成城教授对西沱和石宝场镇的剖析。

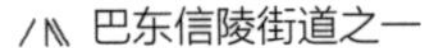巴东信陵街道之一

巴东信陵街道之二

忠县顺溪街道民居

还有像李可染、张仃等国画大师的痴情写意，吴冠中、乔十光对龚滩的色彩描绘，更有文物工作者反反复复对寺庙、祠庙、会馆民居、桥梁的精心研究，林林总总，使得三峡场镇的奇特、诡秘、壮美、深邃呈现于世人面前。何以三峡小镇如此动人心怀，概括起来有如下几个方面：

（1）凡临江场镇，总有一面空间（亦即临江一面）留给宽阔的江面，以利于江上乘船的旅客观察。场镇空间都不大，过客容易整体把握一场一镇的总体面貌。因此，留给旅客的印象不流于琐碎，易牢记。

（2）宽阔的江面犹如宏大无比的展厅，可进可退，人在船上流动，不断变换视觉角度，场镇焦点亦成动态，于是人可较快地改变视角欣赏沿江场镇的多个侧面。

巴东楠木园街道民居

巴东官渡街道民居

/// 忠县江岸民国年间干栏民居

/// 巫山县城街道民居

/// 奉节山区场镇竹园场口

（3）洪水季节，水面濒临场镇木结构之下，人可从江面近距离体验木构体系纵横交错的空间韵律。

（4）沿江场镇木质材料的深褐色与屋顶的深灰色融为一体，又与反差较大的整体色彩和周围自然色彩形成对比，尤其冬春庄稼收获后大地呈现褐黄色，实则表现自然烘托人文在面积上的面与点关系，因此突出了场镇建筑色彩。

（5）有些场镇的布局特殊，一反常态，尤其给人留下强烈印象。像西沱全程垂直等高线街道布局就一反沿江绝大多数场镇沿等高线平行布局的常态。这种布局造成的建筑空间气势，无异于把全镇房屋从水平状态排列转向依山坡层层重叠，以至成为竖立的场镇建筑空间垒砌。这在整个长江沿岸是仅见的。还有石宝场街道几乎围绕玉印山一圈，玉印山孤峰突立的形象同时又成为石宝场

八 云阳云安民居

的标志。这样奇特的空间形象以及和场镇的关系在长江沿岸也是罕见的。

（6）场镇选址在特殊的地形上，也是造成强烈的空间感染力和冲击力的原因：乌江陡峭岩畔上的龚滩镇，临河一旁的房屋几乎全悬空而建，街面以下各层柱网如森林，蔚成干栏建筑大观。此类场镇在长江三峡及支流分布，具有相当数量。还有的龟缩在一静谧港湾（回水沱）内，享尽与世无争的清闲。更多的选择在支流与长江交汇的三角地里，以利于航运渔猎的方便。凡此种种，场镇及建筑以十分突出的人文气氛和与众不同的场镇空间个性感染着游人、过客。

（7）就川中场镇总的数量而言，三峡地区沿河流岸旁建立的场镇的数量还是不多的。船行良久才有一镇来到眼前。物以稀为贵。还有些镇可据长江航道大而明确的地理位置予以行政区划定位，容易使人记牢地理位置，这些都是使人印象深刻的原因。

（8）从场镇空间的局部来讲，木构体系穿插嫁接、勾梁搭柱、斜正无常、纵横交错的时间性结构关系，具有无比生动的形式构成。新房是难以成全传统审美习惯的，经历史积淀便生发文化、艺术的诱惑力，生出故事，生出形式感，

丰都南沱街道

忠县复兴场口

生出沉郁的色彩。因此，文学家、画家亦成为张扬这些场镇的媒介，给了三峡场镇与民居以鎏金沥彩的艺术殊效。

（9）新中国成立后，三峡场镇及民居的科学性、艺术性引起了建筑师、规划师们的注意，并被认为是坡地建筑典型的范例。因此，国内高等院校建筑学专业及有关设计研究机构人员频繁光临三峡地区，从建筑学角度对三峡场镇与民居展开了深层次的调查研究。这些举动无疑又给了三峡场镇与民居以锦上添花般的完善。

（10）凡县治所在的镇，近些年几乎全被所谓现代建筑取代，古镇面貌荡然无存。人们怀古之幽情转向保存尚完好的小镇，希冀从那里寻觅到一丝历代文学大家诸如李白、杜甫、白居易等对于三峡人文景观的描述。这些高雅的游人转而以文章、图像在媒介上宣传实地感受，这也无形中向世人介绍了这些场镇。

石柱沿溪街道风貌

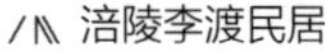
涪陵李渡民居

涪陵蔺市民居

（11）相对而言，三峡地区沿江场镇仍是川江场镇最密集的地区。过往船只与旅客量都是川内其他河流无法比拟的，尤其是省外旅客较多。加之是万里长江航运最长、最险江段，江岸上的那些场镇反复长时间地冲撞人们的视觉，极易给人留下永不磨灭的印象。自然它们的影响范围与程度大大超越了川内其他沿江河场镇。

（三）川江航运与三峡沿江场镇

四川内河航运与三峡长江的关系犹如一片树叶与经络的关系，三峡长江段是叶柄，千条内河是经络。四川境内绝大部分为长江流域水系，水流经“经络”流向三峡唯一长江出口，奔向大海。因此，历史上凡四川与外省交流，涉及货运、客运、军队的进出，亦大部分由长江三峡承担。加之四川内河航运短程交往，亦是刺激沿江城镇发生发展的重要原因。如果说长江是动态的时间文明，那么三峡沿江城镇则是时间凝固于江岸的空间文明。自然它是中华文明的一个组成部分。有学者比喻它是介于云梦湖泊文明与西蜀自流灌溉文明之间的文明形态，谓之冷谷江河文明。

远古时期，巴蜀先民就沿江定居。夏代嘉陵江已是一条通往关中和中原的水陆联运路线。秦并蜀后再伐楚，万船顺流而下。西汉以来，巴蜀造船技术迅速发展。唐宋时期，万斛之舟频繁往来于成都与淮扬之间。元明时河运时好

/ 巴县木洞老街民居

时坏，至清代河运复苏又趋昌盛。鸦片战争后殖民文化顺江而上，抗日战争又使重庆成为陪都，三峡长江更成为中国最繁忙的交通大动脉，成为与外界沟通、汇纳百川的“瓶颈”，即四川与外界联系的“咽喉”之部。城因水兴，水为城用，三峡长江沿岸城镇得到进一步的发展。凡此都与水有关系。

然而在三峡地区范围内，又构成了自成体系的水运网。它以长江为主干，辐射四通八达支流，如乌江之芙蓉江、郁江、唐昌河，云阳小江之彭溪河、普里河、南河、东河以及汤溪河，大宁河之马连溪、后河、西河等。这些过去通航的河流对两岸城镇的形成与兴建起着决定性作用，并构成三峡地区城镇精华部分。尤其是两江交汇口的位置，往往成为重要城镇选址所在，形成三峡城镇特色，起到一个地区政治、经济、文化中心的作用。

古代巴族原本就是水居民族，居于江河两岸，擅造船行船。早期，他们的活动水域在荆楚之交的清江和四川盆地东部边缘的峡江地带。清江和四川境内的郁江水、巴涪水（即乌江）、浮江临界，又北临巫山大溪水。渡峡江过巫溪水至汤溪河，这是古代盛产盐的区域，是“百谷所聚，鱼盐之丰，坐致富饶”的经济昌盛之地，自然水运发达，河流两岸有仰仗水运生存的居民点与聚落。从前述大溪文化发掘出的以石块系船的“锚碇”可以看出，巴族先民逐水而居都与水运有直接关系。

《华阳国志·巴志》记载：“巴子时虽都江州，或治垫江，或治平都，后治阆中。其先王陵墓多在枳，畜牧在沮，今东突峡下畜沮是也。又立市于龟亭北

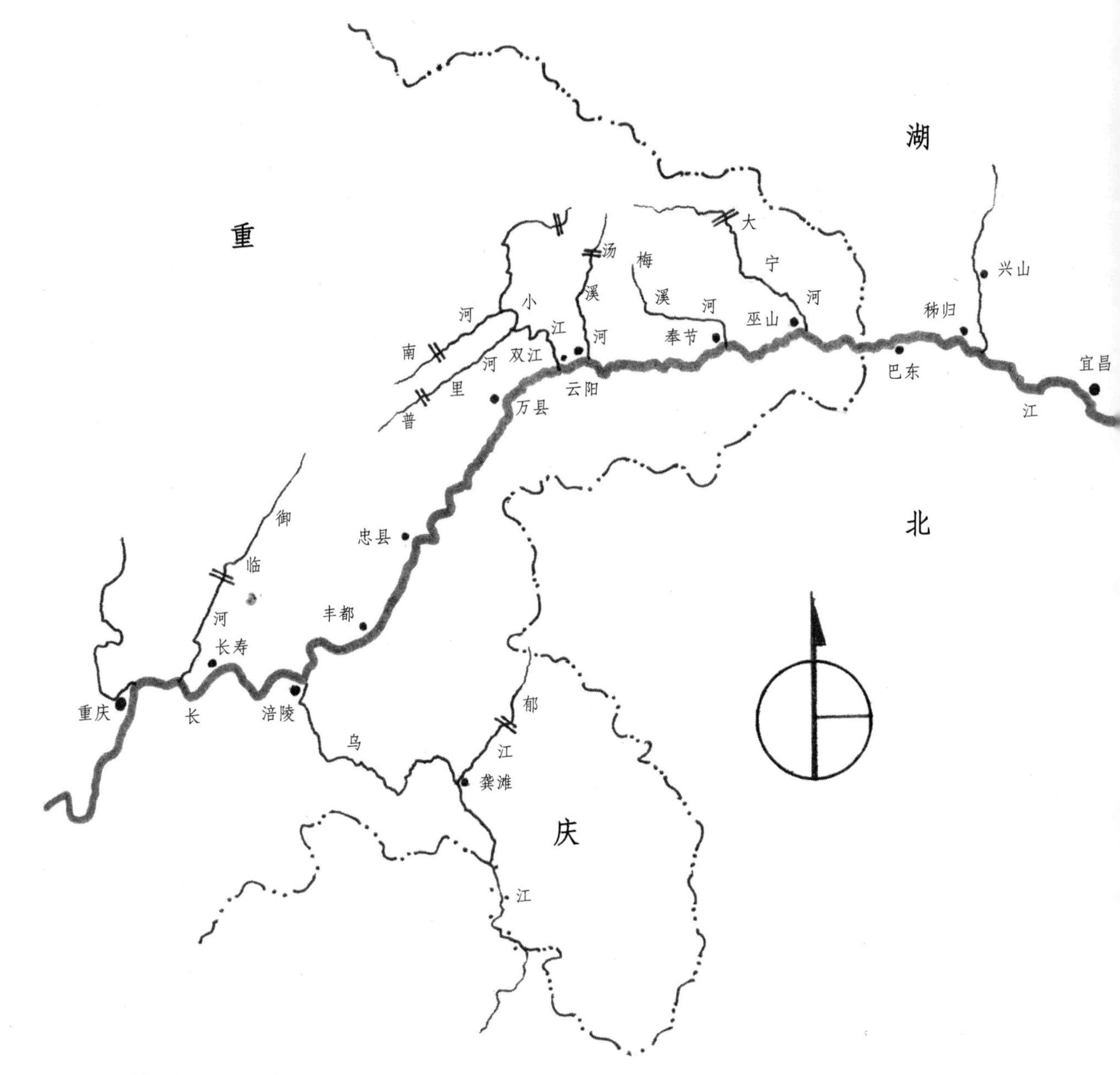

/\ 三峡重庆地区可以通航的支流水系一览图

岸，今新市里也。其郡东枳有明月峡、广德峡，故巴有三峡。”此段载述一是说明巴国之都城最早在枳，即今涪陵，为巴国最早兴建的城市，地理位置在乌江和长江的交汇口，有两条水路，交通便利；二是说当时巴国疆域很辽阔，辖现嘉陵江流域之江州（即重庆）、垫江（即合川）、阆中等地，并在那里建新都，沿江建设新城市，还兴“市”于龟亭北岸（即巴县小南海北之古铜官驿）。由此可见，古代巴人利用水运进行战争或商贸，已在其疆域的沿江两岸兴建了若干

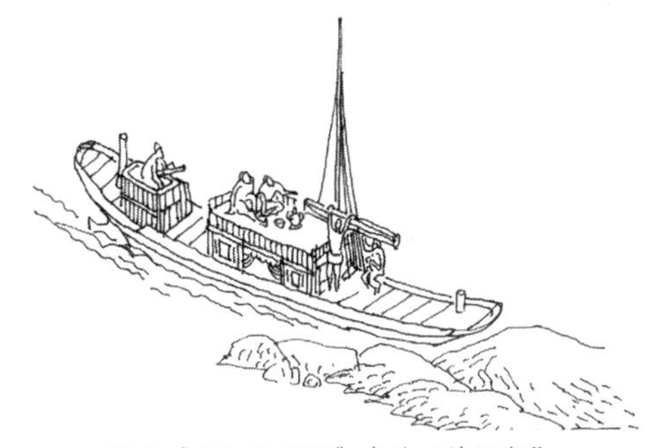

宋代《长江万里图》中的“峡江船”

清以来川江中较大型木船

/\ 古代长江航船示例之一

宋代《长江万里图》中的“宜渝船”

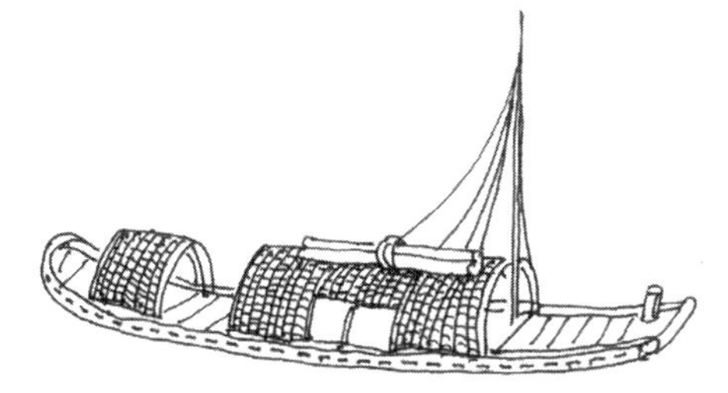

宋代《长江万里图》中的“峡江船”

宋代《长江万里图》中的“出峡船”

/\ 古代长江航船示例之二

城市，其中于三峡地区水域亦同时有了像枳这样的都城出现。

虽然我们无法从古代典籍中查寻到当时城市布局及建筑的情况，但从造船技术上完全可以旁证木构营造的其他形态。“到战国末期形成古代四川航运发展史上的第一个高潮……司马错等利用四川水路交通，多次大举进攻楚国，显示了当时四川航运水平已经相当可观……拥有庞大的造船能力，创造大船舶这类大型单体船，一次可达万艘之多。”（王绍荃:《四川内河航运史》，四川人民出版社，1989）这些船虽然都在蜀国建造并顺岷江、长江上游而下三峡长江段及枳，溯乌江而止，但基本上都在三峡地区流域活动。这就必然在造船技术上影响到这一地区。而造船技术的难易度和房屋建造的难易度理应是相通的，比如平衡、对称、嵌接、木材加工等。因此，可以推测，此时期的木构建筑极有可能也是三峡城镇及建筑兴建的一个高潮。因战争必然要动员和荆楚交界的沿江居民，以集中使用，确保后勤，那就相应产生荫庇集中地点人群的房屋，甚至亦有可能产生交易场所以及航运基地。战争结束后，大批就地“复员转业”的兵士滞留下来，这些都构成刺激三峡城镇与建筑发展的因素。

秦统一巴蜀及后来的三国、隋、唐、宋时期，我们在前面章节里对三峡地区鲜见城镇与建筑的记载做了一些叙述和阐释，但这

/ 江船（线图）

些时期有关四川其他地区诸如成都等地的城镇与建筑的描述较多，虽然它们不和三峡地区发生直接关系，也许不构成对三峡地区城镇与建筑的直接影响。然而由于水运之利，各类船只由岷江而下三峡，其量之大、类型之繁复、船技之精湛、形态之壮丽等方面的特点，必然影响到三峡造船技艺，从而又影响到其他木结构形态。因为从秦到唐代这一大跨度的时期，川江航运总的说来是一个持续发展时期。无论战争、商贸等都不断和全国保持紧密联系。三峡作为四川咽喉之部，仅从船只的质与量上完全可看出木构技术的昌炽，并可由此及彼地推测其对于其他木构形态的影响。

比如：秦司马错伐楚造大舫船上万艘。

东汉建武十一年（35 年）大司马吴汉讨伐公孙述，建直进楼船，冒突、露桡船舰数千艘进出三峡。

晋咸宁五年（279 年）冬，益州刺史王濬统率水军乘大舰船越三峡出蜀，“舟楫之盛，自古未有”“大船连舫，方 120 步，载 2000 余人，以木筑城，起楼橹，开四出门，甲板上能骑马来往”（王绍荃：《四川内河航运史》，四川人民出版社，1989）。

还有用于商业的大型船舶，西汉时“出现了拥有 46 桨的载货大船”（王绍荃：《四川内河航运史》，四川人民出版社，1989），曰“万斛大船”，载重可达

500吨。一些商人拥有自己的船队并在沿江州城郡城开设大商店。直到南朝，长江水运导致沿江两岸商业发达，商船成队，商旅不绝。很显然，这一时期三峡城镇在数量上大为增加，建筑质量也必然有所提高（可以船舶的质量在技术上佐证）。至少拥有船队的富豪在木构陆地建筑上决然有不逊于船舶的豪华。这样兴盛繁荣的局面随着航运的发展，一直持续到宋元时期。沿江城镇的发展状况理应说与航运同步，建筑的发展在时间与程度上亦应与四川其他地区相差不远，这可以从今存之四川城镇与东西南北的城镇的比较中得到验证。而三峡沿江城镇有的在格局与建筑的辉煌上甚至比其他地方更好，尤其是在坡地建镇建房上更显特色。

隋、唐、宋时期，四川的农业偕粮食、经济作物量大品优，井盐业也有所发展，还有蜀纸、陶瓷、糖霜、酒、丝绸、药材等产品也空前丰盛。因此全国各地商贾拥入四川，贩运名特产品。航运的发达促使沿江崛起一大批新兴城镇，其中的夔州为“川东门户，由此出峡船只较大，隋大将杨素还在此营造过各种类型的战船”。“长江三峡是唐代四川水运最频繁的路线”（蒙默等:《四川古代史稿》，四川人民出版社，1988）。至宋代，四川航运空前繁荣。这些都是与政局稳定、物产丰富、商贾发达、交通运输兴旺分不开的，最后促使城镇春笋般地涌现。

也就在这一时期，三峡长江沿岸出现了遍布江岸的造船工场。尤其是在宋代，它和发端于汉代的驿站构成沿江因水而兴的两个人口集中点。工场必是造船工及辅助工集中之地，有官府工场与造船商工场之分，亦必然带动附近农副业、商业、手工业的发展。工场选址又多为“回水沱”静态港湾，利于航船停泊，同时又利于施工和新船下水作业。像这样的工场极可能发展成城镇。若工场本来就在城镇之旁的江岸上，则更提高了城镇的繁荣程度。

还有驿站，分水驿和陆驿，元代称“站赤”，又分水站与陆站。比如，“涪州，东取江陵至上都，水陆相兼3325里，水路至万州600里，东至江陵府，水路1700里。西南至渝州，水路340里”（王绍荃:《四川内河航运史》，转引自《元和郡县图志》）。中有“重庆路辖朝天、石门、汉东、赤崖、应坝、仙池、桃市、安笃、木洞、落湿、桃花、忠州乌蒙（大站）、岸溉、州溉、涪州等16站。开达夔府等路辖云根乌蒙、梅沱、万州、云阳巫山等站”（王绍荃:《四川内河航运史》，转引自《永乐大典》)。水驿之盛："四方往来之使，止则有馆舍，顿则有供帐，饥渴有饮食，而梯航毕达，海宇会同"(《元史·兵志》)。由此可见水驿除递传公文之外，还有接待"驰驿扰民"的朝廷命官的任务。而"馆舍""供帐""饮食"等相关建筑应运而生，后来演变成城镇。川中与三峡沿江水驿为数众多，若以后来的明代为例，《四川总志》记载其中三峡地区有：

重庆府

朝天水马驿	治东 3 里
巴县鱼洞水驿	治南 60 里
木洞水驿	治东 90 里
铜罐溪水驿	治南 120 里
涪州涪陵水驿	治西
东清水驿	治西 90 里
忠县云根水驿	治南
花林水驿	治西 80 里
曹溪水驿	治西 80 里
长寿龙溪水驿	治南
丰都丰陵水驿	治西
彭水黔南水驿	治前

夔州府

永宁水驿	治西 3 里
安平水驿	治西 60 里
南沱水驿	治西 120 里
龙圹水驿	治东南 180 里
马口水驿	治东南 270 里
云阳五峰水驿	治南
巴阳水驿	治西 60 里
万县集贤水驿	治东
周溪水驿	治东 50 里

襄渡水驿　　　　治西 100 里

以上水驿绝大多数延续至今，完善成现在的传统城镇。

还值得一提的是隋、唐、宋、元四朝对川江航道的整治及某些场镇关系，如对乌江龚滩、关头滩、慈侯滩等险滩的船只过往问题的解决。北宋景德年间，由官府在三大滩江岸上修造转搬仓，实行接力运输，加速船只周转。这对滩口附近城镇的发展也起了很大的促进作用。如龚滩，街长 1.5 千米，街道下游段几为船工、搬运工的居住区，出现依附险滩而建的建筑群（因在险滩搬运货物需要），并蔚成洋洋绝壁、陡岩干栏建筑大观。人与建筑皆绝处逢生。笔者认为，该古镇延续 1000 多年至今，是目前保存尚较完好、发育充分的中国最大的干栏（吊脚楼）场镇建筑群，是极具文物、建筑、旅游等方面开发价值的古镇。还有宁河之大昌镇，宋时置县，所产之盐由大宁河输出，亦历经淘漕险滩，方才水平如镜，它的繁荣也与整治航道有关。所以《大宁县志》言："盐官孔嗣宗，春日与客泛舟，饮于绿荫之下，商民鼓吹随之，其乐不减于蚕市矣！"

宋元间长期的战争与元末的暴政，使四川航运元气大伤，至明初才得以恢复，但中途并不一帆风顺。比如，万历末期到崇祯年间，全蜀荒旱，城野半空。扼全川水路东大门之夔关，竟至关停。航运衰颓，野渡无人，城镇凋败，城垣退废。明清之际，战乱频仍，三峡航运又遭到严重挫伤，致使沿江城镇发展又跌至低谷。于是明清两代川江航运经历了一个由复苏到发展的过程，所以三峡地区城镇复苏与发展应从雍正时四川有余粮向外输出时算起，至乾隆年间达到航运高潮，其粮、盐大丰收，大部分由三峡输出，航运业的繁荣刺激沿江城镇兴旺。这是今天我们得以看到的三峡沿江城镇及建筑的来历。

明代，四川进出三峡的大宗货物有粮食、盐巴、茶叶、木材、蜀锦等。其中对三峡城镇发展影响比较大的如明洪武六年（1373 年），官府从夔州征粮运至成都饷边，复又从重庆运粮至施州卫（湖北恩施）。盐运方面以大宁盐运销湖北荆州襄阳地区，并开始形成庞大盐运船队。由巫山、建始运往黎州、雅州之茶叶为大宗，有关方面在夔州等地设关验卡，船队沿长江逆行而上。丝绸则由长江出峡销往江南各地。另外，明朝还多次采伐四川楠木，组织浩荡的水上运输队伍。万历年间，"川江上下，船筏争流，号子歌声，震荡峡谷，情景极为热闹”（王绍荃：《四川内河航运史》，四川人民出版社，1989）。这样繁忙的航运局面不仅促进沿江城镇的发生发展，同时又吸引各地移民进入三峡地区。顾炎武在《天下郡国利病书》卷六十五《四川》中说道：“各省流民一二万，在彼砍柴以供大宁盐井之用。”而在农村也同时流入大量移民。曹学佺《夔州竹枝词》称三峡“沿江坎上即田畴”。于是均成城市尤其是场镇发展的人口基础。

清代从雍正年间起，城镇兴旺发达，至乾、嘉、道年间形成高潮。在明清之际天灾人祸彻底摧毁城镇的废墟上，重新形成了三峡地区历史上规模最大的城镇建设热潮。除农业、手工业等方面繁荣的原因之外，此时川江航运以粮食、川盐为大宗的货物外运应是直接加快三峡地区城镇深度发展的关键。

所谓深度发展表现在：

（1）沿江城镇和山区场镇拉开了规模大小、繁荣程度上的距离。“场镇滨江者繁盛，山市小而寂”（民国《丰都县志》卷十），呈现江岸到山区渐次变化的格局。

大宁河上“两头尖”木船

峡江中仍在使用但极少的木船

（2）沿江城镇功能分区渐次明晰。比如，为航运服务的系列空间划分清楚，有修造船的工场、码头、船工行会及王爷庙，围绕旅客服务的餐馆、栈房、烟馆、货场等。这些建筑设施多靠近江边，利于航运开展。

（3）建筑规模与质量和其他农业经济基础上产生的房屋比较，差距较大。最显著而普遍的是：沿江各镇几乎均有利用航运贩盐、贩粮而发迹的“某家豪宅”。它和晚清贩运鸦片起家的个别豪宅、工商业大户豪宅等构成一镇一场民居的建筑景观，规模与质量远优于一般商户、民居。

（4）在建筑文化追求上，突出表现在船帮行会馆祠庙的营造上。三峡沿江各船帮祠庙多称王爷庙，是三峡航运业在清代发达的特殊产物，亦是其他地区不多见的。如忠县洋渡场王爷庙建在正码头上，长寿扇沱王爷庙建在上场口的高岩上，酉阳龚滩王爷庙建在上场口的斜坡上等，均选址高朗，面向上游江流，建筑辉煌，以鲜明的空间特色丰富了场镇人文景观，成为该地标志性建筑。

（5）鸦片战争后，西方文化由海洋溯长江而上，其建筑文化随之侵染内地，三峡沿江出现个别殖民色彩浓重的建筑，仅民居一类城镇就有许多不同的分布，如忠县西山街一些民居和洋渡场陈一韦住宅。但多数不忍舍弃传统格局，结果形貌弄得不伦不类，这些民居主人多为江上走南闯北、见多识广之人。

（四）三次“川盐济楚”对三峡南岸场镇的影响

最后，特别应指出的是“川盐济楚”对三峡长江南岸广大场镇的影响。这大致分为乾隆年间、晚清及抗日战争三个阶段。

乾隆年间，川盐从大宁、云阳、彭水等盐场销往湖北西部建始、长乐、鹤峰、施南、恩施、来凤、利川、咸丰八州县。盐无论公私皆要由长江南岸转陆运，人背马驮行山道至鄂西并分散各地，自然促进长江南岸和乌江东岸及一些山区道路旁的场镇发展。第二次“川盐济楚”在咸丰年间，太平天国截断淮盐，湘、鄂两省转而仰仗川盐，川盐运销范围不仅在湖北进一步扩大，还增加了湖南三府二州，销售量比乾隆年间猛增10倍。盐船多时竟达千艘，谓之船帮林立。在长江与乌江夹角内的川东南及三峡南岸广大山区小道，运盐力夫络绎不绝，使川盐运输进入历史鼎盛时期。如此区域经济兴旺现象亦必然导致局部城镇的兴旺，导致城镇空间猛烈膨胀。那些小场变大了，一些山道上的“幺店子”也伺机向道路两旁扩建形成聚落，进而演变成场镇。所以，我们在深入了解这一地区的场镇时，在建筑上或场镇发展上，处处都见到“川盐济楚”留下的痕迹。抗日战争时期，日寇占领武汉和长江下游，断了海盐。此时川盐又供应湘、鄂边区，无形中也促进了三峡场镇的发展。当时正是传统场镇全面走下坡路之时，这算是历史文化表现在场镇发展上的回光返照。

（五）再论南岸与北岸

考古学家认为，三峡地区新旧石器时代遗址几乎都靠近江河边、海拔 100 米以下的水源充足处，亦多属江河两岸一级台地。考古学家王家德进一步指出：长江西陵峡段的新石器时代遗址还大多分布在长江南岸一级台地上，仅两处遗址分布在长江北岸，是平原地带同期原始文化中不多见的现象（王家德：《试论三峡地理环境与原始文化的关系》）。无独有偶，我们在广泛调查三峡地区场镇的数量积累中，发现在干栏式建筑这一原始形态的发育程序及发育样式多寡上，长江南岸也远优于北岸。是否可以这样推测：长江是三峡文化碰撞交融的一道天然的隔而不阻的界限，隔是事实，不阻亦是事实，两岸文化除诸多相同外仍存在一些差别？一个有趣的现象是：自重庆顺江而下，市、县一级所在地除涪陵与巴东外，凡长寿、丰都、忠县、万县、云阳、奉节、巫山、秭归、宜昌等重镇均在北岸。而涪陵选址中还有乌江水道的特殊性，巴东在很大程度上是恩施地区的“派出机构”，犹似西沱之于石柱。因此，当我们回到农业社会从原始初期到成熟的封建时代这一大段时间内进行思考时，发现这些现象的背景有着物质和文化的双重因素：

（1）北岸位于川渝境内，诸县皆依托盆地东部、北部广大农业区域，富庶的农副产品出口易于通过较近的距离、不甚高险的道路而到达沿江港口。湖北段三峡北岸秭归、兴山二县背负神农架大山区，出产微薄，地域广大，足可胜任物质吞吐。南岸则全是大山区，诸般条件与出产不能与北岸相比。

（2）北岸行政纵深区域仅川、鄂两省，尤其原四川所属下川东各县市在陆路历史上皆与省城和盆地内县市保持相当密切的关系，谓之旱路，路程比水路近，两省行政关系单纯，人员流动频繁，易于带来城镇的发达。南岸纵深地区分属湘、鄂、川、黔四省，虽仅川、鄂两省靠近长江，然湘、黔两省各有归属，至少人员分流上截去部分流向。就是川、鄂两省南岸县市所在地，终因经济、交通、历史等，而无必要在江岸之畔建城了。

（3）北岸历史上集中了三峡地区大部分产盐地点，南岸就少多了。

（4）可以通航的支流水系大部分在北岸。

（5）总的说来，北岸人气旺于南岸，加之秦以来中原文化主要是通过川北影响全川的。虽途经川西而川南、川东，然不乏从川北分流直接影响川东者，从通江、巴中、大足、安岳路线来看，不全都是以川西折回川东的影响。因此，三峡北岸是中原文化与楚文化发生激烈碰撞的地区，南岸则更加体现出中原文化与土家文化或与巴文化的碰撞。

综上，一条大江无形中在人们心理上形成一道心理屏障，加之客观存在的诸多自然、人文条件，使得三峡南北两岸文化存在一些差别。然而，正是这些差别，使得南岸的一些空间原始形态没有受到彻底摧毁，不少还保留着原始痕迹。就研究角度而言，亦是不幸中之大幸。比如，三峡地区南岸是目前国内发达的干栏式建筑保存多而集中的地区之一；而北岸该类建筑则已“退化”，渐次以石、砖取代木头作为建材，就显得“进化”多了。又恰是上述诸多因素，全都对城镇选址构成深层影响。

特别值得指出的是：清代乾隆元年（1736年）起，湖北鹤峰、长乐、恩施、宣恩、利川、建始、咸丰、来凤等州县由原食淮盐改食川盐，由此而形成“楚岸”。“楚岸”之谓几乎全在长江之南岸。无论官盐私盐，不独湖北三峡段南岸，亦包括渝境三峡南岸，时“大量商人往返于三峡水陆路转运川盐，研究表明，楚岸当时月销川盐720万斤，年销8640万斤左右”（张学君、冉光荣：《明清四川井盐史稿》）。如此量大利厚的生意，不仅使一批商人致富，同时又使三峡南岸一个个大大小小的转输盐运的港口组成陆上聚落形式。这些聚落成为通往上述湘北诸州县的陆路起点，刺激运输业、服务业等相关行业的产生和繁荣。伴随这些山道路线上人流的频繁往返，幺店子、小聚落、场镇等规模大小不同的建筑亦随之出现。清末咸丰年间，由于太平天国运动截断淮盐的运销，湘、鄂、黔三省再一次转向依赖川盐，掀起了第二次“川盐济楚”高潮。笔者考察时注意到，三峡南岸城镇的清代各类型建筑中，建于咸丰年间的不仅较多，且规模较大，质量亦较好。其发展和川中其他地区同步，尤其是与产盐县同步。因此，可以说，咸丰年间掀起了封建时代四川最后一次大规模的建筑高潮，也是传统建筑在四川发展的最后一个高峰，以后则渐次衰败和混乱了。

到抗日战争时期，日本侵略者占领长江中下游，陆路盐运又受到影响，于是第三次"川盐济楚"高潮形成。此次城镇建设进一步受到了鸦片战争以来西方文化的影响，建筑上尤其是民居建筑上，不仅沿江南北两岸城镇出现大量"西式"建筑，就连南岸纵深山区腹地的小场镇也不时有新潮的"西式"建筑出现。这些建筑都摆在场镇的边缘或附近，就数量而言，因其处在西方文化影响四川的咽喉地带，就远远多于四川盆地腹心区域了。无疑，这一事实构成了三峡场镇近代建筑一个非常重要的形态片段和历史断面（关于此现象，将作专门章节研究）。而就其对南岸和北岸的影响深度与广度而言，因影响同是以长江为媒，南北两岸所受影响也就均衡了。

综上所述，三峡南北两岸场镇分布自清以来的变化和发展，使我们不难看出地理因素也是一个重要的方面。巫山山脉之七曜山、方斗山从鄂西一直延伸到丰都境内，几乎呈平行于长江的状态，无形中形成了鄂西、湘西、川东南、黔东北广大土家族地区与长江的交往隔离带。这种山高路险的地理条件的制约，在清以前对南岸城镇的发展起着关键作用；又由于所造成的农业区域出产微薄，影响了城镇的发展。研究表明，三峡南岸城镇清以前是不甚发达的，作为城市仅有涪陵和巴东，但它们恰又在三峡南岸的两端头，又有特殊性。那么，打破这种地理障碍，促使南岸场镇进一步发展者亦仍要从清以来说起。核心自然是三次"川盐济楚"中一浪推一浪的交通、运输高潮，很多文献、口头传说都描述了南岸高山陡坡上，人们肩挑背负，骡马成帮，至夜灯笼火把在山道中成串闪烁的壮丽景象。自然，不少人就会留在南岸沿江场镇上并定居下来，就会把土家文化传播到场镇上，有的甚至原封不动地把农村住宅形貌搬到场镇上。那是一个不是什么人都能随机应变，立即就把建筑变成"前店后宅"的时代。像成都、重庆等大城市，不少临街之宅十足农村民居的样子。若就三峡南岸场镇而言，之所以干栏式建筑普遍，以及开凿再大的土石方量也要建个四合院之类的，个中分台构筑又造成支撑柱的出现，里面则处处都透露出对土家居住文化的眷恋。本来有的缓坡多砌几层石头就可全铺成平地屋基的，他们却留下分台阶的空间以利于房屋的功能展开。比如，最下层为畜圈、厕所、杂物间，二层为商店、居室的普通模式，其底层之做法正是对干栏文化的一种眷恋，不可以纯功能定夺。因此，我们感到三峡尤其是南岸场镇和湘、鄂、黔场镇极其相似，正出于上述理由。

（六）土家族与三峡南岸的关系

三峡地区是民族文化交融的大走廊，此论可以从古代该地区人口构成的情况来理解。比如川东冉姓族源问题，蒙默先生及奉节历史学者都认为："川东冉氏并非白虎巴人之后，而是另有族属来源。"他们是"'冉髦种'，即'冉駹'，或称'甲戎''嘉戎'，是古代分布在今四川羌族自治县一带的少数民族。因居住地区盛产髦牛，故又以'冉髦'称"。《史记·西南夷列传》记载："冉駹最大，其俗或土著，或移徙。"《后汉书》则说："冉駹夷者……入蜀为佣。"《汉书·西南夷两粤朝鲜传》亦称："今夔州，开州（今开县）首领多姓冉者，本皆冉种也。"这说明部分冉姓人从川西北岷江河谷上游地区偕"其俗""移徙"到了川东地区。"其俗"应作其风俗民俗解。建筑为物质民俗之首，因此，冉姓人完全有可能把石砌构筑技艺也带到川东，并通过建造高耸建筑物以展示"世为

/\ 石柱西沱附近土家族聚落

蛮师”的彪悍勇猛民风。这可能是我们今天看到川东地区仍分布着大量碉楼的历史原因之一。或许这是一种猜想，因后来陈剑先生又说，“迁入川东，尤其是下川东地区的冉駹人裔支，与原祖源氏族，早已失了文化上的联系，带入的旧有民族文化意识和习俗，也因融会等原因而多已面目全非了”，或者“毁的毁，损的损，改的改，烧的烧。到今天已难觅其踪了”（陈剑：《川东、湘鄂及黔东北冉氏族源考证》，见《四川文物》1996年第6期）。

“川东如夔州江南一带的一些氏姓大族，如冉姓、向姓、唐姓、谭姓、李姓、田姓等，姓氏班辈用字与湘鄂西和黔江一带的土家族人相同”（陈剑：《对冉仁才生平的几点认识》，见《四川文物》1990年第4期）。历代汉人对少数民族的封建门阀歧视，导致土家族内部在族谱、家谱上以两本谱面对社会现实：一本公开地说自己族源属汉人；另一本为真实族谱，掌握在本族核心人物手中。这种“川东民族古史之谜”可以说一直到十一届三中全会才解开。1984年，笔者有一个姓谭的学生讲，他们家最近才改“汉族”为“土家族”。以上所列是想说明这样一个问题：族属的隐瞒是遮掩不了文化传承的。土家族传统民风民俗、生活习惯仍在其内部流传，这里面所表现出来的区别，仅是程度上的不同。比如，“川东如夔州江南一带”的划界是奉节县文史家经实地充分调查后的结论。这种结论可以用建筑风格、特征、技艺来佐证的就是：川东以长江为界，南岸受到土家族文化影响是客观存在的。不同仅是和湘鄂西、黔江土家族核心地区比较，越往长江靠拢，这种影响变得越脆弱。具体而言，以土家族标准的三合头吊脚楼为例，它大致分三条路线。

（1）通过乌江沿线并渐次减少。吊脚楼主要在厢房两侧上。以乌江中游龚滩为界，上游出现三合头吊脚楼一式较为普遍。因为它靠近土家族核心的湘西、黔江地区，具体的标志性村寨在龚滩乌江上行7.5千米处，两岸各有一寨，东岸是酉阳土家秀水寨，西岸是苗家鲤鱼池寨。秀水寨有40多户人家，清一色土家干栏式建筑组团。以此为界，往下游发展，汉族四合院与江岸吊脚楼发生交融，典型的土家三合头吊脚楼便极少见，而在靠近涪陵的长江段则更罕见。

（2）翻越方斗山脉，黔江地区通过石柱县，鄂西恩施地区通过利川县（今利川市——编者注）广大山区，土家族典型的三合头吊脚楼亦呈现由南到北渐次减少的趋势，到忠县、万县境内，则更稀少了。

（3）清江河上游地区往北，山势更加陡峻，以湖北建始、巴东、利川为核心，土家族文化影响亦更呈脆弱趋势。典型的土家三合头吊脚楼在巴东、云阳、奉节、巫山县长江南岸地区则更少见。

以上三条路线展现土家族文化对三峡地区的渗透与影响：先在长江南岸山区与汉族四合院发生交融，在长江岸边渐次减少，说明以长江为纽带的三峡文化长廊中，主流的汉文化取得了绝对的地位。但在不少细节上，比如建筑的构造、局部装饰，甚至名称等，仍留有土家族遗风。由此证明长江三峡文化是一个包容性较强的概念。

（七）川东与湘西、鄂西地区的文化传统关系

土家族聚居的湘西、鄂西地区和川东地区，历史上常属一个自然区划地区。无论在民族成分和地理环境上，它们均具有太多的相似性，使得此地区遗留下许多同类型的文化。《华阳国志·巴志》记载，“东至鱼复，西至僰道，北接汉中，南极黔涪”，即概括了古代土家族亦即巴人的活动范围。颜师古注《汉书·西南夷两粤朝鲜传》中说：“黔中，即今黔州是其地，本巴人也。”有专家认为，“湘西地区若是黔中，那无疑会是巴人的活动区域”（郭伟民：《湘西巴迹初探》，见《四川文物》1995 年第 4 期）。最近在湖南考古发现的战国时期巴式遗物中，“对这批巴式器物的确定……形态与楚越、中原文化的器物形态有较大的差别，而与四川出土的巴人遗物极为相似”（郭伟民：《湘西巴迹初探》，见《四川文物》1995 年第 4 期）。这说明川东巴人很早就与湘西有来往。来往是文化产生相互影响的基础，但川东巴人在湘西并没有构成单独的力量实体，因此，文化影响的主导方面仍在湘西。即是说相互影响是以湘西对川东影响为主，这与上述我们对民居的调查中，湘西土家族三合头吊脚楼深入四川乌江上游地区，往下游渐次消失的事实是一致的。

至于川东巴人和楚国的文化关系，则比与湘西的文化关系深远得多了。远古时，清江是鄂西地区巴人与长江相沟通的河流，清江中游的武落钟离山即是土家先民巴人的发祥地。春秋战国时期巴人势力强大起来，在和楚人时分时合的漫长岁月中，渐次深入川东地区，最终不敌楚国的进逼。到公元前 361 年时，

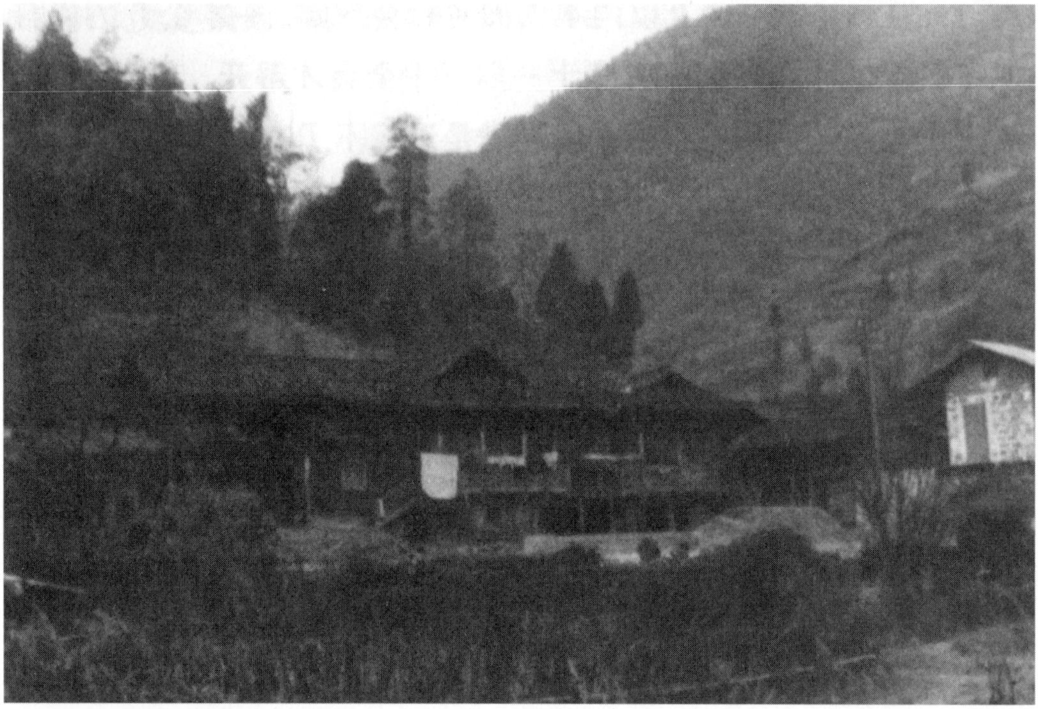

/⩘ 湖北建始土家族吊脚楼

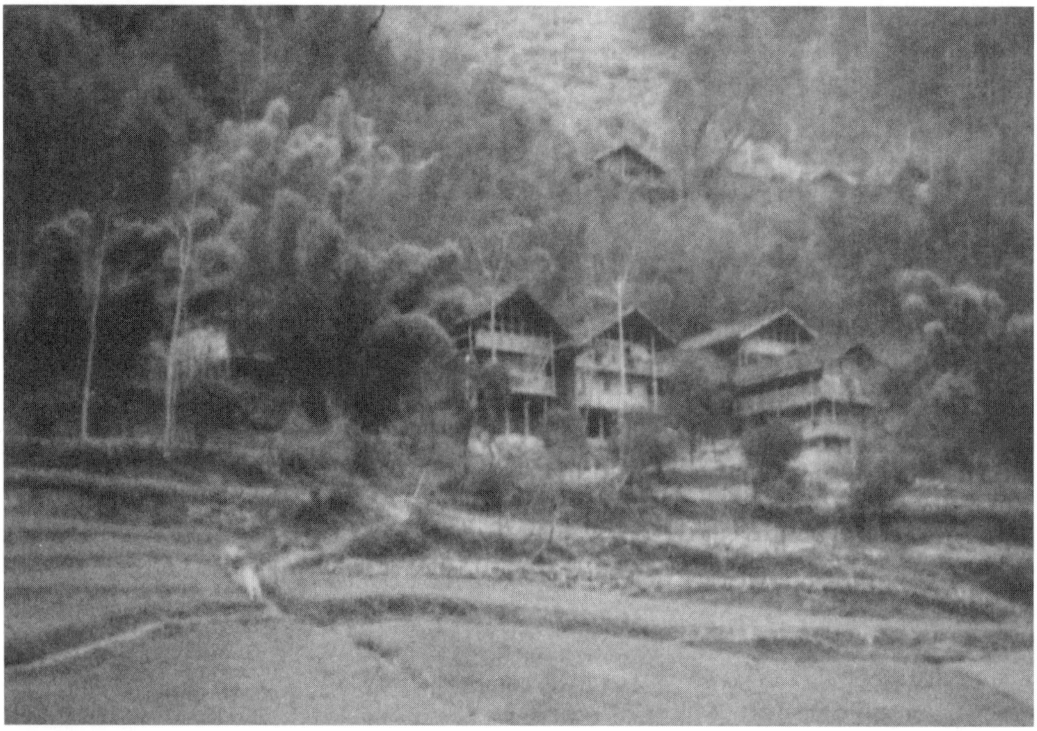

/⩘ 贵州沿河鲤鱼池土家族民居

/\ 酉阳土家族民居

楚国疆界不断扩大。《史记·秦本纪》说："楚自汉中，南有巴黔中。"所谓巴黔中，大约在今四川长寿以东、长江以南的酉、秀、黔、彭一带，并还在不断向西扩展，在公元前339年到前329年之间，楚将军庄蹻占领巴的别都——枳（今涪陵），于是巴的疆域只剩下以重庆为中心的上川东及川东北一带了。

到了战国中期，强盛的秦国又先后灭掉了巴、楚两国。秦统一六国后，不可避免地对川东、鄂西、湘西地区进行中原文化渗透，这种渗透是在采取军事手段之后达到的，正如秦灭蜀通过川北进而川西，其文化浸染亦同轨。因此，大致以长江为界的长江北岸地区与川北交界的广大地区，亦成为巴、楚文化与秦、巴文化的交汇地带，即今天的万县市北部各县、达川地区、巴中地区、南充地区北部各县这样辽阔的区域。这一区域的文化和湘、楚、川交界的长江南岸山区比较，差别就一目了然了。

第三章

三峡场镇社会形态

社会是一个可变的流动形态，历史发展的趋势总的来说是进步，但有时也发生倒退，如战争的毁灭、自然灾害的摧残。所谓天灾人祸亦不过是历史长河中的逆流暗礁，它表现在城镇空间发展上最为触目惊心。比如，封建时代政权更迭，一夜之间可摧毁数百年营建起来的建筑，迫使城镇人口重新组合，社会形态发生萎缩变形，社会结构几近解体，经济崩溃，大地一片荒芜。如果是一个场镇，在片瓦不存的情况下，新的统治者为了巩固政权，亦会像对待大、中城市一样，以优惠政策促使经济复苏，再组充满活力的社会结构、家庭结构，从而形成新一轮的社会形态，这就同时产生城镇空间的新面貌、新内涵。对此，我们可以做如下分析：

一、社会结构

原川东地区与四川在人口祖籍归属上总体是没有太大区别的。清初以来95%左右的人口来自鄂、湘、闽、粤、赣、陕等省。但各省移民相对集中于某一区域也是客观存在的，比如，川南鄂、湘籍人相对少一些，闽、粤人多一些；下川东则相反。所以，我们看到川东沿江场镇往往禹王宫大且多于南华宫、天后宫，如西沱等镇。这里可能有川东距湖广更近、湖广填四川以来湖广人捷足先登的因素在内。甚至一部分人在迁徙过程中就滞留在巴东紧邻四川边界场镇和农村中，也是可能的。因此，在三峡场镇社会结构中不可避免会出现因血缘性和地缘性以及志缘性相结合的人群，这些人群形成场镇社会结构的基础，并分别以会馆、祠庙诸空间形式作为纽带，形成维系信仰的中心。比如，湖广人以禹王宫作为地缘性维系中心，有的以若干"× 氏宗祠"作为血缘性的维系中心，船帮人群以王爷庙作为志缘性的维系中心，陕西盐帮以关圣庙、关帝庙作为地缘与志缘相结合的维系中心。再比如，有相当土家族人群的场镇，还以三抚庙作为中心，土著人群较多的场镇则以川主庙作为地缘性信仰维系中心。三峡沿江场镇因其处于川江咽喉之部，船帮形成以王爷庙为中心的志缘性信仰结合空间化，是社会结构一大特点，因而也造成场镇空间形态比其他"多此一举"不同的空间特点。此举犹如盐神庙之于产盐区的志缘性信仰结合空间化，是各地因事因时因人不同的空间创造，同时也是社会结构的一种具体表现。

因此，社会结构是一个流变的血缘性、地缘性、志缘性相互渗透影响的组织结构。西沱镇属土家族占很大比例的石柱县辖镇，它就没有像酉阳龚滩镇那样有三抚庙以凝聚土家族人心，从而强化作为一支社会结构力量的空间以介入社会形态的地位和形象。而忠县洋渡镇位于忠县、丰都、石柱三县交界之地，场镇行政归属自清以来几经变迁，自然也导致社会结构不断调整和变化。变迁的核心以经济发展的强弱为转移，最后发生以血缘、地缘、志缘维系社会结构的淡化，这也是会馆、祠庙、寺观逐渐走向衰退的原因之一。当然，鼎盛时期的清代中叶甚至到清末，各血缘性群体共同努力开发农商，渐次以祠堂显示家族旺盛，并在地缘情感上，以同说家乡土话、摆家乡的故事等，以及民风民俗来联谊乡亲、乡情，在四川共谋发展，于是地缘观念以会馆为维系纽带，各种会馆像春笋般涌现，遍布三峡城镇。与此同时，志缘性结合的社会结构亦同时出现，除船帮的王爷庙外，各行业诸如屠宰行之张爷庙、盐业之龙津庙，以至与不同宗教信仰有关的观音庙、大佛寺、土地庙等寺观一时争辉于三峡城镇，亦即川人所言之"九宫十八庙"，均可属社会结构的流变与衍化的产物，其中不少还是你中有我、我中有你。不过，社会结构的趋同化还有一些重要因素，即几百年来婚姻关系的相互调整，新的地缘观基础上形成的共识，各自文化相互交融后带来的宽容，等等。

由于有上述历史时期社会结构的发生发展，清代三峡场镇尤论是会馆、祠庙还是寺观，它们在场镇中均起到举足轻重的作用，凝聚着人们的观念，又为人们提供了活动场所，是一个场镇的精神中心。加之它们多选址在地势显要的地方，如码头、入口、制高点，又往往体形宏丽、高大雄浑、造型庄重、装饰精湛，其大小和内涵远远超过一般民居，形成场镇从外观到内部的重要组成部分。

二、街坊结构

川东城镇多称邻里为街坊。街坊结构亦同邻里结构。就三峡场镇而言，街坊之谓，大者全镇相互认可同为街坊，小者某一街段、街区是街坊。场镇两端曰场口，称上场口、下场口，场口一带邻里亦互为街坊。相邻于街上紧挨一墙的两家，一院同住数户，均为街坊之谓。街坊是古代里坊行政制度空间化后，进而转化为地缘性认同的情感化，它既是古制的延续，也是古制外延而在空间和地缘情理上的认同。居民长期交往形成熟识关系，形成邻里、邻居。其挨邻搭界，共用一墙一壁一坎一柱，共同的利益与空间利害关系使得相互之间变得亲密。

三峡地区场镇相互之间都有较长距离，各自偏安一隅，尤显封闭。街坊关系如常言“远亲不如近邻”，具有较强的互助性、熟识性和同质性，以排斥封闭的孤独。长期友好交往、交易、互助，以及婚丧嫁娶、红白喜事，又完善着街坊间的社会功能。另外，建筑活动、宗教活动、抗灾消祸、救济捐助、生产合作与操办宴席借用人手、房屋、锅盆碗盏以及重要节日迎来送往，集资借贷的“打会”等行为，均造成地缘性因素的接近，并以此为纽带形成街坊结构。

街坊结构是借助场镇的物质空间构成的，宽窄宜人的街道（尤其是在街、巷相交的节点上，或者会馆、寺庙临街前较宽的街段上）是主要交往空间，有的场镇还形成中心空间，比如，洋渡场集齐码头、王爷庙，多路段交融于一体，成为场镇中心空间。石宝场、西沱场、大昌镇、大溪场都有此般中心，甚至形成另外街段的副中心（尤其是线形街道较长的场镇）。这种街坊结构物化空间是根据当时农村赶场流动人口和当时场镇人口总计的概念设计与营造的，想来赶场与交往不至于像一两百年后的今天这样挤得水泄不通。

我们今天讲古场镇街道尺度形成的空间气氛亲切宜人、富于人情味等特点，在很大程度上取决于街坊结构的亲密性和宽容性，甚至由此带来建房时间先后的次序性。比如，第二家建房在瓦面高度上不超过第一家，以后依此法下落；若要高于第一家则可以风火山墙隔断，重新树立房高。街道宽度、高度自然由此延伸，故三峡古镇很少发现街道时宽时窄的畸形现象，除非为地形所限。这种约定俗成的传统对于街坊结构的亲密性起到了正面作用，包括蔑视乱搭乱建等，无疑是一种优良的街坊民风，反过来自然又支持着良好的街坊结构关系和街坊空间关系。

三、家庭结构

四川真正能维系传统世系大家、“聚九族”之众的多代同堂的家庭是不多的，三峡地区也不例外，也不论城镇与农村，原因是秦汉以来四川就有“人大分家，别财异居”的民风。要有相当财力方可维持众多丁口的生活，故也有个别财力雄厚者维持多代同堂家庭的情况。但多数有财力者还是主张分家，父母多随“幺儿”居住。忠县洋渡场古氏三兄弟的三宅，即其父为三个儿子修建的临街店宅一体房屋，是场镇家庭结构反映在住宅上的生动写照。古氏三宅相距不远，但房屋不相连。三峡江岸坡地要展开庞大的多代同堂的复杂空间，占地必然很宽。但分家后仍可按传统中轴对称建房，同样可以采取前房（店面）、天井、正房（堂屋）、厢房的格局。古氏三宅精丽、小巧、细致，皆有上述变化丰富的空间；格局不乱，严整对称，均有风火山墙。仅此即可判断其为清中叶早期作品，这正说明该家庭结构在那时“人大分家”的风气下，是一种普遍现象。

在一个场镇形成血缘网络，相互通婚，进而又构成错综复杂的血缘关系。比如，巫山大昌镇的“温半城”“蓝半边”等现象，在三峡场镇都有程度不同的反映。从一定意义上说，这是多代同堂的单体空间转换扩大成场镇空间的家庭结构。人和住宅分开了，但都不远，有的甚至就在旁边。多代同场，共居一小小的场镇，实也与多代同堂无甚大的区别。而一场镇几家大姓结为亲家，相互通婚，则进一步扩大血缘性的场镇家庭结构关系，形成乡族。从严格意义上说，这是弊大于利的家庭结构，是封闭性的血缘关系加上封闭性的地缘关系的“雪上加霜”，往往容易产生排他性，从而维系保守性。这也是我们看到三峡场镇不少建筑形态平庸、相互雷同的一个深层原因。

明末清初的战乱，对三峡地区城镇的摧毁程度，远大于对盆地内其他地方，前面章节已有论述，实则仅存瓦砾一片。为在这样的废墟上重振城镇建设，进而建立社会构架，完善社会结构、街坊结构、家庭结构，清政府采取了一系列的移民安抚与管理政策。

/\ 巫峡泛舟

第四章

三峡场镇环境与选址

三峡场镇环境指的是自然环境和人文环境两方面。自古以来，这种环境随着时代变化而变化。比如自然生态方面，我们从某些外国摄影家20世纪初拍摄的长江三峡沿岸作品中发现，那时两岸山峦基本上是光秃秃的。所以晚清以来建筑用料越来越纤细。而这种状况又引起上游森林地区的乱砍滥伐，同时带来木筏漂流业的畸形发达。我们今天看到晚清的一些公共建筑和一些大户人家的粗壮柱子用材，不少正是从岷江、金沙江漂来的，这种势头直到20世纪末才被遏制住。

三峡沿江生态失衡导致的恶果，影响较大的有秭归新滩镇场镇被泥石流淹没，以及云阳鸡筏子滩泥石流几乎截断长江。而三峡地区每年大大小小泥石流不断，影响着场镇的选址及老场镇的安全。所以自古以来人们对居住环境的选择甚为谨慎。古人为此亦总结了一套完整的经验，当然，经验的经典就是掺杂着风水和其他实际而又充满理想的生存必需的东西。

一、古老的渔猎遗风

我们从大溪考古中发现，在探方的文化层中挖出很多鱼骨。这是5000年前甚至更早的人类在三峡中生活的真实写照。问题是这个地方还处在两水即长江与大溪河相交的三角地带上，考古学家认为这是三级台地。几千年来这里的地质状态、生态系统没有发生过根本性的变化，是宜于人类栖息与生存的地方。

几千年不大变的地方在整个三峡沿江地区是不是具有普遍意义，即是说三峡居民居住选址是否都青睐和传承着5 000年前古老的人类居住选址的遗风？答案是肯定的。但渔猎不是唯一的原因，只是很重要的条件，是一种潜意识的使生活方便的因素。

长江干流有很多支流，在两水相交之地，支流往往带来很多鱼类食饵。而两水相交时支流水的流量流速受到干流巨大冲力的节制，于是在相交的水面形成若干回旋处，因此那些鱼饵在此相对集中并较丰富，这就相当于天然渔场，引来了渔猎之人的聚集。如果遇上洪水时期，支流更成为大小船只尤其是小渔船的良港。显然，两水相交的三角陆岸，不管它是坡地还是台地，就成为人们常集中的地方。鱼与其他物品的交易、农副产品的交易等均可于此进行，这也许就是最早场镇的胚胎草市。1994年，笔者在大溪镇调研时就在大溪河边的渔船上买了几斤麻花鱼佐酒。直到今天两水相交处仍是渔船出没之地。不独三峡，整个川江水系网，过去只要是上述水流交汇处，自然均会衍生出人与鱼的故事。若无人，水禽也会常常光顾这里，此也是生物共存的同质性。

若我们选择长江不是两水交汇处的江岸来追寻渔猎古风，则很难发现上述生态优美之处。不过，这里我们提出一个问题：为什么三峡古镇无论北岸南岸，大镇小市都几乎选址在两水交汇处而不在其他地方？于是我们从大溪文化的发现处找到了人群最愿意集中的地方，并从随葬的鱼骨中得到启示。其实古人早就发现了这一规律，并费了很多脑筋去解释它。笔者甚至认为风水选址皆由此得到启迪，而不是风水在指导人们去如何选址。原因很简单：古代大溪人是按生存需要而选址，经三四千年之后看风水之说才兴起，接着人们用它来指导聚落及房屋的选址，其基本山水物象与大溪时代何其相似（尤其把水看成江边人生存的最关键条件）。

二、风水选址水唯上

风水选址说到底就是根据水陆两大环境来选址，任何风水说法离开水就不成其为风水。住在无水之地的人，根据风水说可以引水、造水，借水造景补景。但所有水景都必须在聚落或房屋住宅的前面，若前面是南方更好，在东南或西南方也可。风水术的本事就是集中国南北优秀的传统聚落与住宅的选址的长处之大成，然后把它综合优化成指导性的经验。其实，凡南北各地聚落与住宅的传统选址皆在风水要义中，不足之处是诸多限制，不可能事事皆全。比如三峡长江是东西流向的河段，传统场镇选址多在两水交汇之处，我们如何来评判它的方位与朝向？若按严格风水意义的格局讲，青龙、白虎的意象山峦很难找到，唯存在的是有违方位的祖山龙脉及朱雀之貌的水。但从人类生存的必需来说，这种古老的选址方法也就够了，它可以让那里的居民生活过得去，实际上是要有粮食和水源两大基本生存条件的保证。而青龙、白虎的左右环护是修饰性的对生存环境的完善和补充，即有它可能生活得更好，处于次要地位。这个道理其实也很简单，青龙、白虎可以不要，人完全可以生存。然而龙脉祖山的陆地和前面的河流却是人须臾也不能离开的，不管二者是在什么方位出现均可。于是我们看到三峡自古以来，不论南岸北岸，凡城镇村落都不约而同地在两水交汇处、在长江干流和支流的交汇三角地上纷纷落地生根。那些宫观寺庙亦按此观点选址，比如，云阳张飞庙、香溪水府庙、奉节白帝城、忠县石宝寨等选址均无一例外地忠于此说法。而稍微有条件的民居则更是如此。显然这里从风水角度而言更多的是顾及“龙脉”的山和“朱雀”的水的关系，其他则显得牵强附会了。

在山和水的关系上，长江三峡场镇居民的特殊性在于多数靠水生存，而不是靠务农种庄稼。所以他们视水为生命，这种神圣感必然支撑着他们的理想和信仰。在一定意义上讲，如果人们对水的依赖性大于对陆地的依赖性，那么场镇也好，聚落、寺庙、民居也好，它们的产生必然都与水有关系。这就产生了以水为背景的“水文化”，产生了近水而居、和水亲密、以水泛说世象等见解。其中选址临水而居最为关键，就整个场镇而言，则更要让人人都能感受到水的存在，水与生命、水与钱财休戚相关。

过去人们生活依赖的职业非常可怜，长江边靠水生存的场镇居民占多数，加之唯物主义思想尚闻所未闻，人的生死贫富全由命定等宿命论束缚着人们的思想。听天由命是一个方面，而听信一些附会之说欲改变人生处境的被动挣扎也是一个方面。后者往往和一些科学的成分结合在一起评说，这就使得风水之类的东西包含了不少主、客观因素。比如，场镇选址于两水交汇的三角台地上，其原因虽复杂，但便于设码头，是三角地辐射农村的端点，有稳定的地质条件等，均有科学的依据。正是这些科学性的客观存在，才使两水相交之地成为数千年来人们乐于居住之境，并一直延续到现在。当然，时代局限又使得泥沙俱下，一些人趁机将当时流行的思潮和这些现象结合在一起以求解释这种现象的成因，于是增加了场镇发生、发展过程的复杂性。

普遍的选址情况是（如左下图）：

Ⓐ——两水相交夹角朝上游者的北岸

此类选址优点是大型公共建筑依山而建，可得坐北朝南之最佳朝向，得地球自转偏向力作用之利，受洪水冲击没有南岸大，较安全，又是风水、儒学、民俗最能完满解释、无甚大缺陷的选址。

Ⓑ——两水相交夹角朝下游者的北岸

虽然有很大比例的县治和场镇属此况，但往往与长江平行的上场口缺少了风水说中朱雀之貌“金带缠腰”的两水相交状。此状给予了下场口，自然就损失了面迎长江上游的风水讲求的“进财”开口的更大空间。其他同Ⓐ。

Ⓒ——两水相交夹角朝上游者的南岸

主要缺陷是大型公共建筑必须依山而建，就要求基础牢靠，因而损失了坐北向南的朝向，同时受洪水冲击比北岸大。其他在风水、儒学、民俗方面能得到完满解释，如Ⓐ。

Ⓓ——两水相交夹角朝下游者的南岸

这类选址如Ⓑ类，但比它还差，比如，受洪水冲击比北岸大，南迎东北及河谷冬夏之风。故此类码头宜在场镇中段开口，如奉节安平场等。

另外，在长江干流岸旁而无支流相交处，甚至连一条象征性交流形貌的水沟都没有的地方选址者，经考察考证，还没有发现过。

两水相交处的多数场镇主干街道靠长江干流。也有部分主干街道靠支流者，如石柱沿溪、西沱，万县金福、新田等，其原因是两水交汇处地形险

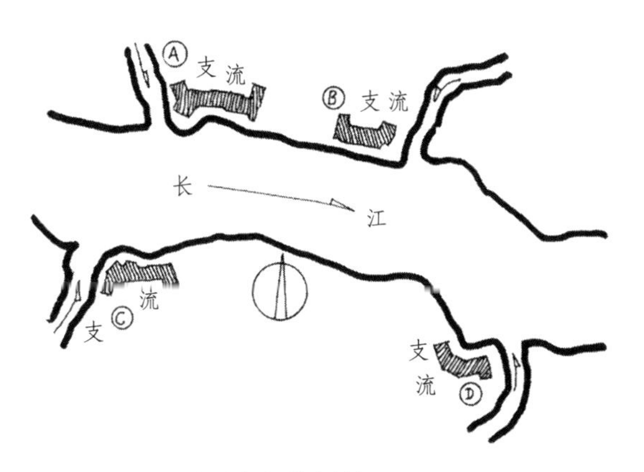

/\\ 两水相交角场镇选址概况

峻、河滩基础不好等。上述情况亦是形成线形街道垂直于长江布局的主因，著名实例有石柱西沱巴东楠木园，与上述选址不同之处是地形为陡斜坡地。

三、心向蜀汉与心向重庆

云阳县城对岸的张飞庙，大门斜开向上游西方，不少专家和本地地理人士认为个中有风水原因，更多的人则认为风水原因决然不存在，而是儒学原因，大门向西方斜开是一个特例。原因很简单，张飞不是生意人，不企求风水中的金银如同水流向自己的怀中，以祈来世发财。全因张飞素来忠于刘备的仁义之举感动着后人，所以后人建庙时主观地把大门斜开，确也是当时影响民心的传统儒学因素在起作用。成都在三峡的西方，也是上游之地，把庙门向西斜开是老百姓的意愿，说张飞死后心还向着蜀汉，唯有在大门朝向上的变动方才能表达张飞的仁忠之心。

但是，在三峡场镇宫观寺庙和民居中的大门斜开者就普遍了，奇怪的是南北两岸没有一家大门是向下游、向东方斜开的，向上游斜开门恐怕大多数确系风水原因了。这一点，我们已做了论证。但不可否认的是，湖北段的沿江建筑就没有四川段此般讲究了，故对现在一般民居和寺庙大门向西斜开的原因，有不少人还说有版图因素，这大概是由“心向蜀汉”生发出来的一种猜测，认为“心向蜀汉”还有属四川管辖的意思。然而湖北段就没有“心向荆楚”，即大门向着武汉方向开的实例了，相反倒还有个别实例，比如，香溪水府庙也斜对着长江上游。于是三峡民居与寺庙中，凡晚清以前的建筑，则往往不是整座建筑斜向着上游，就是使大门与轴线产生一点儿偏离，有一个很小的角度，使大门斜向着上游；即使不这样，至少也是垂直于江岸。如果是整个场镇街道，众所周知，无论南岸北岸，也仅有靠山一列大门面向江岸，由于诸多功能因素，不可能家家都斜开门。还有另一列临河岸街道民居，大门全部背着河面向着山坡，如此，正如前述，一个场镇必须以街道为整体向上游方开口，亦正是代表了所有居民的意愿，所以，就用不着家家都斜开门了。同时“心向蜀汉”，向着省城

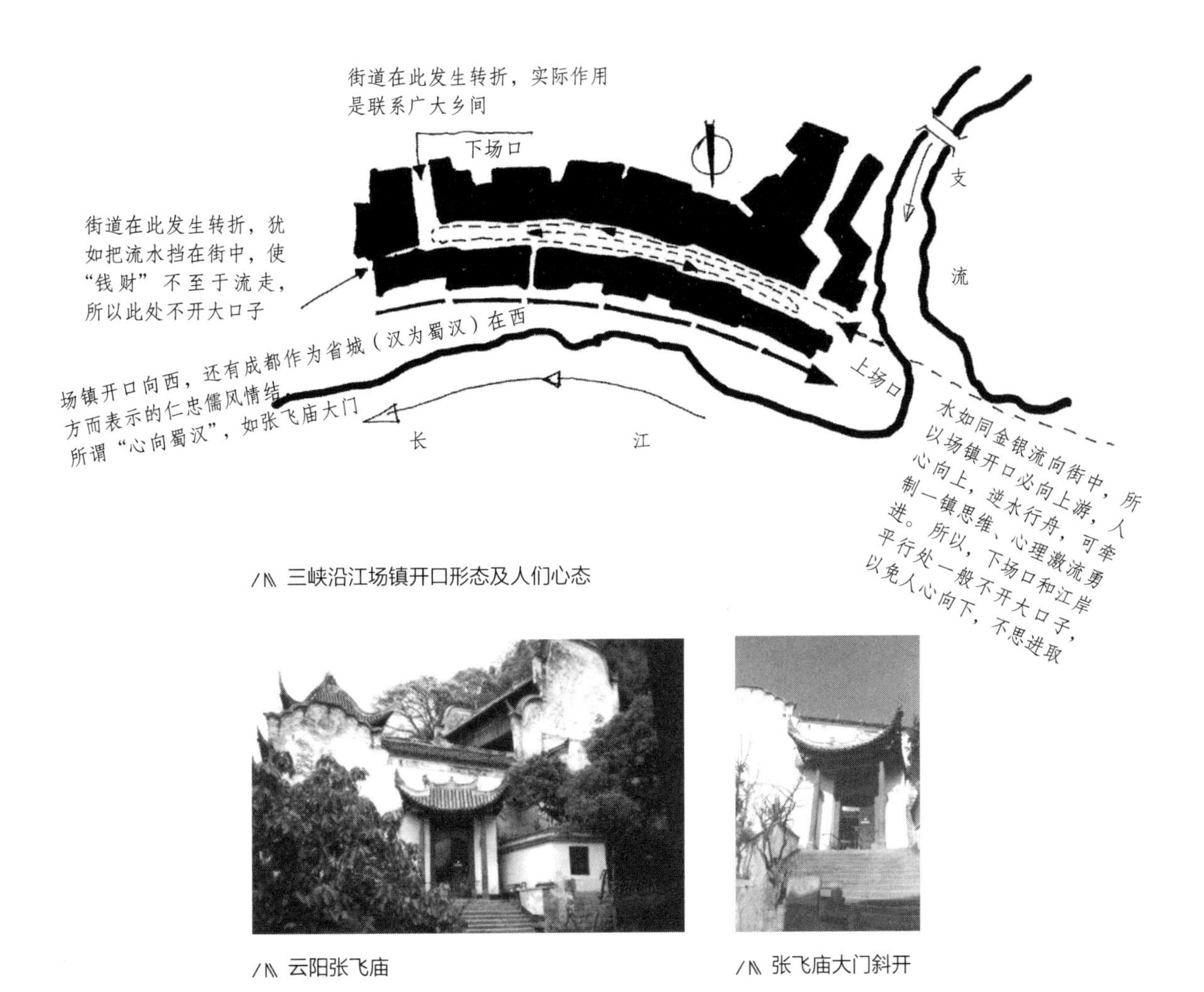

/// 三峡沿江场镇开口形态及人们心态

/// 云阳张飞庙

/// 张飞庙大门斜开

成都的区域归属感也在空间上有机地达成了。上述是“龙门阵”，是故事，但不难看出，潜在的无可置换的选址因素是故事最根本的出发点，同时也是为这种选址找理由的自圆其说的附会。

重庆以下长江三峡段地区，居民的生存因素很多都与重庆有关。所有的江岸场镇可以说都是去重庆的跳板或驿站，居民言必称“千猪百羊万担米”这个清代传下来的描述重庆人每日消耗的口头禅，故也有个“心向重庆”的选址问题。当然，重庆自古为“巴国”中心，其形成正是与水系有关的。重庆水界计有三方：一为嘉陵江，二为长江以重庆为界的上游，三为长江以重庆为界的下游（指巫山县以上）。第三方的人以重庆为终端，一切唯重庆马首是瞻，故重庆实际上是三峡地区的物质领袖，而“心向蜀汉”的成都是精神领袖。两相比较，三峡地区受重庆的影响远远大于成都，几千年以来已形成特征突出的区域文化体系。

第五章

三峡场镇与『九宫八庙』

三峡沿江城镇宫观寺庙自清以来可谓盛极一时，各城各镇所拥有数量，多者远超出“九宫十八庙”。“宫”与“庙”各占比例又有所区别，相互之间孰多孰少，皆视各城镇具体情况而定。大城市，如重庆、宜昌、涪陵、万县等州府所在地，小城市，如长寿、丰都、忠县和下川东各县县治所在地，宫观寺庙之量多已超出“九宫十八庙”之数。2001 年，在成都艺术宫曾展出一德国人于 1902 年拍摄的云阳县城照片，是站在江对岸的张飞庙外拍的。当时云阳城宫观寺庙之多，真可谓蔚成半城之势，非常壮观。而“九宫八庙”之谓恐多指县以下场镇所拥有的宫观寺庙数量。民间流传城市与场镇有“十八庙”与“八庙”的差别，不是毫无根据的，数量多少在一定程度上反映了城镇大小、规模的不同。这是表面一句话，个中深含城镇空间建筑类型的多寡。

无论城镇寺庙宫观有多少，在大部分通航的川江内，尤其是三峡长江干流、支流沿岸城镇，出现了一个其他地区虽有，但地位一般，而唯独三峡沿江城镇处处可见的祠庙现象，这就是王爷庙的存在。此现象一直延伸到湖北巴东县楠木园镇，成为邻近川境唯一有王爷庙的地方，原因是该庙由川人所建，又是离川境最近的场镇，是供四川船工进出四川烧香祭祀、祈祷平安的地方。顺峡江往下到湖北，虽也有船工祭祀之庙，但不叫王爷庙。比如，香溪镇对岸香溪河与长江交汇的坡地上的水府庙，同样也是船工求平安、祭祀河神之地，但祠庙称谓不同。镇江王爷相传是斩蛟龙治洪水的赵煜，每年农历六月初六王爷生日，船工们都要出钱在王爷庙内吃“王爷宴”，请戏班子在戏楼上唱戏酬神。一般船工开船前也要去庙里祭镇江王爷，吃开船饭。

关于王爷庙的得名，自贡著名的《王爷庙碑记》这样说道：“王爷者，镇江

北岸王爷庙也多建在上场口一带台地上

王爷庙也有建在镇边缘的，如长寿扇沱、龚滩，万县黄柏等，但选址均在场镇上游方

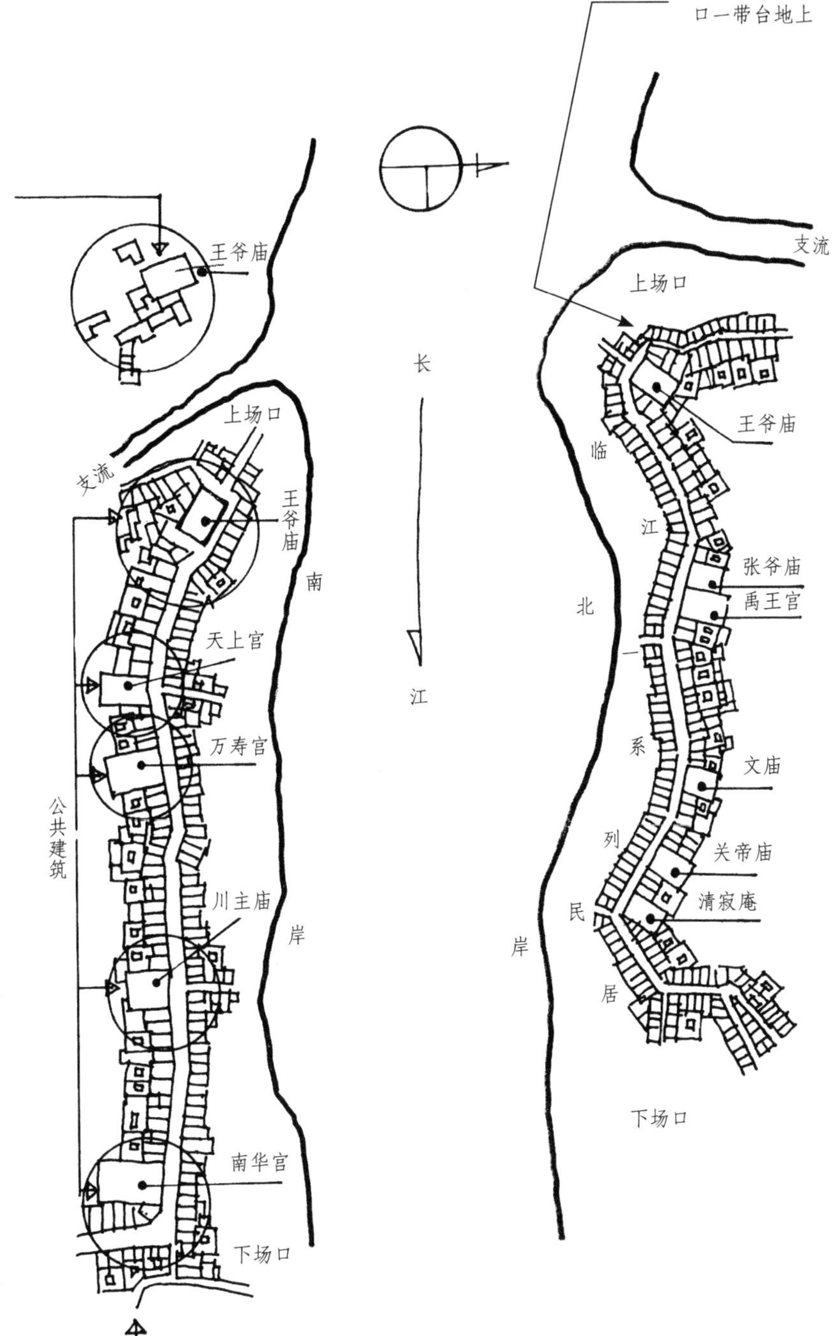

王爷庙最佳选址莫过于码头上方台地上，船工住宿围绕祠庙展开，大有主仆关系在建筑体量、质量、类型等方面的差别体现，从而构成码头建筑组团的主次关系。此实则完善了场镇结构稳定的框架状态。如果以此类推，诸如禹王宫、万寿宫之类，其周围亦必然聚集湖广人、江西人等。这也同样构成地缘性空间组团。久之，组团之间延伸、衔接、融会贯通，街道之成势在必然。这种街道形成之说有违于一般先有街道后有宫观寺庙之论。其实二者相互完善，建了又拆，拆了又建，亦如当代，最后形成我们见到的现状，这正是不断调整、互补的结果

北岸场镇靠山一列建筑中，所有宫观寺庙富贾民居均摆置其中，不仅可得坐北朝南方位，靠山亦可得稳定基础，还可向后延伸发展，多占空间，同时拔高祖堂、神位正房高度以谐神圣，诠释天地、人伦关系

无论南北岸，由于公共建筑都摆在靠山一列位置，临江一列坡地建筑几乎都是民居，且多为干栏做法，进深普遍浅于靠山一列建筑，此也是因地制宜，兼顾精神需要的沿江场镇传统街道格局模式

南岸靠山一列街道建筑中，几乎所有公共建筑都摆在那里，“公厅”朝向无法选择，皆坐南朝北，是生存与发展发生矛盾，发展让位于生存的无奈选择

/\ 三峡场镇宫观寺庙与南北岸场镇格局

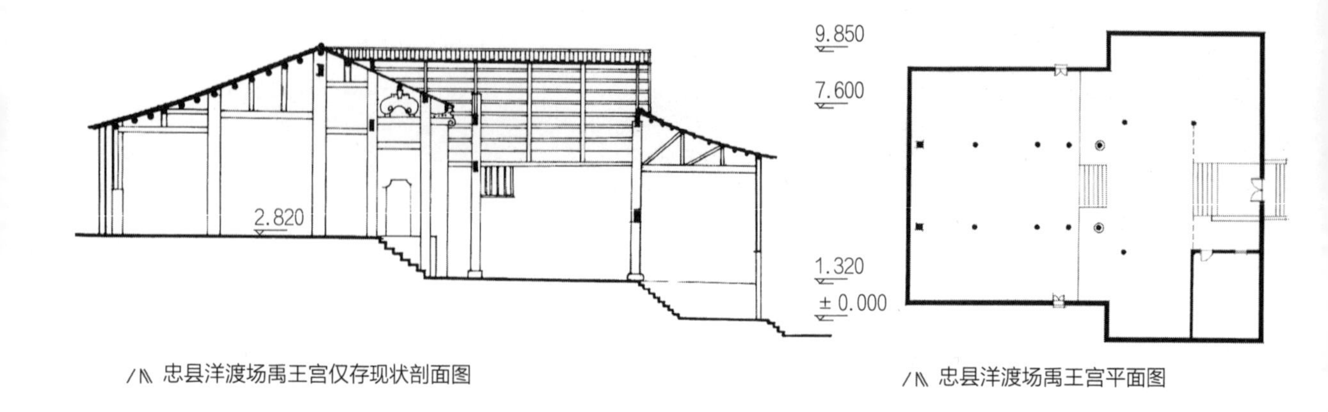

/\\ 忠县洋渡场禹王宫仅存现状剖面图

/\\ 忠县洋渡场禹王宫平面图

王爷也。能镇江中之水，使水不汹涌，而人民得以安靖，以故敕封为神灵，享祀于人间，凡系水道之地，皆庙宇有焉。”王爷庙多由利用江河搞航运的商人兴建，或与人合资，或募船工钱财兴建，目的是供奉镇江王爷以祈河神保佑，使航运一帆风顺、一路平安。这些航运商不仅建庙，还在住宅堂屋神位旁设王爷位置。住宅堂屋共立三块金漆木牌，中为“天地君亲师”传统正位，两旁各刻“镇江王爷”及“福禄财神”字样，供人们朝叩夕拜，以祈福禄。自贡为清以来川盐大宗生产之地，自然汇集本地及外地大量航运商。江河中行船，水势凶险导致船沉货毁是一个方面，“金生于水”“水去则金失”的阴阳五行之术的迷信说法则又是另一方面，它们都影响着王爷庙的选址。如自贡王爷庙在釜溪河流经沙湾之水深浪急的峡口处选址，建庙镇江。“金生于水”，一举两得，目的之一亦是锁住财源不使外流。这一选址之术深刻影响了川江尤其是三峡航运段王爷庙的建立，特别是清乾隆年间与咸丰年间两次大规模的“川盐济楚”形成“楚岸”，进而影响城镇的空间发展，王爷庙的纷纷兴建也多在此时期。其选址亦如上述，多在城镇的上游方，江面狭窄处的岸旁。典型者如长寿扇沱场、忠县洋渡场、酉阳龚滩镇，等等。从中管窥川盐大宗输出之地自贡王爷庙之选址，亦有王爷总庙之嫌。当然，王爷庙也有选址于城镇之中者，如忠县顺溪镇，其庙则在镇中，但其朝向亦为江的上游方。

王爷庙建于镇旁上游方的位置，恰构成三峡场镇一大空间特色，这有别于其他场镇空间格局，形成三峡沿江场镇的一种空间特征。它的客观影响和存在优秀的方面是：

（1）它是顺江而下时船中的人最先见到的场镇建筑，其选址特征、不同的外观亦构成该场镇标志性空间，从而产生一个场镇空间可识别性的先导，使人

/⑉ 万县张桓侯庙戏楼

/⑉ 万县张桓侯庙大门（下为简陋民居）

/⑉ 丰都财神庙大门

/⑉ 丰都东岳庙大门

1921—1926、1929—1933 年间，丹麦建筑师普里卜·莫勒两度在中国逗留，对中国建筑产生极大兴趣，去过 11 省旅行考察，收集了大量官观寺庙、乡土建筑资料。回国后整理成《中原佛寺图考》一书，于 1936 年在丹麦出版。今图稿引自该著作，从中可看到三峡城镇官观寺庙在 20 世纪初叶的辉煌。

易于记牢某场镇在江岸的位置、空间特点。

（2）它是吸引生活枯燥的场镇居民的一个恰当去处，一般距场镇边缘不足 100 米，与场镇形成若即若离的关系，又“属于场镇一部分”，在场镇居民心理空间占据一定位置。

（3）它自然就构成场镇上游方场镇的起点或终点。送客、迎客由此终始，空间与心理，社会行为、人情世故皆得圆满和合。若无此庙，一切无从说起，诸端于是纷乱，遗憾自然多多。

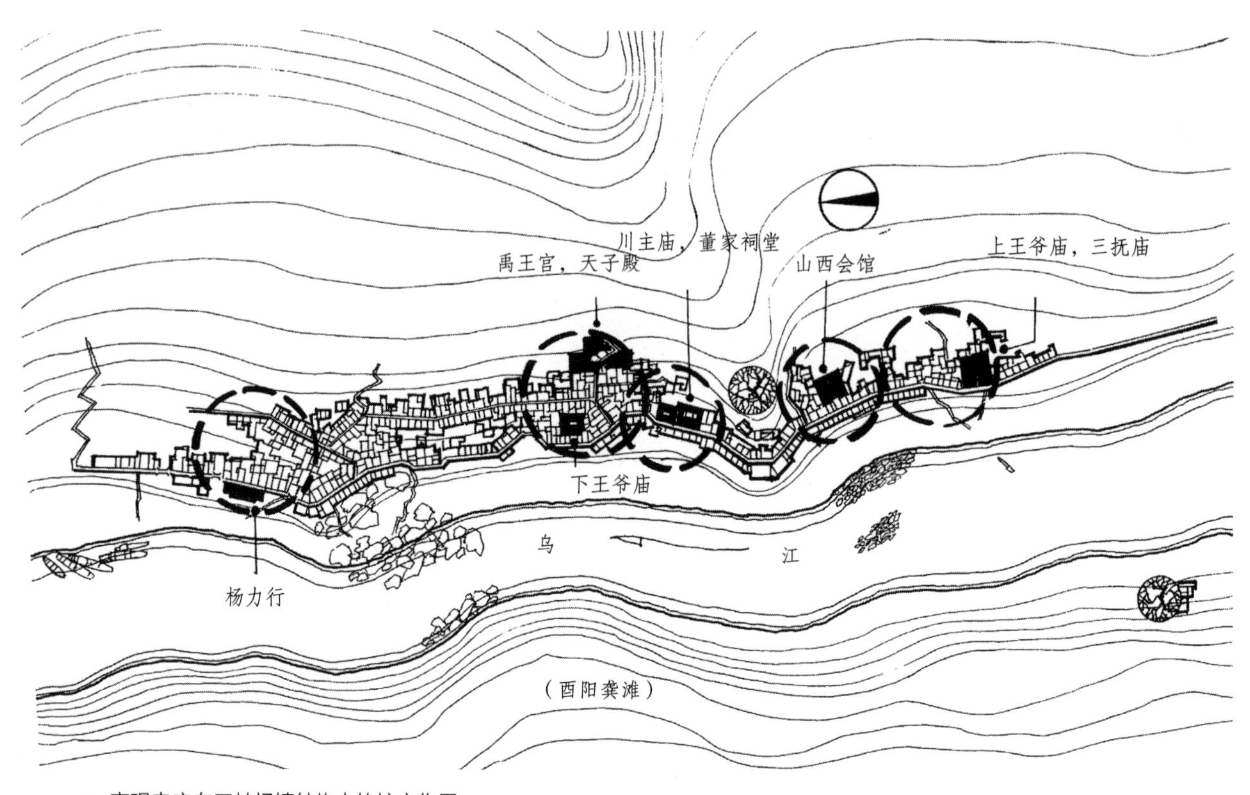

宫观寺庙在三峡场镇结构中的核心作用

龚滩镇陕西会馆与街道关系

龚滩镇陕西会馆，又称红庙子、关帝庙。红庙子之说缘起于关公为红脸，陕西人以门墙涂红色，将会馆人格化。周围护以街道及民居，恰如其分地表达了街道及民居组团的成因，又充分说明了场镇以公共建筑为核心的结构关系。

/\ 龚滩镇川主庙、董家祠堂与街道关系

龚滩镇川主庙紧挨董家祠堂，周围形成以街道为纽带的民居组团风貌。

（4）它构造一个节日场合，如船工祭祀，居民“打会”，丰富了场镇生活。其他乡间聚会、民间节庆亦可借此空间进行。

（5）由此可绿化祠庙周围，渐次可成乡间“园林”。

（6）沿江场镇居民，很大一部分依赖航运生存，王爷庙于是成为他们的精神支柱，他们会倾其所能保护这一“圣地”，无形中保护了建筑和文化。

（7）它由于是公共建筑，有相对较强的财力投入，又必然邀约

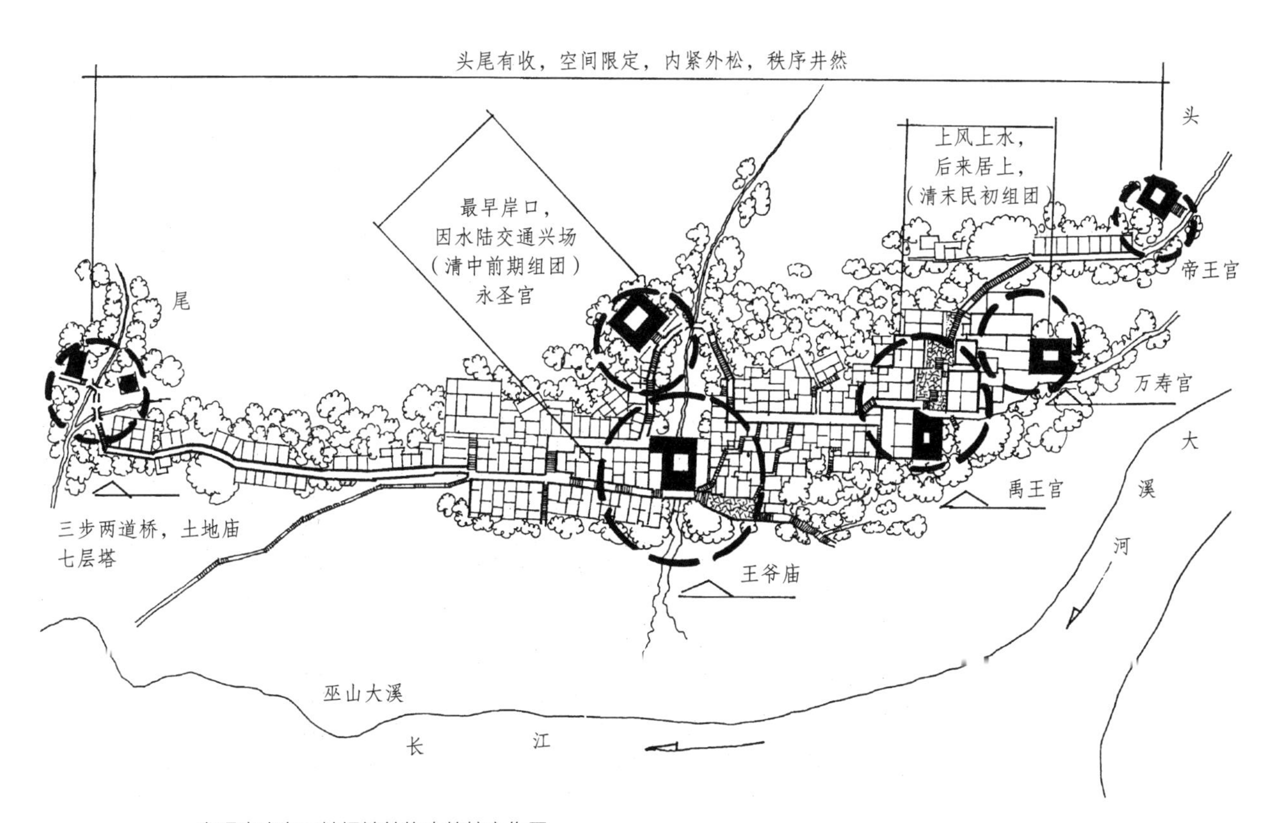

/\ 宫观寺庙在三峡场镇结构中的核心作用

技艺高超的匠人修建。王爷庙亦成为匠人施展才艺，与其他匠人一比高下的地方。这自然会留下从建筑总体到细部的众多精品，并构成区域文化里一个时期的发展片段，或者乡土建筑类型发展章节，甚至乡土历史的剖面。

当然，三峡场镇"九宫八庙"不独王爷庙一类。像大昌镇就有南华宫、城隍庙、天上宫、万寿宫、观音殿、帝王宫、张爷殿、三皇庙、普济寺、文庙、禹王宫、清寂庵、关帝庙、土地庙等。不过，"九宫八庙"数量较多的现象，多出现于现在农业型城镇或者农业与交通相结合的城镇。大昌即属于农业型城镇兼航运码头，是最能展示农业文明之地。说到底，"九宫八庙"是这种文明高度成熟的表现。大昌盆地的富庶和航运经济的辅佐，必然带来宫观寺庙的昌盛。自然，一个地区宫观寺庙的多少，根本上是由经济状况决定的，

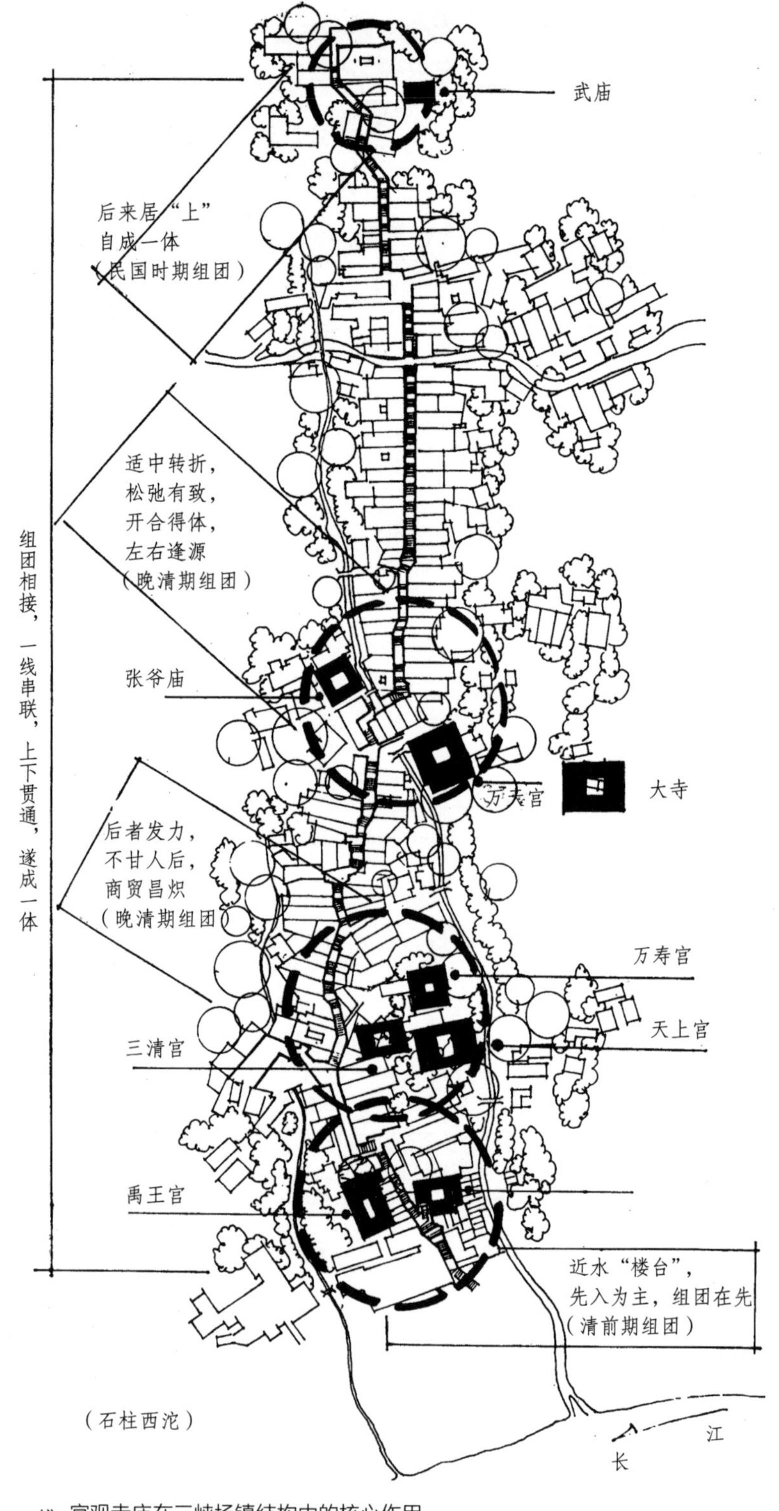

/\ 宫观寺庙在三峡场镇结构中的核心作用

西沱张爷庙与街后民居

忠县石宝寨内亭（丹麦 莫勒 摄）

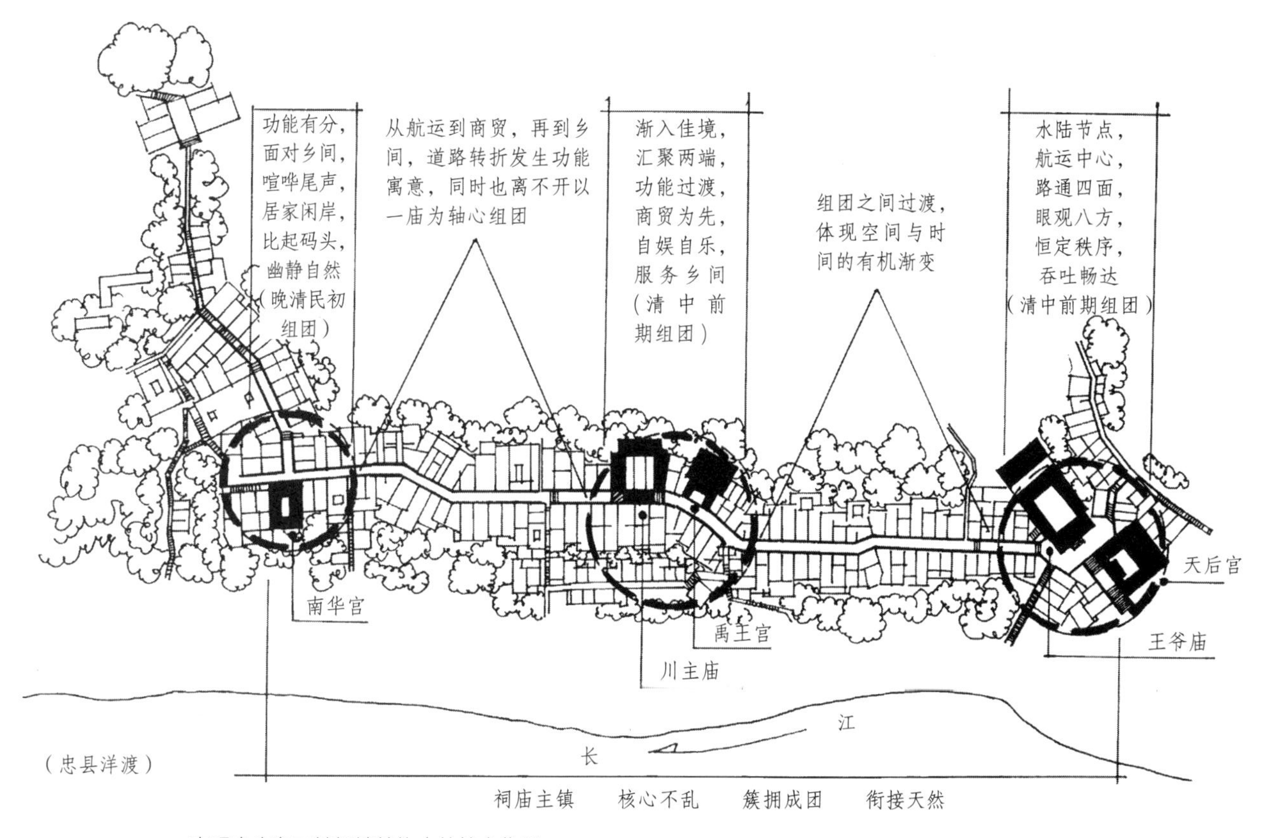

宫观寺庙在三峡场镇结构中的核心作用

 石宝寨山门细部

/\\ 石宝寨天子殿

因此，经济薄弱的小场镇宫观寺庙数量就少多了。

另外，非农业型场镇很少有“九宫八庙”。像巫溪宁厂，虽有2000多年历史，但以盐矿兴镇，居民构成多为盐工、役夫、盐商，流动性大，居住临时性强，加之弃农经商务工者众，农业文化观念发生变化，所以宁厂虽也有盐商的“华屋”，却无像样的宫观寺庙，唯有龙津庙一座，实也简陋如一般民居。再有像龚滩镇，号称五里长街、数千人口的大码头，终因以航运为主，交通兴镇，仅有祠庙数座，如船帮的王爷庙及川主庙、陕西会馆、冉家祠堂、董家祠堂，而少其他类型。有趣的是，因龚滩处于汉族、土家族居住范围的交汇点上，在镇上游土家族范围的“场头”出现祭奉冉、杨、田三大土家族土司的祠庙——三抚庙，而镇中出现祭供李冰父子的川主庙。两者于街段布置上的一上一下，蕴含了丰富的多学科内涵。还有如石宝场，玉印山的凌霄殿独霸香客于一山，其他地方再建庙已无必要，就是建庙也决然少香客。一则“石宝寨”名声太大，二则因寨兴镇，街上居民很大程度上是为香客服务而来的。这就导致场镇街道布局围绕玉印山而建，成为三峡场镇空间形态的一个特殊例子，同时又造成排斥其他寺庙兴建的局面。

三峡场镇与宫观寺庙的关系是一个非常复杂的社会、经济、文化、宗教、民族等交织在一起的总合关系。每个场镇又都有自己的独特性，虽然我们把它们大致分为农业型、交通型、工矿型、宗教型等类别，但涉及具体场镇时亦必须具体分析，不能一概而论。

无论何类“宫”“庙”，它表现在建筑与场镇的关系除上述王爷庙产生的诸点影响外，尚有如下祠庙详况值得一叙：

云阳盐渠高祖庙与周边场镇民居

云阳张飞庙和县城遥遥相望

巴县麻柳嘴场仅有一道观，位置在场镇通过街门小巷去江边的凸岩上，实则想方设法和场镇发生空间关系

在三峡地区场镇，“九宫八庙”建筑类型、数量最多，空间最丰富，体量最大，形态最优美者当属祠庙。尤其下川东沿江一带城镇有清以来祠庙蔚成半城之势，如大昌等镇。而云阳鸣凤镇彭氏宗祠又显示了三峡农村祠庙的辉煌。就城镇与农村祠庙昌盛程度而论，就 20 世纪初丹麦人莫勒所拍的祠庙等资料分析，三峡地区城镇与农村建筑中祠庙应是最为精湛豪华的。它包括具有移民区域性特点的禹王宫、万寿宫、南华宫、天后宫、川主庙等，具有血缘性特点的各姓宗祠，具有行业性特点的王爷庙、关帝庙、桓侯庙等。这些祠庙内又数禹王宫、万寿宫、南华宫、天后宫等移民区域性结合而兴建的祠庙最为壮观。上述祠庙通称会馆。

禹王宫，即湖广会馆，又有王府宫、关圣宫、全义宫、楚蜀宫、湖广宫、寿佛宫、太和宫、长沙庙、真武宫、濂溪祠、岳常澧会馆、衡永宝会馆、玉皇宫、威远宫、宝善宫等不同名称，是湖广（湖北、湖南）移民修建。

万寿宫，即江西会馆，又有昭武宫、轩辕宫、萧公庙、洪都祠、文公祠、仁寿宫等名称，为江西移民修建。

南华宫，即广东会馆，又有龙母宫、六祖会等称谓，为广东移民修建。

/ 忠县顺溪场关帝庙正殿，同是看戏台

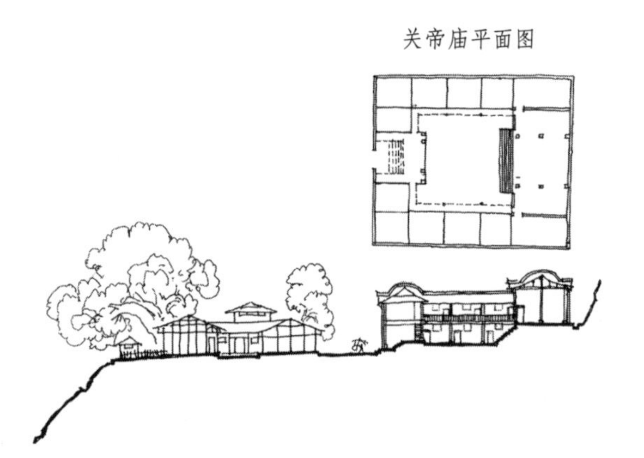

/ 忠县顺溪场关帝庙及街道、民居剖面图

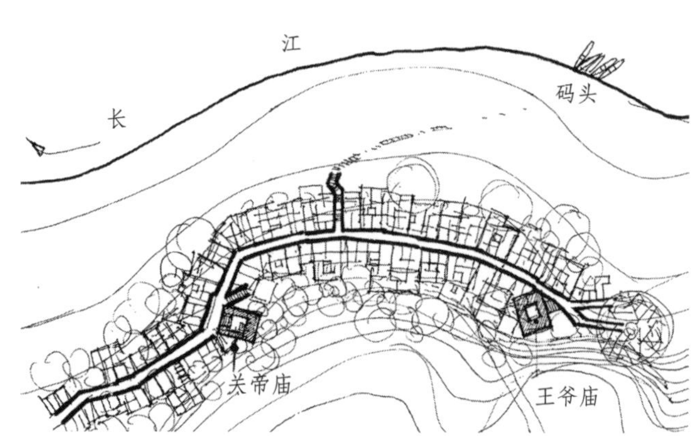

/ 忠县顺溪场关帝庙、王爷庙在场镇位置

/ 忠县顺溪场关帝庙概况

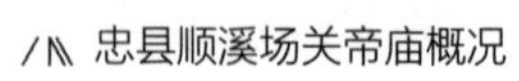

天后宫，即福建会馆，又有天上宫、天妃宫、庆圣宫、福圣宫等名称，为福建移民修建。

当然还有陕西、山西、贵州等省移民会馆。

三峡地区除了原四川省辖地区，湖北三峡地区和临近三峡地区的城镇也广为移民之地，也遍建会馆：在郧西就有山陕会馆、江西会馆，在江陵县有福建会馆、江西会馆、湖南会馆、四川会馆，在建始有禹王宫、天后宫，在咸丰有万寿宫、禹王宫，在巴东有武圣祠等。

会馆是原籍文化的集中体现物，在会馆内部，操乡音，叙乡情，演乡戏，食乡味，依乡俗，过乡节，按家乡的习惯制定规范，按家乡的习惯实施义举……会馆几成“移民乡井”，成为乡土观念旗帜下的一种各自为政的自我保护机构，是外来移民求生存本能的反映。同治《新繁县志》卷三《风俗》中就说：“比邻而居，望衡对宇，而其参差之数，善者不相师，恶者不相贬，楚则楚，秦则秦，吴则吴，粤则粤，强而习之不能也。”这种情况客观上造成四川、重庆境内不排外的好风气一直延至今日，这正是移民社会造成的结果。就乡土建筑而言，则造成百花争艳局面。因为往往家族依附不如乡情乡亲依附，“出门靠朋友”，乡音、乡俗、乡土神灵包括乡土建筑皆可成为乡人集合的纽带，并显示强烈的地域内倾性。于是他们自发地“互以乡谊联名建庙，祀其故地名神，以资会合者，称为会馆”（民国《南充县志》卷五《风俗》）。同时，这也就形成各籍移民会馆不同做法、不同风格的建筑大观。原因是不同格调方可形成不同故土乡井的特点，易于产生同乡人如归故里之感。于是有的会馆不惜重金遥聘家乡匠人来川，按家乡建筑形式、做法，甚至用家乡建筑材料大兴土木。其中不仅包括会馆建筑，有的农村大型民居也如法炮制。这就形成了三峡地区以至全川乡土建筑种类、形态丰富多彩的可观局面。而表现在三峡地区会馆建筑上，据史学家考证，由于修建者多为湖广人、江西人，故禹王宫、万寿宫优于其他。

与此同时，随着时间向前发展，各省入川移民逐渐从竞相比富的会馆建筑、在客地营造乡土环境的狭隘观念走向相互婚媾、打亲家，相互之间来往日趋频繁；更积极参与地方公益事业，促进地方水利事业发展，如广东、福建会馆对重庆城垣修缮的捐助。《乾隆二十八年重庆府捐修城垣引文及捐册》中说：

“尔等墙偶缺，必及思补，所以固尔圜闲内外也；门稍坏，必及思整，所以

/\\ 彭氏宗祠环境写生

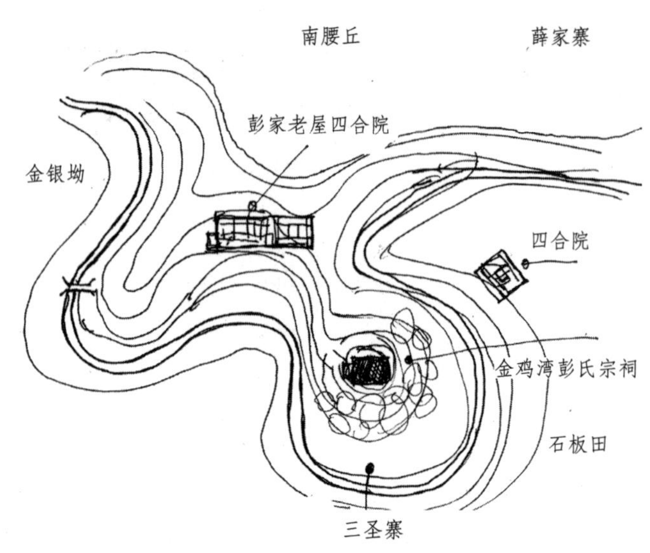

/\\ 凤鸣镇后财沟彭氏宗祠塔楼及住宅环境示意图

宁尔谨门户也。城垣及合郡绅士商贾人等外内门户独不为严保障，靖奸匪，计亲睦忠爱之谓何？夫补以周墙，整其门户，绅士商贾人等所以同为一郡谋也。劝尔绅士商贾人等，众力共擎，所以靖奸匪而严保障，必如一己一家之闲外内，谨门户，究之保障永固，奸匪永戢。……所以求极效以急公，是有同心也，众志成城，大师维垣，其在斯乎！”

实质上，以会馆为纽带的乡土情结，在全川、在三峡地区，形成了融入社会又保留各自特色的“会馆文化”。凡闽剧、粤剧、潮戏、秦腔、梆子、花灯皆可于会馆中舞台上演，于是凡会馆必有戏楼、戏台。又各省移民间交往，相互适应对方语言，渐次听不懂的乡土方言受到大一统的西南官话整合，出现“四川话”。各乡土饮食亦随之互相借鉴，博采众味而成川菜。故川剧、川话、川菜等时空形式均与会馆后期建筑形制大同小异，无不内在一致，充分说明了会馆在清初、清中叶四川乡土文化发展与形成中所起的特殊作用。王日根在《乡土之链》（天津人民出版社，1996）中说：“像重庆，各地移民会馆的相互交流导致了彼此大规模的融合，八省会馆达成一致行动，保证了重庆地方社会的有序管理，重庆在近代的发展中能够保持开放的姿态，与移民会馆促成的重庆人的开放性格密切相关。”由此可见会馆影响的深远。

作为会馆建筑本身，就有一个清初、清中叶以后两种不同风格的问题，即

彭家老屋

塔楼与戏楼之间小院

大门石刻

清初各省移民会馆更具各省文化特征。如建于乾隆、嘉庆年间的会馆，闽、粤两省在外墙的装饰上多用“猫拱背”风火山墙，湖广则多用“五岳朝天”重檐式山墙，这在湖北三峡段老民居中仍可看到源出。道光后则“猫拱背”圆弧墙脊与“五岳朝天”五山式重檐直线墙脊相互融合，即中间主墙用圆弧脊墙，左右下跌用重檐直线式脊墙。当然，两者的结合尚有风水意义和审美趣味以及实用诸意义在其中，也不能一概而论。

但在内部平面和空间组织上则开始趋同，共同的特点是追求符合礼制之轨，以南北向偕中轴线制约所有空间，选址以风水中公厅之谓择其城镇北面高燥之地，沿江者则以背山面江为主旨而不计较朝向。尤其南岸会馆，亦择风水中“金生于水”观点自圆其说，来个坐南朝北。因三

/ 云阳凤鸣镇里市后财沟彭氏宗祠

彭氏宗祠于清同治三年（1864年）建成，选址在一小溪环抱的小山丘凸出处，形似半岛，谓三圣寨。建祠屋基处叫金鸡弯。其选址事出此地有砂穴之因，传有龙脉从涪陵过乌江到石柱县经柏杨而来。
彭家老屋早于祠堂修建，祠堂由彭家从湖北大冶迁入四川后的第二代修建，名彭宗义。又第三代共三子一起，大儿收租，二儿施工，三儿管账，分工合作，经数年才将祠堂修竣。传彭氏父子四人均中举人，女人也封为一品二品……夫人。
彭宗义父亲彭光基三兄弟迁入四川为第一代，估计已是"湖广填四川"的尾声，时间不会超过道光年间。祠堂修建时彭光基已不在人世，但老二彭光坚、老三彭光佳仍在世。据此可推断仍可传授湖北大冶一带建筑风格及做法，甚至遥聘家乡艺匠来川授艺也是可能的。
彭氏靠烤酒发财，又传在金银坳挖堰塘偶得金砖，逐渐买田地，发展到二万五千担租。田产遍及云（阳）、奉（节）、万诸县，又在云安占有几股（三股半）盐水，始得修建祠堂经济基础。
彭氏宗祠距今已有140年历史。咸丰年间太平天国截断淮盐供应，鄂、湘、川、黔边区转而仰仗川盐。川盐产销得到空前发展，这就是历史上著名的第二次"川盐济楚"。其间使一批人致富，不少人将钱财投入各类建筑建设中，致使同治年间川中出现建设高潮。川中现存各类大型公私建筑中，有很大部分是同治年间所建，恐属此因。彭氏宗祠当也在内。

峡地区尤其是沿江城镇多为坡地，这就为会馆的戏剧演出功能提供有利地形条件。北京湖广会馆馆志言："前院演戏有戏台一座，后台十间，北东西三面为看楼，上下共四十间，中为广场，可容千人，旧式大戏院也。"三峡沿江地形无疑成为这种"戏院"的最佳地理条件。这也就注定了三峡绝大部分会馆地面从进门上空的戏楼起，层层向上由梯分台的空间格局，这不仅提升了正殿和佛堂的空间地位，亦提高了人们供奉的名神如禹王、六祖、天后（妈祖）的地位，起到了平地会馆无法起到的作用。抬高空间以烘托正殿神位，正是三峡会馆一大空间特色，而作为“戏院”，正好处处无阻碍，视觉死角消失，处处皆可看到舞台全景，可谓一举两得。除上述戏楼、正殿（佛堂）左右厢房的基本空间分配外，三峡地区会馆由于地形限制，少有平原之地会馆中部设过厅，从而形成多进合院的做法，所以进深短，故又无必要在中部两侧建钟鼓楼以及魁星楼之类，如自贡西秦会馆、金堂土桥禹王宫般空间类型齐全。但以上二例均为清前期作品，说明清中后期四川会馆空间组织开始趋同，同时也旁证三峡会馆多为清中后期作品。

会馆建筑，无论在京城、四川、三峡地区，均遵循大同小异礼制：中轴对称，以方形平面为正宗。这是神庙与合院民居的结合，也是对特定历史时期“舍宅为寺”的新建筑空间的诠释。会馆多坐北朝南，南端为大门。同为戏楼，大门做法不同于川内其他地方多牌楼式，而是一面整墙封闭式立面，因用地有限，而且浅色调大面积外墙也易于从江面上识别。大门多设一个门洞，也有开三个门洞者；两旁为照壁，墙面石刻、砖雕、灰塑、彩绘、碎瓷嵌贴同展异彩，融伦理道德、历史故事、神怪传说、川剧折子戏等教化内容于一体。人从大门入，经戏楼之下往前走便是天井；过庭院便是大厅，再而正厅。正厅两侧设东西厢房。大厅可做娱乐、会议、接待、看戏之用。前庭厢房有围廊与戏台、正厅相通，厢房看戏之处有的还有包厢，如重庆东水门湖广会馆，工艺制作还特别讲究。一般厢房用作办公与旅居住宿。不少庭院还引水叠石，种植奇花异草，把园林趣味结合于会馆之中，使会馆建筑呈现丰富多姿的空间情调。

三峡场镇大部分会馆已毁坏，仅存者亦不过破烂框架，但它们在城镇空间的发展中曾起到了很大的作用。其非凡的结构、渲染、声张手法，有力地烘托了天际线、空间轮廓线、空间节奏、空间疏密、空间识别、大小体量配置、屋面形式在城镇中的组合，等等。会馆和其他建筑类型融融乐乐地维系着中国三峡地区场镇空间形态，在数百年间，构成了独特的东方城镇空间系统，蕴蓄了深厚的文化，展现了我国劳动人民的营造魄力和智慧。

另外，三峡祠庙体系中保护得好一点儿的名贤祠有云阳汉桓侯祠（张飞庙）、秭归屈原祠（1976 年再建）、忠县白公祠、奉节白帝城等。唯云阳桓侯祠最具三峡坡地祠庙特色，其地面随标高变化而变化，形成屋面交错、空间开敞穿插的布局。它坐落于云阳县城对岸飞凤山麓，传说唐以前就有祠，宋维修扩建，清同治年间毁于洪水，后修复如今状。其主要建筑有结义楼、正殿、偏殿、望云轩、助风阁、杜鹃亭、得月楼等。建筑面积1400多平方米，庙内碑刻甚多，有历史水文记录资料。建筑结合坡地，布局自由，但主要建筑仍按中轴线左右对称布置，前高后低，殿宇均按木构架承重小式做法。屋面形式有封山式、重檐攒尖顶、重檐歇山式等，杂而不乱，丰富多彩。瓦作、脊饰、撑拱、雀替、栏杆、灵格门窗皆做工精湛，工艺讲究。它和对岸云阳城隔江相望，构成云阳城视觉、心理中心，亦成为川中纪念"头在云阳，身在阆中"的张飞的两大桓侯祠之一。张桓侯庙始终成为旅游热点，对云阳的经济发展起着不可估量的作用，也无形中影响着云阳街道开巷、建房、做门窗的面向。故张桓侯庙始终都是牵制云阳城镇建设的一个焦点，包括水库淹没后的迁建争论。由此可见祠庙对城镇巨大的影响。

最后，还有宗祠。三峡城镇宗祠以土著土家族和"湖广填四川"移民诸大姓宗祠为主流，如冉、田、谭、覃、向、秦、巫等姓宗祠。虽今已难觅踪迹，仅在农村残存部分基础瓦砾，但从农村保存完好的移民宗祠的宏丽形态推测，清以来在三峡城镇中，大部分宗祠建筑优于民居。地处云阳县凤鸣镇的彭氏宗祠始祖在乾隆年间由湖北大冶入川，宗祠于道光二十三年（1843年）兴建，选址于狭长形山洼中凸出的山头，占地约3 500平方米，系山寨式封闭合院布局。院落中间耸立一座九层三重檐的盔顶塔楼，高达30米。祠堂外围以条石砌墙围护，四角设碉楼，内部以木结构承重，小青瓦屋面，风火墙封山。平面布局紧凑，空间对称中不乏灵活，地面起伏随空间转折，造成丰富变化。祖堂与塔楼、戏楼在同一纵轴线上，是祭祖、瞭望、观景、看戏、居住、集会多功能空间的协调组合，是三峡地区尚存的也是罕见的大型宗祠建筑，十分稀罕珍贵。与其相呼应者还有旁边两座大型精美庭院，正立面皆石雕、灰塑、彩绘共施，金碧流韵，光彩夺目，构成一组深山中的古建筑群。综上，结合像丰都理明场古家祠堂，还有中外建筑家在20世纪30年代留下的一批祠堂资料分析，宗祠建筑曾经是三峡场镇中一类非常耀眼的、乡土特色十分浓厚的经典性建筑，尤其是经装饰艺术处理的大门与正立面，堪称宗祠普遍重视、倾其财力与工艺展示宗族

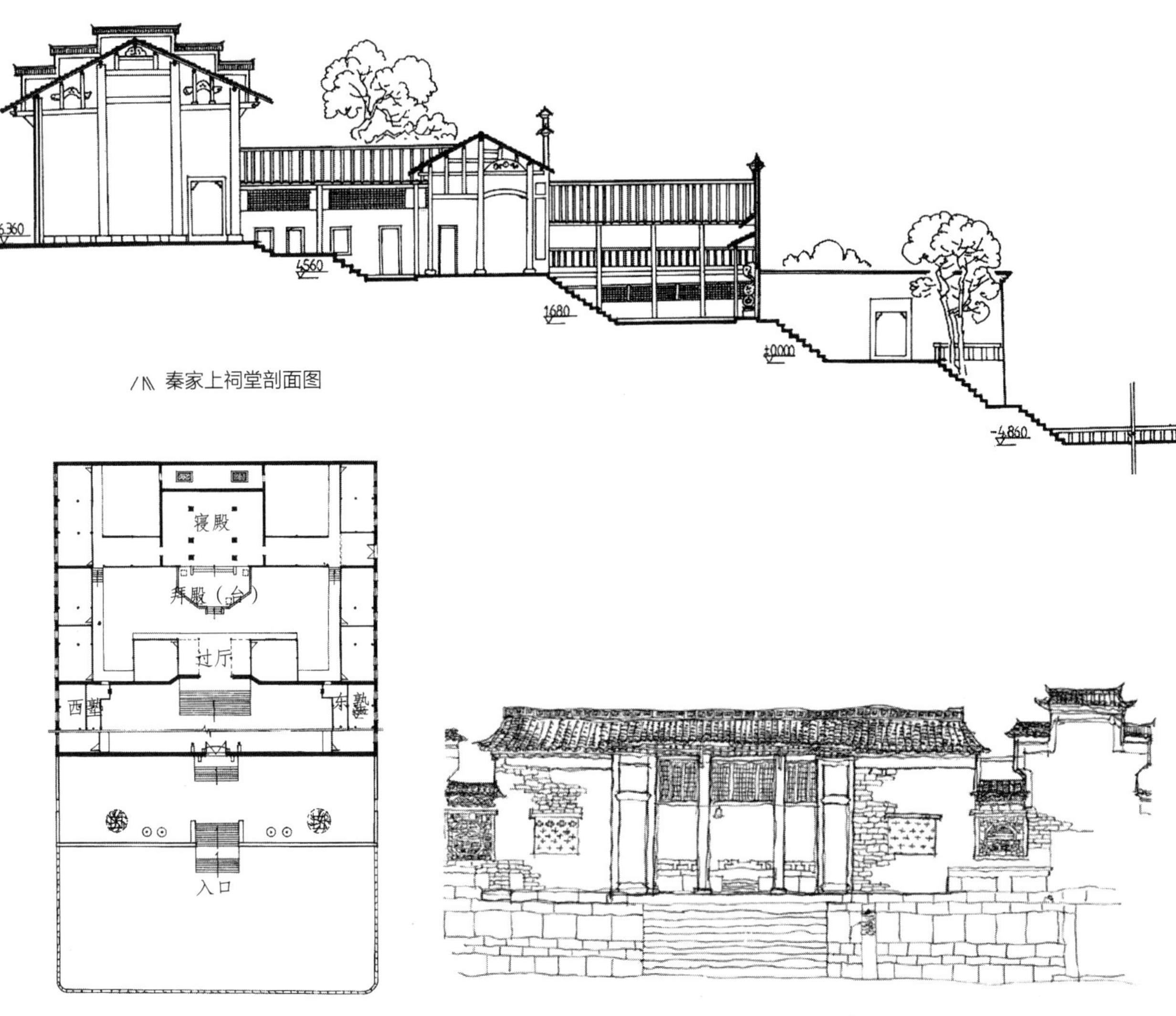

/⺍ 秦家上祠堂剖面图

/⺍ 秦家上祠堂平面图

/⺍ 蒲家场秦家上祠堂过厅立面写生（杨春燕作）

声威之地。这当然亦就烘托了场镇形态的精美内涵，加深了街道及空间的文化深度，并给场镇烙下一个历史时期建设的优美印迹。

（另："九宫八庙"与场镇布局等关系请参阅后面大昌古城的分析）

至于佛教、道教与"九宫八庙"在建筑上的关系，以至于如何影响场镇空间，这里面有一个三峡地区佛、道二教的流布问题。虽然三峡地区遗存不少历史悠久的佛寺道观及遗迹传说，但据史学界考证，隋唐以前四川主要佛教寺庙和人物还是集中在川西、川北地区。宋元时期三峡地区大量营造佛教寺院，"如夔州咸平寺，归州灵泉寺，万州武宁县白鹤寺，重庆府巴县治平寺，长寿定慧寺，涪州崇元寺，忠州龙昌寺、龙兴寺，夷陵州山建寺"，等等。

/ 远眺秦家上祠堂

/ 秦家上祠堂一进天井空间

/ 秦家上祠堂寝殿

明清时期是三峡佛寺发展的重要阶段。时三峡佛教寺庙林立，其中最著名的是忠州聚云寺和梁平双桂堂。仅双桂堂寺庙，就由一塔、六殿、八院、328间、42个天井组成。上两寺构成的禅系在中国禅宗史上占有重要地位，影响不仅在三峡地区，甚至云、贵、川、陕、甘、鄂、湘、闽，以至东南亚都深受其影响，其两禅系祖庭都在三峡地区。至清代，佛教势力更是昌盛，忠县在康熙年间为此还专设有僧正司以管理庙产。“民国十二年（1923年）全县尚有寺庙250余所，到了民国二十九年（1940年）仍存233所，僧众494人。而明清时期万县的佛教势力也不弱，所建寺庙、庵堂有100余座。民国二十二年（1933年），万县全县寺庙、庵堂有150余座。民国时期的巫溪，全县寺庙也达136

座。”佛寺和场镇发生、发展关系最密切者当推忠县石宝场，石宝场是清代佛教势力昌盛从而影响场镇发生、发展并导致形态独特的最好实例。

三峡地区道教的发展，有该地区自古尚巫信鬼习俗的人文土壤，集中表现在丰都。据传说，魏晋时期丰都就建起三宫九府，唐以后，又在平都山修建仙都观、五云楼，宋则改建景德观。宋明以来，随着佛教势力大盛，丰都平都山成为道、佛、儒三教结合的“鬼城”，先后建起宫观寺庙75座，遂以“阴曹地府”和“鬼城”而名噪天下。道教发展必然对场镇空间格局产生影响，如巴县麻柳嘴场清玄观、万县黄柏的金山寺，其选址临江岸陡壁，开门与王爷庙不同而面向下游，大有顺其自然不信风水之意味。

上述佛、道二教在三峡地区的流布，虽然大多著名寺观都在乡间或城郊的名山丛林之间，但毋庸置疑，它们对三峡城镇空间发展的规模和深度都有一定影响。如丰都名山镇的发展，无不与长盛不衰的旅游业有着深层关系；还有石宝寨玉印山上的凌霄殿与石宝场的关系；等等，这些都揭示出佛、道二教在三

/\ 忠县蒲家场秦家上祠堂透视图

峡城镇的发展中起着积极的促进作用。但就目前所存的城镇尤其是场镇空间与“九宫八庙”而言，事实上是直接与百姓生存休戚相关的祠庙、会馆占据着大多数。它们不仅自身营造精湛、宏丽，且不少与民居并列毗连一起。这是王爷庙沿袭下来的选址习惯，即不会离开城镇太远。这样，在“九宫八庙”与城镇空间的关系上，祠庙、会馆建筑就显得突出了，所以进而影响到场镇空间结构和形态，也是顺理成章的。

在新中国成立前一段时间，三峡地区佛寺道观多被国民党或旧军阀军队、帮会占据，或改成学校。新中国成立后至“文革”破“四旧”的运动，更使包括祠庙、会馆在内的“九宫八庙”毁废。留至今日者，已残破不堪，这就给研究场镇和它们的关系带来了困难。据考察，若这些东西还存在，当是极为灿烂的城镇文化。

一、王爷庙在三峡场镇中的特殊形态

四川盆地凡江河水系通船的城镇，过去几乎都遍建王爷庙。我们在前面有关于它的论述。不过，随着调查的深入，我们感到王爷庙在三峡场镇中具有特殊的地位和作用。它在场镇形态发生、发展的过程中，在影响场镇空间结构、格局规模、特征上，甚至对某些场镇的兴衰都起着其他宫观寺庙不能起到的决定性作用。

三峡江段汇集四川绝大部分围绕航运生存的人群，包括船主、货主、船工、搬运工、建修船工、服务业等，至清中后期形成三峡人流集中高潮。可以说沿江任何一个城镇都集中了和航运有关的人群。对这部分人的管理自然成为一大社会问题，因为它已成为不可忽视的一个社会群体。对靠江河生存者，在川东、三峡流行一句话，叫“死了的人没埋”；而相对于煤矿工人的另一句话是“埋了的人没死”。这说明这群人生存的危险性，这种危险性促使迷信思潮泛起。他们认为只有祭奉好水中龙王、水神及镇江王爷，方可避免灾难，致使各地营建王爷庙之风兴起，王爷庙也就成为沿江城镇这些人群的活动中心。就小场小镇来说，由于船工、搬运工多为附近农村临时工，那里又往往是“回水沱”——停泊船只的优良港口，王爷庙也就成为那里最早的公共建筑。

既然最早，则选址优先，回旋余地最大，必定选择距码头最近的地方建庙。若基础不佳，又不利于建筑面对江面或斜对上游方，致使跑财漏财，则选址时多在码头上游方择基。其原因是不想让障碍物挡住上游观察江船动向。据说，船行江中，凡能看得见王爷庙的地方，船行即可得到王爷保佑，得到安全。这也是沿江城市、场镇处处有王爷庙的原因之一。当然，风水好、距码头近、工作方便，也是重要原因。作为三峡场镇，理当先有民居或血缘、地缘、志缘聚居，在有了一定经济实力后方才敢兴建各自崇拜的神仙庙及祠庙，这是宫观寺庙、宗祠会馆清以来的发端。航运作为最能产生经济效益的行业，自然在一个城镇中率先建起自己的祠庙，即志缘的结合最先在城镇中得到明确的空间昭示，余下才是血缘性结合的宗祠、地缘性结合的会馆的兴建，或以二者结合的建筑形式出现。当然这也不是绝对的，这里面还存在一个以农业生产为主的农村自然经济和以城镇为中心的市场经济的区别。前者需要以家族方式维系土地经济发展，后者则以行业性质、地缘性质维系各群体的生存。所以宗祠在城镇就少见，而多建在农村。而王爷庙、关帝庙（往往是山、陕人又专事贩盐者的地缘、志缘性双结合祠庙）、张桓侯庙（俗称张飞庙，系屠宰业志缘性结合祠庙）以及禹王宫、万寿宫、川主庙、南华宫等会馆几乎都建在城镇之中，则是对以城镇为中心的农业市场经济的完善。这里如前述，我们讨论的是谁先谁后的问题，其必要性正是它们构筑了一个城镇发展的基本框架，或曰核心，或曰支柱。围绕它们出现的街道民居组团等现象，亦不过是它们共同举托起来的精神圣殿，维护群体利益纽带的一个“结”。当然个中就有一个谁先谁后的次序问题，讨论它会涉及一个城镇或场镇最先发生的街段建筑组团及形态构成的最初原因。所以前面所列王爷庙往往是一个场镇最先建立的祠庙，其特殊的选址与位置就使得三峡场镇形态与其他不一般了。下面逆江而上罗列数个场镇王爷庙的位置：

秭归香溪水府庙——在香溪河与长江交汇三角坡地上（北岸）
巴东楠木园王爷庙——在码头上左岩坡上（南岸）
巫山培石王爷庙——在码头向上走的半坡上（南岸）

/\\ 龚滩镇董家祠堂（有天井者）建在街道之中，并不是三峡场镇普遍现象

/\\ 田家祠堂戏楼

/\\ 万县长江岸上汪家祠堂

/\\ 田家祠堂外观

/\\ 巴县清溪田家祠堂，从戏楼俯视寝殿

巫山大溪王爷庙——在场镇中段水井沟小溪之上（南岸）

万县黄柏王爷庙——在上场口码头上方台地上（南岸）

云阳巴阳王爷石刻——码头江岸石壁凿龛镇江王爷石刻像（无庙，北岸）

石柱西沱王爷庙——码头向上走的街头左前方（南岸）

忠县顺溪王爷庙——码头上方台地上（北岸）

忠县洋渡王爷庙——码头上方台地上（南岸）

丰都南沱王爷庙——码头上方上场口台地上（南岸）

涪陵石沱王爷庙——场镇临河凸出岩顶上（南岸）

长寿扇沱王爷庙——码头上方上场口凸出岩顶上（南岸）

酉阳龚滩上王爷庙（土家族）——上码头上方上场口坡地上（东岸）

酉阳龚滩下王爷庙（汉族）——转角店旁坡地上（东岸）

以上占尽天时、地利、人和的王爷庙选址及在场镇中的位置，必然产生围绕其以船工为主体的民居组团。组团伊始，在三峡往往以王爷庙大门临街立面作为标准，依次展开民居排列，左右延伸下去即成街道。港口大，船工多，组团就大，街道就长；反之街道就短。若一个场镇仅一座王爷庙，说明那里是船帮一统天下。长寿扇沱场在长寿县城上游 5 千米处的南岸，那里有一天然的扇形静态良港，而长寿反而并无如此港湾，这就使那里家家都有与航运有关的人。历史上那里一夜可停泊船只上百艘，久而久之形成的街道场镇则是清一色的民居，而无其他宫观寺庙，至于宗祠会馆的介入，仅乾隆五十九年（1794 年）有王爷庙一座。无疑，场镇起始之因全为航运，这就出现了三峡场镇中一个纯粹的交通类型。寺庙罕见是因附近城镇距该地太近，足以消化该地人群各自崇尚的信仰习俗。正如忠县石宝场玉印山有寺庙一座，足以满足人们求神保佑的精神需要，其他宫观寺庙、宗祠会馆就无必要兴建。场镇形态围绕山寨一圈，足以诠释相互之间从表层到内涵的关系。还有巴县麻柳嘴场，对岸的洛碛场已建造起若干公共建筑，仅建一清玄观也就足够了。再如云阳黄柏场大庙（金山寺），百姓称仅此一座庙，过去远胜丰都“鬼城”规模，则也无此能力再建会馆之类的了。这些寺庙都与长寿扇沱王爷庙有异曲同工之处，也就构成了三峡场镇中宫观寺庙、宗祠会馆与场镇的关系，包括空间关系的独特性，而不是凡场镇者“九宫八庙”都齐全。显然，其中显示出的形态因素就大有区别了。比如街道的规范性、民居尺度遵从传统轨制的严格性、建筑平面和空间的格局完整性、细部做法的文化性，等等，就远不如农业土地经济基础上发展起来的场镇了。它的外观特征流于简陋，和宁厂盐业工人民居有相似之处，因其经济、文化能力有限，又具有一定的流动性。这样形成的围绕王爷庙的空间组团，就带有浓郁的底层社会形态色彩，表现在街段上，亦往往是社会底层的写照。在一个城市或场镇中，在一隅由弱势群体自发形成的空间范围的限定下，当然也就构成了三峡场镇的这一群体在空间上的特殊性。这是非沿江通航场镇所没有的空间现象。

二、宫观寺庙在三峡场镇结构中的核心作用

在石宝寨与石宝场的关系上，谁也不能否认寨上寺庙对下面场镇兴衰的决定性影响。然而这只是一个方面。由于场镇呈圆环状，围绕寨体和寺庙的街道格局，以及街道不断产生新的走向，最后形成寨街一体的形态风貌。石宝场之所以最后成立只不过为表面上的必然现象，即是说离开了石宝寨，石宝场是不存在的。这就使我们看到一座特殊形态的寺庙在特定场镇形成过程中的核心作用。图腾似的玉印山及山上寺庙成为无可取代的核心因素，也就形成了三峡场镇形态中唯一的圆环状场镇。表里之成，何其一致。

长寿扇沱场仅有王爷庙一座，其扇形港湾具有与玉印山不同的自然形态，但殊途同归，表达了同一个道理，即港湾的独特性、不可取代性使得整个场镇核心祠庙居于不可取代的地位，任何其他宫观寺庙的介入均不具备特定人群基础。因此，一座庙独据场镇之中，也就无所谓非围绕其组团不可，整条街的住户都是船工，都是它的信徒。场镇形态亦如石宝场之理，一个围绕山体转，扇沱场则顺着岸线变，亦成带状弧形。

龚滩杨力行以一大宅在场镇下游岸构成码头搬运工人居住组团，核心空间

是杨力行大宅。虽然它不是宫观寺庙之类，但实则起到潜在的宗教意识支配作用。离开行帮头领杨力行，周围居民则生活难以为继。宁厂、云安等产盐场镇，空间核心在盐厂，和自贡一样，民居组团围绕着盐厂转。别无选择的场镇选址使之不能形成如农业型场镇街道的多类型建筑整合。因为搬运工也好，制盐工也好，其居民的职业单纯性、经济贫弱性、居住临时性，使他们不甚需要宗教点化，因此也就不需这种精神载体。这就在一个场镇的某些段落或片区，构成它们职业属性很强的组团形态，当然也就无须宫观寺庙过多地进入。但农业社会里，事物发展到一定阶段，新的社会需求就会反映在场镇建设上，其表现形态只能是原有场镇以某种方式向外延伸，于是产生了街道的功能分区，出现一条街中分属不同性质的行业空间分配。比如，某段集中了有地缘关系的一些人，他们在那里开设了若干旅栈、烟馆。久之，他们积累了相当钱财，便有共同建祠庙的要求，由此可能一呼百应，就在适当地点兴建起 ×× 庙或 ×× 会馆来。这种情况出现的条件是必须同时有稳定的经济支持。首先是多形式的农业经济的支持，单纯的矿业、交通、有宗教性质的场镇，其时效性使其极易繁荣一时，遇有变化，则很快败落。有上述性质的场镇或整体败落，或局部败落。前者如宁厂和扇沱，后者如龚滩。所以宫观寺庙在一个场镇中数量的多少，又反映了一个场镇所依赖的产业背景，当然也就涉及宫观寺庙在场镇发展中的结构核心作用及地位。

唯一经久不衰的是依靠农业发展起来的场镇，当然发展过程中离不开交通、宗教等方面的辅佐，但主要经济来源必须是农业。三峡南岸场镇衰落比北岸快，三峡范围内各县治所在地几乎都在北岸，正说明了农业是农业社会城镇发展的基础。而南岸农业基础薄弱，三次川盐川米济楚虽然得以繁荣一时，但时过境迁，就很快萧条了。那么，从中管窥宫观寺庙在两岸场镇结构中的核心作用及形成的场镇空间框架，正是这些所谓的“九宫八庙”的多少，各类不同的体量，各有差异的做法，内涵不同的文化，使其又成为一座城镇的纽带。它们的基本特征是：有力地控制场镇无序发展，控制着规模、街道走向和尺度、建筑风格、立面装饰；拟定以宫观寺庙为中心建筑组团的距离、组团间的相互渗透、相互间文化与风格的衔接；调整场镇风貌与格调的时代性、场镇发展的连续性和空间变化中的相对稳定性；更重要的是稳定着东方文化，以及以其为主轴在三峡

/⑊ 忠县洋渡场王爷庙戏楼

/⑊ 秭归利溪镇江寺（水府庙）

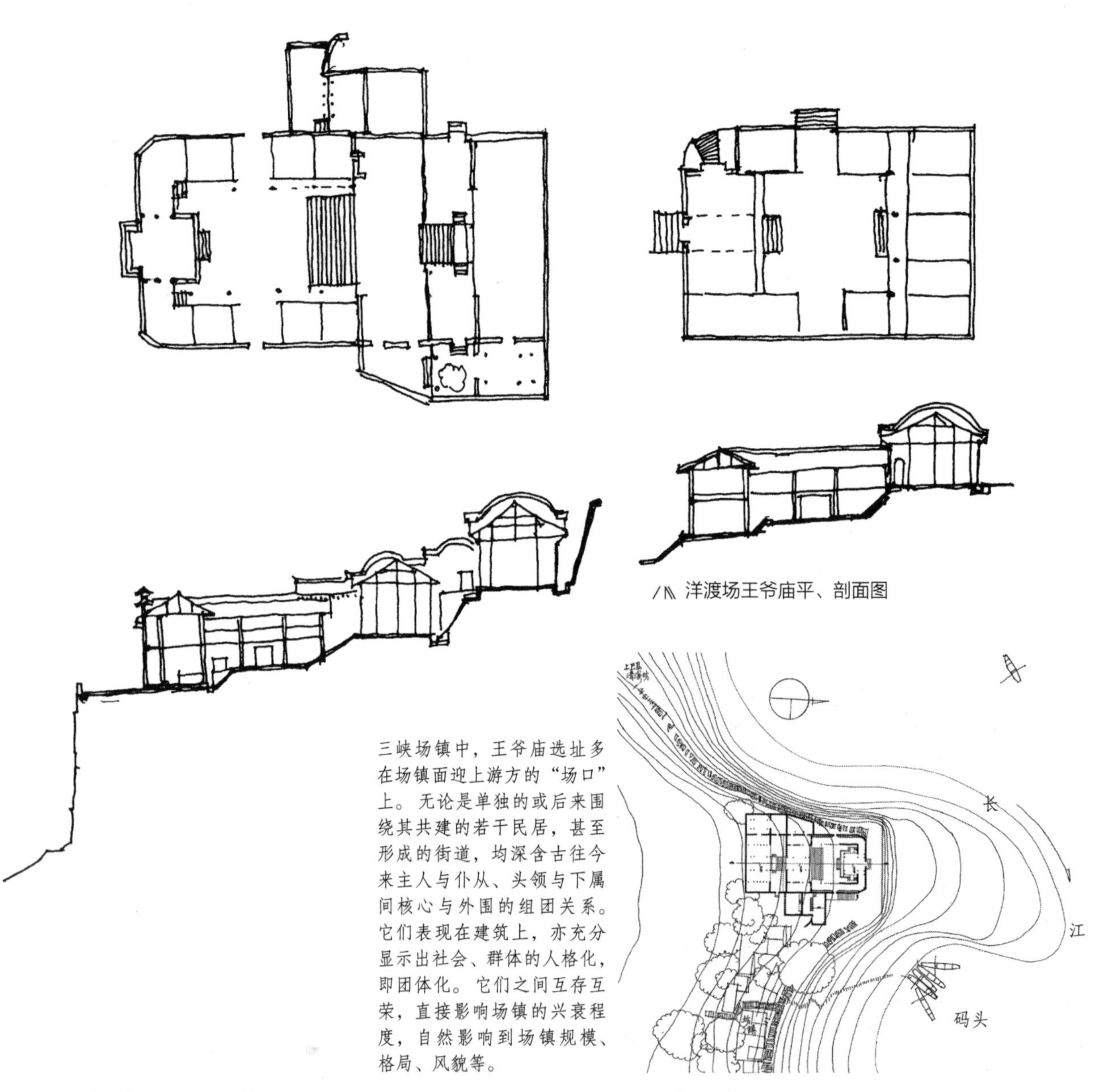

/⑊ 洋渡场王爷庙平、剖面图

三峡场镇中，王爷庙选址多在场镇面迎上游方的“场口”上。无论是单独的或后来围绕其共建的若干民居，甚至形成的街道，均深含古往今来主人与仆从、头领与下属间核心与外围的组团关系。它们表现在建筑上，亦充分显示出社会、群体的人格化，即团体化。它们之间互存互荣，直接影响场镇的兴衰程度，自然影响到场镇规模、格局、风貌等。

/⑊ 扇沱场王爷庙平、剖面图

/⑊ 王爷庙环境图

/◣ 扇沱场王爷庙远眺

/◣ 戏楼鸟瞰

/◣ 扇沱场王爷庙戏楼

/◣ 扇沱场王爷庙屋面

/◣ 扇沱场王爷庙一进天井左右厢房及过厅现状

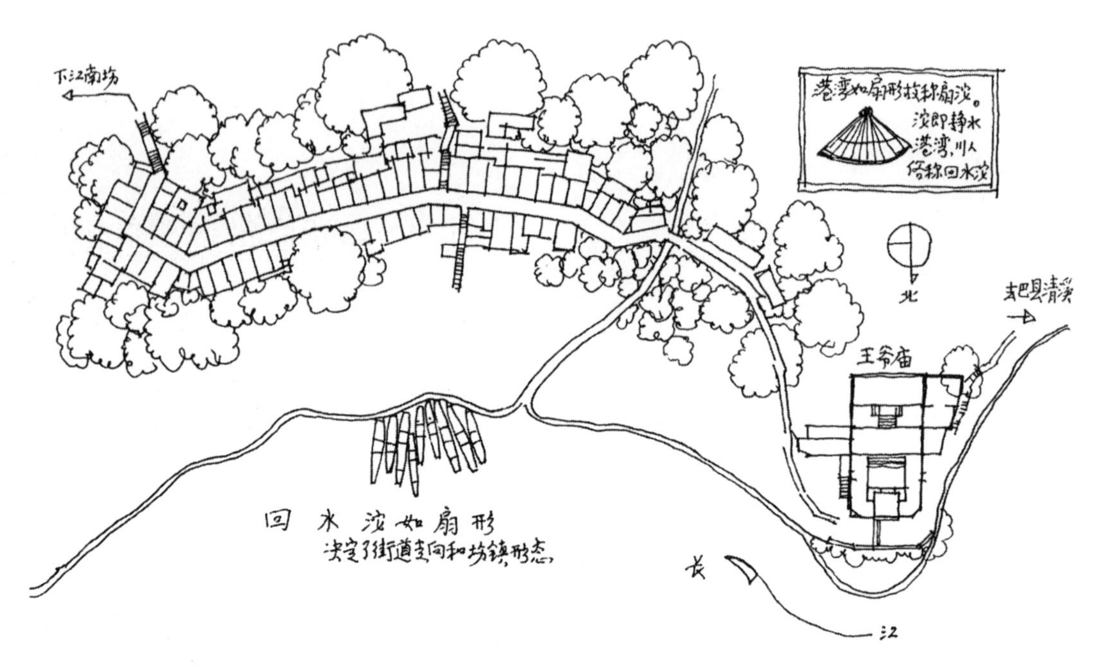

长寿县扇沱场总平面示意图

一进右厢房外厨房屋面向天井内穿墙打孔的排水洞

扇沱场王爷庙右侧立面

扇沱场正立面外墙上排水龙头

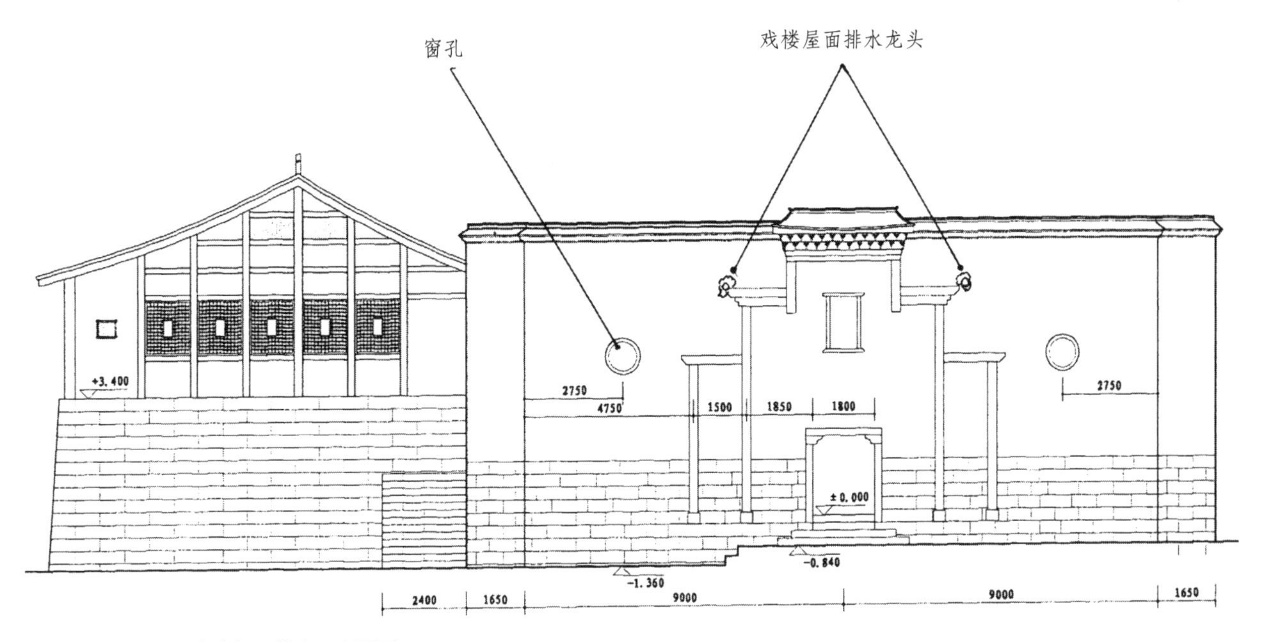

/\ 扇沱场王爷庙正立面图

/\ 扇沱场王爷庙大门

三峡场镇官观寺庙在立面处理上几乎都有一个与盆地内部不同的现象，即充满浓郁的山地色彩。盆地内部官观寺庙多在大门建立“五山”式或“三山”式木构牌坊和牌楼。三峡山地可用地有限，故把牌坊嵌入立面护墙之中，犹如浮雕，勾勒出了牌坊的外形。这既满足了祠庙的神圣仪轨，又可有效抗御江风寒流的侵入，形成了自成一体的封闭性。其立面的宽大与浅色调，还利于被在宽阔、多雾的川江行驶的船只在很远的地方看见，一举多得，正是因地制宜、不伤大雅的区域做法。由此带来的屋面排水处理手法则灵活多变。如戏楼屋面排水通过护墙打孔向外排出，又在外墙灰塑龙头，水从龙嘴中外泄，体现出古人处处把功能与文化融为一体的智慧。

长寿扇沱王爷庙建筑面积1000多平方米，地面高差约10米，选址在扇沱场西长江上游一陡岩上，坐南朝北，轴线垂直于江岸，居上下游船皆可在很远地方看得见的位置，又在长寿南岸到巴县必经的旱路上。扇沱场因停泊船只的码头而兴场，无其他公共建筑，其王爷庙是川江山地较典型的王爷庙。正殿大梁上仍存题词：“帝道遐昌·皇图巩固·清乾隆五十九年。”建庙已有200多年历史，是川江目前保存最好的王爷庙，其实也已破败不堪。另梁上还有“四川重庆府长寿县督捕厅右堂加三级王。特受四川重庆府长寿县儒学正堂加三级□”等字迹。为长寿县级文物保护单位。

街上老人讲：过去一年要办好几个会，有住庙和尚，人从船上下来必烧香，人一多，庙就大。重庆、长寿、江北等县来此唱戏的戏班子不少，一直很热闹。街上人多趁机做点生意，街道也就越来越长。

特别值得一叙的是：经测绘，祠庙各边长出现市制长度6与9的关系。如正面宽6丈，后面宽9.6丈，总侧面11.69丈，一进外侧面长6.6丈。显然这不是偶然的。清制及风水的掺入使川中各地各建筑物凡涉及数据者往往以汉字“禄、发、久”谐比6、8、9三个数字。又以6谐“顺”，即顺利、平安之意。此喻最为船工重视，因江上行船首先必须安全，即常言万事平安，顺利为首，余下才敢言“发”和“久”。

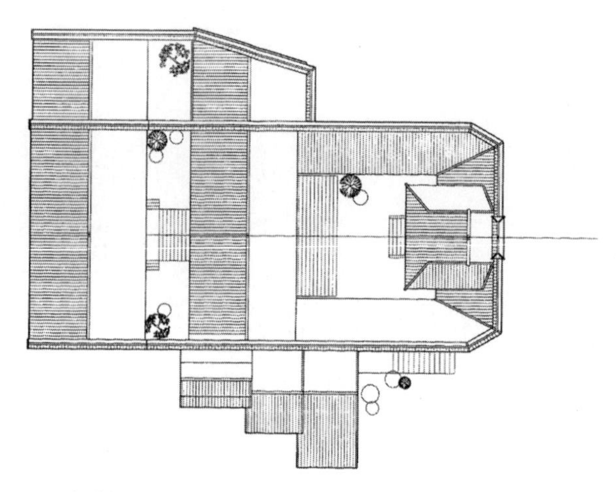

/\ 扇沱场王爷庙屋顶平面图

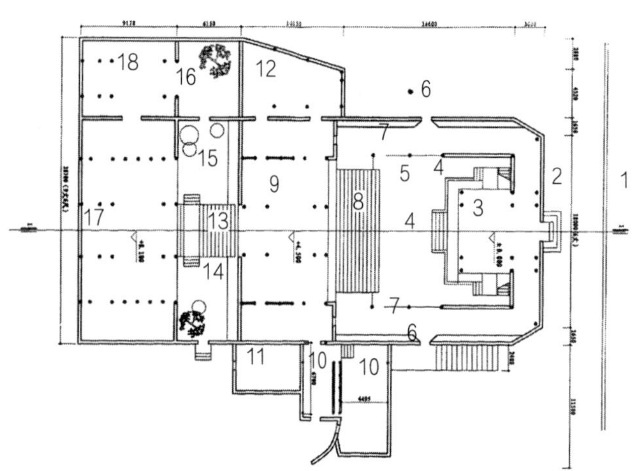

1. 江岸石栏杆
2. 大门
3. 戏楼底层作过道
4. 分三路进出大门
5. 进天井，同是看戏坝子
6. 太平门，疏散人流侧门
7. 迎来客往房间，同有包厢作用
8. 踏步，同是看戏坐凳
9. 过厅、看戏、聚餐共用
10. 厨房
11. 厕所
12. 房间
13. 踏步
14. 排水沟
15. 台面
16. 小花园
17. 镇江王爷神位殿堂
18. 庙主房间

/\ 扇沱场王爷庙平面图

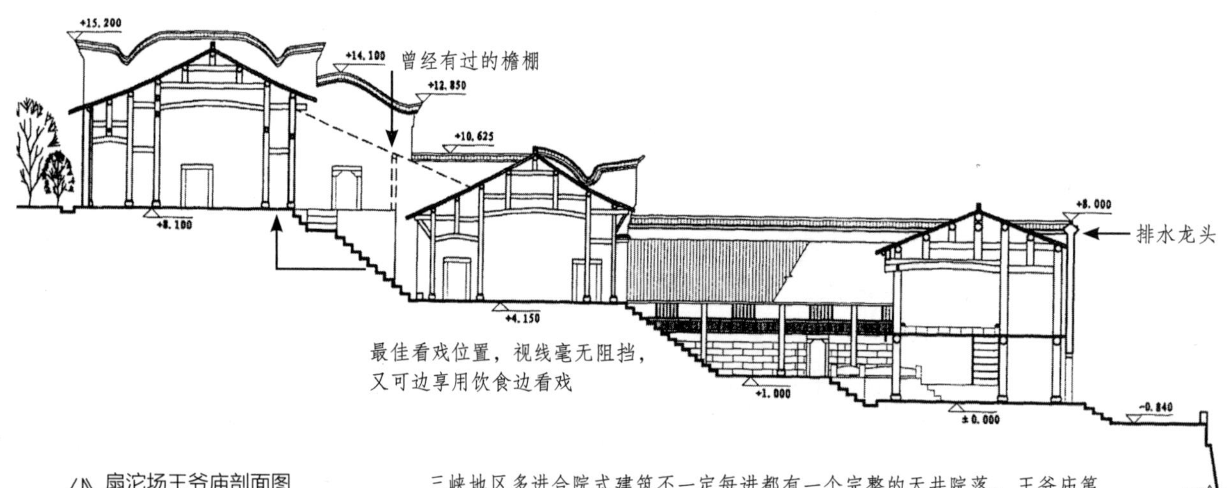

/\ 扇沱场王爷庙剖面图

三峡地区多进合院式建筑不一定每进都有一个完整的天井院落。王爷庙第二进采取以平台、平台上加建檐廊的做法强化主殿功能。连续地爬坡登高，若面迎的又是一个宽松的天井，则有碍于主殿的神圣、崇高。当然，在坡地无法展开建筑时寻求这样一个强化建筑精神主题的说法，则可弥补山地可用地不足的局限。故才有左侧裙房的小花园，以排除主殿空间的压抑与幽暗。

地区展示的文明特征。有宫观寺庙的存在，城镇的灿烂文化才更好地得以体现，农业文明的展示得以有载体依赖。只有这样，城镇空间密度才能形成节奏，从而构成轮廓序列的强弱态势，城镇结构才不致松散，才不致流于非文化空间的材料堆砌，才不致产生城镇文化素质平庸的流弊，从而更有利于乡土情感的培养，有利于以城镇来影响农村，滋养一方百姓。

三、三峡场镇地缘、血缘、志缘三大空间框架

我们在很多地方都提到四川聚落和全国其他聚落有一个极不同的现象，至少清代以来川中农村罕见血缘性结合的聚落。其理可推至宋代，宋太祖曾针对四川"人大分家，别财异居"下旨："荆蜀民祖父母，父母在者子孙不得别财异居。"又说："川陕诸州察民有父母在而别籍异财者论死。"(《宋史》)笔者从东汉牧马山画像砖上的大型庭院格局布置中推测，秦汉时期四川血缘性结合的聚落恐已开始解体。一是庭院中没有形同中原的严格中轴对称的房屋宗法礼制组合；二是四川自秦灭蜀后大批秦民入川，移民四川的运动已经开始，很可能秦民先以地缘性、血缘性结合住在一起，后渐次与土著通婚交往，这种结合亦开始解体，并导致居住的分散；三是近些年在以三星堆为中心的考古发掘中，尚未发现一处房屋遗址有类似中原的宗法礼制布局，这说明长江上游以成都平原为中心的远古建筑文化是有别于中原文化的，在房屋的格局上同样可能有别于中原形制。

但不少史学家论证，那时成都平原已经有了聚居形式，《四川古代史稿》认为："三星堆的房屋遗址和出土文物反映出当时居民已过着密集定居生活。"可以推测，这种"密集定居生活"的空间形式必是聚落，但以何缘聚在一起？想来多是血缘性结合。至少尚没有报道秦以前有大规模的外省移民入川，尤其是中原移民入川。自然，外来的文化要对四川构成决定性的影响还不可能，也就不可能构成地缘性结合，而盆地内部也未有此流动人群的地缘性结合。秦灭蜀是四川历史上大规模中原移民的开始，无论情与理，入川伊始，移民皆以地缘、

血缘双重结合的方式居住在一起，犹如明初聚居在现云南腾冲和顺乡的居民一样，七姓人来自四川巴县同一个地方。

四川盆地四周有高大山脉的特殊地理形态，阻断了与外界的交往。与之相反，盆地内则是浅丘平坝，使得古代巴蜀两地交往毫无地理阻碍。虽多民族同栖息于一盆地之中，但长期的融洽交往使其并无截然不同的文化分野，并认同同一文化圈，包括秦以前的诸多文化现象中皆你中有我、我中有你，融合为一体。自然，处于交通动脉长江两岸的三峡地区也不例外。自秦汉起，三峡地区开始也是以地缘、血缘相结合的形式构成聚落，其后受“人大分家”民俗影响，聚落解体。川东流传至今的民谣“皇帝爱长子，百姓爱幺儿”，同为川西所唱，其深层意思是“幺儿”以上兄姐成人后皆离开父母，散居于其他地方，赡养之事唯依靠最小的儿子。这同时也说明居住形态的分散在那时已经开始，正如我们讨论的，这种“人大分家，别财异居”现象很可能是巴蜀之境固有的民俗。秦汉以后历朝历代虽有移民大规模入川，仍渐被这种民俗同化，以至于这种同化到现在还在进行。那么，代替农村聚落形式的必然是另一种功能更多更全的形式，那就是场镇。

另有史学家称，“别财异居”是商鞅时期的政策，其俗在中原家庭结构关系中是普遍现象。秦灭蜀后，秦民把这种民俗带到四川并一直传承至今，又结合四川盆地诸多因素，稳固地延续下来。而四川之外的地方此种民俗反而渐次消失，多又回到血缘性结合的模式中，故才有宋太祖的一道怒旨。但川民仍“一意孤行”，“别财异居”适成川中民俗。若从另一角度看，恰是四川在此民俗上延续传承了中原文化。笔者窃以为，生产单位的划小对生产效能的发挥、生产关系的调整，在封建时代无疑是优于宗族经济模式的，正如分田到户可提高农民的生产积极性一样。

四川场镇兴起，多言草市居先，唯应追寻赶草市之人来自何处。从草市发展成场镇的格局关系来看，来草市交易的人多为附近农民。四川草市和北方不同的是，不依靠某一村落为交易地点，从而渐成市镇。四川明显没有可以进行交易的村落，而唯有草市，包括三峡地区也是如此。从史料上看，南北朝以来不仅草市，场镇兴起也有了一定数量。想来那时构成场镇的基本空间组合，仍可能是地缘性、血缘性甚至志缘性的结合，或各自成团。明以后渐次有了会馆、祠庙之类。至清代移民，鄂、湘、陕、粤、闽、赣等省大股移民带着规模化的地缘色彩入川，虽大多分散在乡间，史料表明，地缘性结合的会馆在清前期兴建，即在移民运动方兴未艾时便纷纷兴建。举川西距移民原省更遥远的荥经县为例，湖广会馆雍正年间重修，江西会馆康熙四十三年（1704 年）建，福建会馆乾隆三十八年（1773 年）建，陕西会馆康熙三十四年（1695 年）创修。那么，距移民省地域更近的三峡地区，想必这样的地缘性结合形式的出现也不在川西之后。此实则建立起了不同地域移民的文化据点，“它们保存自然并不封闭自我，它们势必要求发展自我的道路，必然要展开与别的文化据点的联系”。“由于会馆的建立，原来这一带零星稀疏的民房也逐渐规整成街道，并一直延续到今日。”（四川文联：《四川民俗大观》，四川人民出版社，1999）如民国《云阳县志》记载：“全县有会馆 54 座，其中：帝王宫（湘北黄州帮建）15，万寿宫（江西帮建）13，禹王宫（湘帮建）9，天后宫（福建帮建）3，靖江宫 2，齐安宫 2，长沙庙 1，南华宫（粤帮建）1，陕西会馆（陕西帮建）1，湖北馆（湖北帮建）1，岳常澧馆（三府人建）1，衡永保馆（三府人建）1，关帝庙 1，庐陵馆 1，万寿宫 1，安邑宫 1。”从中可看到，三峡城镇在空间占有“份额”上，地缘性结合是一个不可忽视的因素。此点也说明地缘性会馆不仅建得早，还建得多。在明末清初四川城镇的一片废墟之上，必然有相应的民居、店铺、作坊等小型建筑围绕会馆修建，并形成以会馆大尺度、大体量建筑为中心的空间组团。组团之成，多相距一定距离，于是便构成了一城、一镇、一场的空间发展制衡框架，正如前述，各会馆之间民房规整联系起来，渐成街道。因此，这里必须阐明一个程序：不是已经有了完整街道后才选择一块地建会馆，而有可能是建会馆后再在各会馆之间将民房串联起来组团，规整成街道。为了达到此目的，必须先有各组团之间相互打破壁垒的沟通，否则各有戒备，一条街还是难以形成。

除了上述地缘性结合的会馆，三峡场镇血缘性结合的宗祠空间不是很多。它们大多分散在农村，比如，云阳著名的凤鸣镇彭氏宗祠、忠县蒲家场秦家上祠堂等都在乡间。那么，三峡场镇街道又是如何以血缘性结合形式出现的呢？这就是民居，洋渡场古家三兄弟有三宅集中分布在一段街道的两旁，龚滩有杨力行大宅辐射周围若干民居并成组团，大昌有“温半头”街道、“蓝半边”民居组团，等等，其成型之初，不过一两宅经营商事，聚财后再相邻建房、建铺面，遂成街道。

志缘性的结合附近似乎显得更广泛，表现的中心为王爷庙。依靠江河生存者，以船帮为主，三峡场镇中王爷庙往往在码头附近兴建，其理当是为生产生活之便。民居自然就在其周围聚集，蔚成组团。再有就是屠宰业之张爷庙、医药业之药王庙等小祠小庙，其造势不大，亦不可能在空间组团上成气候。但以民居形式出现的空间组团则自成一体了。西沱独门嘴由以收售桐油为生的几户人家的聚居点，渐次成为西沱上场口民居组团。先以巷为街，再临街设前店后宅。龚滩杨力行聚集大批搬运工，工人必要住宅，远了不行，就近建房形成组团，亦渐次成街。

以上三峡场镇空间地缘、血缘、志缘性三大空间框架，基本上构建起了一个场镇的格局，并使相互间达到空间再发展的制约与平衡。当然，这种制衡随着农业市场经济的深化，各省移民、行业间的交融，相互间个性亦开始模糊化，并在建筑空间上表现出多重性。比如关帝庙，有时既是陕西会馆地缘性组织，同时也是盐商盐贩的行业性机构，即志缘性结合。更多的地方不是陕西人与盐商，也共建关帝庙，其理在偶像关公已成为中国人推崇的正义、仁厚、英武的化身，被视作“国神”。那么，围绕关帝庙四周的民居组团成分就更加复杂了。所以，晚清以来，三峡场镇人群随着社会、经济、文化的发展，亦相互混存了，里面具有决定性影响力的仍是经济。正如西沱谭安余老人所言：“解放前的生意主要是以盐号油号为大宗，上走盐巴，下走桐油，中间的栈房、店铺、绸缎铺、杂货铺、药铺、铁匠铺、纸扎铺等取小利。”显然在街道格局及空间组合中，西沱已全然抛弃了原以宫观寺庙为主体为核心的组团街道格局，即地缘、血缘、志缘性结合的空间组团。比如，码头原以禹王宫为中心组团，中段以万寿宫、天上宫、张飞庙为中心组团，上段以谭氏宗祠为中心组团。现在这些组团形态很少见了，这正是资本主义自清末民初甚至民国年间近百年来对农村自然经济冲击的结果。当然，那些带有浓厚农业文明色彩的东西就渐渐淡化甚至消失了。

如果把场镇形态的发展看成是不断线的脉络，那么上述地缘、志缘、血缘性三大组合形态亦可看成是农村聚落形态在特定人群、时间、地域重新整合的特殊形态。这种形态上可追溯到远古一座大房子周围分布着若干小房子的主仆关系模式，近在四川少数民族地区仍可看到寺庙、官寨等“大房子”周围密布民居组团的渊远古风。这正是一个物质现象只要是人构建的，就必然贯穿历史文化的传承，必然有所沿袭的力证。三峡场镇乃至四川场镇以街道为纽带把多个组团串在一起，最后又形成独有的个性特征，其深层机制仍应到地缘、血缘、志缘三大关系中去寻觅。故场镇形态散发出来的空间魅力等表象，总是有所依据，甚至随社会发展而一脉相承的。

第六章

三峡场镇民居

如果把沿长江从湖北宜昌到重庆300多千米的所有场镇展开来比较，我们看到民居这种空间形态和时间形态呈现一种微妙的渐变状态。这种渐变又和两省交界地区、南岸与北岸、沿江与山区、三峡腹心地区与上游农业发达地区、干流与支流等发生着关系。场镇本身又有临江岸一列民居与靠山一列民居，场镇中各街段分属各历史时期，场镇与场镇边缘民居等多形态变化。总之，民居同其他形态一样，是一种非常复杂的现象，在特定地域仅表现出一些特殊性（与周围更大环境相比），但更多的是关联性、共同性，故三峡民居研究不能孤立地只着眼于三峡地区。放眼看周围省区相关区域，则处处何其相似；然了解多了，又处处有区别。这就使三峡场镇民居既受中原文化深层影响，又有独特的地方色彩。为了便于叙述，我们不妨用时间作为一条线把场镇串起来，然后分段分片予以解析。

/\ 巴东楠木园民居

/\ 巴东官渡民居

/ 涪陵大顺场街道民居

/ 兴山峡口镇民居

· 清代三峡场镇民居

· 民国三峡场镇民居

· 新中国成立后三峡场镇民居

以上三大历史时期的三峡民居中，又内含若干时间段的变化，如下所示：谈三峡民居，我们又不能不涉及在四川盆地这个地理条件影响下，经数千年融会形成的巴蜀文化圈。三峡地区虽以巴文化为主，和以成都平原为中心的蜀文化比较，如果论其间之差别究竟有多大，截然不同的时空形态在何处，平心而论，那是很微妙的。二者处在同一个盆地的地理环境之内，经过长时间的融会，已得到广泛认同。但离开盆地，无论四川西部少数民族地区，北方陕西，东方湖北、湖南，南方贵州、云南，文化差别立即显现，和巴蜀盆地内的诸般形态拉开了较大距离。民居之类无非小科，犹出现特征比较明显的差异，形神之态各自罩上浓郁的地域色彩。而在聚落表现形式上，上述区域多村落、多血缘性结合的民居组团。若有场镇，则不像盆地多由移民会馆之类和宫观寺庙等大型建筑构成场镇骨架，空间结构围绕其作为核心内聚组团，进而互补并制约着场

清代　　民国　　新中国成立后

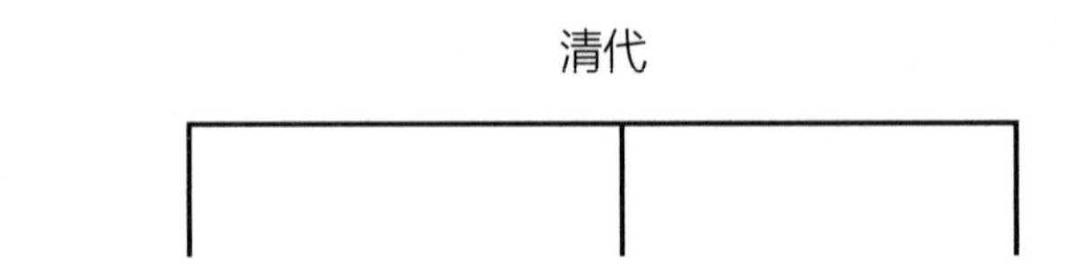

清前期 （1644—1736） （乾隆以前）	清中期 （1736—1820） （乾隆—嘉庆）	清晚期 （1821—1911） （道光—宣统）	民国 （1912—1949）	1949—
多为战乱留下的城镇废墟。移民运动开始，渐有居民在场镇废墟上建房。经现场实地踏勘，乾隆以前的民居实为罕见。但简易住房、临江棚户大量出现，无甚形制、规矩可言，且草房数量巨大。 农村合院天井民居倒普遍出现，做法尺度沿袭明制，渐有“弃农经商”者不断迁移场镇中，并以地缘性因素为主开始筹建会馆。农业经济市场普遍形成，各地赶场日期形成规律，机制完善	经济全盛时期，场镇因长江水运和“川盐、川米济楚”机缘复苏，明显有规划，风水意识介入建筑。会馆成为场镇结构的骨架。民居建设开始调整前期的简易与临时性。前店后宅、下店上宅等形式居多。任何建筑都强调留下中轴、对称、天井、祖堂等传统因素。因用地、地形限制而演绎出形形色色的坡地建筑形态，但终不能跳出上述传统合院脉络制约。总体上分临江一列与靠山一列两大空间体系	是三峡民居又一辉煌时期，机缘来自第二次“川盐济楚”。民居格局无甚大的变化。但大型临街多开间，合院民居渐少，铺面含金量增加，连排式专供出租的铺面出现。用地开始紧张，空间向进深和二层发展，内部空间格局简化，普遍追求良好采光，“亮瓦”使用广泛。民居在市街完成以会馆为中心的封建时代最后一次整合，每一个场镇都出现一个或多个中心及副中心，公共建筑与民居风格定型。西方建筑文化开始大规模浸染三峡	三峡地区为首当其冲受到西方文化浸染之地。在传统与西化的交锋之中，中西合璧的民居成为时尚，合院消失速度加快，尺度的特定空间意义、世俗意义消失，开间向宽大、二层发展，装饰以灰塑代替木、石雕刻之作。民居做工简单粗放，用料马虎。豆腐渣工程时有发生，社会无须遵循营造制度的时期开始。学习模仿沿海“二手”洋房子做法大行其道。抗日战争期间的内迁高潮造成三峡建设虚假繁荣，不少场镇延伸段留下简易性民居并构成街道，是“新生活”运动的恶果	传统场镇形态元素大多消失。官观寺庙及部分私人房产作为公产，大部分已改造，或分给贫下中农。作为公产者如学校、粮站，则保护较好。传统场镇街道民居发展基本上处于停滞状态，因居民多为农业人口。 十一届三中全会后掀起新一轮的场镇建设高潮。开始阶段处于无序状态，逐渐有规划制订。但规划普遍忽略格局与建筑的历史文化因素。传统民居从平面到空间、材料等元素全面消失

奉节依斗门

澮井场远眺

秭归民居

奉节山区客家民居

澮井场民居

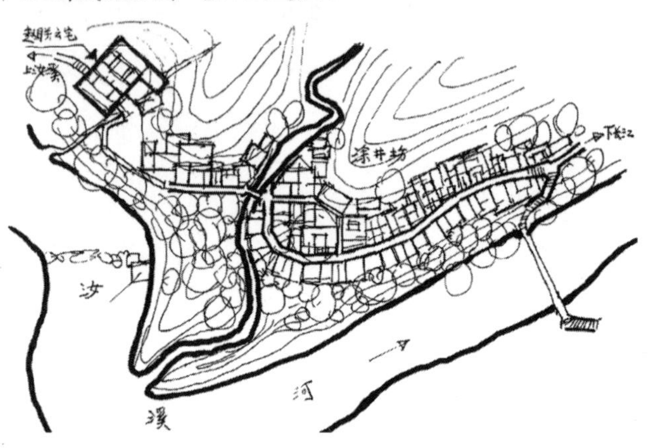

/⩘ 澮井场平面图

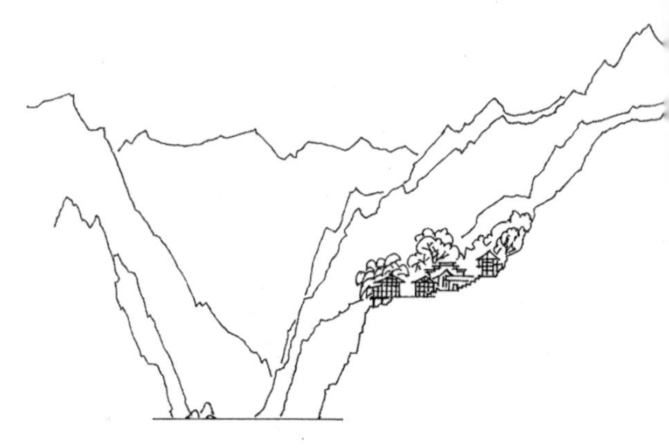

/⩘ 澮井场剖面图

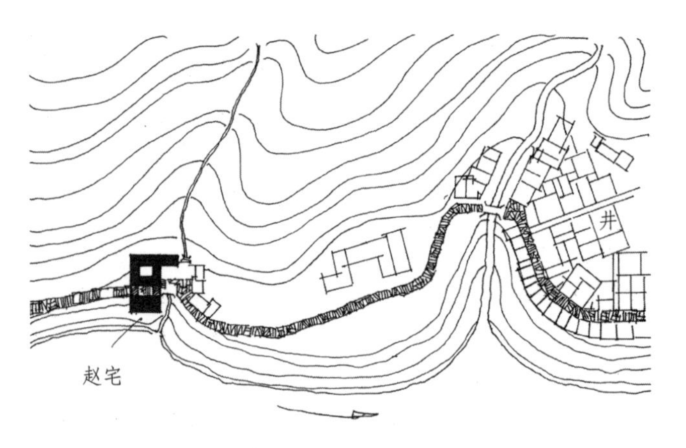

/⩘ 赵联云宅与澮井场关系

/⩘ 赵联云宅远眺

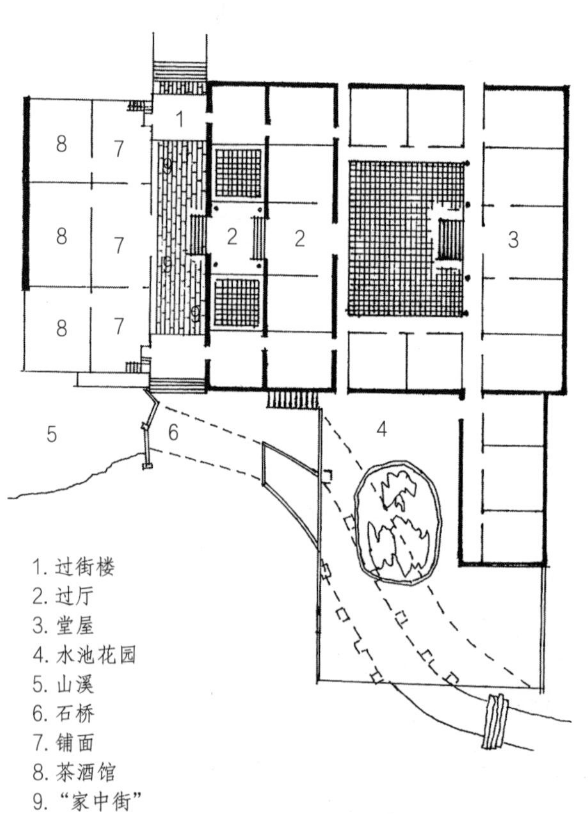

/⩘ 赵联云宅平面图

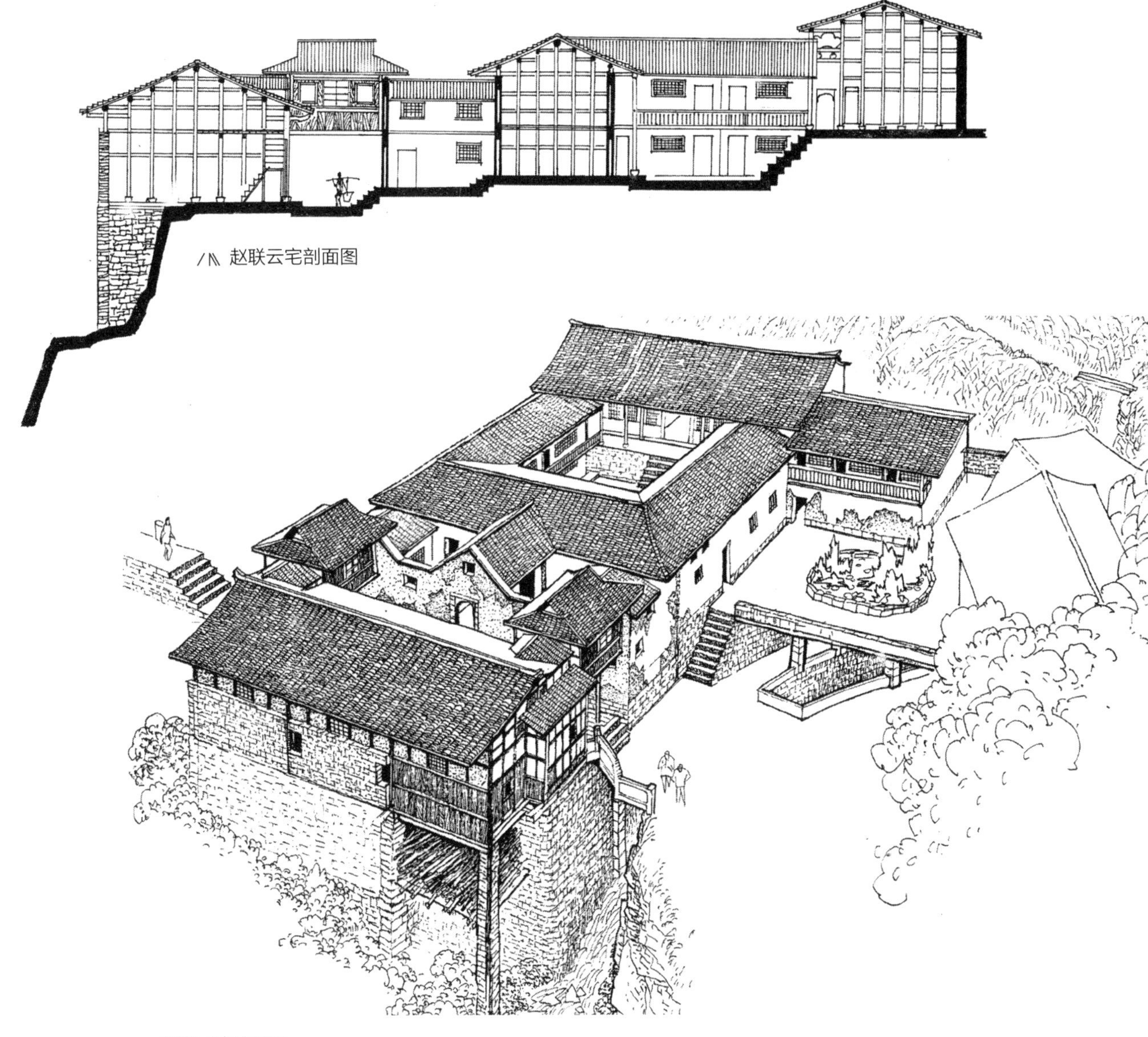

赵联云宅剖面图

赵联云宅透视图

赵联云宅外墙面

赵联云宅内“街道”及过街楼

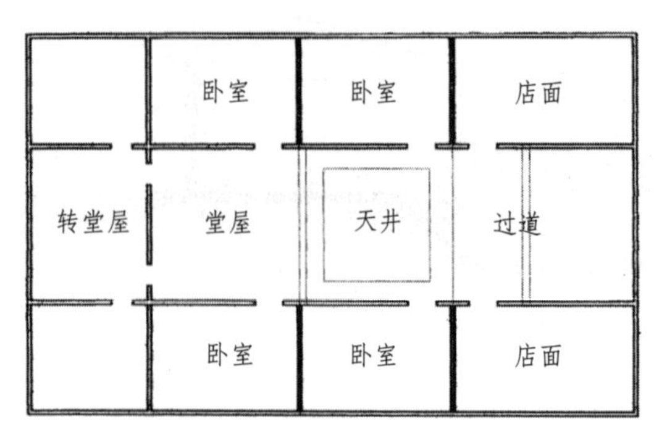

巫山李季达宅平面图

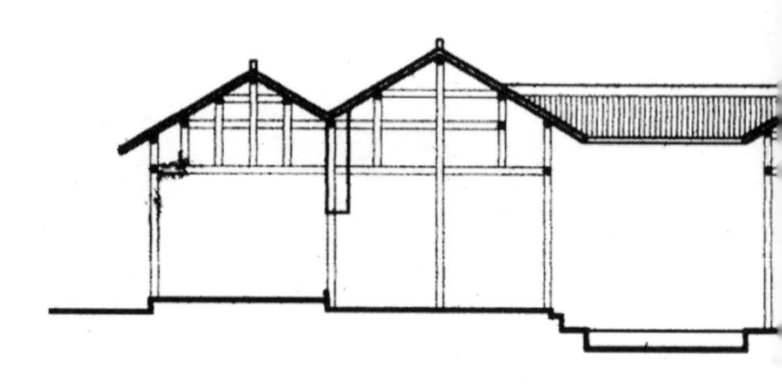

巫山李季达宅剖面图

奉节、巫山、云阳山区民居

大宁河峡谷民居

奉节竹园过街楼民居

秭归香溪民居

镇形态发展。上述地区场镇结构显得松散。造成这种空间现象——一种独特的聚落结构表现在市镇形式上，是因为自古巴蜀之地少有血缘性结合的聚落形式。自秦灭巴蜀以来，中原本来在春秋时期盛行的“人大分家，别财异居”民俗反而在巴蜀之境找到了生存发展的土壤，且一直沿袭至今。亦可说现存在巴蜀之境的无聚落和散布农村的单户现象是远古中原文化在巴蜀的传承。其场镇数量

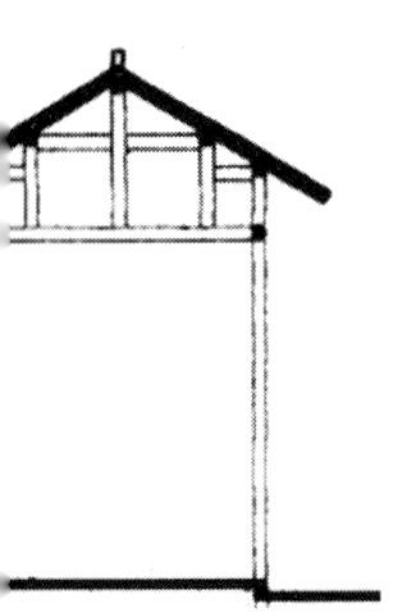

的巨大和场镇文化的灿烂，同是这一现象直接的结果，也是一种特殊的聚落表现形态，不同的是它把聚落内涵扩大了，扩大到了血缘、地缘、志缘多形式结合的境地。而中国其他地方的农村仍然以血缘性聚落居多。两相比较，使我们更易观察出巴蜀场镇空间内涵的包容性和复杂性，这对于进一步分析三峡场镇民居提供了基础、背景。另外，在其他中原古制于巴蜀的传承上，可举路程长度的计算为例。如刘敦桢言："川中路程，每千米折合 2.5 华里，故每华里之长度较常制略短。疑川省各地里数乃秦、汉所定，相沿迄今未改。"（《刘敦桢文集・三》，中国建筑工业出版社，1987）这进一步说明了秦统一巴蜀后，中原文化对其发展的决定性影响。

一、清代三峡场镇民居

三峡地区场镇跟四川盆地内所有场镇一样，断然没有留下明末以前可资一阅、可资借鉴的建筑实物。这是学术界的共识和实际情况。民居为居民所建造，三峡场镇居民从何而来？从现存场镇多数在清代兴起的历史来看，自然大多来自"湖广填四川"时的江南各省。早期移民入川，似不可能入住城镇，多"插占为业"，以在农村耕耘谋生。后人口繁衍起来，在长达 100 多年的移民运动中移民不断迁入，集市渐兴，才得以在明末清初战乱等天灾人祸的城镇废墟上重建城镇。居民中有农村移居者，入川的宦游者、商人、医药业者，等等。在南岸场镇中尤多土家族姓氏者入住。概而言之，居民以湖北、湖南移民最多。"近水楼台先得月"，其祖居地距三峡地区最近，移民时间又多为清前期，膏腴之地多被其插占。此为移民大类，其他闽、粤、赣、陕等省人较少。土家族多来自酉、秀、黔、彭、石等县。又湖北恩施地区诸县土家族在历史上长期来往于下川东，入住沿江场镇者也为数不少。

上述无非要解释一种物质现象，就是这些人的民居形态一定要反映出原祖居地模式。而三峡地区自然、人文条件和其原祖居地无甚本质差别。再则，清代住宅有一定制度约束，其时尚在统治最严格时，人们还不敢僭纵逾制。后人们入住城镇了，原只有在农村才易于实行的建筑制度也一样顽强地表现出来。还有当时四川城镇废墟一片，无本地模式可以借鉴，等等，均是三峡民居研究必须综合考虑的。因此，民居从风格上看，整个清代几百年间均遵循的是汉民居文化制度。它的主要特征仍是传统的风水选址、合院格局、中轴对称、伦理秩序、前店后宅、尺度约束等一整套清制规范。随着时间的变迁，受盆地内外文化的影响，清代前、中、晚期民居上又发生了明显的变化，而这种变化又和观念变化、人口增多、流量变大使得街道尺度增宽有着内在联系。比如，清前期街宽2米左右，长30米，占据码头最重要地段，那么到了清中后期，尤其是咸丰到同治年间的太平天国运动截断淮盐后，造成第二次“川盐济楚”并带来新一轮的城镇建设高潮，其中城镇民居的发展也随着街道拓宽在平面、立面、空间上尺度增大。街道尽可能扩宽到3米或4米，长度往往超过清前期的街道长度。

三峡沿江场镇民居史是一部清代区域民居史，主调仍是传统合院利用下房开门开店这一场镇民居特色。其经数百年稳定发展到民国时期，是农业文明在农业时代必然产生的结果。当时及后来要对它形成颠覆式的冲击，没有政治、经济、文化全方位的变革是不可能的。所以我们看新中国成立前的民居，最具魅力者仍是传统的东西，因为它浓缩了数千年厚重深邃的文化，它是劳动人民智慧与勤劳的结晶，是与自然做斗争而总结下来的建筑营造大成。

观察这类民居的空间特征，并把它摆在全国范围来看，则其干栏加合院再加坡地的综合特征是其他地方不易通盘见到的。比如，湘、桂、黔交界的侗、瑶、苗族建筑物中干栏甚发达，但无合院格局；土家族有合院、干栏，但坡地空间发育多限定在厢房层面的模式上，且合院发育不甚完善，多三合院而少合院组合。湘西在小溪小河边建镇建房，可把干栏做到精致，但少大江大河的气势，而这里动辄为占地200~400平方米、4~5层10多米高的大型干栏。四川盆地众多水系比起三峡地区地形趋缓，干栏气度减弱。唯在三峡长江大流深切河谷旁的陡坡悬岩间建房，无论平行于江岸或垂直于江岸建镇兴场，其民居表现出一种在大江河岸，人征服自然的豪迈气势和风度。别无选择的用地选址，集中四川物质运向川外的巨大流量，长期于艰苦的地理、气候环境中的磨炼，使得三峡场镇民居如其人一样，展现出一种气势磅礴的粗犷形态。这说明此地居民历来都是巴楚后代居多，还保留着一种雄浑的远古遗风。

西沱街道民居

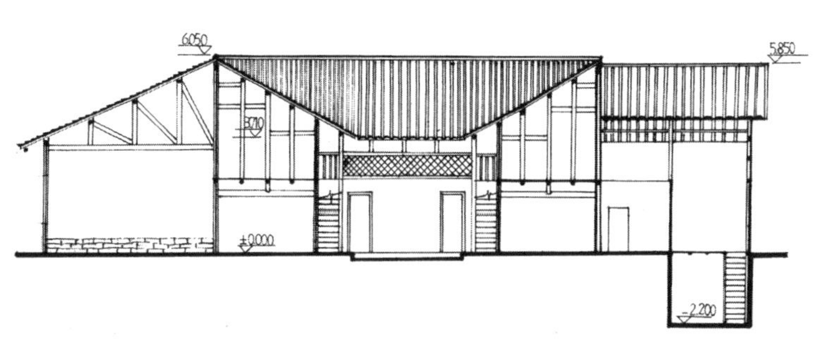

谭宅剖面图一

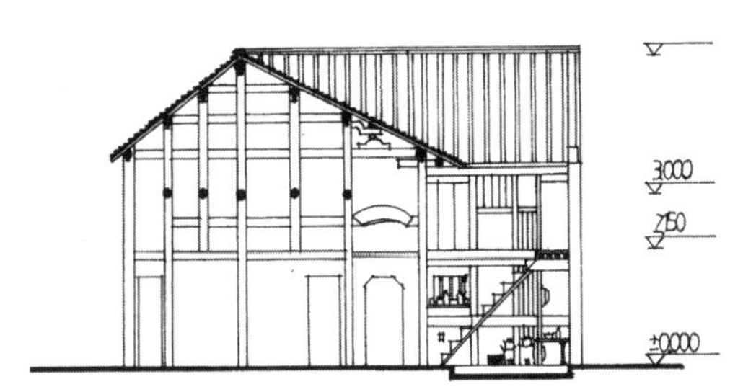

谭宅剖面图二

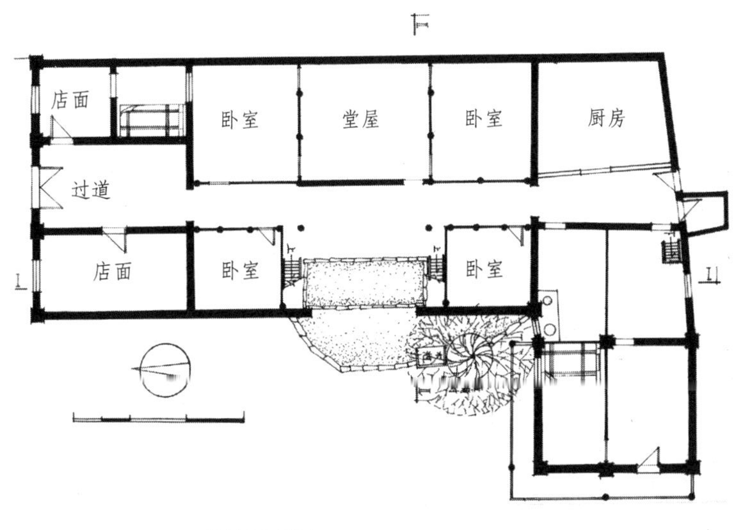

谭宅平面图

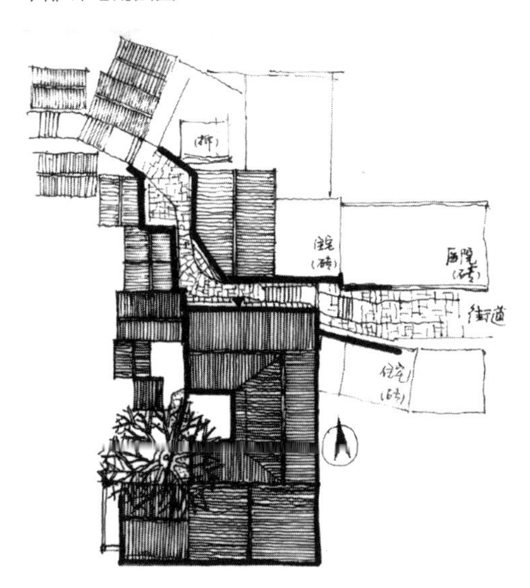

谭宅总平面图手稿

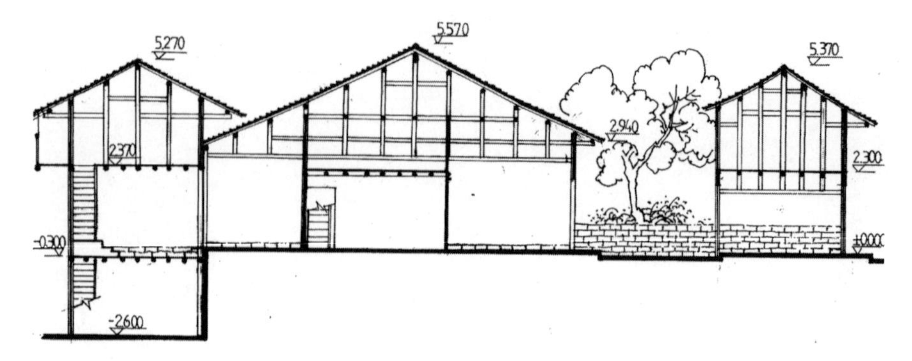

陶宅剖面图

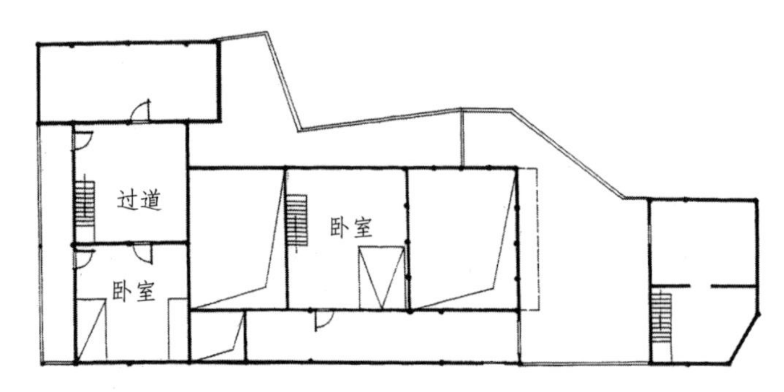

陶宅二层平面图

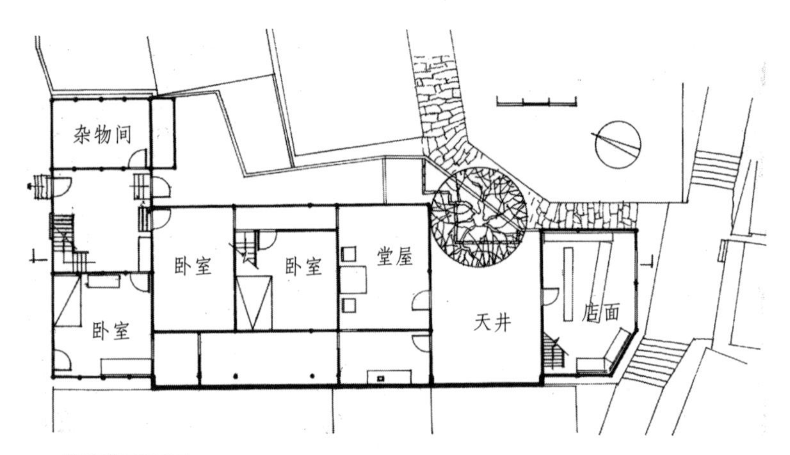

陶宅总平面图

陶宅屋顶

陶宅临街立面

/ 谭宅环境

/ 谭宅屋顶

/ 谭宅侧面之一

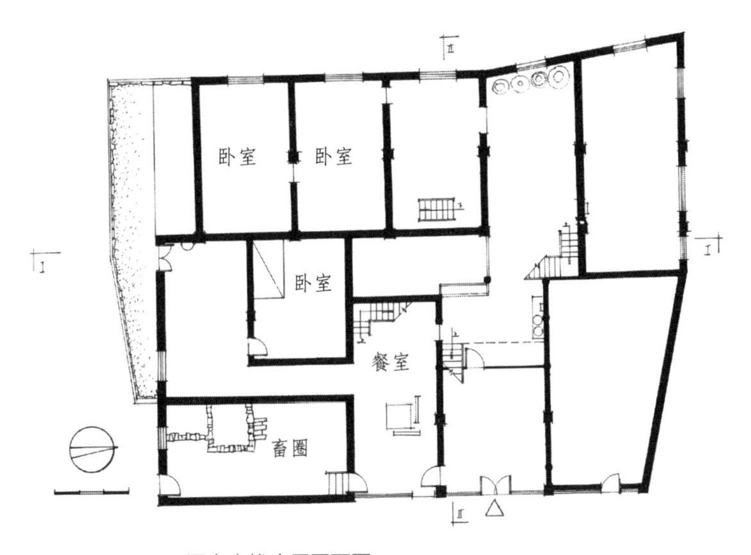

/ 谭宅客栈底层平面图

/ 谭宅侧面之二

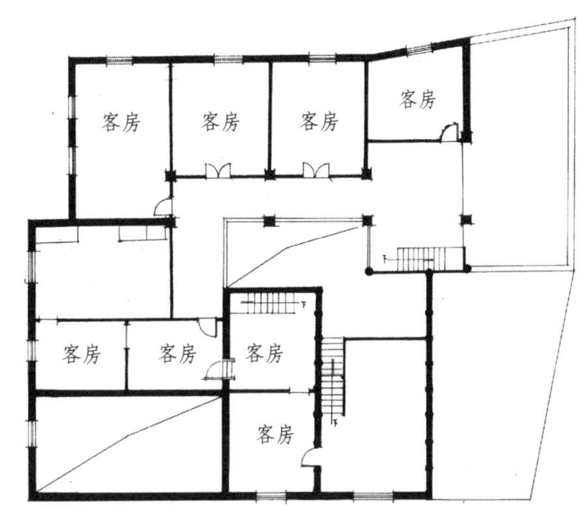

/ 谭宅二层平面图

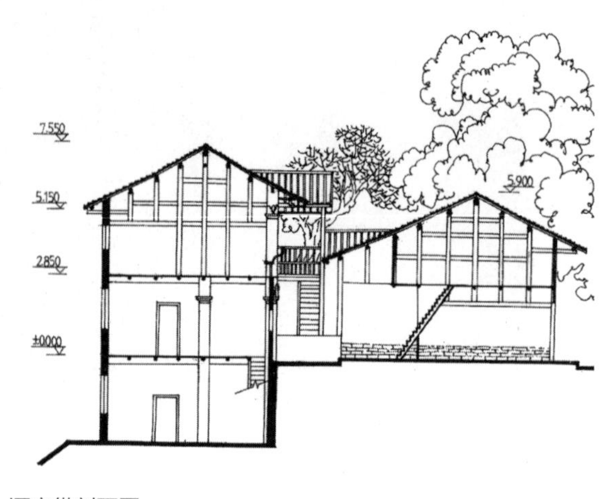

/ 谭宅纵剖面图

黄桷树

(砖)

/ 谭宅总平面图

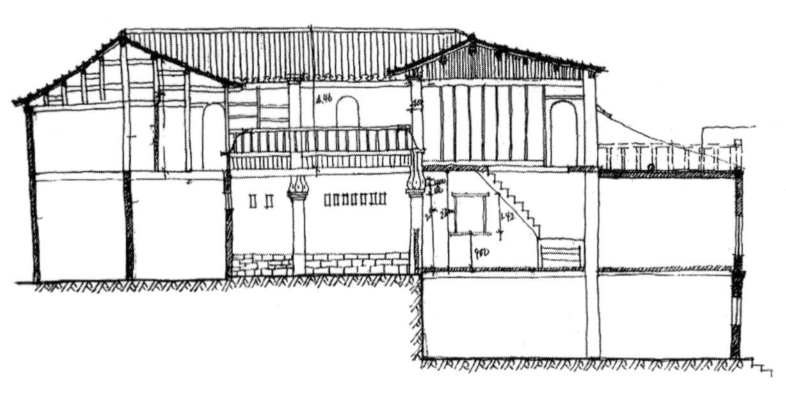

/ 谭宅剖面图手稿

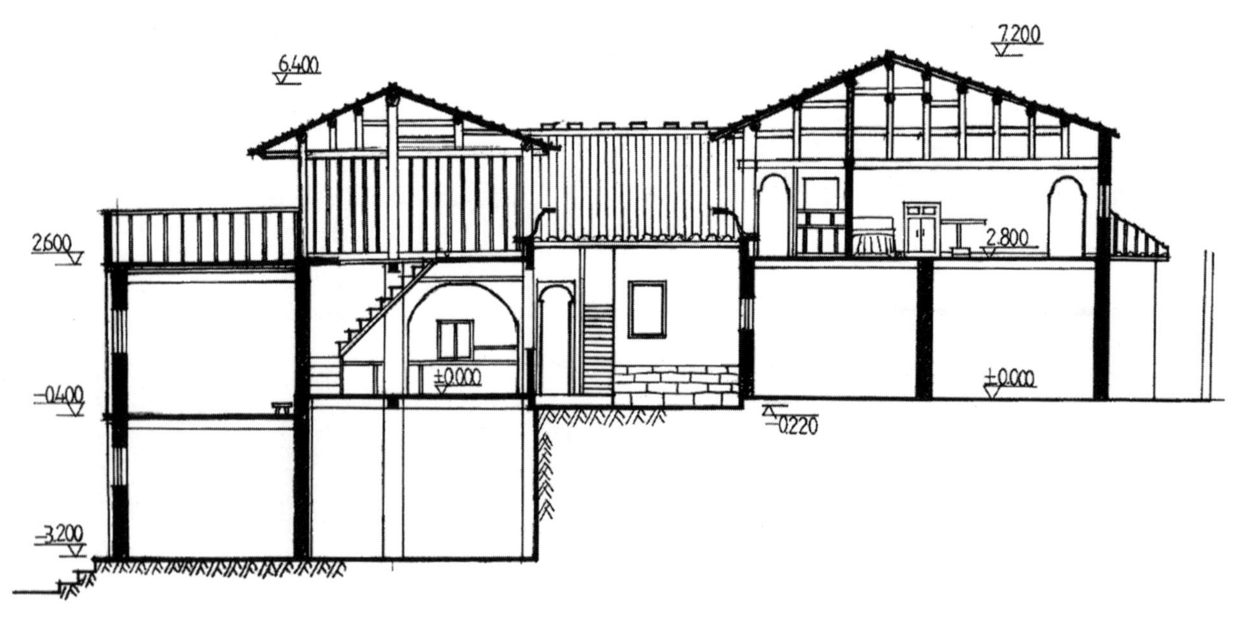

/ 谭宅客栈横剖面图

石柱西沱街道民居

万县武陵民居

长寿扇沱街道民居

秀山街道民居之一

秀山街道民居之二

酉阳龚滩冉宅天井

/⫽ 陈宅大门及墙面

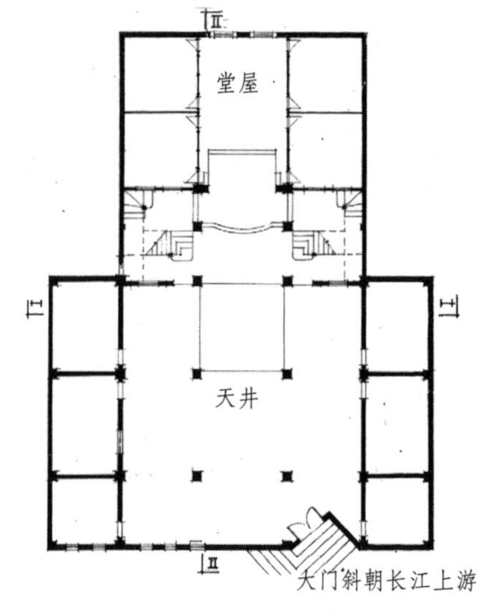

/⫽ 陈宅一层平面图

/⫽ 陈宅立面图

/⫽ 陈宅剖面图一

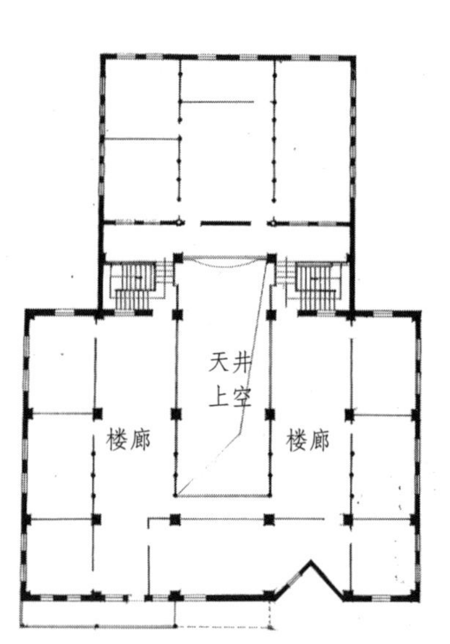

/⫽ 陈宅二层平面图

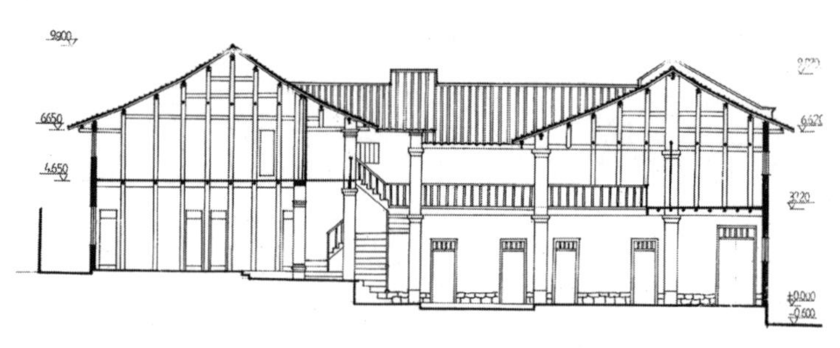

/⫽ 陈宅剖面图二

二、民居民俗

民居民俗于三峡地区，常用干栏加吊脚楼。一言以蔽之，实则与其他空间、时间现象一样，是非常复杂的。

首先以长江为界，北岸与南岸便有区别。巫山县与巴东县形成蜀楚之交，各自归属不同的文化领域，民居民俗虽大致相同，毕竟还有差别。山区场镇和沿江场镇也存在差别。就是一乡一场镇的农村民居与场镇民居差别也很大。这些差别在一定程度上受到当地民俗民风的制约和影响，反映在工程技术上和形态风貌上自然有异。下面就沿江各县民居民俗择其精要简述。

湖北兴山、巴东、秭归等县喜做四合头天井屋，“每间屋的进深和开间，都得是双数（这和四川乃至全国开间普遍是单数区别很大——笔者注），并且都要带‘八’，取‘要得发，不离八’之含义。比如，进深为 2.3 丈，去 2 寸则为 2.28 丈；开间若为 1.3 丈，则改为 1.28 丈。同时后檐要比前檐多一根檩子，前后加起来也成双数。如前后共 12 根檩子，除脊檩和前后檐檩 3 根外，剩下的 9 根，则应是前 4 后 5”。

另走马转角楼，若是三开间的天井屋，走廊则在外边，叫“外走马转角楼”；若是五开间的天井屋，走廊则在里边，叫“内走马转角楼”。此实为外向回廊与内向回廊完整的通廊式民居二层格局。若是平房则为檐廊式，若是楼房则为真正的走马转角楼。功能分配上有的是二进格局，后为内房，是女人寝卧之室，外人不得入内，就是姨妈之内女客，亦要通报方可入内。有楼者往往在“山尖头上的晒楼”即后正房左右转角房上设小姐楼、绣花楼。女儿过了 12 岁，就该上楼住了，不是节庆、有重大事情时得到允许，一般不准下楼，更不准外出。佛堂或经堂设在二进轴线端头，和堂屋神位相对，供释迦牟尼或观音菩萨，早朝晚拜，多为老年人宗教活动场所。

农村一般修建一排 3 间房子，因其外檐多一根檩子，便于堆放农具、庄稼。后墙不开门，若只一进，则不设春台（香案），贴一张“天地君亲师之位”即可，或在下墙上铺一块木板供香烛及供果都行，目的是空出堂屋空间，农忙时好放粮食。当然富裕人家就讲究多了，堂屋两次间和四川盆地的情况差不多，

陈宅庭院

陈宅楼道

陈宅二层空间

涪陵梓里民居

忠县顺溪街道民居

石柱沿溪民居后天井

掌墨师向来宾撒抛梁粑

妇女拉梁

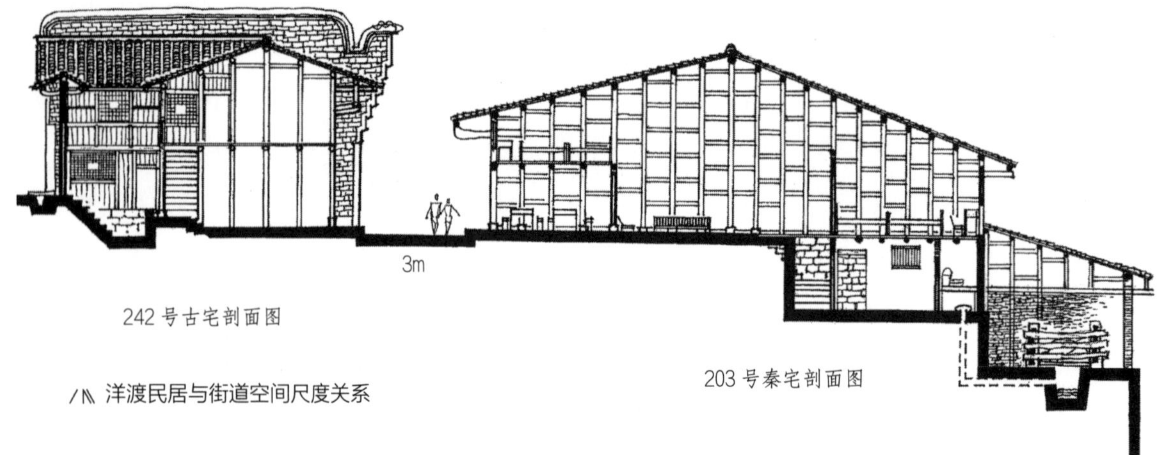

洋渡民居与街道空间尺度关系

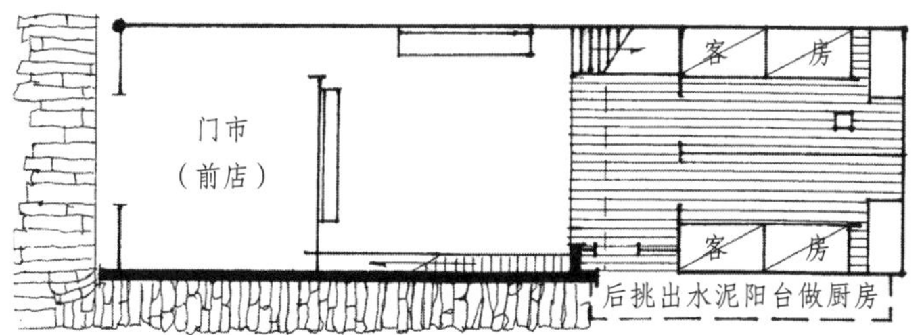

/\\ 秦宅（做客栈用）之一层平面图

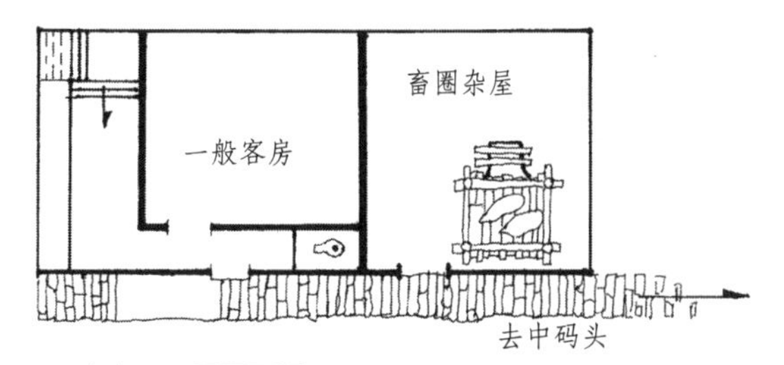

/\\ 秦宅下一层平面图

/\\ 中码头秦宅侧面

/\\ 洋渡场屋面（有风火墙者为秦宅）

爷孙两代可同住，是空间伦理秩序人性化之处，比如，川北朱德和祖父同住右次间，川南卢德铭与祖父同住左次间。另一次间则为父母卧室，至梢间往往再接拖檐或偏厦，则多为杂屋、厨房、磨房等。四川人叫这类空间为转角房，即尽间，其位置往往成为僵化的四合院格局中空间最灵活、最动人之处。

湖北三峡3县城镇民居基本上仿照农村民居修建，不同者是将临街下房改成“明三暗五式”，目的是做生意方便。中间3间木构板壁，前设梭板柜台，两边两间靠风火山墙或砖砌墙，山花面不开窗。下房铺面楼上住店员伙计，负责看守大门，应酬夜晚叫门人。清代亦多天井式，厢房和正房空间仍遵循农村伦理秩序进行分配。若无天井，则形似下房一排进深成两间，后叫“紧房”，住家人和女眷，前仍作为铺面，时开“行铺”，兼作通道用，晚

下码头上来小巷
（风火墙属秦宅）

洋渡203号秦明庭宅

洋渡场屋面（有风火山墙者为古宅）

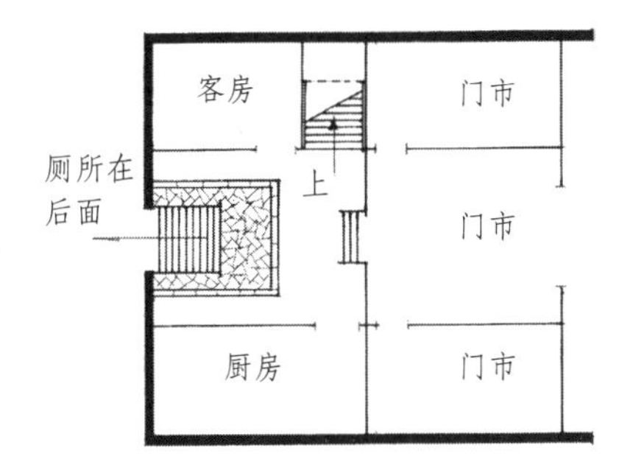

242号古宅之一层平面图

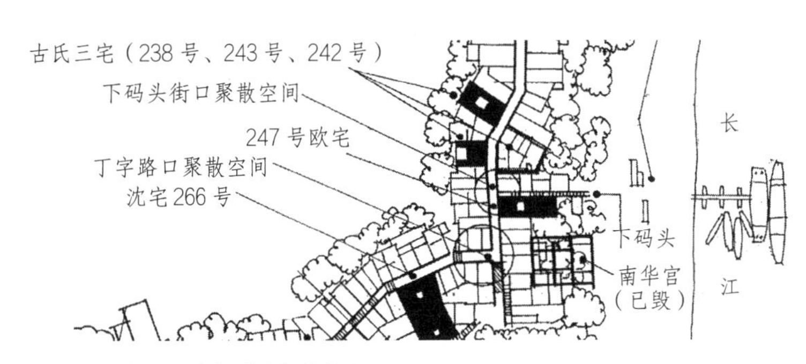

古氏三宅在洋渡场的位置

主人家眷卧室 主人卧室 天井上空 过道可休闲 客房 栏杆 客房 客房 客房

242号古宅之二层平面图

古氏于洋渡场上建宅多处，皆甚精美，且均有风火山墙等各类造型于屋侧，形成古氏民居系列。初估有三处：一是238号古寿斌宅，现作供销社日杂门市；二是242号古宅；三是243号古宅。其中以243号为靠江一面。据说古氏三宅均为父传，共同特点除风火山墙外，三宅均有天井。而天井与风火山墙风格和形制均可言是清中前期盛行于三峡沿江场镇的民居做法，其位置又在场镇靠中段下码头地段，和湖北三峡段如楠木园老宅比较，何其相似。建宅时间若更具体一点，恐正是乾隆年间。

洋渡场仅古氏宅风火山墙跃然群屋之上，使得本来平直的街道屋面一下子有另一建筑装饰体镶嵌其中，不仅房屋形式因风火山墙发生了多样性的美学变化，就是材料（火砖）也与众木构不同，尤显鹤立鸡群，格外引人注目。经其一点缀，整个洋渡场空间形态变得饱满而丰富、坚固，明显是因为它含括了长达300年历史的空间蕴积厚度。可说是文化通过建筑在释放着历史信息。

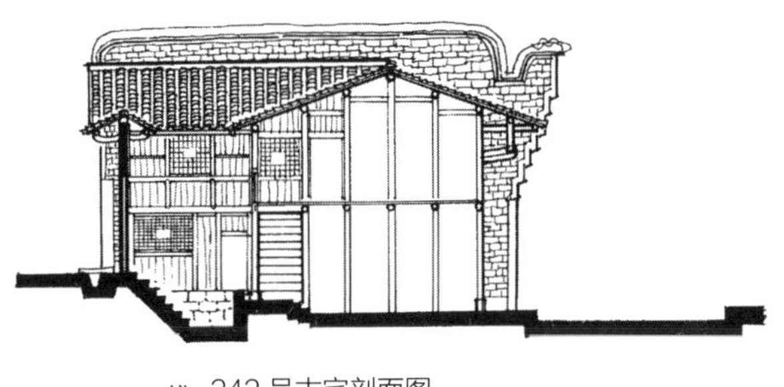

242号古宅剖面图

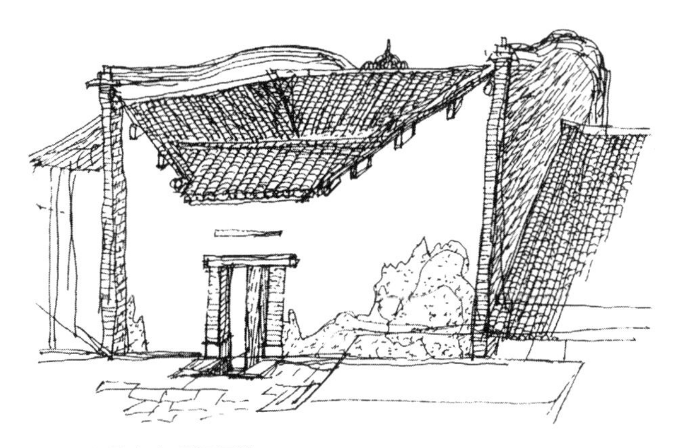

242号古宅后门写生

上搭临时床睡觉。由于有砖砌墙围护，故无法搭建偏厦之类。人丁多起来则只有另建房屋。

上述民居实质上仍遵循中轴对称格局布置空间，和农村合院不同之处在于把下房改成临街店铺，但在轴线上房间仍设堂屋、祖位、香火。至于通道及上2层楼梯功能空间的确定，则视具体情况而定。由于场镇民居或聚落（湖北有农村聚落，如聚落坊；四川农村无聚落）多合院式，故湖北3县砖石围合多于四川，尤其多于万县以上上游段，故湖北3县围合的上、下房山花面多造重檐式风火山墙，或三山式、五山式风火山墙。这一点和四川境内同时出现“猫拱背”的圆弧式风火山墙殊有区别，也是建筑文化受行政区域划分对建筑制约的影响。说得深入一点儿，恐怕是各省移民的风水观更强烈一些。这些做法当然会影响到场镇乃至城市。湖北3县风水及儒学意识淡漠一些，还可以从民居开间数量和格局上寻迹，不少农村民居出现双数开间，如四开间、二开间等。此类民居无疑取消了轴线，进而也放弃了堂屋观念，选址及朝向也随意得多。而四川在民国年间虽风水及儒学观也开始淡漠，但其惯性大于湖北3县。

三、三峡长江南岸土家族民居民俗

从巴东、建始、石柱、彭水、酉阳乃至巫山、奉节、云阳、万县、忠县等县来看，每个县都有面积大小不同的场镇在南岸。那里场镇民居明显受到土家木构干栏建筑民俗影响，笔者现将部分县民居民俗简述于后：

湖北长阳虽然与本题关系不大，但它是学界公认的古代巴人发祥之地，后向鄂西、川东扩展，包括整个三峡地区。因此，不妨寻找一些长阳民居民俗的蛛丝马迹，自然对研究也是有益的。长阳土家族房屋，依山而建，木结构，圆木框架，屋面覆盖杉树皮或泥瓦，有的盖石板。中为堂屋，墙壁装活动板，便于在红白喜事时拆卸。左次间为火坑屋，右次间为卧室。左右厢房多为楼房，称吊脚楼。楼上住人，楼下设碓窝、石磨或牲畜圈。2层往往做成带栏杆的走廊，整个格局为三合院形制（引自《长阳土家族自治县概况》，民族出版社，1989）。

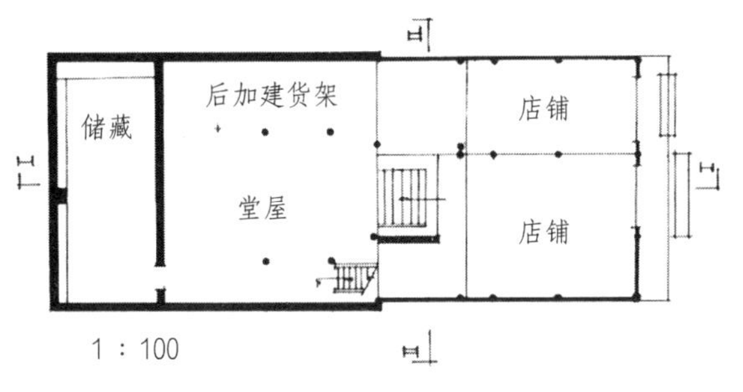

/\ 古寿斌宅一层平面图

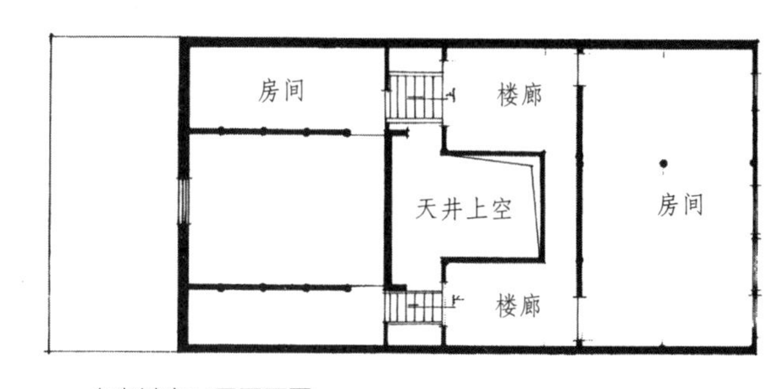

/\ 古寿斌宅二层平面图

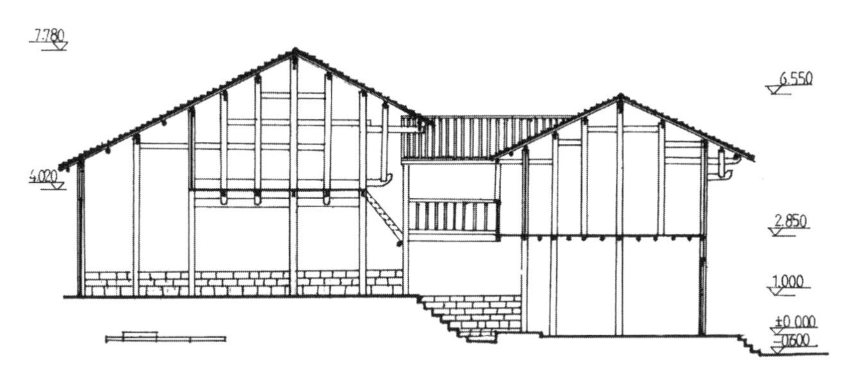

/\ 古寿斌宅剖面图一

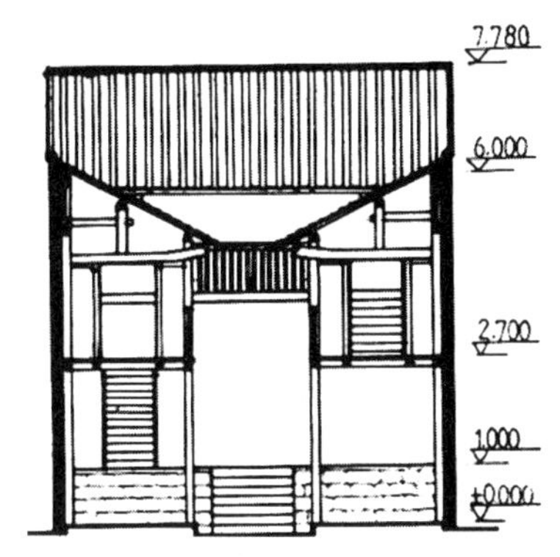

/\ 古寿斌宅剖面图二

/\ 古寿斌宅内天井

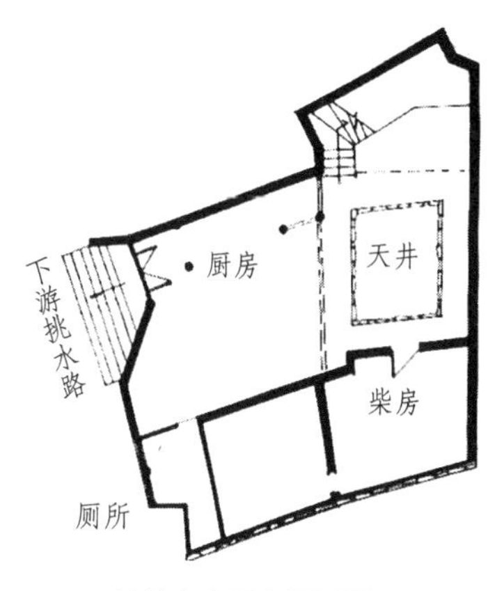

/\ 沈纯九宅厨房平面图

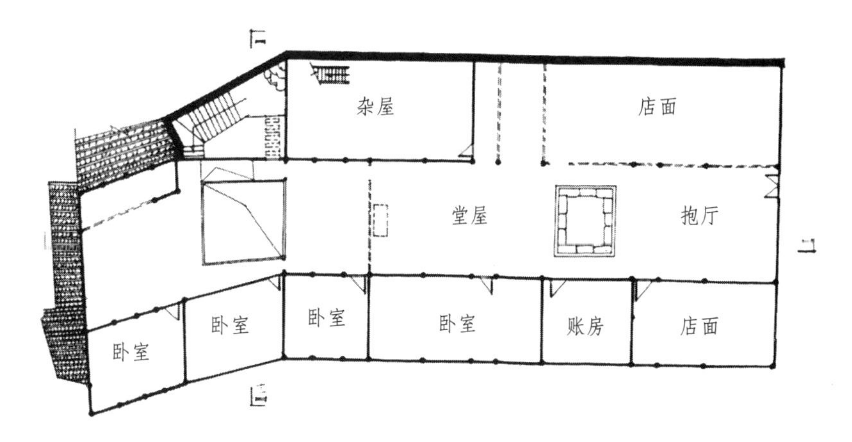

/\ 沈纯九宅平面图

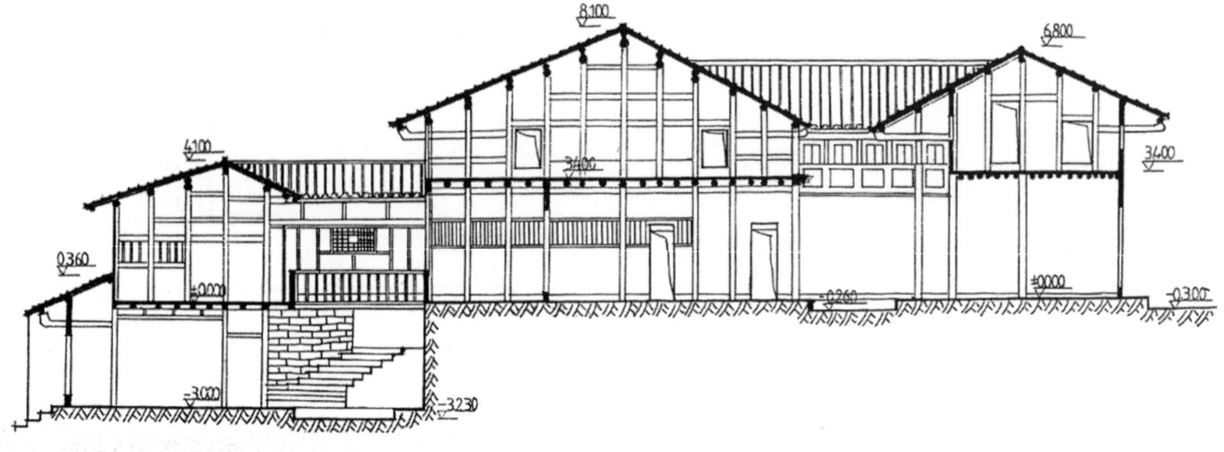

/\\ 沈纯九宅剖面图一

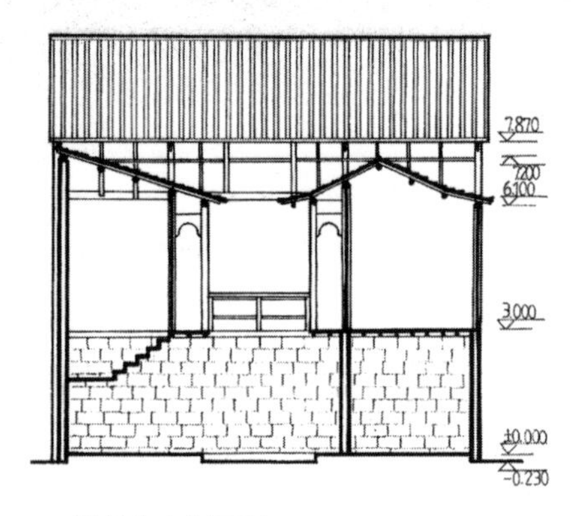

/\\ 沈纯九宅剖面图二

/\\ 沈纯九宅临街店面

/\\ 沈纯九厨房及下河挑水之后门

/\\ 沈纯九宅侧立面

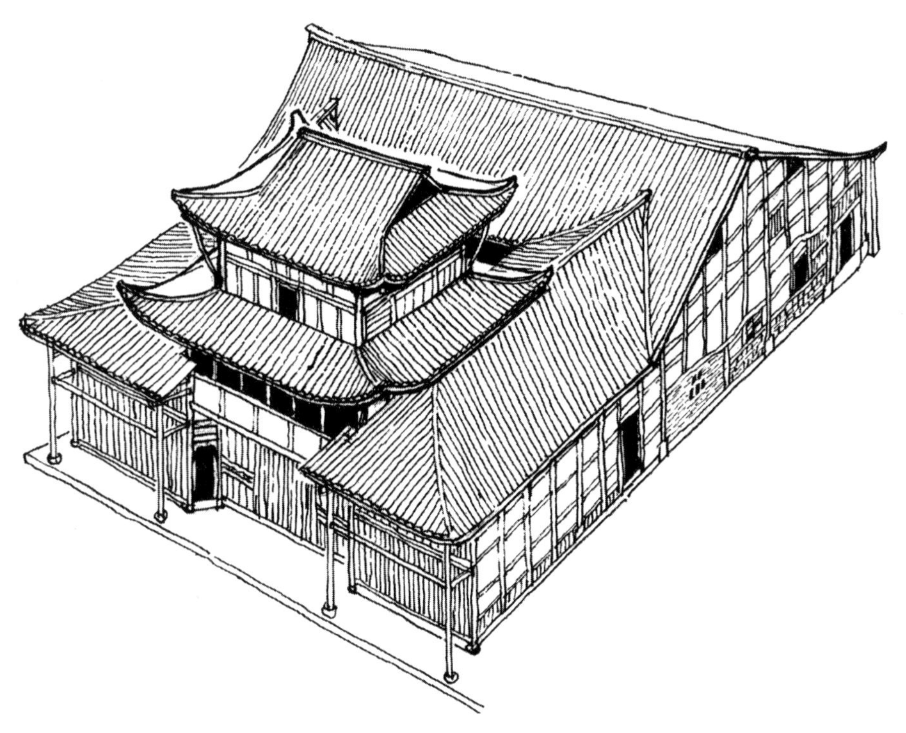

/ⅠⅡ 王云中宅善堂透视图

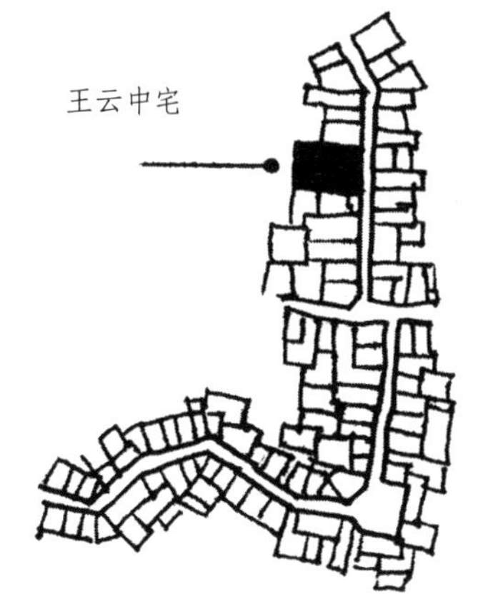

/ⅠⅡ 王云中宅在王场的位置

王宅临街而建，前店后宅，一排三间，面积约450平方米，全木穿逗结构。房间非常宽大，尤以堂屋开敞宽展，使人有旅栈专门放“挑子”（即货担）的抱厅的感觉。中后为精致天井，为防雨溅伤及四周木作，天井四周加了约60厘米的封闭式石围栏，四角还加石柱，柱头稍作雕制。因此，天井形同水池。再后是善堂底层，有两道斜门通后面果菜园子。于上后立面三层“亭子”、重檐飞角翻翘的对称中显得别有风姿。在王场调研中，它从群屋瓦面中脱颖而出，极为抢眼。这在三峡民居中是不多见的。其糅亭子、阁、楼于一体，与一般住宅形态殊为大异，显然只有在边远山区，特定年代和宅主文化素养的综合平衡下方才得以显现。

最后，“善堂”实则是王氏家族发展成乡族势力后日渐庞大的血缘性、地缘性结合的纽带，是对宗族进行整合的工具。因此，不能不对这种纽带的空间形式有倾向于公共建筑形貌的要求，但又不能和会馆、宗祠相同，所以出现了此状。

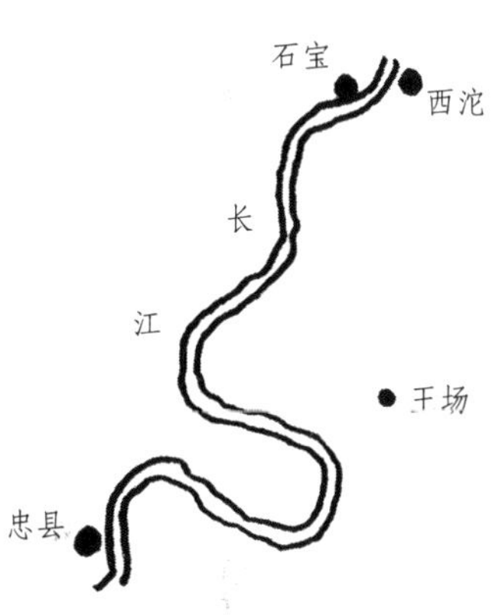

/ⅠⅡ 王场在长江的位置

王云中宅建于1931年，王父行医，先有主宅前半部分后建后半部分“亭子”。亭子流行于长江三峡一带包括土家族，是对阁楼、绣楼的称呼，因顶层屋面常用歇山式，其貌与亭子相似，故称“亭子”。王氏建亭子最初也是作自家姑娘的小姐楼，后改成王父义济行医、施善济民的“善堂”。

把小姐楼建在与神位同一位置的中轴线顶端，在新中国成立前住宅仪轨讲究还没有完全退出的土家族地区，显然是很大胆的。它和四川仁寿县文宫镇冯子舟宅小姐楼的做法异曲同工。笔者已在多篇文章中做过论述，感到这种现象不是偶然的，必是宅主思想先进、逆潮流而行的一种“异动”。故后来宅主将其改作“善堂”，里面恐怕也蕴含对百姓的同情，或者是女儿已出嫁，或者是受到社会抨击而不得不做出的选择。

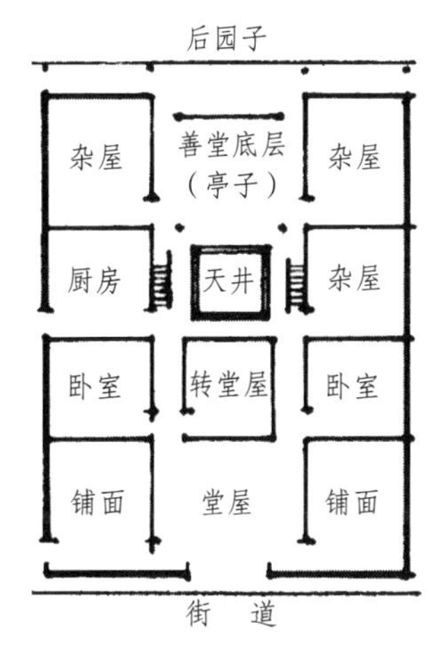

/ⅠⅡ 王云中宅一层平面图

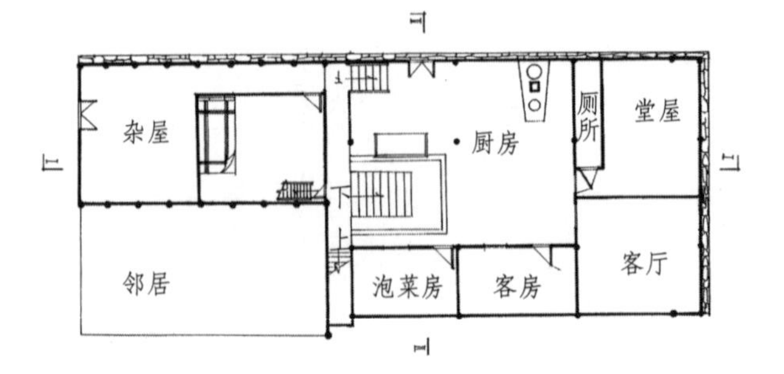

/// 欧宅一层平面图

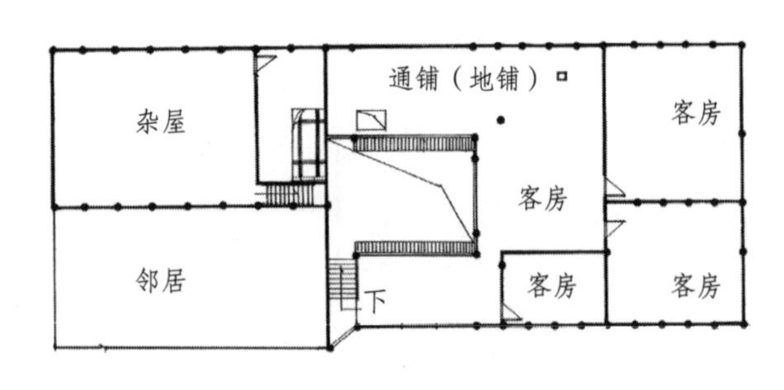

/// 欧宅二层平面图

/// 欧宅侧立面写生

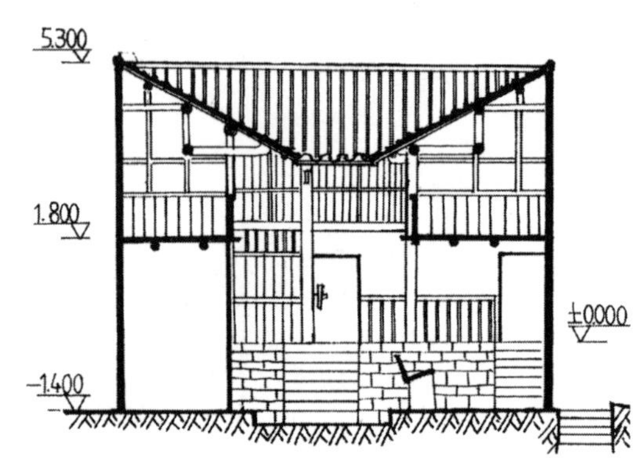

/// 欧宅剖面图

/// 欧宅天井、厨房、厕所、杂物间剖面手稿

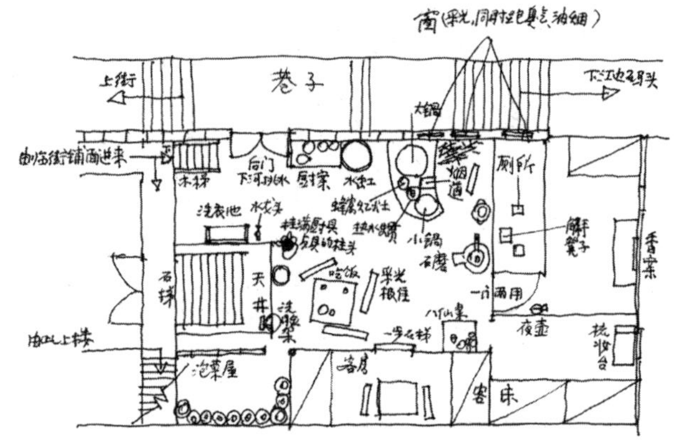

/// 欧宅天井、杂物间、厨房平面布置概况手稿

秀山县：一般聚族而居，以姓氏名寨。民居多“三柱四爪”（即三根长柱中间套四根不落地的短柱）、“五柱四爪”“五柱六爪”的减柱法，有一排3间、一排5间的“一风流”；也有一正一厢、一正两厢的“撮箕口”。人丁多则加“拖檐”或在正房一头配置“专廒”以扩大使用空间。改土归流后富家开始接受“四合天井”及“八字龙门”，细部雕梁画栋，“翻廒加脊”。

黔江县：依山傍水而居。土司统治时代“居住多为茅茨”，叫“窨叉棚”，

/∧ 欧宅天井及厨房

/∧ 欧宅后立面

/∧ 欧宅天井写生

戏称“千根柱头落脚”。一般民居5柱、7柱、9柱不等。中为堂屋，神龛背后为“巷道屋”，供老人居住。正房两侧各分上、下半间，上半间为歇房（卧室），下半间为灶房。灶房同设火炉、火铺，做厨用或烤火、熏制腌品之用。正房两侧为“转阁”房，由此向前可延伸出厢房及吊脚楼。因整体前低后高，故厢房为二层，外绕以栏杆“耍子”，十分美观。

石柱县：依山面溪而建，同族聚居。选址“暗屋基”，即选在山弯弯里，为

/ 巴县木洞街道民居

/ 酉阳龙潭民居之一

/ 酉阳龙潭民居之二

/ 酉阳龙潭民居之三

/ 酉阳龙潭民居之四

避风寒。布局有三间、五间式，三间两厅、一正两横、四水归地池式。中山区多全木结构茅草房，低山区多土木结构瓦屋或草房。堂屋后面有夹壁房，侧为灶房、火炉，楼上住人，厢房外是耍楼。

四、选址与朝向

城镇民居选址不像农村有地理条件，可遵循风水格局按图索骥去照搬。沿江分北岸与南岸，两岸城镇又多顺江岸布置且呈线形，那么沿街民居在东西流向的长江两岸上必然只有一排街房能讲究坐北朝南的传统朝向。这就使选址出现困境，使得两岸城镇总有一排街房坐南朝北。具体而言，北岸城镇民居的临江一排多坐北朝南，南岸靠山一排则与上同。这样特殊而别无选择的地理条件使清代集风水与儒学大成的住宅制度受到挑战。如果再加上长江支流沿岸城镇民居的选址境况，则又出现不少要么坐东向西，要么坐西向东的复杂现象；如果还有宅门如城镇街道开口需向上游的风水观的介入，则更增加了三峡城镇民居的多样性。

选址和朝向密不可分。选址本以安全为诸事之首，最重莫如基础。想要建房，先探地质是否可靠，再才是洪水、雨水、滑坡、风向等生存必须考虑的条件。

实质上，多数三峡场镇兴起于码头。开头几家建房选址也许回旋余地较大，再延续下去则难度加大。你要生意好，就必须舍得下本钱，傍山凿岩、挖土填方建房，临江一排房的建筑难度则更大，需于陡岩斜坡上垒石、砌坎、筑台、分面。但无论怎样，临江一排的进深构筑以石、砖材料为主体的大型公私建筑就必存隐患了。无论怎样强化，临江岸上的基础其实很虚，因为它本身为人造而不是天成，又首先受到洪水的冲击。故几乎无一大型公共建筑在临江一排建筑中出现，除非是在一块天然巨石之上，这自然导致柱网密布的干栏出现。但严肃的公共建筑是不能有过多的“玩意儿”似的吊脚楼出现的，若有，寺庙、会馆岂不成了“把戏”场合，何以匡正人间的方圆？所以，大型公私建筑都选

/∖ 秀山杨家药铺

/∖ 石柱西沱街道民居

/∖ 酉阳龙潭民居

择靠山一侧兴建，自然，南岸场镇的此类建筑就顾不上朝向了，通通都坐南朝北，来了个大逆不顺，更何况民居之类小事。当然，北岸得地利、天时之利，得靠山一排天然的坐北朝南方位，故三峡城镇中的大型公私建筑凡著名者都在北岸，大多数的县治也在北岸，想来这也是造成北岸成为三峡沿江各地政治、经济、文化中心的原因之一。但无论南北岸，凡靠山一列公私建筑，不少大门朝向纷纷斜开约 30° 面向长江上游即西方，原因正是我们在不少地方提到的风水和儒学。如张飞庙大门斜开，培石张宅大门斜开，等等。后来这种现象由于临街房相互制约、门不便斜开而渐渐消失，但不少单体仍照斜不误。不过南北岸城镇临江一列无此情况。

凡局部均须服从整体大局，建筑仅为城镇空间元素，只要城镇整体选址恰当，民居选址亦只有顺乎城镇大的格局，故不可以个别论全体。

至于支流，几乎都是南北流向，其城镇道路走向和长江干流城镇道路走向相交，其交角大致接近支流入江的交角，进而使公私建筑要么坐东向西，要么坐西向东，更加使三峡公私建筑选址、朝向具有多样性，又隐含了各类空间变化的复杂性。

五、格局与空间

三峡场镇布局分平行于江岸与垂直于江岸两类，民居选址不仅朝向受其制约，自然格局、空间组合也受其制约。

与江岸平行者，又分临江与靠山岩两排街道民居。临江一排民居自是人们最感兴趣的山地特色最浓的民居。深层原因是用地有限，人们绞尽脑汁扩大使用空间，其过程充满艰辛。其中蕴含三峡人居山地之传统观念，如山地观、“天人合一”自然哲学观、与生存密不可分的物质与精神的生态观。进而，卢济威

/ 秀山街道民居

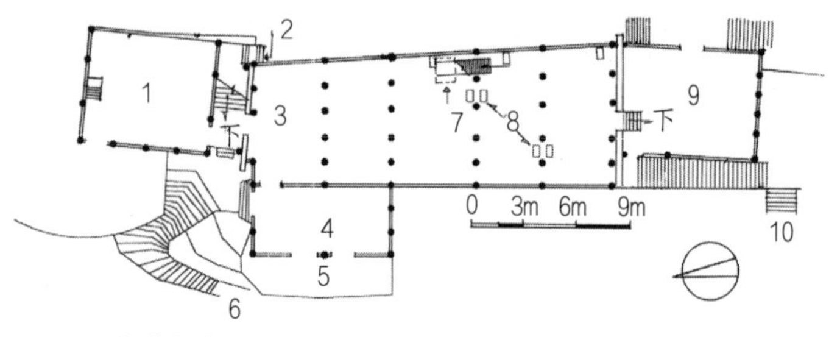

1. 厨房、杂物间
2. 充分考虑行人下码头去的方便门
3、4. 码头上来盐仓
5. 堡坎平台
6. 由杨家出资修建的私家码头梯道
7. 二层下底层暗道似入口，有活动板盖可关启
8. 石鼻子
9. 盐仓兼批发盐巴仓库
10. 码头梯道。另一侧也建有通向码头的梯道

杨力行底层平面图

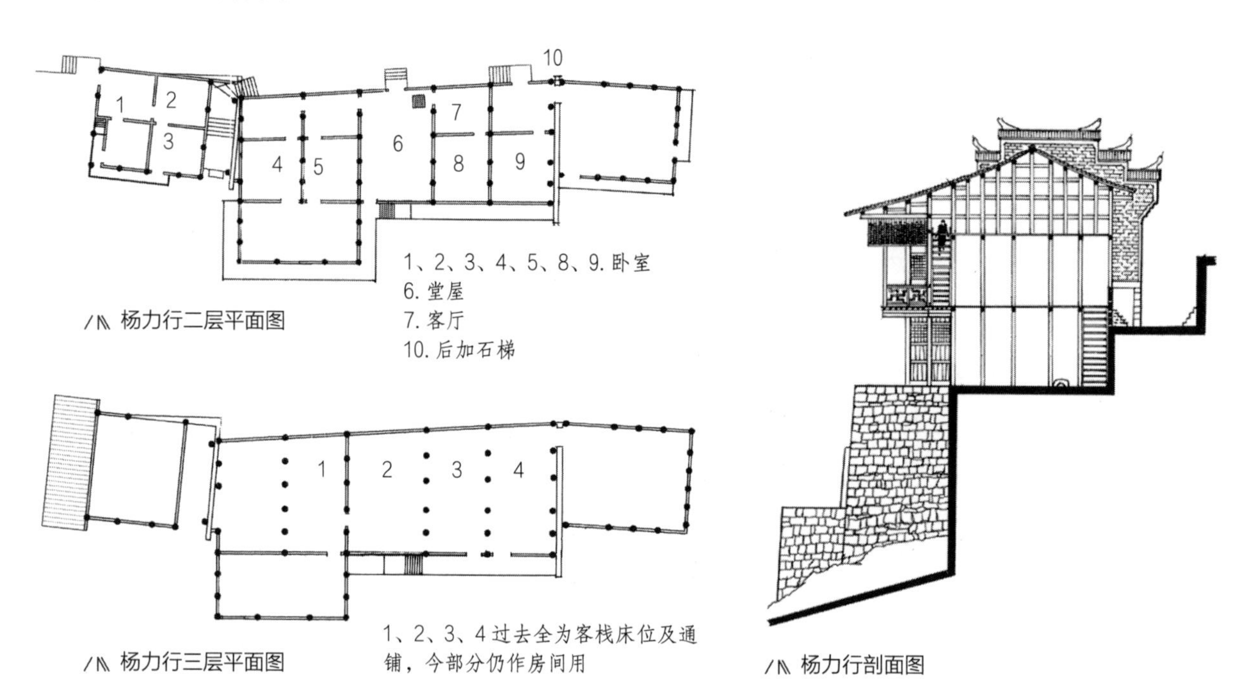

1、2、3、4、5、8、9. 卧室
6. 堂屋
7. 客厅
10. 后加石梯

杨力行二层平面图

1、2、3、4 过去全为客栈床位及通铺，今部分仍作房间用

杨力行三层平面图

杨力行剖面图

杨力行为坡地建筑典型，首为选址距码头近的方便之因，又基础全在坚硬的“石底盘”上，再层层垒粗大毛石，目的是抬高建房平面的海拔高度，着眼点还是对洪水之虞的深层考虑，因为房子主要用作存放盐巴。终因不可能对历史最高水位作科学论证，全凭一种直觉或有限的短期了解，即使底层平面和枯水河面有接近20米的高差，也仍在清宣统元年（1909年）被洪水肆虐，而每年洪水期居住者均处在心惊胆战之中，所以又采取了“石鼻子”补救措施。就是如此，杨力行用在基础方面的财力、物力、人力仍是该镇最大的，对洪水的防范亦是较周全的。故同等高线的不少邻近民居被洪水冲走，唯杨力行这个全镇海拔最低的建筑还巍然耸立在江岸。

杨力行不只考虑建筑本身的基础，它还在临江堡坎外层层垒砌若干高低不等、体积大小不同的“石堡垒”（所用石料之多绝不下于房基础），出于保护建筑与保护下码头石梯的考虑，也是建筑和石梯今天得以保存完好的重要因素。其做法是迎上游方做高低不平，有若干垂直面、斜面的石作。这些石作体积都不大，以此化解洪水冲击的猛势，并形成层层阻挡，使洪水不致全集中冲击房子下基础。如果在上游方只砌一堵石墙，则使其承担洪水全部冲击之力，墙一垮则直接动摇。

/\ 酉阳龚滩杨力行透视图

/\ 酉阳龚滩杨力行临江后立面图

/\ 酉阳龚滩杨力行民居

/\ 云阳故陵老街

/\ 云阳故陵民国民居

/\ 杨力行临街道立面

/\ 酉阳龚滩杨力行宅鸟瞰

/\ 丰都董家场民居

/\ 涪陵蔺市民居

/⺁ 杨力行和乌江河岸的关系

/⺁ 酉阳龙潭民居

/⺁ 临近峡江的土家族民居

/⺁ 涪陵樟里民居

教授在《山地建筑设计》（中国建筑工业出版社，2001）中认为："山地建筑作为工程技术与艺术的统一体，其特殊的技术属性和艺术属性均不能被偏废，它们的有机结合是我们所必须追求的，即技艺观。"四观合一的观念是卢先生对山地建筑观念的概括和阐发，也是山地建筑形态发生、发展的本质所在。

这种观念使民居相互之间的格局又受到当地建房民俗的影响，即格局服从于秩序，秩序又建立在依时间先后而约定俗成的尊卑上。如一街之民居，首先于街中建房者，其高度不能为后来者所超过，就是说后来建房者房高须低于前者，以此类推。于是我们很容易就能找到一条街上历史最早的一家民居。无形中，一条街的屋脊轮廓线也产生了起伏的变化，也就在街道民居整体格局上产生了时间、文化、肌理的协调性和连续性。像这样的建房民俗对街道民居格局的影响也自然会渗进山地建筑的工程技术与艺术中去，最后又必然影响到每一组民居的自然分割组合、每一户民居的平面格局，以及和街道中的公共建筑的关系，等等。比如，街道民居排列一定数量后，便开始在山面开巷，以形成新的一组民居排列组合，这条巷道与主干街道形成主次道路的空间关系。也许巷道便是下到河边码头、山里田野的通道，成为聚集人气的商业口岸，显然巷道两侧民居内部平面也就要做些调整以适应新的道路格局变化。

当然，更多的是前店后宅大一统的场镇街道民居的模式，但就是这种模式也随着时间的推移而发生变化。前面我们已叙述了：清代各时期，不仅民居格局发生变化，街道尺度也同步发生变化。比如，清代中、前期，街道民居平面与农村民居并无实质性区别，唯一不同者是场镇民居将合院下房变成了店面。这里面涉及三峡场镇甚至四川场镇建立之初（可能包括秦汉以来），场镇民居本身在各部尺度上并无特定要求，而仍是遵循农村民居的尺度和做法，包括选址的风水要求也是附会农村民居。《阳宅会心集》言："一层街衢为一层水，一层墙屋为一层砂，门前街道即为明堂，对面屋宇即为案山。"问题的核心是城镇民居没有地理环境条件满足风水诸要素，而居民多是从农村迁移而来的，他们不借鉴原农村的经验又怎么办呢？

/\ 万县金福介于幺店子与场镇之间的发展现状

六、平面类型与空间

（1）单开间式。场镇街道用地的有限性促使人们在建筑用地上相互调剂以容留更多的商家进入，因此单开间铺面数量甚大。它最重要的特征是进深尽量地拖长。笔者在四川洪雅县城曾发现进深90多米的单开间街道民居，在三峡地区此类型民居也不乏进深30~40米者。然而开间宽很少有超过4.5米者，一般在3米至4米之间。时间早一些的店铺开间几乎都讲究尺度的数字吉祥意义，如1.08丈、1.28丈，但尾数少用6和9，原因是生意人开门第一件事是“发”财，故以8谐音“发”。这类小生意人家以临街一间房屋作为店面，为前店后宅最基本类型。往后或为各种做法的天井，或为采光依靠亮瓦的客厅或厨房，均起着过道的作用。如果是下店上宅式，有的则在天井旁搭梯上楼。再往后则是卧室，卧室和店面多在同一水平面上。若是临河岸一列民居，卧室也多凌空而建，自然就有楼梯下到第二台面，这里有作储藏之用者，原因是光线不好。但一延长出去，正是厕所之地。场镇居民多有养猪的习惯，二者也往往结合在一

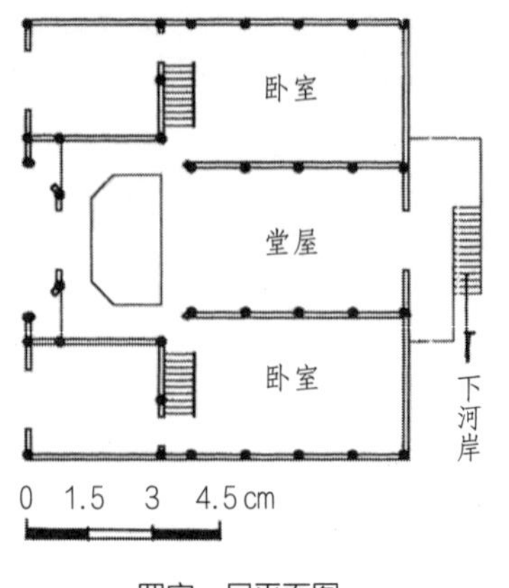

/// 罗宅一层平面图

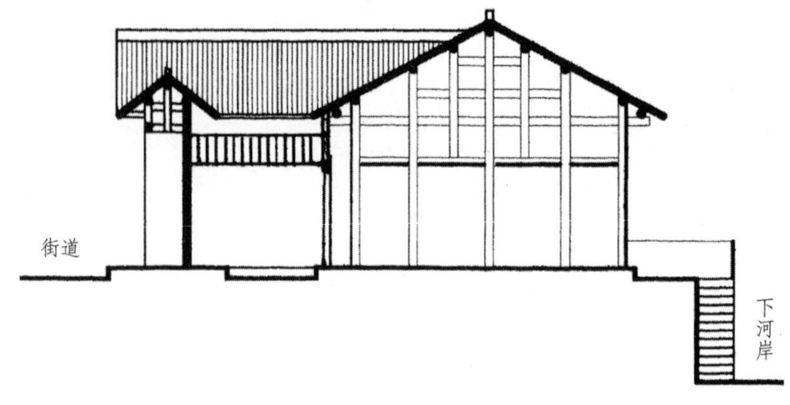

/// 罗宅剖面图

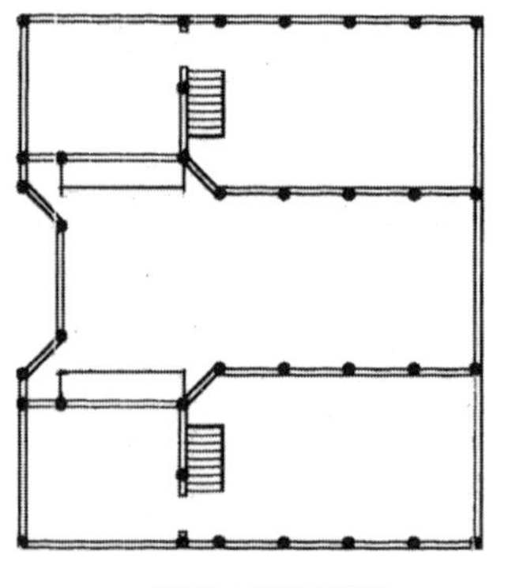

/// 罗宅二层平面图

/// 龚滩罗宅天井

/// 龚滩罗宅屋面

罗（荣贵）宅为龚滩河岸一列民居中唯一的有天井的民居，又是临河岸唯一做朝门而不做店面的人家，是该镇不多的天井民居之一。从中我们看到了罗宅顽强追求中轴合院的传统做法而不惧面积（仅80多平方米）窄小，使人感到住宅历史起码也在晚清，时三峡民居只要稍有条件，定然青睐体现宗法伦理的空间格局。这在长江三峡沿岸非常普遍。龚滩为什么合院做法少？此不能不使人想到民居中土家族成分较多，因而多开敞而不封闭的做法，即把三合头、曲尺形传统格局带到场镇中。当然，地形所限也是重要原因，但不是唯一的原因。

起，上为猪圈下为粪坑，人畜共用一坑是几百年来三峡居民的习惯。上述单开间街道民居在平面与空间上的做法仅是一般规律，实则丰富至极，也分临河、靠山等不同类型。若像西沱镇、巴东信陵镇、楠木园镇等垂直于河岸的街道走向，民居用地的坡度和住宅制度又和上述全然不同而显得更加灵活。说不定厢房外开门作为铺面也是可能的。因此，住宅朝向、中轴对称、堂屋设置、伦理分配等系列仪轨多已无法遵从。

（2）三开间式。只要用地和经济条件许可，人们一般都要拼命追求最起码的三开间格局。三峡场镇街道民居和川渝两地的没有区别，是中原居住文化千年浸染的结果。此点已经成为建筑思维定式。凡空间塑造，往往就是中轴对称。另外，三开间合院封闭式，下房三开间作为铺面，后为天井、厢房，尤其

/\ 大青场樊宅带廊道的上房

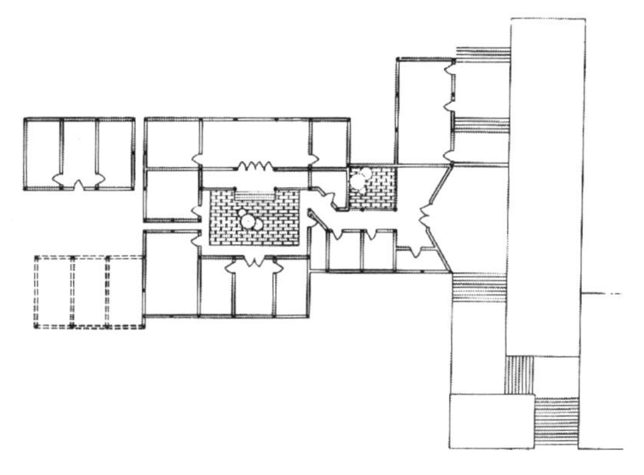

/\ 大青场樊宅平面图

/\ 大青场樊宅大门

是正房明间有祖堂位置是中国人圆居仕梦的基本核心追求。其下房3间恰好做临街铺面，如巫山县大昌温家大院、忠县洋渡场古氏三宅等。无论如何，此为农业时代最好的设计，是街道民居的最优选择，这就构成了一种基本模式。如果有什么变化的话，也是在其基础上发展成五开间、七开间，内部变成3个天井或5个天井的格局而已，像巫山培石吕尔扬宅、忠县涂井赵联云宅等即为此例。当然，这也不是一成不变的定势，它仅是农业经济不甚发达的阶段性现象。如果场镇向着商业经济市场发展，这种场镇空间的利用率、商业性明显偏低。因此，如果出租和把场镇街道用地用够，它就有些不划算了。这就出现了像龚滩纯粹为转载货物口岸，在临江一列民居中仅有一家三开间合院式的现象，这是一方面；另一方面，时代发展使中轴意识逐渐淡薄也是三开间合院式格局减少的原因之一。

三开间回旋余地大，可以不做楼房就把内向通廊式二层空间做得很精彩，还可以中间做通道，次间做铺面。当然，这类格局在城镇靠山一列民居中数量较多。因是坡地，人一过下房便拾级而上，于是下房往往显得潮湿。但抬高了上房祖堂位置，同时形成良好的居住环境，如干燥、采光好等。有能力和条件完善三开间格局者，必然特别注重防火防盗的功能追求，此便是风火山墙及合院界面围合产生的根本原因。因此，墙体一般都用砖砌，也有用土墙者，但石砌较少。

七、近代西方建筑形式对三峡场镇的浸染

自鸦片战争以来，中国沦为半殖民地半封建社会，三峡地区场镇也受到西方文化影响，出现了不少带西方色彩的近代建筑。

近代建筑史论家杨嵩林教授把中国近代建筑的形成与发展分成三个阶段：初期（1840—1894）；殖民建筑畸形发展期（1896—1918）；中国近代建筑的形成和发展期（1919—1949）。

初期状况是“传统建筑由盛到衰，殖民式建筑、外资建筑、洋务工厂、西方中世纪小教堂大量植入”。

殖民建筑畸形发展期：第一类是西方小教堂披上中国式外衣，以传统大屋顶作“秀”，掩饰文化侵略目的。第二类是形式很怪的中式古典衙门的西洋化，是一种臆造的洋房或走了样的洋建筑。第三类则是商业建筑中的洋门脸儿，做法有：①用砖发券，旁作柱墩，墩上作横线，顶上用石狮子、花篮等作装饰；②正面山墙或女儿墙以半圆形或更烦琐的形式作装饰；③门口加洋式天棚，内部用洋式栏杆、云形挂檐板、洋铁栏栅门；④店面做假墙，冒充二层楼，形同布景等。

中国近代建筑的形成和发展时期：指接受欧美建筑教育回国后的第一代建筑师，以及他们创作的近代建筑作品所形成的中国近代建筑发展时期。（以上引自杨嵩林著《中国近代建筑总览·重庆篇》，中国建筑工业出版社，1993，以及《中国近代建筑的形成和发展》论文，《四川建筑》15 卷 1、2、3 期。）

以上三个阶段中近代建筑在四川境内的形成和发展，集中表现在开埠后的重庆。重庆得两江之便，上纳百川，聚盆地殷实物产，下得长江溯流而上财源，

为西南与中原交汇枢纽。其军事、政治、经济、文化等方面的战略重要性，历来为欲图阴谋浸染者所觊觎。因此，就建筑而言，首先是作为帝国主义马前卒的传教士及其桥头堡——教堂在重庆的出现，使得天远地僻的大西南一派纯净的乡土建筑从此发生了历史性变化。其中有法国天主教1844年在重庆骞家桥（今五四路中段）建立的真主堂和1860年在杨家什字（今青年路）建立的真原堂，英国基督教1877年在九块桥建立的福音堂，美国1881年在戴家巷设立的总堂、1886年在鹅项岭建的教堂，等等。

乘开埠之机，外国洋行更是蜂拥而至，"首先是英国在龙门浩和市内建太古洋行、立德洋行、怡和洋行、隆茂洋行、卜内洋行。美国有利泰洋行、永丰洋行、后理洋行。到1911年先后建立起英、美、德、法、日洋行计50家"（引自上述杨嵩林同书）。紧接着兴建的则是他们的领事馆。

以教堂、洋行、领事馆为代表的西方建筑或殖民建筑，伙同教会、住宅、学校、医院等，构成规模化建筑，从此在重庆扎下了根。

重庆本来就是包括三峡在内的长江上游的中心，它的一举一动无不处处影响到沿江城镇、农村，并扩大到周边各省区。尤其是三峡通商水道更像神经网络，影响之大，可谓稍有新潮便招致群起效法。因此，三峡沿江城镇半殖民地半封建的建筑空间痕迹亦处处存在。在这些古老的城镇中，西方的东西终是来得较晚，它们或在城市边缘组成一条街，如忠县城边沿江西山街，或在一条街的末端紧挨着修建铺面，如故陵场梁子上江七老爷（江绍南）洋房子，它和朱惠远宅、李全安宅共同组成一个场镇一个时期的建筑历史断面。还有诸如不起眼的万县边缘的黄柏场杨宅、石柱沿溪场崔绍和宅，等等。几乎沿江场镇都有这样的洋房子于街道末端或后半段出现。再就是在场镇周边独立建造的洋房子，如忠县洋渡的陈一韦宅、甲高白宅等。它们有一个共同特点，基本上是住宅，就是临街前店后宅也以住宅为主，建筑年代大概在民国初期或20世纪20年代至40年代。这使我们看到中心大城市对中小城市，继而对场镇的影响深度和广度，同时又呈现出影响的空间序列，以及仿效的浅表性、粗糙性以及臆造性。

对三峡场镇空间形态的影响中，外部空间是最重要的方面：一是立面，普遍改原木构做法为石、砖、木混合做法，表现在柱、门、窗等细部上。有檐廊者用砖发券，以柱墩代替传统柱础，上排横线几道，柱顶图案不少采用乡

/⼉ 西沱某宅内部部分立面西化做法

/⼉ 洋渡陈一韦宅窗户和腰线的西洋做法

/\ 西沱某宅柱头灰塑白菜作为乡土题材

/\ 洋渡王爷庙后来的改造中，也把戏楼外立面窗户改成洋窗

土题材，如南瓜、白菜。尤以白菜的形状最为生动，分外利于顶部灰塑，和柱体显得十分谐调，也算外来文化中国化的表现。杨嵩林教授认为这是“文艺复兴壁柱处理的变体”。门作不少亦用传统八字门做法，但在装饰上多采用以灰塑线取代传统福禄寿禧谐意的人物花鸟图案装饰和把“福”“寿”两字写在八字门两侧的做法。在川西一带，门额之上耸立三角形砖砌造型，中常灰塑大牡丹一朵以谐富贵，使人产生清皇室格格额头上常顶一朵红绸大花的联想。笔者努力寻找三峡地区类似之作均未发现，这说明中国建筑区域殖民化过程中的区别。但窗作上有三角形、半圆形上部的改造出现，多表现在副窗上。因立面整体都发生融合乡土味的变化，局部怪异也就渐次变得顺眼。

/⼋ 故陵江宅窗户灰塑西洋做法

外观上女儿墙从正面到山墙齐封上顶，以遮挡传统瓦顶。上作烦琐花饰也是当时新潮，杨教授认为：“是洛可可、巴洛克的变种。”店面多改平房为2层，但也有做假墙冒充2层者，2层立面往往为重点装饰部分，其中窗作又是重中之重，无非在窗框上椽做圆弧和三角形，普遍取消传统窗格中有喻意象征的花饰，不少还安上彩色玻璃。

由于不谙西方住宅内部设计，内部几乎全为中轴对称合院格局。进门下房，正对正房，中为堂屋，左右为厢房。多2层，有内向楼廊绕天井一周。亦有留下正房堂屋一层不敢从堂屋前建楼廊者，深层含义是不能凌驾于祖宗香火之上。如忠县洋渡陈一韦宅，宁可加高正房基础，形成戏台般堂屋，也不做回廊，因此仅三面楼层有廊。更有趣者，本该轴线上开门的传统做法因风水之故也改成了面向长江上游方的对角线上开门。在北岸忠县西山街的类似住宅亦普遍有这种做法，若因地形之故无法改变中轴开门，也想方设法在中轴处引出一段歪斜空间并造成斜对上游方的大门格局。往往由此一变，造成从大门进入主宅间一处变化丰富的优美空间，理趣是打破了中轴的呆板，是阴差阳错的结果。

三峡地区的洋房子还有借鉴江西人印子房外围做法的“嫌疑”。抛开正立面洋门脸儿不算，其他三围全是传统手法。所以我们说三峡场镇中的洋房子至少是七成传统三成西式，是特定年代半殖民地半封建社会形态反映在乡土建筑上的特殊产物。当然，更有甚者，把风火山墙脊上做法用于立面之上，在立面墙顶上出檐者加撑拱加吊柱，这就构成一个时期民居样式大混乱的局面。原因如上述，是封建时代崩溃、西方势力侵入、各种新思想活跃及19世纪下半叶和20世纪上半叶百年之间社会动荡的结果。

上述局面形成的三峡场镇建筑形态，直接冲击着清制形成的空间纯度。无论是街道成段成点的近代建筑出现，还是西洋式样的乡土做法，都是西方文化浸染下的时代产物。这里有一个好处：好多场镇一条街下来，建筑以其明晰的外观在街道上形成极好识别的“断代”。这一段是一个场镇始建之初的老宅，那一段是同治年间第二次“川盐济楚”建的铺面，另一段又是仿学重庆、万县、涪陵等中心城市洋房子的建造，犹如一条清以来建筑的历史长廊，空间也变得较为丰富。风貌虽有些杂乱，但本身为“五方杂处”的空间格局做了一些前期铺垫，再糅进近代各色形态，其量不大，也就无伤大雅了。

由于场镇一般居民无力仿学洋房，加之传统形制意识淡薄、森林资源减少、工匠技艺习传渐弱等原因，民国初期以来，三峡场镇无论民居还是公共建筑普遍朝简陋、随意、得过且过方向发展，这是资本主义社会逐渐取代封建社会造成两极分化更加严重、贫富鸿沟加大的必然结果。故三峡场镇中西化住宅建筑几乎通通是财力雄厚人家所修建的。

第七章

三峡地区碉楼民居

四川盆地及周边少数民族地区，因历史、自然、地理等方面，形成建碉楼的习俗，谓之“万碉之地”也毫不过分。除了盆地内汉族，羌族、藏族、彝族、土家族也都有建碉楼及碉楼民居的历史，且形态亦互有区别，保持着明显的民族个性。汉族碉楼民居与少数民族的更有区别，同时也量大形多，过去密布全川，今存者以川南、川东为多。但川南的分布较散，已呈稀疏之状，又多为豪富巨贾之宅所有。而川东三峡地区涪陵、南川、巴县、武隆交界山区，无论贵贱贫富皆喜构筑碉楼民居，实有其原因。罗香林先生曾历数四川 38 个非纯客家县，其中涪陵、巴县位居前两名，说明那里有喜建碉楼的客家人居住。在两县

/\ 涪陵三合场代国宾宅

交界处，尤其是靠涪陵县一侧是碉楼建得最多也最有特点的地区。从这一点可以看出，此地区碉楼民居的起源和发展全然不能排除受客家人影响这一因素。

1976年12月，笔者第一次路过上述地区时就看见了碉楼，那是去贵州湄潭县看望母亲后，驱车沿河县顺乌江而下进行水粉写生的意外发现。当时笔者还没有想到要专事乡土建筑研究，只是对此建筑印象深刻。后来笔者又去过多次，把考察面积逐渐扩大，觉得那是四川碉楼民居密度最大的地区，有很了不起的乡土民居类型集中分布，久之亦有较深思考。2002年正月初一，笔者又率全家去那里考察，看到毁弃者不少，但又发现一些新的甚至可谓全国罕见之例。借“三峡古典场镇”研究这一课题，笔者一吐为快。因为三峡场镇民居形态无不处处与周边民居发生联系，尤其涪陵沿江场镇居民不少正是从那些山区迁移来的。

一、从单碉到“五岳朝天”

仅从外观上分析，上述地区碉楼民居出现碉楼个数的序列，有占绝大多数的一宅一碉式，较少的一宅二碉式，仅见的一宅三碉式、一宅四碉式，还有一宅五碉式，即当地百姓称作“五岳朝天”的形式。

一宅一碉式即一个住宅无论一排房子形、“乚”形、三合院、四合院，仅在

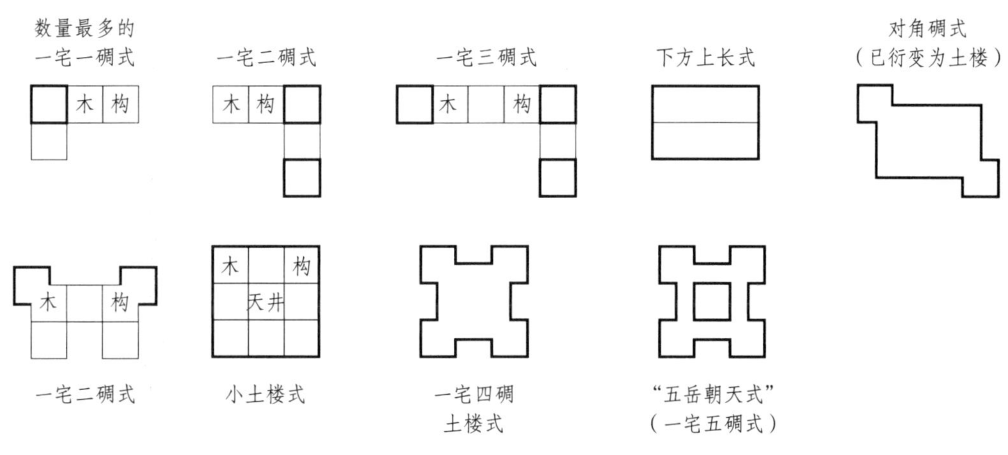

/八 三峡地区碉楼民居、土楼民居系列

/\ 涪陵开平乡四队刘家碉楼民居剖立面图

/\ 涪陵开平乡四队一宅一碉式刘宅瓦屋面

/\ 涪陵开平乡四队一宅一碉式刘宅正立面

/\ 涪陵开平乡四队刘宅一宅一碉式 1994 年状（2002 年正月初一考察，已全毁）

涪陵新妙乡碉楼民居

涪陵青羊乡碉楼民居

涪陵大同乡碉楼民居

涪陵增福乡岩苏堡田家碉楼民居，碉居正中

房角尤其是正房两端耸立起一个碉楼。碉楼多用夯土或土坯，少有石砌墙体，几乎清一色歇山屋面，下面的住宅为川中普通的青瓦穿逗木结构。碉楼彻底融入住宅之中。平面和空间与结构形成一体，互为依存，共同受力。笔者只发现一例是建在中轴线上的。何以不能建在轴线上？甚至川中其他汉族碉楼都没有此例，恐怕与其功能有关。轴线在堂屋的端点，为一家一族供神位、祖宗牌位之地，形同“家丁、宅卒”的碉楼是不能占据这神圣之位的。加之设防建筑的火药刀枪味给人留下的印象大悖于以礼仁治家治国的初衷，其位置也只能安置在屋角处。从防御功能上讲，这也利于对来犯之敌的抗守。当然，从经济角度而言，一宅一碉是绝大多数具有一般经济能力的农户居住模式，其现存数量估计有百户以上。

笔者在数年的调查中发现三例一宅二碉式，碉楼均摆在一排房屋的两端。

涪陵明家乡碉楼之一

涪陵明家乡碉楼之二

涪陵明家乡碉楼一宅二碉式

涪陵明家乡碉楼一宅二碉式

位置之因由与上述一宅一碉者相同，不同之处是增加了一个在对称位置上的碉楼。其貌使人联想起“中农”成分，碉楼之数犹似注脚，甚感幽默。此三例均在涪陵明家乡一带，不过其中一例，即巫家塆孙家碉楼，在上房两端各立一碉楼，又在神位处开门进后院。主宅夯土三开间，3层碉楼与住宅完全亲和，完全是土楼的味道了。

笔者仅在明家场旁250米处发现一例一宅三碉式，宅主名瞿九畴。当地百姓讲原来这里共有两座宅子，一是现存之宅，二是旁边还有一座“五岳朝天”宅，新中国成立后拆掉了。现存一宅三碉实为土楼。土楼本为四碉格局，即土楼四角各布置一个碉楼，不想宅主将大门右侧应该布置碉楼的地方改作马厩，适成三碉但彻底的土楼现状。

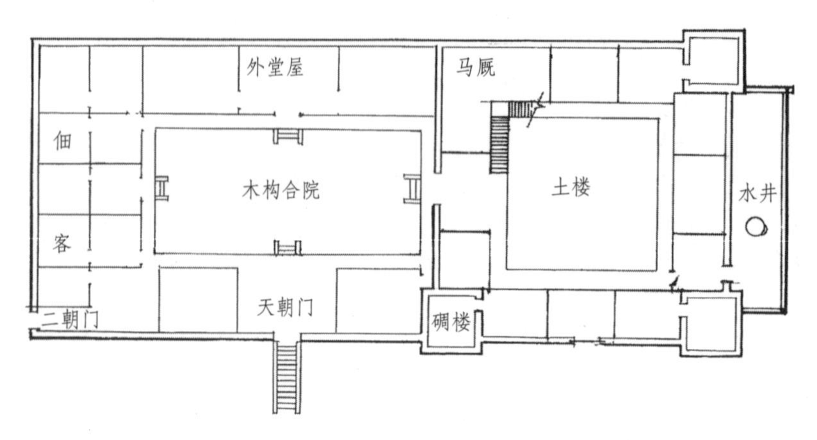

/M 涪陵明家乡瞿九畴土楼平面图

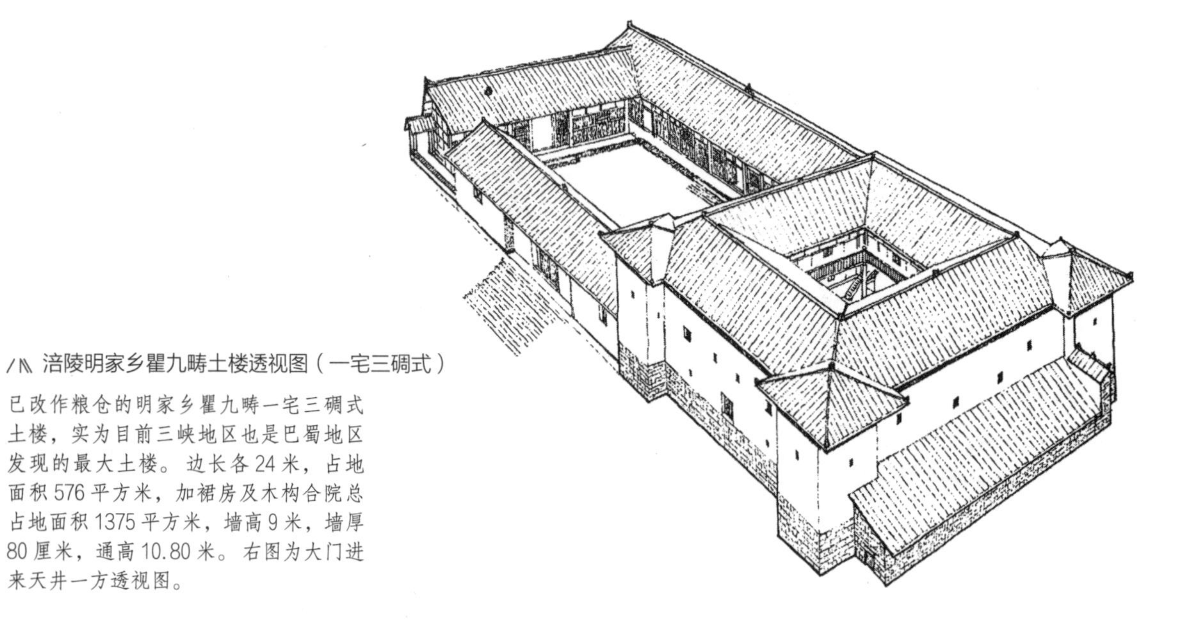

/M 涪陵明家乡瞿九畴土楼透视图（一宅三碉式）

已改作粮仓的明家乡瞿九畴一宅三碉式土楼，实为目前三峡地区也是巴蜀地区发现的最大土楼。边长各24米，占地面积576平方米，加裙房及木构合院总占地面积1375平方米，墙高9米，墙厚80厘米，通高10.80米。右图为大门进来天井一方透视图。

/M 瞿九畴宅

/M 改作粮仓后内部透视图

/⑆ 武隆刘宅一宅四碉透视图

/⑆ 武隆刘宅仅存三碉正面

/⑆ 武隆刘宅后面高墙及顶部有房屋的碉楼

/⑆ 云阳里市彭氏宗祠“五岳朝天”式

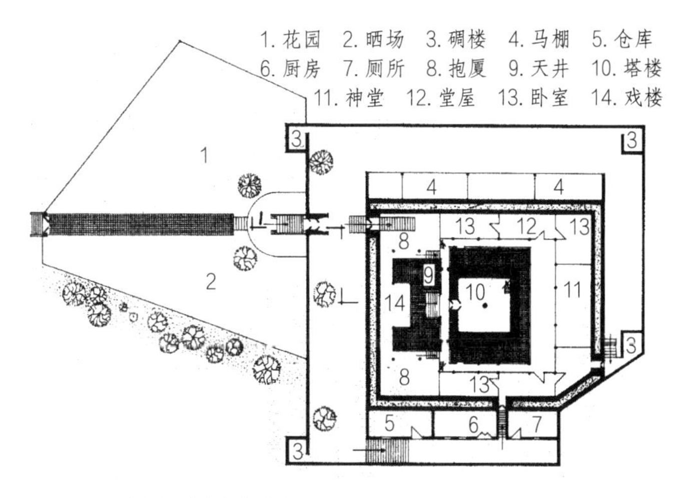

/⑆ 云阳里市彭氏宗祠平面图

“五岳朝天”之意指四碉的天井中心建起一个高于四周的碉楼，因毁弃无法描述形态，只能靠年长者不清晰的叙述知其大概。但云阳县凤鸣镇里市乡保存完好的彭氏宗祠，其形其貌酷似描述中的明家乡瞿氏“五岳朝天”宅。彭氏宗祠中心耸立的却是塔楼，虽然与碉楼有异曲同工之处，毕竟不能断言瞿氏“五岳朝天”就是彭氏宗祠形态的同一版本。但两地都叫“五岳朝天”，相距不远，又同属一个文化圈，个中又隐含了相互影响的可能性和类似性。尤其彭氏后人谈到本地风水是“从涪陵过乌江到万县经柏杨有龙脉而来”，使人感到三峡南岸某些内在的文化关联性，值得注意。

笔者发现的一宅四碉式有涪陵大顺场李蔚如宅、武隆县长坝乡刘汉农宅两例。李宅碉楼二层以上已不存在（1994年考察），但可以看出原为合院式格局，四角做碉楼布置。四周有高夯土墙串联碉楼围合，中为二进合院，2层楼道宽大，可绕行任何一角落，有设防考虑，亦含有浪漫悠闲的心境。笔者后查宅主李氏身份，发现其为老同盟会员，曾在护法战争中支持刘伯承于大顺场厉兵秣马攻打丰都，显见文化素质非同一般，巨大的碉楼民居之貌，反映其之敢作敢为。武隆长坝乡刘汉农宅现保存良好，除前左一碉楼毁去外，其他3个碉楼和围墙及内部木构青瓦房均保存至今。原因是民国后期才修建，历史不长，新中国成立后又作为粮站库房，没有分给群众作住宅，免遭分割毁损之难。刘是江西人，把江西尤其是赣南好建碉楼、土楼的习俗带到四川，但已不深知江西土楼经典，只得自行设计一套全新的碉楼民居样式，以恰到好处的“不伦不类”方式创造了川中甚至全国罕见的碉楼民居样式。它耸立于群山之间，形态独特，又有耀眼的红色泥墙，被人称为乡土建筑奇葩。

综上一宅一碉到“五岳朝天”序列，我们只能简述概况，只是告知社会此地区存在的碉楼民居中碉楼的数量和住宅的关系。特别值得指出的是，在涪陵、巴县与南川县交界的大观场，还出现了一座近代建筑与碉楼结合的民居形式（现为大观派出所）。陆元鼎在《广东民居》一书中针对广东出现大量近代式碉楼状况说：“中国近代式，这是经过多时摸索、实践后的产物。这些碉楼既采用了传统形式，同时又吸取了外来文化。它的特点是：有稳健挺拔的实体，又有传统的柱廊挑台。在屋顶方面，则采用坡顶与平顶相结合的方式。”大观场近代式碉楼在四川地区尤其是乡土碉楼量多形多的涪陵地区出现，绝不是偶然的，犹如广东近代碉楼必定是传统碉楼在数量基础上与外来文化结合的发展。而四川其他地方尚未发现此情况，说明随着历史文化向前演进，碉楼民居建筑也必然发展的规律性变化。这也是涪陵与三县交界地区碉楼序列展示出来的建筑类型的完整性。

二、平面丰富多彩的碉楼民居

从纯粹防御角度研究碉楼，要造成火力分配均匀而无死角者，当然以圆形体为最佳，其次是方形。方形四面等分墙体易使火力分布相等，给来犯之敌造成攻击任何一方风险都同等大的威慑力。攻击方向无机可乘，实用而坚稳，自然在平面上、形态上容易传播。故真正起防御作用的设防建筑应该是正方平面体。何况对一般农家而言，此类建筑就地取材，造价不高，在兵器不甚发达的年代是防匪防盗的有效手段。它一般有“一丈见方”，即9平方米的建筑面积，高10米左右，分2层、3层、4层、5层不等，3层居多，层高2.5~3米。大多用夯土墙，墙厚50厘米左右，同时承重、受力均等，无收分状态。分层以木梁搁置楼板，不少在顶层对角、一边、四周伸出挑台或挑廊，用石板材铺面以防下面射击，兼作瞭望、观景之用。屋顶全为歇山式。

所谓碉楼，正方形平面边长6.67米是极限，底层建筑面积可达到36平方米，超过此限则是边长10米的小土楼，此留到后面叙述。那么除了正方形平面，是否还有其他平面形状呢？自然，长方形平面是另一大特点，因为几个县交界地区盛行夯土建筑。是否凡长方体就一定是碉楼呢？不一定。此正表现出碉楼与民居相互之间逐渐亲和，因而两者之间界线也随之模糊。不少夯土体不仅有枪眼的布置，同时还开有窗户，更有顶层主要墙面开木门者。按陆元鼎先生在《广东民居》中的界定：凡有窗者皆不可叫碉楼，因为碉楼为纯粹设防体，它只开枪眼。如此一来，三峡山区的碉楼民居中更多地结合四川历史、文化、民俗的地域特点，开始了设防与民居的融合。大量碉楼在局部或整体上逐渐向具有民居特点的方面靠拢。此也正是作为移民社会的四川，各省文化相互影响

/\\ 周家土楼（“月亮屋基望月楼”复原图）

/\\ 涪陵明家乡张家塆张正府小土楼现状

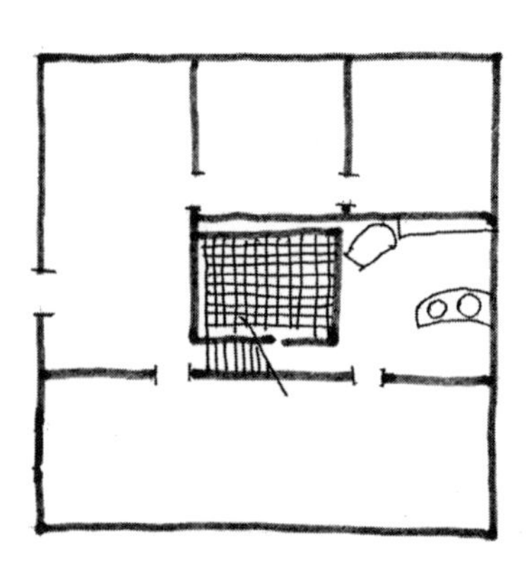

/\\ 明家乡柏杨村周宅“月亮屋基望月楼”底层平面图

/\\ 明家乡柏杨村“月亮屋基望月楼”现状（1994年），坍塌方露出3层三开间结构

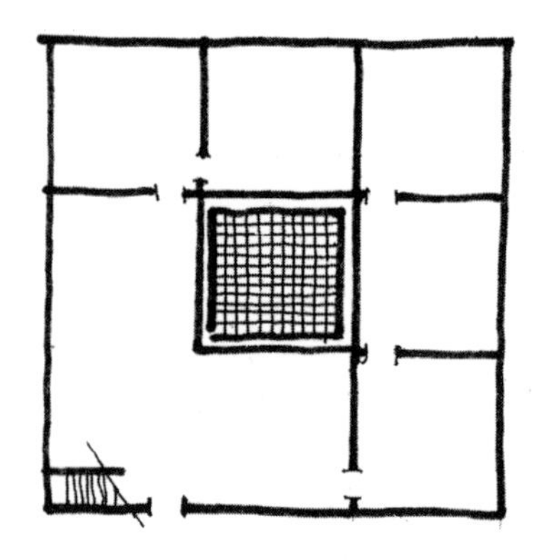

/\\ 明家乡张家塆张正府小土楼平面图

/\\ 明家乡柏杨村“月亮屋基望月楼”天井上空

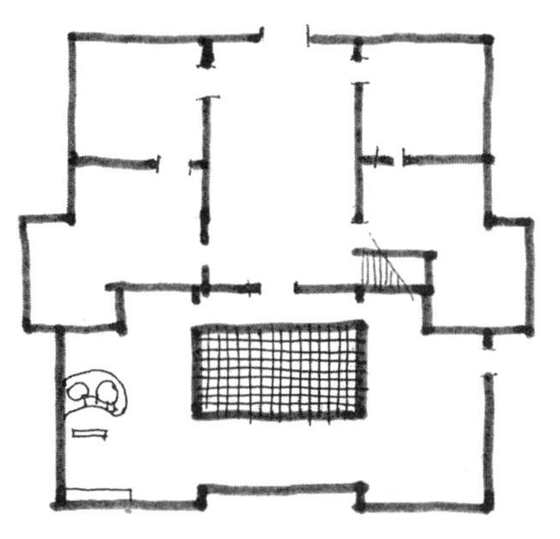

孙家土楼一层平面图

孙家土楼侧面仰视

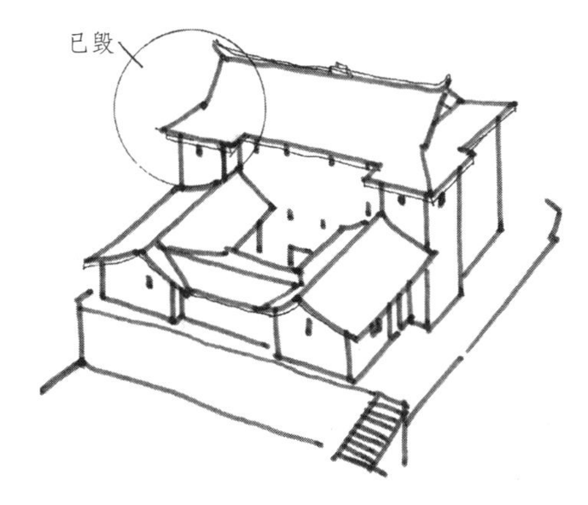

孙家土楼复原图

孙家土楼后立面

孙家土楼雄姿

的必然结局。从历史看，这些碉楼民居的建造多是在社会比较清静的时候，也用不着一味强调它的设防功能。或时过境迁，在原纯粹碉楼基础上凿窗开门亦有可能。当然从建筑平面起就首先发生了变化，故设防体中，长方、曲尺、下正方上长方、对角轴线上碉楼、中轴线上碉楼等形态也就应运而生了。此种情况正好表现出四川碉楼民居的丰富多彩性、优美独特性以及幽默性，形成了非常具有地域性的乡土建筑个性。

前述碉楼平面，我们介绍的都是长宽皆在6米尺度内（2丈见方以内）的正方形碉楼。我们也把6米长宽以内的各式设防体叫作碉楼。那么长宽皆9米或以上尺度的设防体又叫什么呢？显然，这就出现了一个如何界定这些设防体的称谓的问题。

非常明显，6米见方和9米见方的模式中出现了一个平面、空间、屋顶、功能等方面的本质变化。前者仅一个房间，歇山屋顶向外四面排水，仅以防御为首要功能，其他生活时间皆在旁边相邻空间进行。而9米见方者内部平面按传统合院九宫格格局划成9等分模式，出现了上、下房，以及堂屋、厢房、天井。屋顶四面平脊，产生了向外、向内排水两个方向。家人起居别无选择，全在里面，在涪陵地区已发展成9米（3丈）见方、24米（8丈）见方两种模式，层数为3。此一形态和闽、粤、赣三省交界的闽南、客家方楼不谋而合，但上述地区尚未发现如此仅有81平方米的小型土楼。此理实为简单：闽、粤、赣三省交界地区均为聚族而居，而任何省的移民入川后皆被土著风俗“人大分家”同化，其住宅亦随之变小。祖上习俗不可移转，而小型化是别无选择之法，故才有此情况出现。此理若成立，那么边长9米见方仅81平方米的土楼就是世界上最小的土楼了。自然内向通廊消失了，但开平乡“月亮屋基望月楼”还是在第三层（顶层）做出挑廊，以示恋祖情结。而明家乡瞿九畴土楼不仅保持内向通廊，还在顶层做了环绕一圈的外向通廊，但为隐廊。诸般种种，使我们看到了一个碉楼（土楼）平面发展的序列，同时也展示了夯土设防建筑在四川发展的多样化。

至于设防建筑发展到“五岳朝天”形态，笔者以为不是闽、粤、赣交界地区土楼在川中的演变。上述地区的五凤楼、方楼、圆楼，不少中心都设有祠堂、院落，甚至小土楼等。这种形态放到四川氏族聚居已普遍解体的格局中来，即使造一个大土楼，其中心恐怕耸立起来的也非祠堂之类。或整体就是一座祠堂，

/\\ 一宅一碉式宅中，不少已向小土楼方向发展，其制虽无客家土楼规范，却正是川中诸般因素制约的必然结果，因而颇具区域色彩

/\\ 明家场魏家碉楼亦是向小土楼方向发展的一个实例

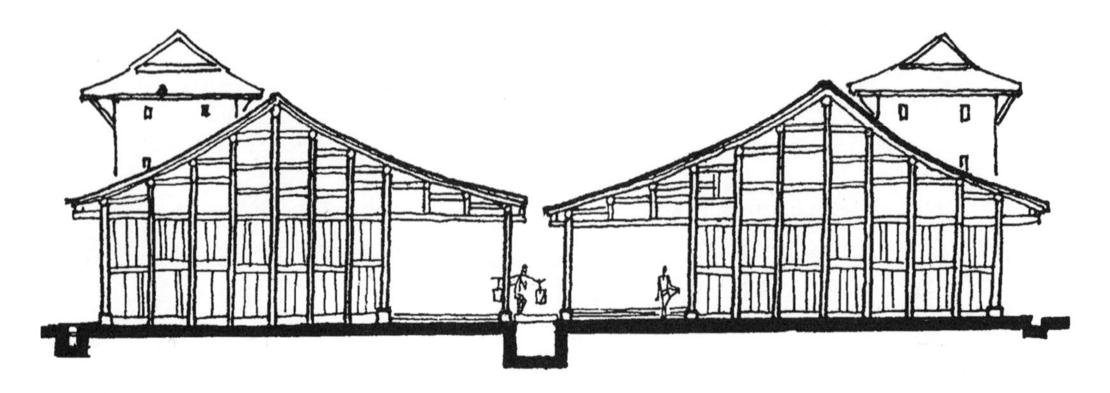

/⩘ 涪陵大顺场剖面图（碉楼已毁）

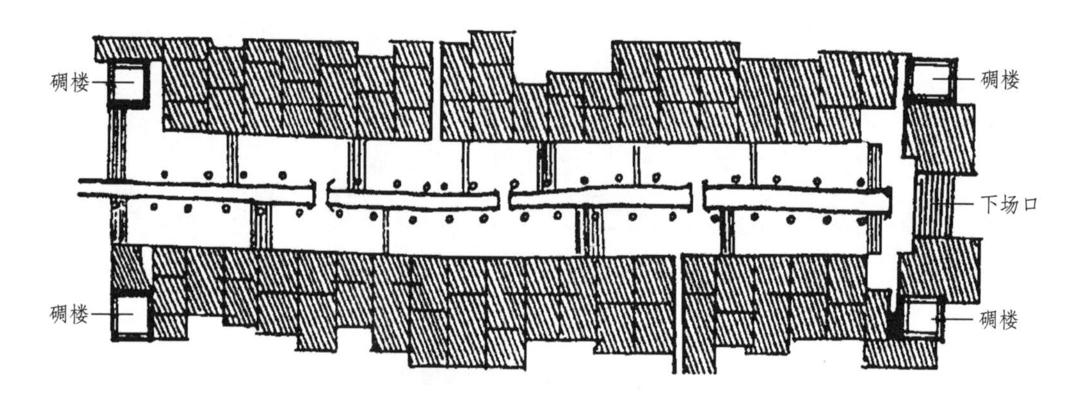

/⩘ 涪陵大顺场平面图（碉楼已毁）

/⩘ 呈半封闭状态的大顺场檐廊街道

/⩘ 忠县拔山场街中碉楼

中心高耸之物也被川人幽默一通而变成塔、阁之类，成为登高望远、观赏风景的所在了。云阳彭氏宗祠就是此类。据此推测，瞿九畴“五岳朝天”也极有可能和彭氏宗祠类似。因为过去有钱有势人家除住宅外，常在旁边建一个有设防、祭祀等多功能的中心。彭氏家族在宗祠周围就有好几个大院。瞿氏本身就有碉楼住宅。像武胜县宝箴寨寨堡旁也形成段氏住宅区，其寨堡也与“五岳朝天”宅异曲同工。如此之碉楼民居在四川较为普遍，这正是四川居住文化与碉楼堡寨文化同步的地方。

再就是各种各样的不规则设防体平面，如长方、曲尺、下方上长、下小上大（如刘汉农碉楼，顶层做一个平面大于碉楼平面的房子），等等。多数这样的夯土建筑都有枪眼设防构造，同时开窗甚至开门，且多数和四川木构小青瓦住宅建在一起，展现出四川碉楼民居的固有特色。

三、碉楼及碉楼民居与场镇

把农村民居模式搬到城镇中来，甚至以四合院下房作为临街铺面，在四川城镇是很普遍的现象。那么，像碉楼民居这样的模式是否也可搬来城镇呢？笔者除发现江津复兴场、合江福宝、合江磨刀溪、綦江东溪场等非三峡地区有这种现象外，在三峡场镇发现更多。尤其是巴县，有太极园场镇碉楼、木洞场蔡家石碉楼、清溪双河口场大碉楼、丰盛场口碉楼、忠县拔山场碉楼、涪陵大顺场碉楼等。其中木洞、清溪碉楼长宽各 2 丈（6 米），占地面积 36 平方米，3 层，一石砌一夯土。由于内部跨度较大，内立中心柱，上架十字梁，从二层开始有隔断的房间。其中木洞蔡家在新中国成立前经营桐油生意，碉楼底层正好作为库房，石砌墙体有防火考虑。上述四个碉楼都临街，除 6 米见方的碉楼本身就是住宅外，其他两个亦是临街住宅的一部分。忠县拔山街碉楼甚至开设小门作为铺面经营起服装生意来。其夯土泥色、正方形态、3 米宽度、中开小门的另类情调一反街道立面多木构的民居风貌，显得极为怪异突出，景象如成都 20 世纪 70 年代以前大街中夹杂着茅草房、夯土墙一样。究其原因，显然是宅主

巴县清溪双河口场镇碉楼（宽2丈，长2丈）

自农村而来，太顽守乡间居住形式而“不合潮流”的一种表现，使该建筑出现与街道整体不统一的立面和空间关系。笔者认为，这正是一种社会形态在场镇空间形态上的明白无误的反映。但这也表现出矛盾中统一的一面，因为它们终归属传统文化的信息体系。查巴县三例农村碉楼民居，正是前述几县交界地区以量构成的空间背景，故决然不是孤立现象。而川中其他场镇也有此现象，亦同与农村背景同构。这说明场镇民居体系不是孤立于农业这个最基础的信息面的，而是农业文明表现在场镇形态上的光斑。从场镇结构而言，它虽然在建筑上不起决定性作用，但由于其高度、材料、立面、屋顶均与临街民居大为不同，也就丰富了场镇空间风貌，理应是三峡场镇街道空间一段充满乡土气息的插曲。它的存在往往是最引人注目的，原因就是它具有浓郁的乡土气息。

和场镇关系密不可分者，甚至于制约场镇空间生存者当数涪陵大顺场碉楼。大顺场地处山区山顶上，盗匪猖獗的民国时期，居民在场镇四角各立一个碉楼，其外貌与一座院落四角立有碉楼同理，似乎受了场镇旁李蔚如宅四角建碉楼的

/
巴县太极园场镇碉楼

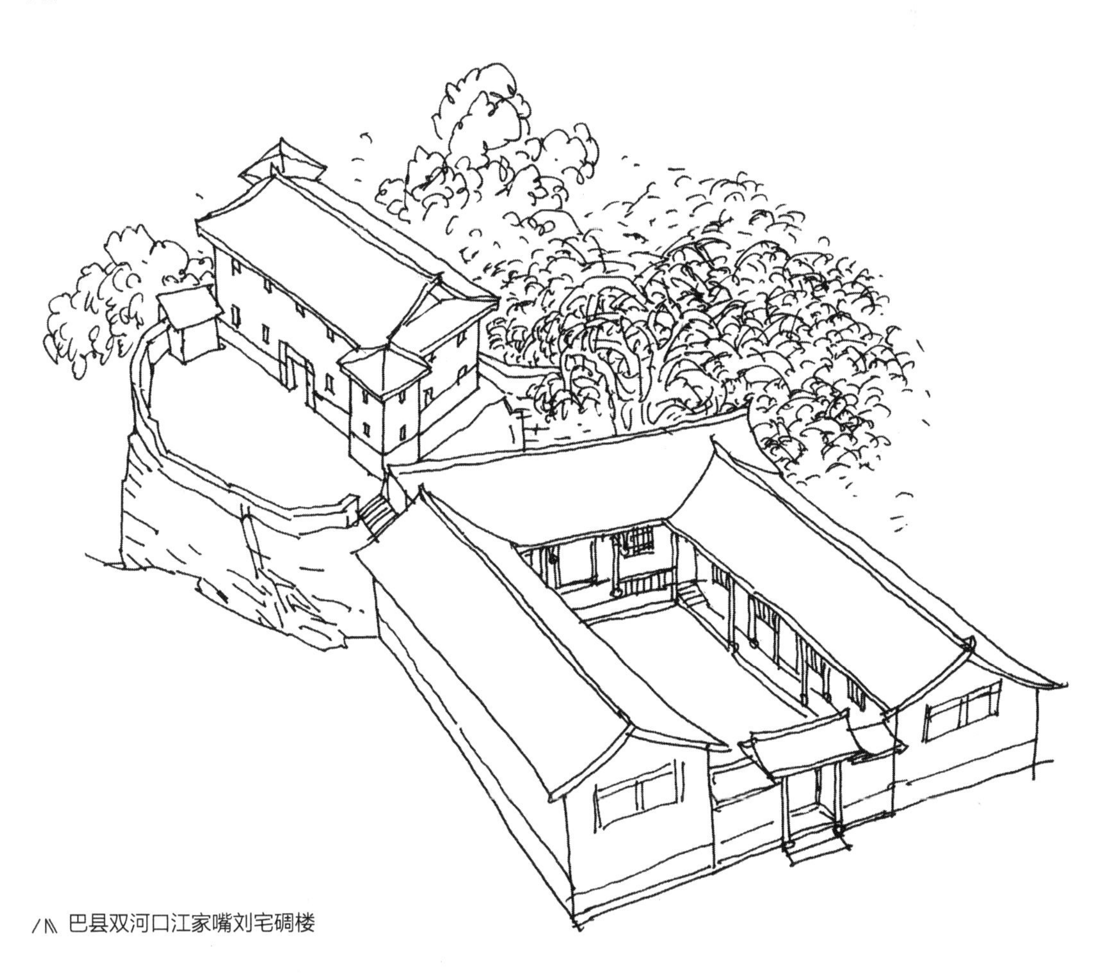

/
巴县双河口江家嘴刘宅碉楼

/\ 万县北岸山岩狭处清代设置的碉楼

/\ 万县凉风场一带碉楼民居

/\ 万县凉风场一带碉楼民居中碉楼带风火山墙造型，在全国亦不多见

影响。从历史、文化角度来看，显然这种影响是存在的。如此一来，大顺场在空间结构上出现了以设防制约空间发展的封闭状态。在场镇街道形态上，为了适应这种封闭，人们亦把街道两旁的檐廊尽量向街道中间靠拢，以至于两檐相接距离仅剩1米左右，下面的街道也变成了排水阳沟，街道功能转移到两旁的檐廊下，檐廊因此变得宽大。究其理，仍是碉楼的设防性带来了场镇的封闭性，二者互为完善补充，结果就出现了一个少见的几乎全封闭的场镇街道。

事物总是发展的，不合时宜的村野形态放在场镇之中，无论形态信息如何一致，最后其功能核心地位还是要发生根本变化。设防性在一个场镇中已不起作用，如果有冥顽者继续爱此类空间及风貌，就不得不将碉楼高度做适时适地的调整。比如，保留碉楼平面及面积，改夯土墙、石砌墙为木板墙，顶层作观望、休闲之用，甚至改作小姐楼（闺房）、读书楼等。这就使平淡的场镇瓦面轮廓上产生了起伏，产生了多类型、多变化的审美效果，成为吸引人们视觉的兴奋点。因此，凡场镇中有此类形态者，都易让人联想到村野碉楼，不少人家被

/八 南川县大观场近代碉楼

一语点穿：阁楼原来就是碉楼改造而来的，即刚进入场镇时是碉楼，后宅主觉得别扭就逐渐将之改造成“摩登”式样。

碉楼、碉楼民居随着宅主由农村进入场镇，亦与农村四合院进入场镇、作坊进入场镇一样，能在空间上保留者宅主定然尽量保留。它的单元性构成的封闭性，一样适应场镇生活。唯一不同的是设防变成场镇集体设防而不是独家设防，也就使得场镇有了栅子，进而有的有了城墙、城门的围合，那些镇内的独家碉楼也就失去了特定的功能和作用，其消失自成必然。

第八章

三峡场镇街道民居灰空间

人们往往从物体受光产生黑、白、灰三大色调的变化关系中，引申解释建筑空间现象。从表层上看来，似乎仅是光与建筑的关系。然而当我们享受它因尺度、方位等而造成的舒适光环境时，我们惊讶地发现古人对光的渴求是那样深情，从而对光的接纳与采撷又是那样圆熟与周密。从一定意义上讲，与其说这是物质性的，不如说是精神性的。这在三峡沿江古镇街道民居中表现得最为强烈，其中临江一列干栏民居把光的应用推至很高境界，渐次引人深思：那不就是常说的灰空间的深层表现吗？不就是古人对灰空间驾轻就熟的利用吗？由于巴蜀城镇中普遍的灰空间应用，三峡街道民居灰空间特征的产生似乎也并非偶然。

巴蜀古镇灰空间

在四川盆地独特的地理条件中，尤其是广汉三星堆发掘以来，人们认为早在距今4000年前后，巴蜀之地已开始逐渐形成相对独立的文化圈。而至今仍是谜的，至迟在秦汉就罕见聚落的四川盆地人居形态亦与上述相同。所以到宋时，宋太祖对四川“人大分家”这样大逆不道的伦理现象、家庭关系，曾下诏令其改变，严厉到不改可以杀头。但这仍未改变沿袭至今的民俗。此说无非想道明自古以来四川盆地少聚落、多单户的历史状态，同时说明因交易、交往的必需，又必然导致场镇发达的历史事实。显然，罕见聚落的盆地文化现象又是大别于全国各地的。

场镇发达又必然促使人们追求乡间空间生存得不到的东西，因而出现许多怪异诡秘的街道空间格局，如犍为罗城、铁炉，广安肖溪的船形、梭形，石柱西沱镇的全程等高线垂直布局，郫县团结、乐至太极“七道拐”的北斗星象图式街道格局，安岳来凤镇如鸟巢般的“天井场”格局，还有众多圆形（磨子场）、口袋形、龙形、寨堡形、磨担形（丁字形）、半边街、以廊为街形，等等。如果换一种思维方式联想，这不就是对光的塑造和雕琢，对光的一种有形的接纳吗？这实则进一步铺垫了对光的空间深化的社会基础。当然，这也是聚落在市街形态上的表现，是对聚落的一种眷恋和深化。

综上街道格局的追求与变化，不难发现它们共同的规律，即对光的全方位利用和接纳，并力图通过光影变幻达到人们追求实用和满足精神需要两种目的。在这个过程中，显然仅街道多变化是不够的，因为那是公共的、共享的。小农社会决定场镇中人必然对光这种财富有更精心的安排和谋划。正如众所周知的巴蜀场镇街道两侧的檐

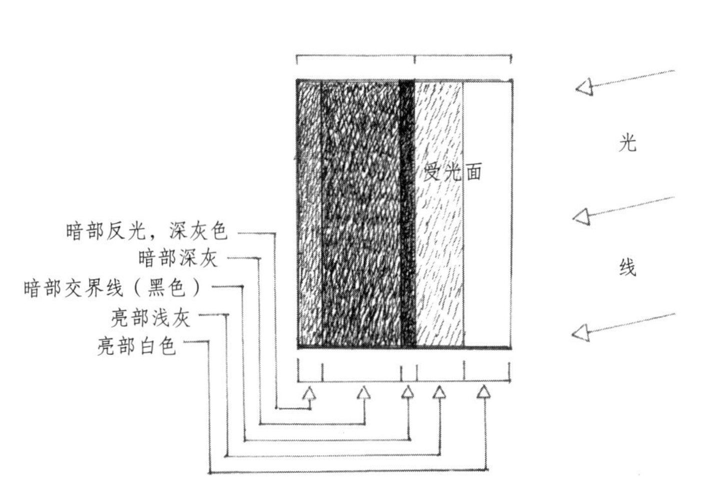

/lk 石膏圆柱体受光后产生的色调深浅变化

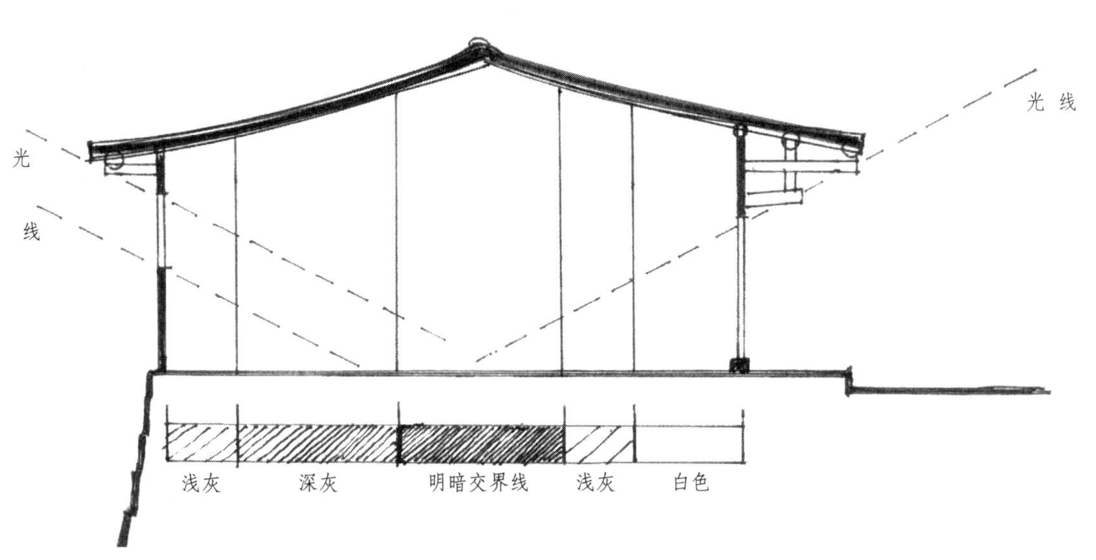

/lk 三峡沿江街道民居门窗采光明暗分析

廊，这种北宋山水画中北方多见的民居做法反而在巴蜀之境更兴盛，道出了人们除气候外必有更多的因素才有生存可能的原委。所以，后来人们称它为最具人性的空间，灰色人性空间，和大多数人格吻合的性格空间，不开敞、不封闭的中间路线，即非极端空间。这里我们不妨对它的作用多做一些阐述：

（1）场镇三天一赶场日，时人流十倍、数十倍于常住人口，人们约定俗成地把畜市、秧苗市等易于污染的市场置于场镇之外，把行商、摊贩纳入檐廊之内。这就大大减轻了街道人流拥塞的压力。若无檐廊，商家都在街道两旁撑伞搭棚，摆摊设点，行人夹于摊点之间，势必加剧人流拥挤，滋生事端。

（2）乡民上街，视交谊寒暄、会友探亲为精神享受。檐廊既是调剂农村寂寞环境的全天候共享空间，同时又是购物售物的全天候交易场所。

（3）它是开敞街道到居民住宅全封闭空间的过渡地带，川人遇纠纷常言“到街上讲理”，指在光天化日之下讨论公理。若有半封闭檐廊以荫蔽，那么化解矛盾既私密又有半公开意味，可免去室内的纠缠不清，又可防止街上人多嘴杂激化矛盾。微妙之处，自有建筑的特殊作用。

（4）统一檐廊构架，是场镇居民认识上的默契；宽窄举架，上下不可错落，皆得大家齐心协力。这就打破了川中场镇后建房屋高度不得超越先建房屋高度的习俗，实则以檐廊的统一性协调、制约各自为政的独立性，其潜移默化的平等意识，必将形成邻里相互宽容礼让的好民风。

（5）檐廊是天然的纵横两向通风排气管道，纵可从左右两端通风出气，横可归纳各家浊气湿风，通过檐廊传向街心、空中，亦随之卷起尘埃。

（6）半封闭檐廊又是悦人心目的光影变幻体，强烈阳光经其过滤，由强烈转换成柔和，不仅给坐商铺面以清晰光线，保护了怕晒商品，又以柔和光线聚拢顾客，更给廊中行人以轻松舒适之感，似家非家，使人宾客感油然而生。再者给行人以客的言行规范，又给店主待顾客和行人以举止上的约束。和能生财，于此大别于露天场所。

（7）有不设铺面的民居，借檐廊为“前厅”，大门进去便是天井，开门互见庭院与街道。不事遮挡，不事含蓄，坦然敞开内庭，隐喻对人的珍重，和官宅的森严形成强烈对比。赶场农民常借此暂放物品，小憩片刻，要碗水喝。檐廊是联系场与乡亲密关系的空间结构，自然也是滋养好民风的场合。

/⑊ 洋渡街道民居天井采光一例

/⑊ 不在江岸的场镇，檐廊进深有 4~6 米者。图为丰都县董家场

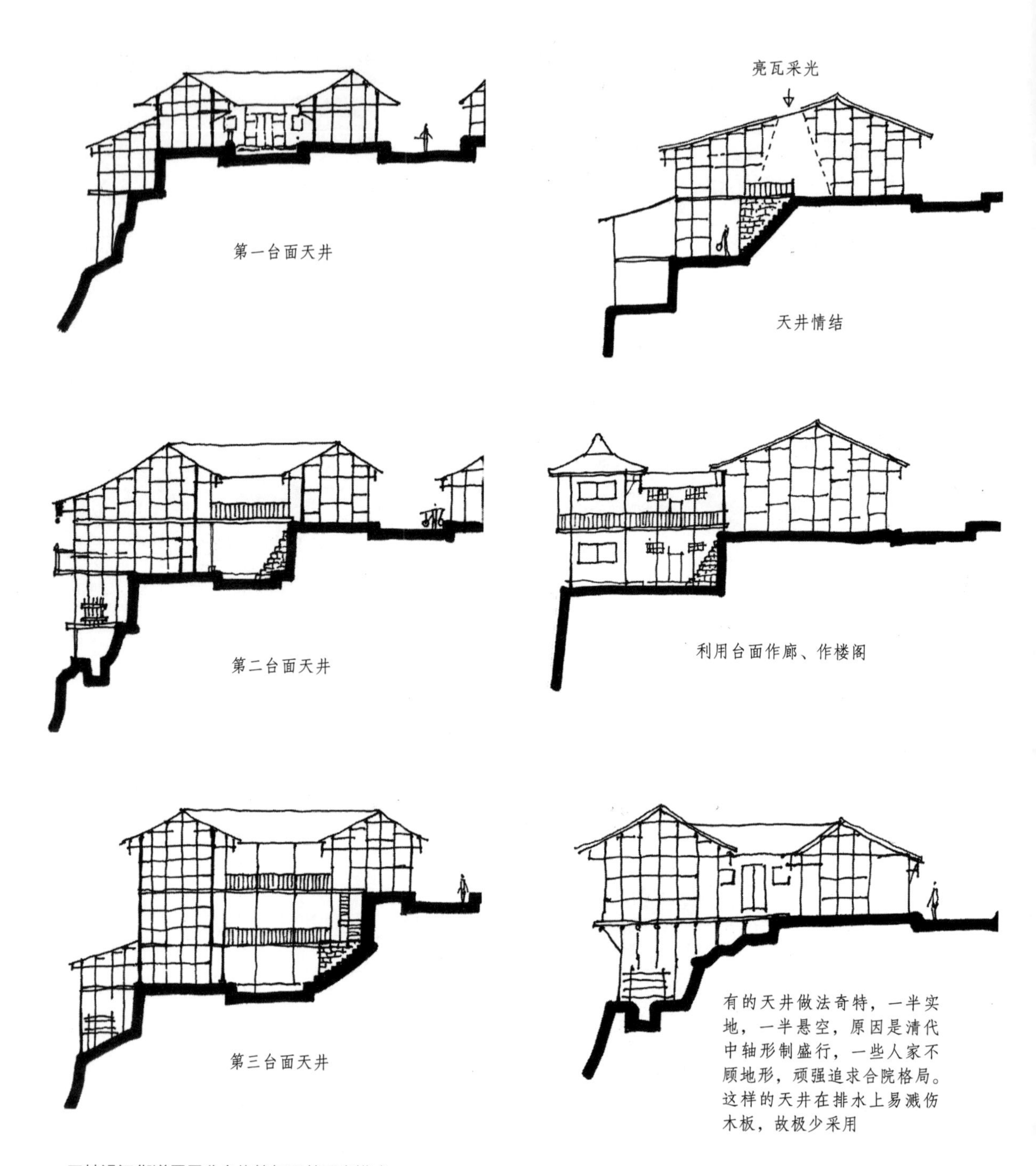

/ 三峡沿江街道民居分台构筑与天井采光模式

（8）不赶集的日子总是多数，此等场合又可作为小孩儿玩耍、学童读书做作业、妇女做针织和一般农活儿、男人喝茶摆龙门阵的休闲空间。

综上所述，灰空间具有公共场合的作用。在巴蜀之境亦只有在有地理条件的平缓之地才能展开有廊檐的布置，才能对因此产生的功能有所追求，同时包括对光的追求和渴望。如果在没有如此地理条件的河谷、山沟等陡峭之地建场镇，则只能在倾斜度很大的坡地上开凿出狭长的台地建街道。那么，古人又是如何完善对光的追求和对灰空间的理解的呢?

只要街道宽度有可能，三峡地区少许沿江场镇仍顽强追求檐廊式灰空间，哪怕廊道宽仅1米左右，如忠县洋渡镇的洪河场。但绝大多数不得不放弃这种追求，而把灰空间转移到宅内。

三峡场镇街道布局总体分为两类，一是沿江岸顺等高线布局，二是垂直等高线布局或两者兼备，其中以前者居多。街道民居灰空间孕育得最成熟、最令人神往，而临江岸一列民居的坡地分台构筑更把灰空间推至迷人境界。

试想一想，古往今来三峡地区酷夏的烈日当空、严冬的河风凛冽为什么没有阻挡住赶集的人流？表面上他们在狭窄的街道上挤来挤去，实则时间稍长的生意、交谊、寒暄都引入宅内。宅内之谓又分三类：一为封闭者，即以居民卧室为主的空间；二为半封闭者，即本书所说的灰空间；三为开敞者，即天井。三者虽互有联系，唯半封闭灰空间做得圆熟周到，且形式多样。它们有天井四周不做隔墙者，或厢房敞开者，或上、下房与天井直通者，或二层做内向回廊的通廊式者，或做单边、双边、三边楼廊者。原则只有一个，即尽量利用小小天井的采光，尽量满足四周空间对光的需要。要做到这一点，不设天井的隔板墙至为关键。这一来，不少人家的天井四周全成半封闭状态，空间顿成灰、白二色。三峡地区有限的居住面积一下被家家激活，变宽了，变灵通了。光线转换利用没被截断、隔离，分外自然地一直延伸到外墙内面。潮湿气息亦随之被驱走，空气变得清新可人。室内家私工具历历在目，纷乱于是变成生活、生产的诠释——一种充满画意的、不规范的形式意趣，传统住屋的压抑因黑暗消失而丝毫不存。三峡居民的生存状态也因光的渐变袒露出来。光又像是对空间的修饰，只要你去掉多余的隔墙，它便会给你优美、柔和、温馨的感觉。从街道经临街铺面进入天井内，四周空间使人眼睛为之一亮，交易亦变得通情达理，客人亦心境开阔，气氛变得舒适、祥和。这种空间状态如果换成天井四周全封闭的房间，仅小小天井周边过道可容脚步，即只有白、黑二色，无中间过渡的灰色，你的感觉将如何？显然，要么进入房间，要么尴尬地孤立于天井，这该是何等让人难堪的局面！于是你又只有回到人格社会的中间状态中来。心理阴暗者与赤裸裸者均难以被社会接受，他们被视为不合群者，他们的心理状态和健康人格相去甚远，致使社会不青睐此类极端见解。

这种天井与四周空间的做法不能不使人联想到四川客家人民居最多、最基本的空间模式：一共8个房间的四合院分割中，就有4间呈半封闭的灰色状态，包括下堂屋（兼过厅）、上堂屋、左右厢房。有趣的是封闭者全置于四角，半封闭者居于中间，恰好构建出位置上的灰色状态。最令人叹服的是把堂屋神位之地也置于灰色之境，其中是否暗喻“天地君亲师”均需中庸气氛烘托？此正是客家原乡民居核心空间在四川省的延伸和沿袭。无疑，这种做法是造成客家族群普遍开朗、外向又不乏中庸的一种长期潜在的空间因素。任何人都逃不脱空间因素对性格的影响。空间构成一种社会模式，必然影响社会人群的性格。三峡居民在坡地选址十分有限的情况下，仍顽强地择一台面稍宽者追寻合院格局，且变通天井四周所有房间，无固定样式，尽量增大、增多灰空间面积。虽不像客家民居那样有传承，有稳定格局，但正是这种花样繁多、不成规矩的做法影响了三峡居民的性格，其核心便是诙谐。诙谐本身就是不规范的性格因素，但却是一种智力因素。它如果形成一种社会的表现形态，则处处少不了幽默、“放肆”，个中无不透露出阳刚之气。如三峡居民中动辄出现的“涮坛子”，即开玩笑过头而不能被正经人接受，这在川内尤其是川西也是不能被接受的。所以又说川西人阴柔，反观他们的庭院，除客家民居外，决然没有天井四周内面墙体打通的。都说空间形态和居民情调有相互影响的作用，我们似乎也从三峡居民的“诙”性格中看到了三峡民居灰空间的诙谐。

以上三峡民居因光而形成的天井四周灰空间仅为第一个层次。接下来，那些没办法利用天井采光的民居又是如何完善此般诙谐的呢？笔者认为亮瓦采光是第二层次。亮瓦即玻璃瓦，是乡土民居对室内采光不足的一种补充，一般铺盖在光线阴暗的室中上方屋面的桷子间。不同于川中其他习惯的做法是：三峡街道民居往往在临街的一间大屋上空屋面留很大一块方形空间铺设亮瓦，面积

/\ 天井良好采光与宴请喜悦和合美好气氛

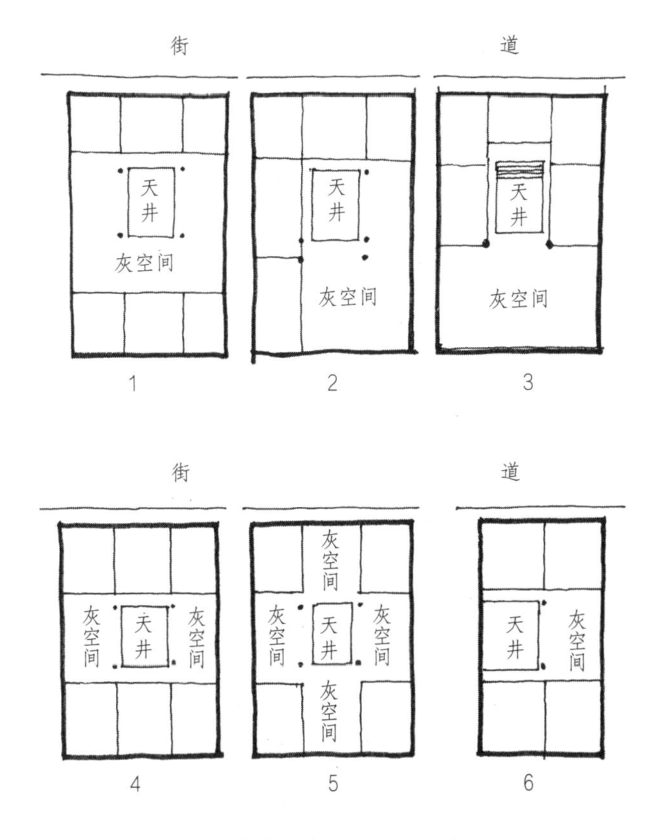

/\ 三峡沿江街道天井民居灰空间形式之一斑

在1~4平方米，一看就是对天井神韵仰慕和追求的做法。这些形貌又像川中一些“干天井”做法。所谓“干天井”，即小型四合院平面和空间仍按传统做法，但屋顶犹如一宅，以歇山式或庑殿式四坡屋面向外排水，取代四合院内外排水法。天井形同虚设，已不起排水作用。天井采光靠亮瓦。三峡街道民居一些大尺度空间虽没有按四合院格局划分面积基础，但又远远大于一般房间，多在50~60平方米。于是人们的四合院情结被此类不大不小的空间缠绕，解脱之法唯破开屋面并于中部获取一方天空。这一做法，无疑又使我们回到灰空间的纵深境地中，体验到一种空间变化中的层次感。如果把开头黑、白、灰三块面中的“灰”比成一块分布均匀的纯灰，把封闭的天井比成纯黑，那么亮瓦采光的房间则如二者交界的深灰了，亦即素描上除了黑、白、灰外，还有暗部反光、明暗交界线、深灰、浅灰等多色调关系。这里也无非想说明建筑不能以封闭、半开敞、开敞与黑、灰、白三者的关系一言概括，光之作用于建筑，或各地建筑对光的处理，自有一套充满智慧的独特理解，此正是区域乡土建筑的亮点。

除上述之外，三峡场镇街道靠江岸一列民居中，窗和门的采光以及由此构成的灰色情调也是饶有情趣的。家家向着临江后立面开窗，面对开阔江面，河谷光线被充分采撷。这里暂且不论其通风驱潮、观察江船动向等功能，而只看它和门对于室内形成的逆光感，就大大丰富了光的情感色彩。从一定意义上讲，这是灰空间发展到极致的表现。虽然，民居必有门和窗，甚至以长挑出檐取代檐廊作用，但对门前檐下人的吸引并使之停留则是另一码事了。房间的私密性昭然显示于街上人近距离的视线之中，街上人进入宅内少了檐廊这道空间障碍，径直往别人家里走，这样的事多了，宅主态度会发生极大变化，“私闯民宅”概念全然消失。笔者进入三峡街道民居尤其是临江一列宅中数百次，难见将客人拒之门外者。宅主一般皆笑容可掬，使人甚感轻松、自然、真诚。这种空间状态该是具有何等巨大的宽容力，从而对民风的滋养又是何等润泽融通。长此以往，这必然对三峡城镇居民群体心理和性格特性的塑造起支持性和补充性作用，即共生三峡人阳刚豪爽之气，我们从空间上似乎又觅到了一些端倪。

更有甚者，进到门内，必然会生“得陇望蜀”之念，再径直往临江的窗前走去，那里具有诱惑力的逆光是河谷江面放射出的光信息。而居高临下时，视野开阔了，人就产生了去光亮处多看些景致的愿望，这也是人之常情。无论临街房间是直通式、隔断式还是天井式，进入房中之人皆不能抗拒江面的诱惑。难怪茶馆、酒店、旅馆先入之客总是选择临江靠窗座位、床铺，探头到窗外眺望，于是，在那些民居中大门与窗之间的空间犹如过廊。公共的街道纵向檐廊似被家家的横向“过廊”解体，家家临街房间大有半公半私的意味，弥漫着一种强烈的灰色情调，人至此时方才领略醒悟，这不是灰空间的最高境界是什么？

在以上三峡街道临江一列民居中，通过对其天井采光、亮瓦采光、门窗采光这三种不同采光方式的描绘，笔者力图展开巴蜀场镇及三峡沿江场镇纯美的灰空间序列，亦力图通过实践体验解析一种流行概念的层次，目的不外乎感受人类在特定地域的生存观，并企盼今后这些地区在设计实践中也能在“灰色”上下功夫。

当然，我们解析的仅是与街道齐平的一层房间，即常说的“正负零”那些房间。如果往下走向畜养、杂屋、厕所诸间，则其三立面全敞开的情况很多，兴许那是为了让河风吹走臭气、潮湿，保持木柱干燥等，但其对光的追求，并让负一层、负二层得到更多的光照，让人看到更清晰的光线以便于生产、生活，实际上也处处透露出自古以来干栏之所以发达的原因，其深层关系无不与人对光的顽强渴求有关。更有甚者，在一层之上临江一面建阁楼，那些阁楼是给家中姑娘和读书人用的，所以又称小姐楼、绣花楼、书楼。把最美好的空间层和最美妙的年龄段结合在一起，是光线明朗与性格开朗的有机融合，是对美好事物之间融通为一的人性追求的体现。

第九章

桃木文化与吞口、门神、春联

国人素重脸面，反映在建筑大门上就是特别讲究它的造型、做法、色彩、尺度、气氛。住宅之门亦称门面、门脸儿，往往是钱财、文化集中使用和表现的地方。国人在建筑大门时投入如此大的财力和精力，引入的诸如吞口、石狮、门簪、抱鼓石、门神、泰山石敢当、门联，等等，可说是集中国民俗文化之大成。

古人以房屋作为栖身之处后，无情的大自然与毒蛇猛兽仍是人的劲敌，人对它们的抗御和解释都有限，这些只有“神”才能抗御。而门作为主要抗御关口，要御敌于门外，把守好门就显得至关重要。于是，人竭力创造一种可以战胜敌人的、威力无比的“神”来把守大门。据有关专家考证，首先出现在门楣额枋之上的便是吞口。吞口最初是否就在上面的位置，已不可考，据说有挂在后门上的，但绝大多数应是挂在大门门楣之上。唐代以前有神荼、郁垒，后改为秦叔宝、尉迟敬德（尉迟恭）神像，这些被认为是吞口的发展，吞口为其雏形。

吞口之谓，文献上称“神兽”，即神与兽的结合。其形貌综合多种兽的特点，如多毛、宽眉、大眼、大鼻、阔嘴。有专家认为，民间造型构思的核心集中表现在“龙”与“狮”上。

何谓“龙”？《山海经·大荒北经》言：“西北海外，赤水之北，有章尾山。有神，人面蛇身而赤，直目正乘……是谓烛龙。”“烛龙”即“蛇身（龙身）而赤”的“火龙”。“直目正乘”，郭璞有言：“直目，目纵也。”而“乘”即“联”，《说文解字》释之为：“联，目精也。”吞口之巨眼精锐强光，纵目而联，其造型正是得意于此。而《山海经》又说的是“神”，所以它又有人面的特点，那么究竟又是什么样的“神”呢？闻一多认为：“烛龙”即祝融（楚之始祖），原为北方钟山神，后裔迁南方，“融”从“虫”，本义即为一种蛇的名字。

所以“祝融是一条火龙，烛龙即祝融”，其述正与《山海经》相符，亦颇具楚味。

“狮”为波斯语本义，是从西亚引进的动物，初饲于皇家，其作为守门神物，是国人将外来文化中国化的典型表现。唐代以来，它成双成对守护在公私大门两侧，右雄、左雌具有一定的象征意义：右是“少保”，即王子侍卫；左是“太师”，即朝廷中官位最高者。

龙眼的圆凸精锐、翻唇阔嘴，狮的宽眉大鼻、长舌獠牙、如扇大耳等生理体征，均构成凶悍威猛、狰狞恐怖的形象。这种神秘的美必然让人产生一种无所畏惧的宗教情愫。于是，人综合二兽的神威特征，刻意于门楣之上创造一种特有形象，以寄托人对自然与野兽的抗拒之情，从而达到对恐惧的平衡目的。因此，吞口应运而生。

吞口之始，其造型不独形象凶悍，在用料和着色方面亦有一脉相承的说法，比如，需用桃木雕制，《典术》就说：“桃者，五木之精者，故压伏邪气者也。

/∧ 万县农村之吞口

临自1993年万县市第二届民间工艺、文艺藏品。展出自一农家宅院，原挂在晒坝后的大门上。桃木雕刻而成，深浮雕，直接在木坯上敷大红，再涂一层熬制过的熟桐油。吞口造型古拙怪异，既像人又像兽，巨目圆睁，大嘴狮鼻，面目狰狞，咄咄逼人，似要吞进人间一切妖邪之气。

/∧ 清代门神造型（陕西凤翔清代木刻年画）

/\ 瞿塘峡南岸半山腰之石人凤宅“泰山石敢当”“吞口”设置

三峡场镇民居经半个世纪的变迁，桃木文化除春联、门神尚延续之外，其他均消失殆尽。笔者1994年在三峡调研时，拟以古镇大溪作点，意会大溪文化历史背景，在“大溪文化”遗址山后石人凤宅发现保存相当完好的泰山石敢当两处、吞口一处，这是多年来进行三峡乡土建筑调研时唯一的发现。这里企图说明一个问题：古代中国在聚落、城镇民居文化上，理应和分散在农村的单体民居一致，表现在桃木崇拜上亦同构，因此，三峡场镇民居在桃符诸物的布置、类型及位置上也是一致的。这跟场镇民居风水选址上以农村民居为据同理。

石人凤宅位于偏僻的三峡腹心山间，能避免各种运动的冲击，保存了古代遗留下来的桃木文化，其造型纯度是符合三峡民俗文化的，其可贵之处也在这里，它能以点窥面展示历史的渊源。

石人凤宅朝门（龙门）左侧之泰山石敢当

石人凤宅堂屋门楣悬挂之吞口

石人凤宅后之泰山石敢当

桃之精生在鬼门，制百鬼，故今作桃人梗著门以压邪，此仙木也。”桃木又是古人长寿多福的吉祥象征，于是后来又衍生出门神即桃符之说，此均可视为桃木象征的延伸。

桃木还需用红色，以附会“赤龙”——“火龙”之说，《山海经·大荒北经》中“有神，人面蛇身而赤”，是吞口用色顺理成章之据。它又和“五行”学说一致。经推衍，“五行”中之木、火、土、金、水对应五种颜色——青、赤、黄、白、黑。比如，木星（青）在东方；火星（赤——红）在南方，是“阳”与“昼”的象征；土星（黄）为五方中心，土地是皇帝的象征；金星（白）在西方，与死亡、衰败相关；水星（黑）在北方，是夜晚与“阴”的同义词，也是皇后的象征。以上五行中的“火”“赤”“阳”“昼”均为刚烈之象，是悍勇与火星的对应。以红色象征火是情理相通的，因“火”本为红色。

公私建筑门前的装饰可说与桃木崇拜有关，在古人眼里它神通广大，有非凡神力，可驱鬼避邪。《荆楚岁时记》说：“桃者，五行之精，厌（压）伏（服）邪气，制百鬼也。”《梦书》又说：“桃为守御，辟不祥。”李时珍《本草纲目》亦说：“桃木辛气恶，故能厌伏邪气，今人门上用桃符辟邪以此也。”所以，后来在门上贴门神、对联都可以说是由桃木崇拜而发端的。

关于门神的来历，《山海经·海外经》等载述：古时大海中有度朔山，山上有棵桃树，树下有二神，一名神荼，一名郁垒，其职专管各鬼魅，制百鬼。若有鬼来伤害人类，则“以苇索缚之，射以桃弧，投虎食也”。这种习俗在春秋战国时期就很流行。唐以后民间也流传着秦琼、尉迟恭护卫唐太宗的故事。据传，唐太宗生病，二位将军尽职守护宫门，以防邪魔。太宗疼爱将军，命画匠绘二位将军像并将其贴于门上代替二位将军，以同样达到镇邪驱魔的目的。民间效仿其为，使秦琼、尉迟恭像代替神荼、郁垒成为门神，并流传至今。

特别值得一提的是，三峡地区皆属楚巴之地，自古崇拜桃木鬼文化。比如，传“桃之精生在鬼门”，鬼门即幽都（丰都），管鬼门的人又是道教第一鬼帝土伯。丰都被称为“西僻”的鬼国，又称巴鬼之国。十分有趣的是，在三峡地区的梁平年画竟号称“天府三大年画”之一。它的造型及红色设色，全面、系统地体现了桃木文化的特色，在内容上还有所发展。极盛时，这些年画（门神）年产数百万份，覆盖整个三峡地区，还远销东南亚。梁平年画兴于何时尚不可梁平木板年画上品有水全、水半、水两之分，三者统叫水货，多为门神。水全上十三道颜色，贴于大门；水半九道色，贴于堂屋门或二门；水两小于水半，七道色，贴于寝室、厨房之门。以上三种皆高档货，绘制精美，色彩富丽，尤红色应用大胆广泛。有专家认为。此与三峡地区桃木崇拜有关，同时又是古代巴人刚烈性格渊源的脉痕。其价格昂贵，多为豪门贵族使用。另外，还有叫“拓货”的大众化门画为一般人家采用。无论水货、拓货，描绘内容多为“秦琼”“尉迟恭”“帅旗门神”“马儿门神”“正扬鞭”“歪拔剑”等。更大众化的还有清章、花笺之类的年画，画幅不大，有对开、四开之分，横竖构图均可，多取材于民间百姓喜闻乐见的故事、戏曲、寓言、神话，习称八类，画面必有妇女出现，为梁平年画一大特色。如“盗令出关”“钟馗嫁女”“世隆抢伞”“耗子嫁女”等。花笺形式更丰富，画心有圈圈、正方、六角、八角等，内容有“吉星高照”“四季平安”等，可贴于室内、窗旁、牲畜圈等处。

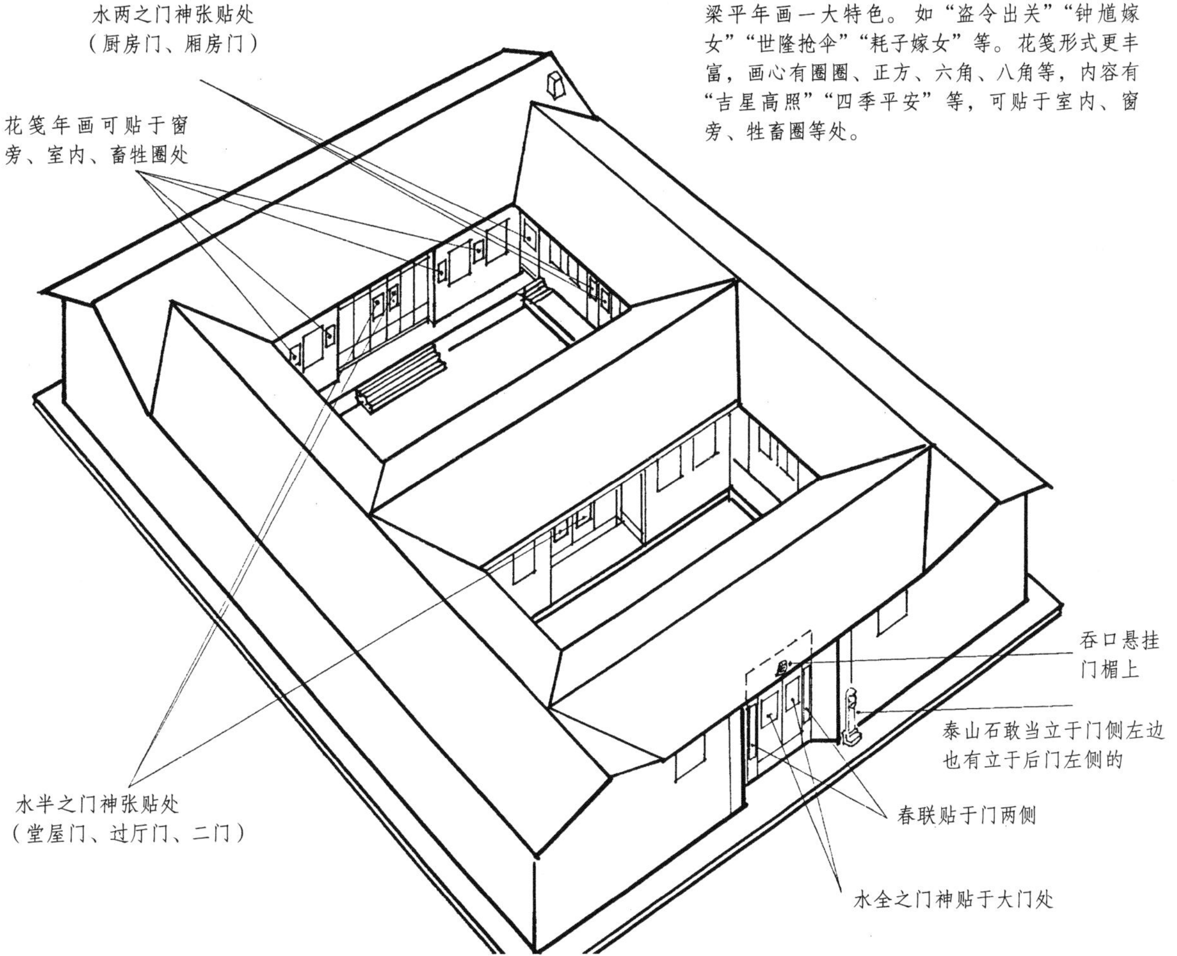

/八 梁平门神、年画张贴于住宅各部位置及桃符诸类位置图示

/⺀ 明末清初门神风格

/⺀ 晚清时期门神风格之一

/\ 晚清时期门神风格之二

/\ 民国时期刻制之门神

梁平县历史上从属于三峡地区。梁平境内西南部之屏锦、云龙等乡镇又是梁平年画生产销售最繁荣的地区，因其自清以来以年画为龙头的产业发展，带动了造纸原料、造纸、染纸等纸业及其销售业、运输业的发达。屏锦七间桥闻名遐迩的造纸厂，在抗战期间还一时成为《新华日报》的专用纸生产基地。此外，还有袁坝驿的染色（红色）纸业等也较发达。客商云集之势又促进了场镇的进一步发展，屏锦、袁坝驿街长数里，云龙场分上下檐廊，以廊为街。各场镇形态随后亦得到了深化演变，加之附近川东第一禅林双桂堂寺庙的烘托，以及下川东最大的粮食生产平原带来的富裕基础，促使以年画为特征的场镇文化突兀地显现出来，进而派生出梁平竹帘画等文化形式。综合而论，梁平年画一时空前绝后的昌炽之势绝不是孤立形成的。

考，但在清乾隆时已具规模，这一现象不是孤立于桃木文化之外的，它和楚之原始巫术、炽盛巫风、巴之神道与鬼道构成的原始文化息息相关。若从考古学意义上去追索这种“原始混融文化母体”，在原始宗教、图腾崇拜上去探索其间接与直接的线索，则信息就更加广泛而确实。

桃木避邪往往还采用桃人、桃符、桃汤等形式。

桃人避邪即削桃木为人形并将其立于户侧，用以驱鬼避邪。此是否就为“石敢当”的发端不可考，但“泰山石敢当”和华表、对狮一样，均为符镇法中之符镇，属方位符镇。它同时也立于户侧，或门侧、户后，比如，巫山大溪文化遗址后山石人凤宅就立泰山石敢当于宅后。

桃符本为写在桃木上有咒语或直接写神荼、郁垒二神名的符篆，五代自后蜀始在桃符板上写联语，王安石著名的《元日》云“总把新桃换旧符”，即指此。至明代桃符便改为纸写并延续至今，这种纸写的联语现又叫春联、对子，所用纸皆为大红纸，是对桃木上古用红色的传承，后其书写内容渐与儒文化结合，从而使对联成为显示门第、家世和修养的符号。

“桃汤”，本为用桃树叶、枝、茎三者煮沸的水，《荆楚岁时记》言：“（正月一日）长幼悉正衣冠，以次拜贺，进椒柏酒，饮桃汤。”亦可“桃汤赭壁，鞭洒屋壁”，目的是“厌伏邪气，制百鬼”。有趣的是，为纪念生于秭归的屈原，端午节人们亦将菖蒲、艾叶悬挂门两旁（三峡地区普遍有此习俗），嗣后也将二草熬水以供洗浴用，此水与桃汤同理，目的是趋吉化煞。植物崇拜不外乎将桃木、橘树、椿树、槐树、桂树、柏树、柳树、无患子、葫芦等视为吉祥如意的象征，将其与吉凶祸福相联系，而这正是三峡地区建筑民俗中的常见现象。

桃木文化之表现形式几乎均围绕建筑尤其是住宅展开，与建筑须臾不可分离。它所表现的建筑文化完美地诠释了中国建筑不是指一幢孤零零的物质体，仅前述民俗即可说明，凡点缀其间的小处一项，均有其渊源和来历，绝非凭空杜撰。虽然它不对建筑的物质作用产生决定性的影响，但它丰富了建筑及其空间的文化气氛，体现了中国人特有的通过建筑及装饰传达出来的生存企望及理想境界，其博大精深之处自是国人一开始就培育出来的整体思维之物质与精神同构的良好发端。当然，桃木文化在乡土建筑上的表现仅仅是中国文化的一部分，尤其在三峡地区，除儒、佛、道之外，尚有巫、傩、坛神等区域文化与建筑共存共荣。这些门面饰物的历史源远流长，其安设位置的讲究蔚成传统，无形中似有严格制度加以制约，故不可小视它们和建筑一起营造出来的文化境界。

由于桃木文化中各类桃木产品在每家每户的广泛使用，专门制作这类产品的场所和作坊自然就形成了，并产生了一定的以此为生的人群，进而使这些产品形成商品，并在当地形成交换此类商品的市场。《四川古代史稿》认为，成都“唐宋五代在这里兴起的季节性贸易，已发展为按季节售物的贸易集市。如正月灯市，二月花市，三月蚕市……腊月桃符市。在成都城内，各种专门商品市就更多了，规模更大了，开市的时间更长了，且大都有固定地点”。成都出现桃符市又在临近年关的腊月，属于季节性市场。想来三峡这一素来崇尚桃木文化的地区，定然有各类桃木商品充斥市场，并在一定的城镇点形成相当的空间规模，其量之大，定然不在川西之下。如此盛况之延续，促成梁平县明清年画的发达，更使桃木文化风靡川、鄂、湘、黔边境一带，亦绝不是偶然的。因此又可以说，不仅桃木文化营造了住宅的文化气氛、丰富了三峡城镇市街的风貌与内涵，而且作坊和店铺构成的专门市场，在一定程度上又丰富了市街规模、市街形态。

第十章

三峡场镇与码头

码头的兴起，自与水有关系，先是临水人家三五几户形成聚落，进而形成场镇及城市。凡川江通航之地，码头兴起在先，接着人文之风渐行。

重庆朝天门码头及同生之千厮门、望龙门诸门皆由码头滥觞，万县二马路下若干码头临江岸排列，共同构成滨江工商昌炽区域的根本。宜宾合江门、乐山肖公嘴、南溪文明门，等等，川江万千码头，大大小小，往往构成沿江城镇商埠繁盛之地。码头建筑及石梯、石墙、堡坎等和衷共济，再往陆上延伸，渐成城镇诸空间合成要素。在 95% 临水靠江河的四川城镇，犹可见当时码头的繁华。

码头是一种建筑，是指江河沿岸及港湾内供停船时装卸货物和乘客上下的地方。由于它在一个城镇中的空间重要性，人们索性就将某一商业城镇叫某码头。清末民初四川袍哥兴起，称其所在地为“码头”，此又可见码头在社会中的分量和地位。川人对码头的高度重视，反映出它在国计民生中的重要作用。过去的城镇又多围合，从江上登陆，码头之地又必设城门，于是“门”又成为码头的代名词，比如，奉节依斗门实是奉节总码头。门又是码头空间的重要标志。

码头是建筑，是一个城镇物流、人流的主要进出通道。大城市中码头多则数十个，小场镇中亦有数个，分上、下游及专用码头，这些码头又有公私之别，其功能也不同：有某某家用码头，也有盐、煤、米等专属功能码头。自贡沙湾为清代盐码头，其在川江各口岸配设自贡某盐商的专用码头，比如，忠县洋渡场是自贡富荣盐商的专用码头，重庆北碚白庙子、犍为石板滩为煤炭码头。各城镇亦有米、山货等专用码头。长江三峡沿江城镇往往约定俗成地把饮用水码头设在河流上游，叫挑水码头，往下才是淘菜码头、生豆芽码头等生活、生产

图为冬季枯水月份景况，捆绑式房屋大量遍置江岸，形成20世纪50年代以前川江沿岸此类建筑的典型临时性、季节性空间景观。现在，重庆这种建筑消失了，但在三峡沿江城镇还延续着这类简易的房屋。它无疑也对场镇空间的整体性构成“季节性”影响。

/小 20世纪20年代重庆朝天门码头情景

用码头。而渔码头多在支流与大江交汇处，因那里是鱼群汇集之处，同时又利于销售。趸船亦称码头，大多在相对固定地点下锚以利于南来北往的客人识别，多为长途客船服务，历来具有公私专属性。短途及过河小客船随遇而安，视水情与岸况而经常变动江岸停靠点，这些停靠点也可称码头。故码头定义的不确定性与宽泛的包容性均与水有关。无江流的城镇川人俗称其为旱码头，它是水码头概念的延伸。

我们这里讨论的核心问题是：码头作为一种空间建筑，它在三峡沿江场镇中有无自身独特的形态？比如，它在形态创造上如何把物质与精神进行统一考虑，在选址问题上如何考虑洪水与基础问题，对围绕码头生存的人群如何凝聚与管理，等等。在码头发生和发展的过程中，这一复杂纷繁的空间现象不是一篇短文所能涵盖的，因此，以下我们只能泛泛而谈它的一般规律性内容。

按理说三峡沿江城镇的产生都与码头有关，对这一问题的研究似乎又回到了对三峡沿江城镇产生的探索上去了。所以，我们把它限定在城镇这一范围内，且专指场镇码头的有限空间范围。因此，我们探讨的内容就只包括码头道路及道路形成的节点，围绕码头的建筑组团，分析码头在场镇形态中的重要作用等。

/\ 20 世纪 20 年代重庆东水门码头城楼

码头道路的铺设直接与风水选址相关。无论北岸与南岸沿江场镇，其选址的根本出发点在码头。码头多设在两水相交的台地或坡地上。这些地方地势较高，除洪水因素外，主要是由于这些地方视野开阔，便于观察船只动向。而且，铺平道路还必先以风水开路。风水言水同金，金生水。若封闭码头，则等同拒“金”流入码头，所以，码头道路开口必向上游，否则如同作茧自缚，全镇守穷一生。而在“五行”的方位中，金星在西方，古人又往往将“金”作为钱财来解释，此是天人合一的又一层面。所以，三峡沿江场镇上“场口”，即码头道路几乎都朝上游西方，或垂直于河道略偏向西方。而长江三峡又恰好位于东西向河流段，这就给码头选址的风水说法提供了地理条件。从心理学角度而言，此说法似有道理：若码头向场镇下游开口，全镇人被水流朝“下流”方向牵制，必然不是“上进”状态。无上进渴望之人

/\ 20 世纪 20 年代重庆临江吊脚楼

/\ 长寿县老码头（码头建筑 1994 年状况）

/\ 从长江上遥望老码头临江建筑

易走背运，久之亦必然下滑，故码头朝上游是激发场镇生机的做法。再则，风水选址建房建镇，都极力讲究中轴线以正方圆。两水相交之河湾无疑形同于轴线前方弯环，而弯环状水面具有“朱雀”之貌，即轴线端点所在。大江大流无此小范围清晰明了之形，唯有两水相交成一定角度的河流最似弯环状。与此相对者，在轴线的另一端就是两水夹角内的坡地及向后延伸的山脉，此状无疑就是“龙脉”最形象的解释了。此境才是最恰当的山水合抱之貌，是导向兴旺发达的穴位之境，即“砂”地。这是中国封建文化整体认识事物的风水建房论的附会之词。在场镇选址的权衡中，河流与山脉之间的台地往往采用中原城市的风水格局图式，于码头街道开口处，将视线越过江河，若对岸有低于场镇祖山（龙脉）的案山则形胜更佳。后儒学渗入这种格局，认为在案山上建一塔一阁以偕文笔，有可能人文之风会在场镇中兴起，镇人后生就有“发科甲”，即出人才的机会。在“学而优则仕”的社会风气中，这种风水与儒学指导下的选址思想的结合定然更加紧密，后果自然是以城镇为载体的人文之风盛行。沿江场镇以码头带动开发，不仅在文化上展现了一幅尽收钱财、能出人才的美好图景，又在实质性的功能方面体现出防洪、开阔视野、杜绝乱搭乱建以保证人流物流畅达、搬运便捷、船只停靠方便安全等作用。尤其在沿江坡地建镇建街面积有限的情况下，在两水相交的台地上，码头的面积往往较宽，这就为街道向周围延伸发展，为一些大型公共建筑如祠庙、会

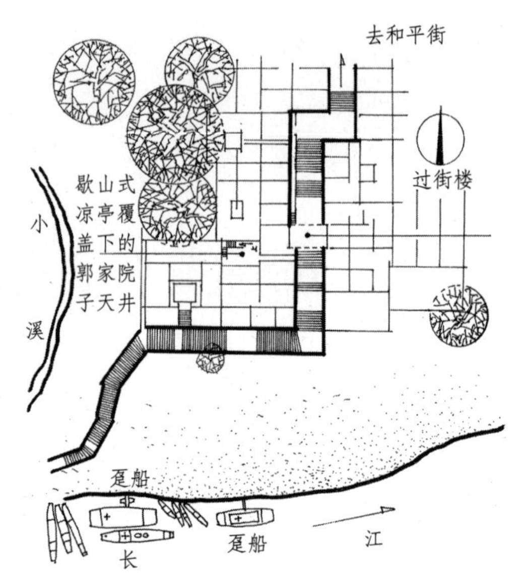

/\ 长寿县老码头（又称河街）平面图

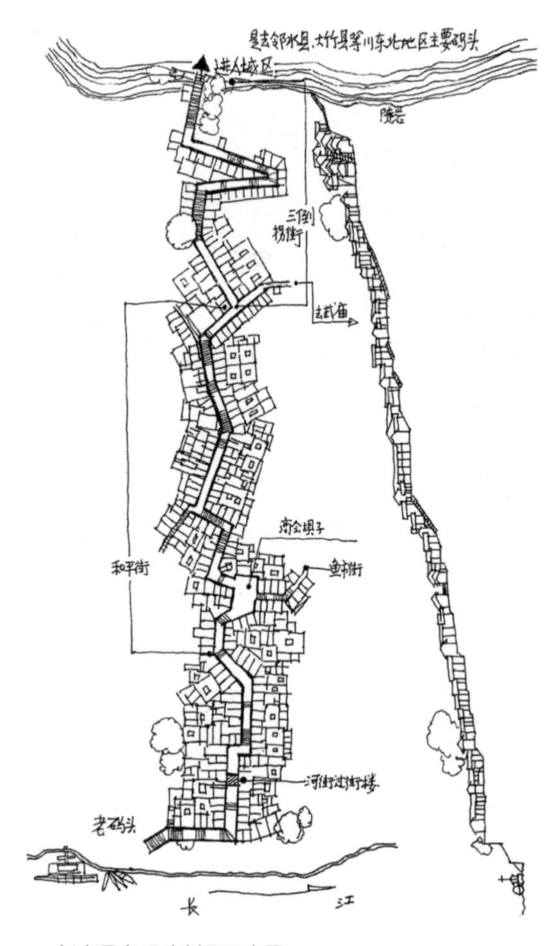

/\ 长寿县老码头剖面示意图

/⫽ 码头到河街转折处

/⫽ 码头延伸到三倒拐街一段

/⫽ 码头河街石板铺地

/⫽ 码头河街过街楼

/⫽ 因码头而产生的和平街、三倒拐街建筑组团屋面概况

馆、仓库创造了立足的基础条件。于此，道路形成节点，进而形成辐射周围的中心空间，场镇今后的再发展也就有了依托。当然，两水相交的长江支流之地，往往是三峡地区农业最发达的纵深地，它有在一定流域形成的相对稳定的、人们普遍认同的文化习惯和范围，又有在物质与精神上和外界交流的需要。顺支流下长江，交汇口便成为这种需求的窗口。这也是场镇选址于两水相交之地的重要原因。

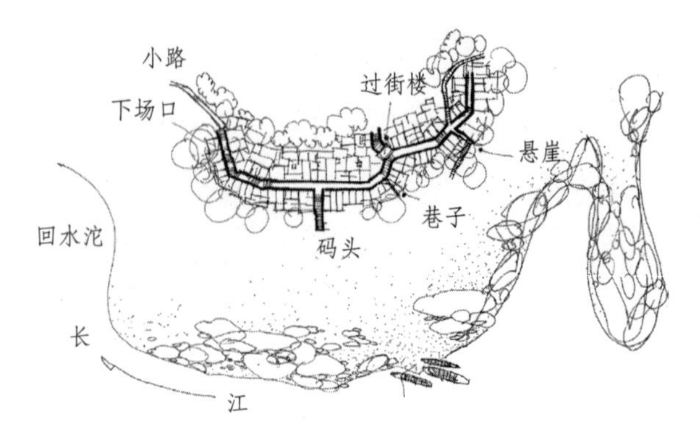

/ 丰都南沱场总平面示意图

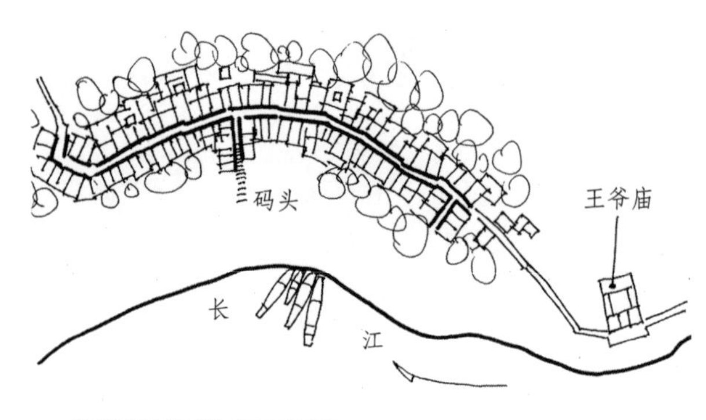

/ 长寿扇沱场总平面示意图

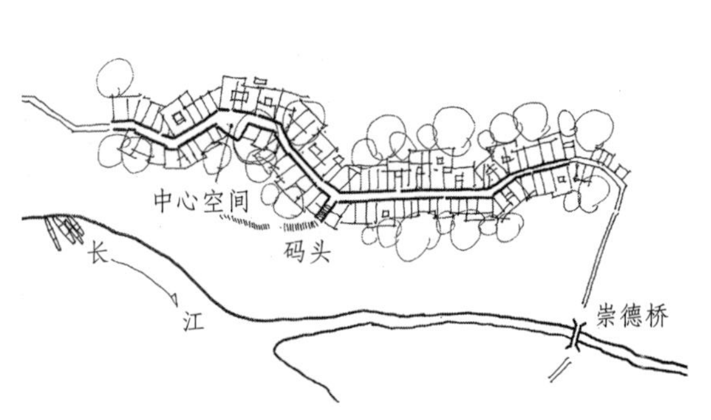

/ 万县小周场平面示意图

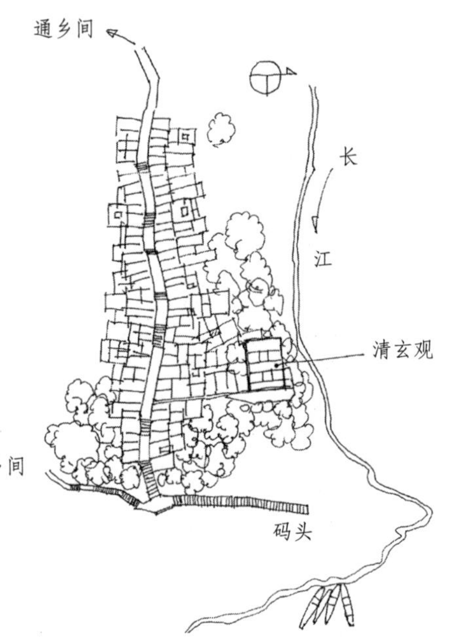

/ 巴县麻柳嘴场总平面图

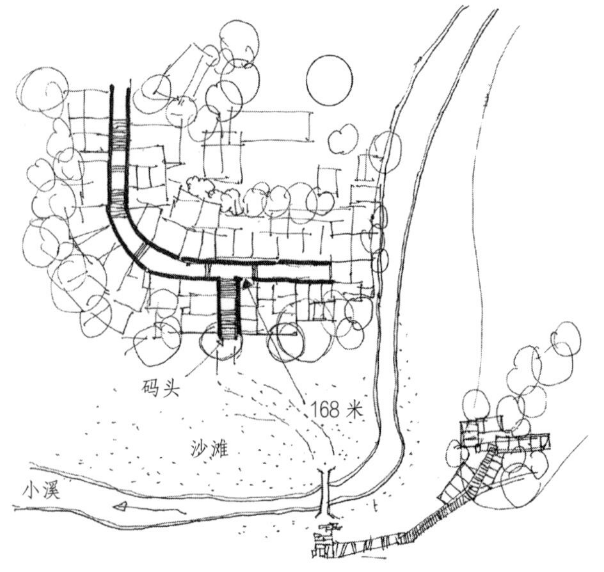

/ 丰都龙驹场平面示意图

/ 丰都龙驹场码头

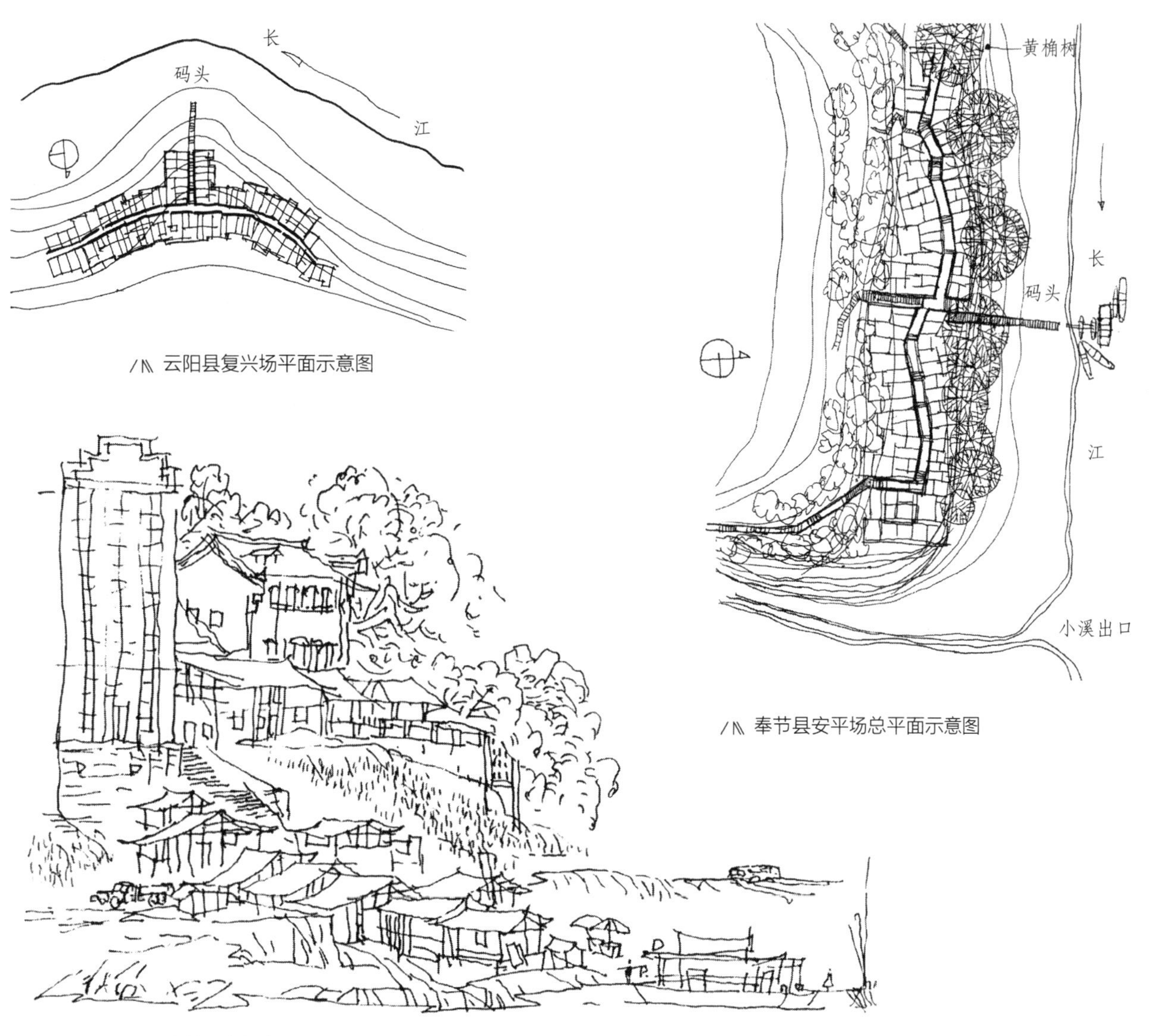

/// 云阳县复兴场平面示意图

/// 奉节县安平场总平面示意图

/// 忠县码头写生

/// 忠县洋渡场中码头

/// 巫山大昌南门码头

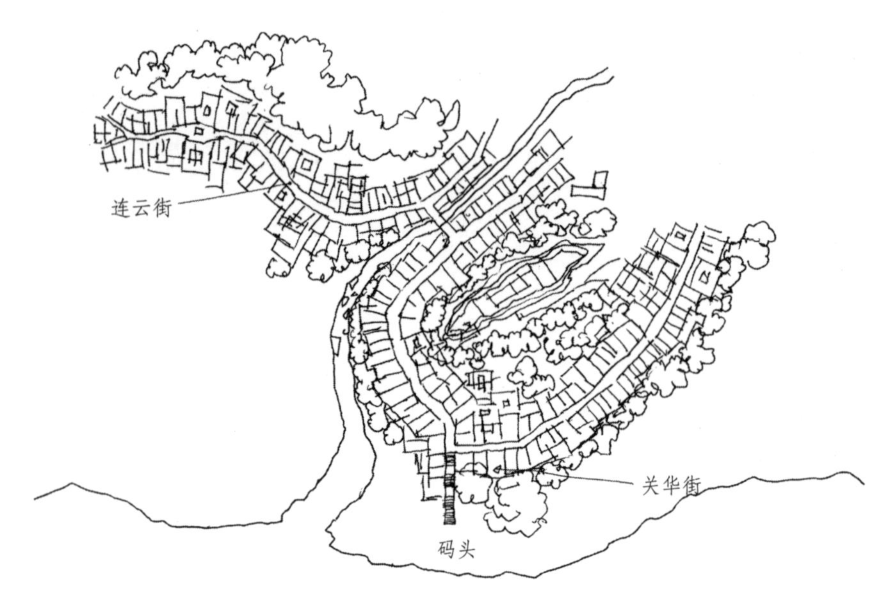

/⑀ 忠县石宝场码头

因码头兴建而形成中心空间，道路是空间基础，基础之上再营造街房、民居、城门、公共建筑，从而形成组团，这才算完成了码头空间的塑造，实现了形态及风貌的完善。但上述也仅限于场镇稳定空间现象。

一般认为，码头临水的踏步石作，多指江岸到场口路段。我们姑且称之为码头的最初形态。而围绕码头并直接为码头服务的各类建筑组团，或称衍生形态或共生形态，构建之后似乎才真正形成一个完整的码头空间。在三峡场镇码头营造中，各类建筑体非常庞杂，但大部分有一共同现象，即以航运为生计的人群的住宅与祠庙建筑构成码头

/⑀ 忠县石宝场码头写生

建筑主体，亦即王爷庙及船工住宅紧紧依靠江岸道路边组团，其自然是出于生产的方便。而其他诸如饮食、客栈、货栈、酒馆、茶铺等服务性建筑则多临街面而建，因此形成河街、半边街之类。不过码头上同时又有会馆、寺庙之类建筑于其中者也不乏实例，比如，忠县洋渡码头原就有天上宫，石柱西沱码头有禹王宫，龚滩上码头有三抚庙等。

至于塑造码头形象、烘托场镇人文之风的其他建筑则更是码头的点睛之笔，比如，洛碛码头有牌坊，长寿老码头有过街楼，龚滩上码头有文昌阁，西沱码头有左、右龙眼桥等。而过去三峡场镇中是否都有城墙加城楼以围合，展现场镇风采或用于防御呢？除大宁河畔地形平坦的大昌古城城门洞尚存外，大多数坡地场镇还没有发现遗迹和记载。当然，这里面又有一个城镇级别的制约因素在起作用。

综上概述，场镇在物质与精神功能合并方向的考虑又有如下一些区别：

（1）20世纪60年代以前，自江岸起尚有部分场镇存在船居。船只多为超期服役的大、中木船，居民有搬运工、渔民等。再有，多数场镇都有数量不等的渔民船只。此外，还有少量的趸船上也常住人。至于过往夜泊之航船，本地往返运输客人及生产、生活资料的船只，甚至从城市运输肥料的“粪”船，等等，均成为码头江上部分流动空间组团，是码头空间不可缺少的形态构成。从一定意义上讲，江上流动空间的存在促进了陆岸上码头空间的繁荣。江上船只多少决定着场镇规模及码头大小。

（2）江岸、滩涂到场镇的过渡地带是一个不可忽略的时间性很强的存在空间。从每年10月到第二年5月洪水到来之前，正是秋收后农副产品需要输出之际，又是农闲之时。大量蔬果、粮食、山货堆集在江岸上，农村篾匠（做竹活儿的工人）、木匠、铁匠、搬运工亦汇集江岸，或造船、修补船只，或装卸货物，因此，临时性的工棚、茅舍、小店或组团成街市，或相拥成集市，成为三峡沿江场镇一大空间特色景观。它甚至有转移空间中心的作用，直接刺激场镇常住商家延伸到江边设摊摆点，展开竞争。这种空间现象延续到现在，成为又一没有小青瓦屋顶特色的场镇形态。它把码头这一概念向面的广度和深度拓展，把建筑存在直接摆在世人眼前。空间不以材料论，虽然里面没有风水、儒学的玄秘，却强有力地刺激了一方经济发展，这是研究建筑和经济发展必须注意的。

当我们回到本文的研究重心“稳定的场镇码头空间”时，即研究从江上到江岸再进入场镇，那些用石、木、泥、砖构架起来的多类型空间现象时，习惯的传统场镇空间概念便兀然凸现，它是通过与距江岸码头远近关系相比较而存在的一种空间符号组团传达出来的。它的空间特征主要表现为：

（1）开敞的街道、巷道开口与江面毫无障碍地联系，视觉无阻。之所以也称上场口为码头，此为第一要素。因为“开敞”，所以上场口为一镇之眼睛；因为下水船速快，所以无论客、货，皆各有商机，能尽快捕捉，以促准备。若有人于众视线集中扩散之处建房造屋阻挡视线，显然是犯众怒之行为。故至今传统码头无此状况。

（2）有一镇最优良的地面铺地与石踏步建设，不仅面积宽大，且质量较优。生存通道之重要为全体居民的共识，其往往靠一镇共同捐钱铺筑。

（3）以王爷庙为体量最大的公共空间往往占据码头要害之地，且构成船帮志缘结合及民居、店铺多类型空间组团。两相比较，更突出了以王爷庙为码头空间特征的形态轮廓。空间的外延与内涵高度一致，有力地塑造了上场口的文化归属表象。

（4）上述三者关系实际表现在街道设计上，哪怕三峡地区用地极为有限，也不遗余力地拓宽道路，分道分巷，并形成有限“广场”，构成节点，自然是为了人流的聚散。但无王爷庙码头之神的震慑，广泛的船帮主体人群利益的平衡问题及码头空间的无序之态是会存在的。

（5）码头作为沿江城镇生存的咽喉处所，每一城镇都着力维护它的功能健全和通畅兴旺，不断强化它的形象，因此码头空间成为一个城镇标志性很强的空间组团。甚至于社会以码头论整体，码头就代表了整个城镇形象。这一观点，从重庆朝天门码头、宜宾合江门码头等沿江城市码头改造之兴起而带动整个川江码头的改造可以看出，城镇形态自码头起，是社会瞩目的焦点。其根源以上已作分析。

不过，由于交通工具不断更新，江上航运已处于颓势，航空“码头”，汽车、火车“码头”分掉了大宗人流，水上码头已失去了昔日辉煌。在人流稀疏的江上码头处，人们何以还如此兴师动众去打造一个文化空间呢？那就是文化的力量，是对昔日辉煌的缅怀，是对居住城镇所积淀文化的展示和包装。那里虽然不是现代人流、物流、文化流的交汇中心场，但精神场所还存在那里，它仍然在散发着历史文化信息。已经消失的但存留在社会大脑里令人叹为观止、留下无限美好回忆的影像，也许是激发这个城镇向前发展的内驱力。这一影像提醒人们城镇发展是一条线，中间不能断，一旦断了，以后的发展就孤立了，就无持续性可言了。

码头建筑可以归总为三部分：

（1）江上的船只；

（2）滩涂上的临时棚户；

（3）上场口多类型建筑组团。

以上三类形态截然不同的组合，三类动态性、临时性（季节性）、静态性（稳定性）协调有机的变化，实则是一种建筑生物链的生态图式。人类利用时间、通过空间来表述自己的生存企望和发展理想，码头不过是一种载体，随着自然经济渐次衰弱，这种空间现象留下的更多的则是对文化的依恋。但它仍遵循着这种生态图式继续发展，只不过更换了材料和增大了空间，现代市场经济管理若抽空作为中间环节的临时棚户或将其规范在一个与此时间、此空间毫不相关的地方，不仅是一种文化损失，而且会给人们带来诸多不便，还会给经济造成不应有的发展障碍。所以，建筑生态链关系依存的根本是经济，此于码头之理可见一斑。

第十一章

三峡场镇与桥梁

三峡长江自古无永久性固定桥梁跨越江面，但历史上曾有过用于军事的临时性浮桥、索桥横跨江面之例。一是北宋乾德年间亦即后蜀时期在夔州（奉节）瞿塘峡口搭建的浮桥。《续资治通鉴》卷四等文典言："于夔州锁江为浮梁，上设敌栅三重，夹江列炮具。"浮桥是在前代横江锁水铁索基础上发展而来的，目的在于抗击宋军入川。二是南宋末期在涪陵蔺市与石家沱之间搭建的涪州浮桥，是由蒙古将领纽璘建造的，是出于与宋军作战的需要。三是明洪武四年（1371年），朱元璋派兵攻明玉珍部，明玉珍之子明昇在瞿塘峡口的南平岩和羊角之间用铁索横断江水，亦"凿两崖壁，引缆为飞桥三，平以木板……复置炮，以拒我师"。是为抗击明军之用。上述三例说明三峡长江架桥历史十分悠久，且技术高明，工程巨大，是古代四川人引以为荣的事情。此处所言桥梁之事，指长江支流上的桥梁，特别是和场镇相关的桥梁。而桥梁究竟在形态上对场镇会产生什么样的影响？或者说因为有了桥梁，场镇空间风貌、空间格局、空间功能等都随之发生了哪些与无桥梁场镇不同的变化？显然，这些问题很值得探讨。

给世人印象最深的三峡桥梁与市井融为一体的优美画面是李可染的"万县三桥"山水画。这幅画描绘的是流入长江的苎溪河在穿越万县市境时，横跨河上的陆安、万安等桥和城镇水乳交融的意象之境。那是一幅20世纪50年代三峡城镇与桥梁的天成之作，他把三峡城镇与桥梁互为依存关系、形态之貌缺一不可且休戚相关的结构关系展现在世人眼前，深刻地表现了古往今来三峡城镇选址、布局、街道走向等形态因素与桥梁的深层互动结构关系。后来张仃先生、黄润华先生等也画过上述三峡桥和桥头民居，皆各具风韵。

三峡库区及地区古镇，可谓镇镇有桥，大致可分为场镇中的桥梁、场镇临

/ 李可染万县陆安桥写生

界桥梁、场镇外围桥梁三类。上述万县三桥夹于城镇之间就属第一类，若就本文后面10个场镇而言，第一类的就有巴东信陵镇的龙亭桥、“三步两道桥”、相公桥等，楠木园的廊桥，大溪的水井沟桥、王爷庙桥等，大昌的东门紫气桥。宁厂更是处处有桥，就是垂直于等高线布置的西沱，在中段小溪和街道交叉点上也筑有桥梁。龚滩亦几步一桥，谓之路桥一体。第二类桥梁尤显其为三峡场镇形态缺一不可的构成因素的特色，此类桥梁与场镇空间距离不远，多临近场镇边缘，是三峡场镇选址多在支流与长江交汇三角地上的必然结果。桥梁自然是架在支流上的。如西沱左、右龙眼桥，新建锡福桥、盐渠述先桥、蔺市龙门

/ 张仃所绘之陆安桥及平桥桥头民居山水画

桥等，尤其是蔺市龙门桥，桥面长180多米，为三峡第一石拱大桥。此类构成的桥头与民居空间组合，可谓千姿百态，出现了很多令人意想不到的空间奇观，是桥头人流多则生意成交可能性高，进而人们不择手段扩大临桥头建筑面积的结果。第三类桥虽不与场镇空间发生直接关系，但与场镇的生存发展息息相关。此类桥往往与幺店子或小聚落一起构成场镇外围空间界限，往外走则与本场镇无关，往里走则进入本场镇习惯空间范围。我们所谓的某场镇的人文、自然圈子，在距离上长则1.5~2.5千米，短则200~300米。故场镇生存不独是场镇内干巴巴的街道旁建筑组团，城市有郊外，场镇同样也有郊外，只是建筑多少、类型不同而已。自培石起就有无伐桥、无夺桥、无暴桥，蔺市有安澜桥，瀼渡有明镜桥，李渡有散心桥，龚滩有阿蓬江桥，等等。上三类分属镇中、镇边、

/八 丰都新建场锡福桥与场镇迷人风貌

镇郊的桥梁，展开的实则是一幅三峡场镇的形态渐变图，即场镇不是一种孤立的人文现象，而往往是和自然密合在一起的、非常生动流畅的、组合而成的外围空间。当然它又和外围的幺店、作坊、农舍、码头、渡口同构，它们共同烘托出一个场镇相互依存的气氛。气氛的浓淡又和当地的经济有关，按一荣皆荣、一衰皆衰的规律发展。这里面蕴含的农业、交通、商业、矿业甚至战争因素又无不对其兴衰产生影响。比如，“湖广填四川”初期，三峡沿江场镇中的绝大部分可谓一片废墟，人烟稀少，场镇本身尚且百废待兴，彼时彼刻还谈不上什么外围人文气氛。但到了乾隆年间，场镇渐次兴旺起来，随之而来的外围道路上也开始修房建屋，渐成浓郁的外围人文气氛。而到了近现代，轮船取代了木船，不仅结束了木船作为主流航运工具的历史，还导致依木船航运生存的厂房、码头、祠庙闲置了，导致相应的服务业衰退。场镇人流的稀少，必然导致场镇与周边的联系、不论距离长短人们原多步行的交通习惯的改变。至现代，汽车又和轮船竞争，则加剧了沿江场镇的衰败。因此，场镇周边人文气氛更加淡薄。即使要建桥梁也多是钢筋混凝土公路桥。所以，我们追述的场镇与桥梁关系，以及场镇构成的形态、风貌，实指清代、民国年间完全处在农业文明氛围之中的沿江场镇及其周边的人文特征，桥梁自然也是那些时代通行的工程建筑。

“我国典籍，浩如烟海。其言桥梁者，自明以前，大抵只言片语，散见群书，爬梳整比，无异披沙拣金。”（《刘敦桢文集·三》，中国建筑工业出版社，1981）三峡工程导致被淹没的古桥数以百计。然典籍渺渺，索无出处。近在1994年4月、5月，笔者仅对其中包括四川、湖北两省的67处桥梁初做复查之后，在6月、7月、8月，笔者又在其中选出了9座各种类型的、具有典型性的桥梁，进行了更深一步的全面调研，其中包括四川的6座、湖北的3座。四川计有涪陵龙门桥和安澜桥、万县明镜桥、万县市陆安桥、云阳述先桥、巫溪凤凰桥；湖北计有巴东无源桥、秭归屈子桥、兴山竹溪桥。以上除巫溪、兴山2座桥外，其余7座皆系石拱桥。桥的数量、特色都代表了三峡所淹没桥梁的主流，这些桥梁是历史、艺术、技术的集中体现。

“晋朝太康三年（282年）建造于洛阳七里涧上的旅人桥是已发现的我国历史上最早的一座石拱桥。到了1965年，河南省新野县出土的汉代（东汉中期或晚期）的画像砖刻有单孔拱桥图……此图证明，我国至迟在东汉已有拱桥。”（金大钧等：《桥梁史话》，上海科学技术出版社，1979）作为拱桥雏形，“多年来出土的两汉古墓中有大量的拱结构，也为今人研究古拱桥提供了很有价值的旁证”（金大钧等：《桥梁史话》，上海科学技术出版社，1979）。以上仅是中原拱桥的发端。而古代巴蜀虽然“创立了栈道和索桥……这些东西决不是中原文物的复制”（徐中舒：《论巴蜀文化》，四川人民出版社，1982），而且造桥时代又在中原之先，“是在战国时代秦并巴蜀以前早就在四川建设成功的工程”（徐中舒：《论巴蜀文化》，四川人民出版社，1982）。但是对于石拱桥在巴蜀和荆楚始于何时，还没有确凿的证据。不过，在两汉时期和中原同步的石拱雏形已在墓室出现。“四川省德阳县黄许镇的汉墓在拱圈之上砌有拱伏，这也是其后的石拱桥常用的砌法。”（金大钧等：《桥梁史话》，上海科学技术出版社，1979）

而在古代巴族居地重庆，“江北区第七十中学校园中发现了一座东汉墓，拱圈是并列式的，相邻两列之间凭伸臂悬砌，以加强联系，由此可看到后世的拱圈悬砌法的滥觞”（金大钧等:《桥梁史话》，上海科学技术出版社，1979）。在近现代考古发掘中，沿长江上至巴渝，经三峡，下自荆楚，于两三千米的大江两岸都时有汉墓发现，其拱圈做法，或为砖圈，或为石拱，不少正处在库区淹没线上下。由此推断，巴族居地至迟在汉代已具备了修建石拱桥的技术。

巴楚之地，沟壑纵横，河流密布，为长江支流者多南北流向。历史上除长江干流作为主要的交通水路之外，与其并行的左右两岸广大地区，沟通巴楚、秦巴以及相邻城乡的陆路交通设施多被今人忽略，尤其对在巴楚间，自古陆路往来是否存在石拱桥的研究至今鲜见。现有的研究或以栈道、索桥一言以蔽之，

连接场镇两端之丰都新建场锡福桥（原媳妇桥）

锡福桥面同时用作市场

云阳云安处处小桥流水

涪陵鸭江廊桥

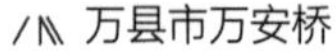

万县市万安桥

龚滩镇中杨力行旁杨家桥

或遇河流以舟船渡之解释。难道仅存在索桥、梁式桥？的确，我们似乎尚未发现宋以前的石拱桥实例，然而是否就可断言在这之前巴楚地区没有出现石拱桥呢？刘敦桢教授说："元、明以后，桥面以下结构，大多易木为石……盖木植难久，又易罹火，况取材匮乏，其与石圈桥之发达，俱不失为隆替之主要因素欤？"（《刘敦桢文集·三》，中国建筑工业出版社，1981）此说明了两点：一是以石代木建桥是元、明后的主流；二是元、明以前石拱桥在中国不是普遍现象，自然包括在巴楚地区。恰离涪陵蔺市龙门桥不远的蒲江乡碑记桥，"建于南宋绍熙甲寅年（1194年）"，"为我省现存最古的桥梁"（《四川古建筑》，四川科学技术出版社，1992）。此况至少佐证，川东地区（包括三峡库区）为巴蜀、三峡荆楚之地首先建石拱桥的地区之一无疑，必须有一定数量的同类桥才能将其淘汰。我们在此次调查测绘淹没区桥梁中所见所测的石拱桥，其量之巨，国内罕见。此亦显示三峡地区的石拱桥，无论量与质，均集中代表了巴蜀、鄂西石拱桥的共性与个性，亦即普遍性和特殊性。所以，往后再通观川东、鄂西石拱桥，多为明、清之作，其历史稍后也就不奇怪了，然而，它们是此地最古老的桥梁，其弥足珍贵亦在此处。

三峡拱桥多为明、清之作，似还有以下因素：

（1）明末和清朝前期，四川先后发生过几次规模涉及全省性的战争，必然毁其桥梁。

（2）各种自然灾害亦毁掉部分桥梁。

（3）清以来"经济的繁荣推动了驿传的发展，康乾时期大量外省移民前往四川的通道，都是沿驿道入川"（王刚：《四川清代史》，成都科技大学出版社，

1991）。这些驿道包括沿长江两岸的驿道。譬如："东路驿站—万县—云阳县—奉节县—小桥驿至湖北之巴东县一百里"（王刚:《四川清代史》，成都科技大学出版社，1991）。

（4）清以来，沿长江干流、支流两岸都是发达的农业经济区，必然要加强往来。

综上，以史料比较三峡古拱桥考察实况，两者是基本吻合的。至于民国年间的石拱桥，跟清代一样，或为当地权财显赫人物所主持建造，或为乡里士绅民众捐资共建，亦是政治历史发展中优秀的方面，以孤立静止的眼光论物之价值，显然是失之偏颇的。

"石拱桥一直是我国特别重要的一种桥型"（金大钧等:《桥梁史话》，上海科学技术出版社，1979），是"中国文化史上的里程碑"（茅以升:《桥话——

/\ 万县陆安桥与城市纽带关系

陆安桥勘测记录

· 位置：在万县市城区内，横跨长江支流苎溪河，距与长江交汇处约2公里，南北向。南桥头接陆安街，北桥头接二马路，人行桥。

· 坐标：东经108° 22'，北纬30° 49'。高程：150米。

· 建筑面积：315.05平方米。占地面积：900平方米（包括老平桥、老桥台阶、护坡）。

· 石质：青砂岩石。

· 建桥概况：清同治十年（1871年）由邑人余茂林独资捐建。原有一平桥，因洪水经常不能通行，又是梁平县到万县的大道，故兴此桥。

· 现状：1992年前100多年未曾整修，时拱圈及多处石缝开裂至草木繁盛，虽景观奇特，然危及生命。另桥面踏步磨损严重，石梯磨平，几成斜面，其他部位和护坡石作已呈风化状态，已成危桥。1992年6月由万县市城建委、重庆交院等单位对拱圈加固，桥面亦重新整修，桥面石、踏步、石栏均已更新，缝接处用水泥勾线，掩盖天然石缝线条，十分别扭。但基础仍旧有拱圈石152块，从基石到桥面共32层面。为纵联单拱无铰式双心圆结构，填方少，桥台坚固，引桥极短，造型简练。仅拱顶石栏内侧有"陆安桥"行楷阴刻桥名，无雕饰。由于桥处于市区内，两桥头民居建筑重叠，节节上升，构成桥与建筑"城市山水"的恢宏景象，为近代中国建筑界、美术界所赞叹。再则，桥上游方仅3米处的原老平桥尚完好，只是被泥沙淹没一半，前几年还行人，但整座桥体造型尺度比例极为稳重，结构坚实。两桥头石梯、护壁、民居、码头、树木均与桥有不可分离的关系，且配置自然生动，是陆安桥立体建筑的基础部分。此桥必须作为搬迁的整体之一部分，不可忽略。

· 万县市文物保护单位。

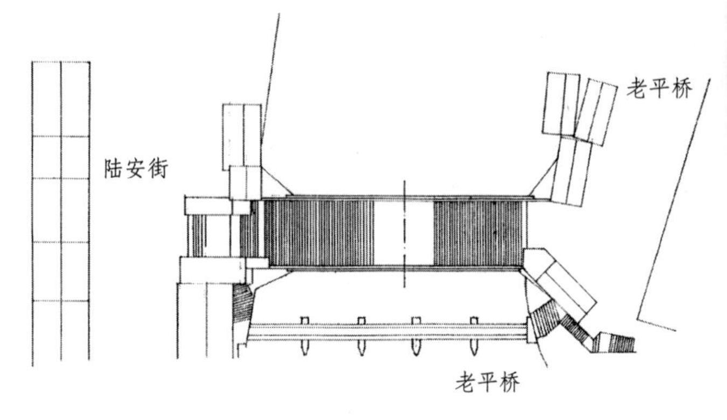

万县陆安桥与城市纽带关系总平面图

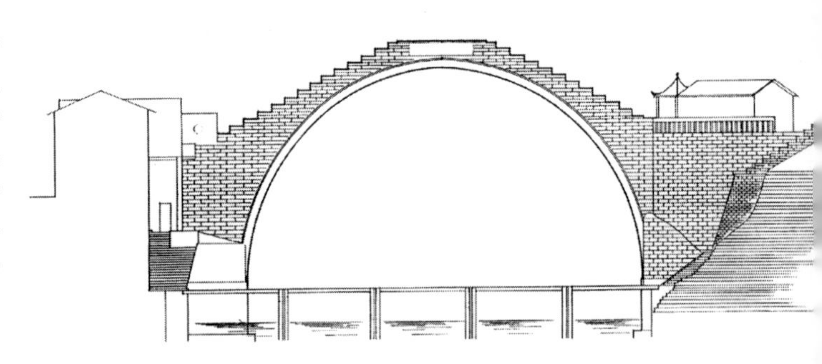

万县陆安桥测绘立面图

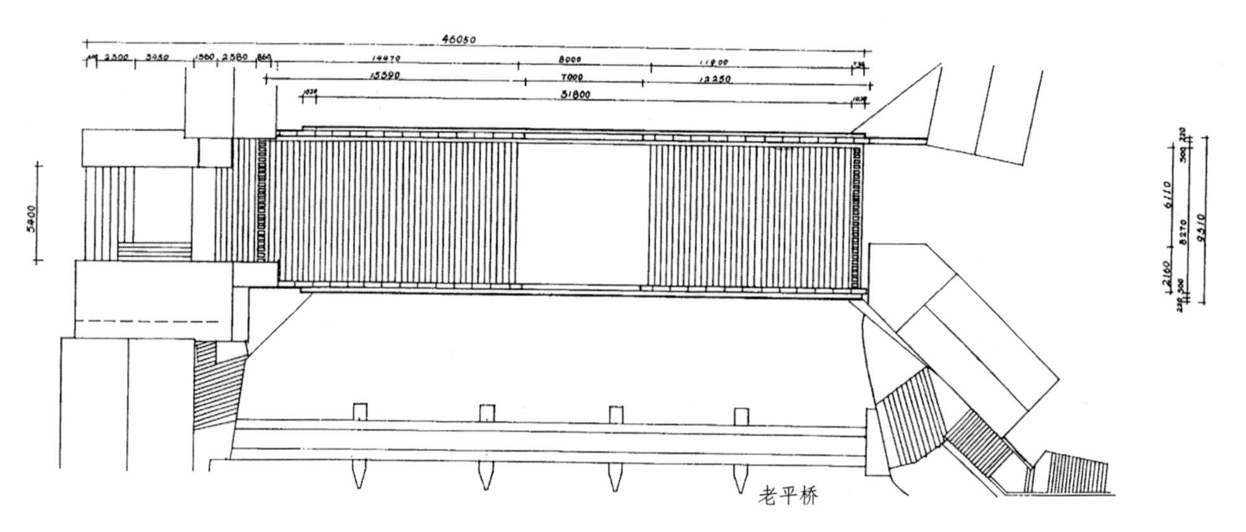

万县陆安桥测绘平面图

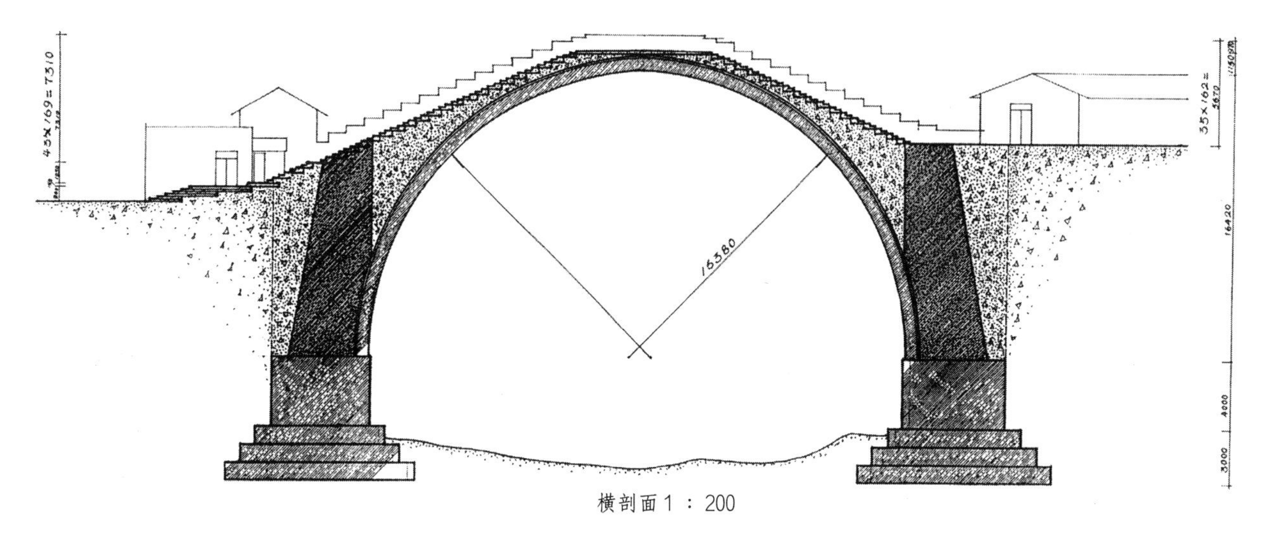

横剖面 1 ： 200

/\ 万县陆安桥测绘剖面图

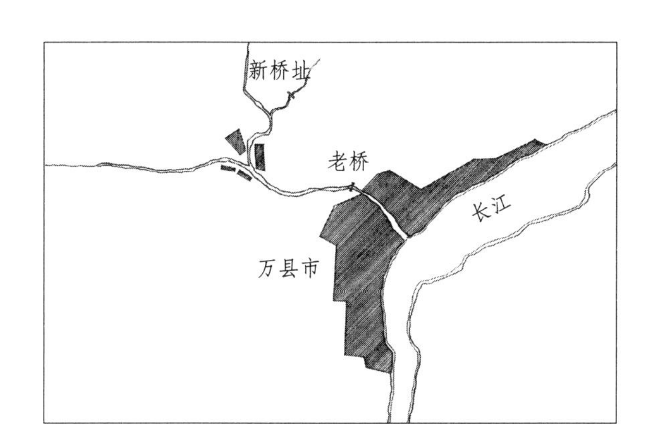

/\ 新老桥关系

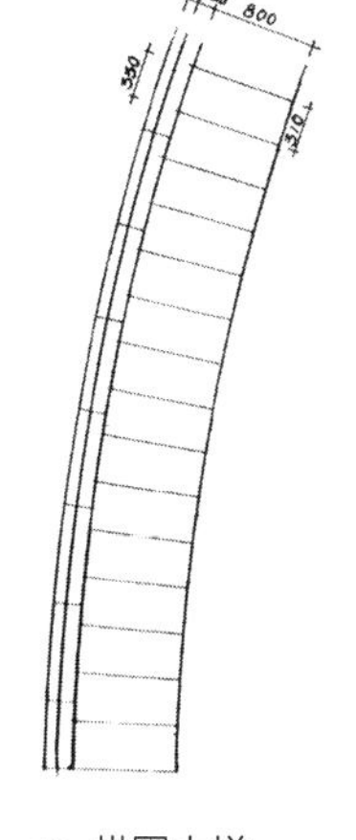

/\ 拱圈大样

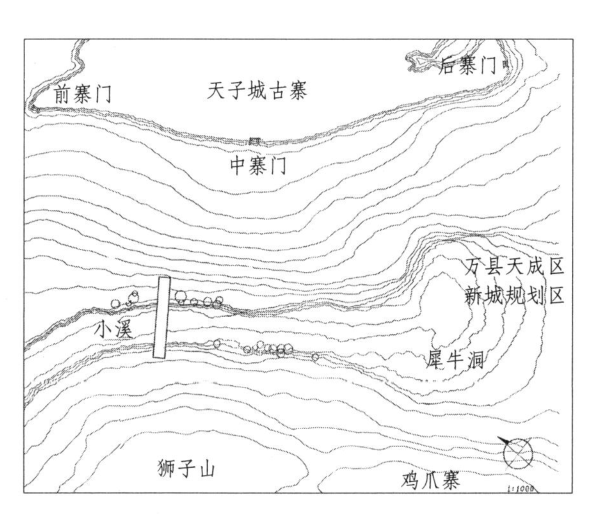

/\ 拟搬迁桥梁新址总平面图

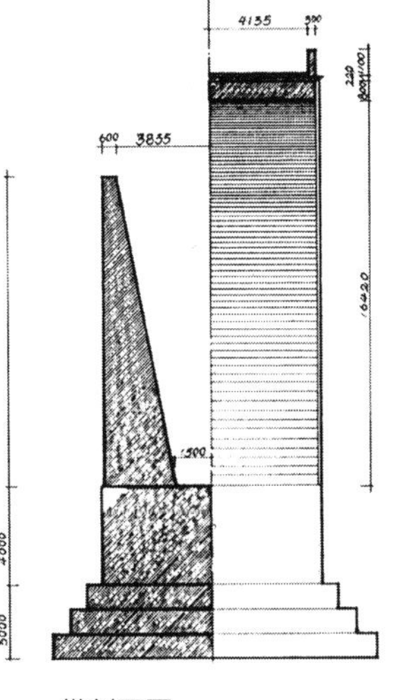

/\ 纵剖面图

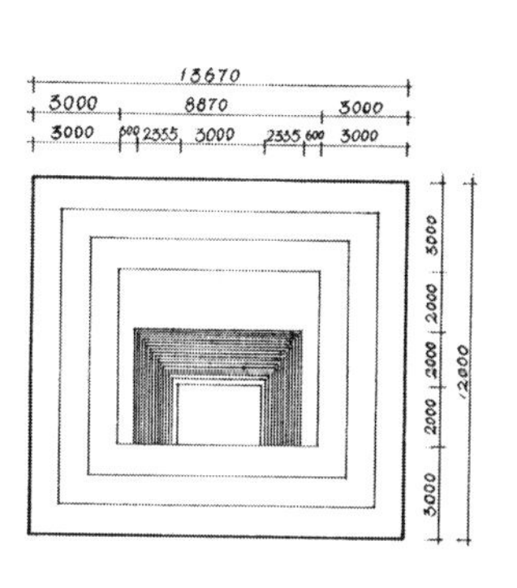

/\ 桥台平面图

/\ 陆安桥头堡坎

/\ 原陆安桥上游老平桥

喜看天堑变通途》,《人民文学》1962 年 12 月)。它的核心是圈拱做法。自“汉墓中有并列式的拱圈与纵联式的拱圈”(金大钧等:《桥梁史话》,上海科学技术出版社,1979)做法以来,这种做法就影响着石桥的砌拱技艺。四川地区的汉墓中多有受上述做法影响的古拱桥,这些拱桥“多为半圆形拱,少量双心拱,弧形拱较为少见”(《四川古建筑》,四川科学技术出版社,1992)。不过,在拱形上,三峡所淹没的石拱桥和上述结论有很大出入。据对被淹没的 7 座典型石拱桥的实地测绘和计算,清代以来,三峡地区的拱桥不仅在拱形上几乎都是双心拱,少见半圆和弧形拱,而且在砌拱做法上更是拱石纵列交错的纵联砌置,即纵联式拱圈,而少见并列式的拱圈砌作。这种做法在施工时虽然要满堂架脚手架,但对桥完工后的综合性、整体性起到很好的调节作用,并能使之产生简洁大方的外形视觉效果。这无疑是继承了石拱技艺的优秀方面。再则,“北方清宫式石桥圈洞不是半圆而是近于尖圈式样,也即是双心圆拱”。据实测比较,三峡石拱桥虽然受到中原文化的影响,多为双心圆拱,但又不是亦步亦趋面面俱到的模仿。它恰又是两圆心较为靠近,近似于半圆的砌置,故极易造成“半圆”假象,像陆安桥、述先桥、安澜桥都是如此。此类桥矢跨比多接近于二分之一,属陡拱一类,且全都是无铰式拱圈。这是与“明清石拱桥大多是有铰石的”(金大钧等:《桥梁史话》,上海科学技术出版社,1979)说法相悖的。无铰式是比多铰式省工节事之法,它是基于川东和鄂西地震、地质、水文等诸多情

/||\ 巫溪凤凰廊桥

/||\ 凤凰廊桥局部

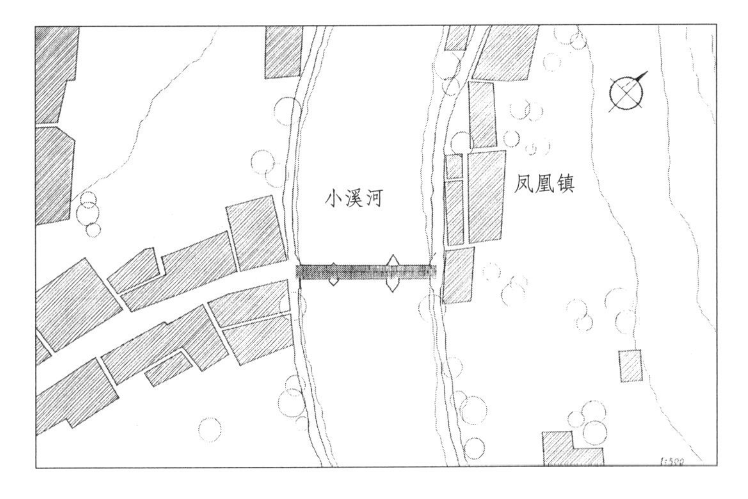

/||\ 巫溪凤凰桥与场镇关系总平面图

凤凰桥勘测记录

- 位置：在长江支流大宁河的一条支流上，即在镇头下街口，横跨于小溪河连接乡间之处。
- 坐标：东经 109° 31'，北纬 30° 23'。标高不详。
- 建筑面积：116.81 平方米。占地面积：127.61 平方米。
- 桥为梁式廊桥，南北向。
- 巫溪县文物保护单位。
- 概况：据《大宁县志》记载，凤凰桥在凤凰坝，道光十二年（1832 年）建，后被洪水冲毁，于道光十五年（1835 年）重建。再后又于清同治、民国、20 世纪 80 年代几次维修，面目恐已全非。
- 现状：有一大一小呈锥形桥墩两座，小者为历史久远者，和桥比例谐调，年代不可考。大者为新中国成立后重建，体大无形，至为丑陋。但木梁木廊结构尚属简洁实用，通体流畅，比例得当。桥为三跨连续梁，桥面为木板，廊屋覆盖小青瓦。由于桥是淹没区内的唯一廊桥，因而具有典型性。

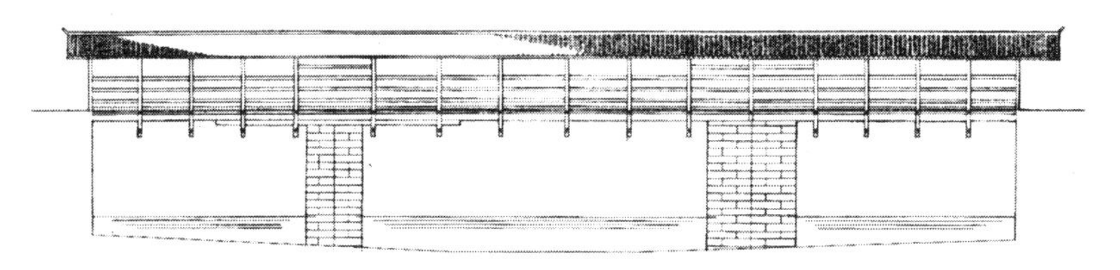

/||\ 巫溪凤凰桥立面图

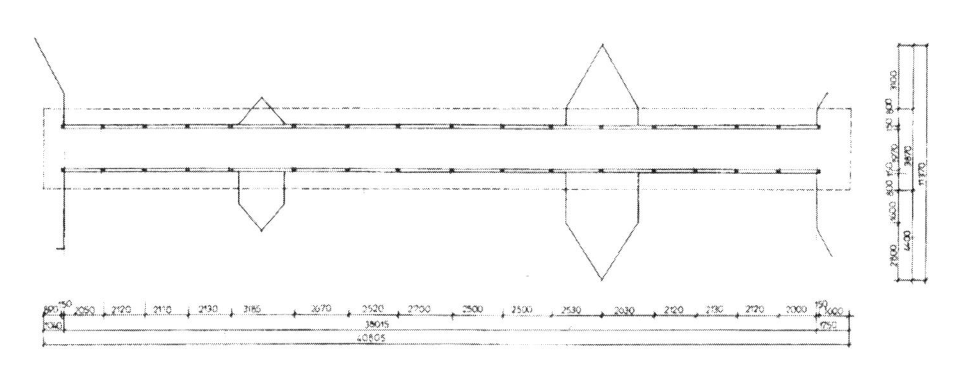

/||\ 巫溪凤凰桥平面图

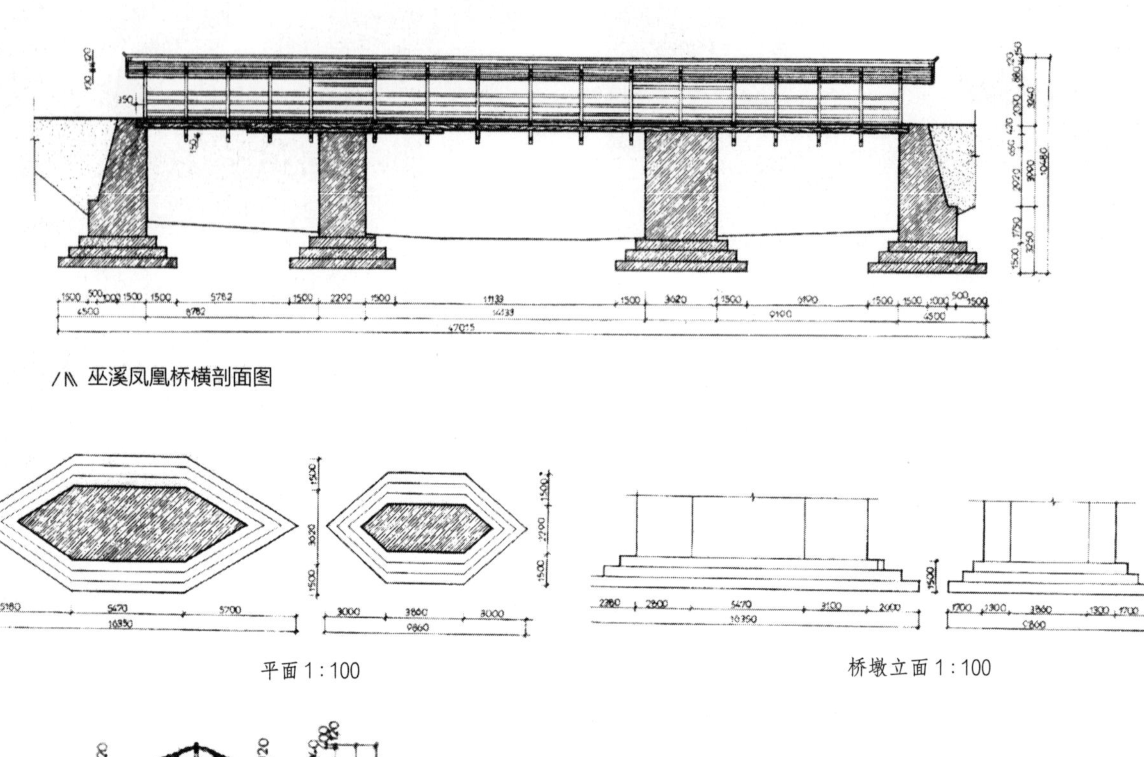

/\\ 巫溪凤凰桥横剖面图

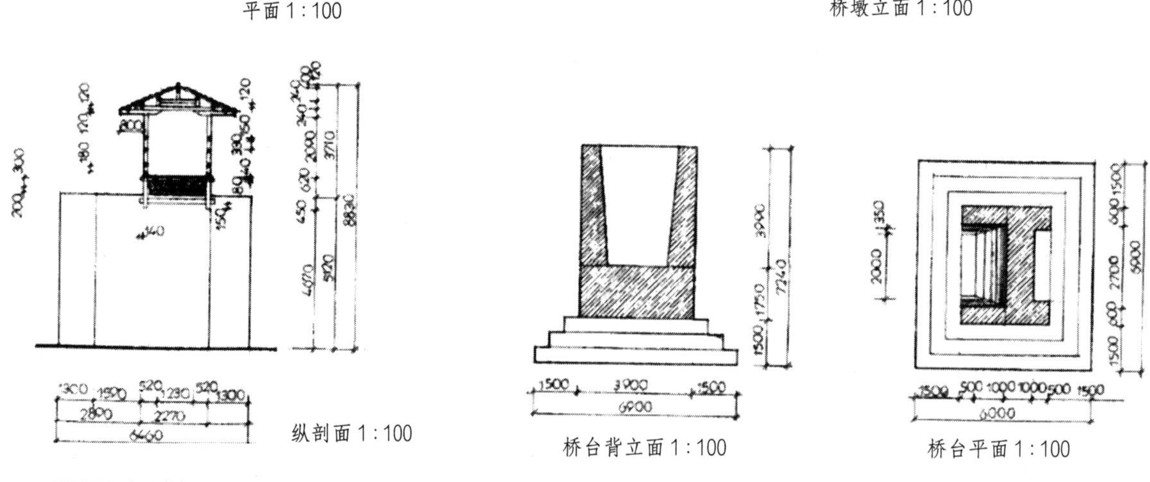

/\\ 巫溪凤凰桥测绘

况而产生的，加之桥师们采取了凡拱石相互接触面均以比较粗糙的錾刻痕迹相叠压、中间填灰浆的折中办法，因此，此类无铰连做法有了生存的土壤。在清宫式诸多做法上，三峡拱桥都有不同之处，像“内圈石即圈脸石内的圈石，高略低于圈脸石少许，宽按高6/10分，长按宽2倍”计法（王璧文:《清宫式石桥做法》,《中国营造学社汇刊》第五卷第四期），以及圈石大小的尺寸规定等。三峡拱桥多有我行我素之感，如内圈石的因地、因材制宜，尺寸或长或短，但并不因此就影响各条拱石沿横向形成的整体，造成内圈石的紊乱状态，等等。

/∥ 丰都包鸾场镇边廊桥

/∥ 丰都包鸾场镇边廊桥桥头风貌

/∥ 石柱西沱龙眼桥

/∥ 石柱西沱街门口外石平桥

/∥ 忠县西山街与县城连接之石拱桥

这就反映出石拱结构技术浓烈的地方色彩。就整体而论，它和其他诸多宗祠、寺庙、民居一样，对中原文化融会中有嬗变、继承中有发扬，构成了颇具特色的区域建筑文化现象。

一般认为，三峡石拱桥实腹式的构作是拱上建筑对主拱圈的支持，起到巩固和加强主拱圈的作用，这是无疑的。然而在这些拱桥中，无论是实腹式还是空腹式，对进一步做出这种支持的桥面均设置得宽大到令人惊奇，使其与临近桥的狭窄的街道、乡村石板路形成鲜明的对比。它和川东房舍空间尺度均大于川西平原房舍尺度，在平地甚少、天窄地窄的三峡山区尤显突出。除上述作用外，桥面的宽大还给今后诸如增建房廊、桥庙、牌坊、碑石、雕刻等桥上附属建筑留下了可施展的余地。更不用说桥面之宽敞、高朗，实质上起到一城一乡的文化中心作用，城因有桥，才产生了一种建筑独具的凝聚力。以龙门桥、安澜桥、明镜桥、陆安桥、述先桥五桥为例，最宽者明镜桥为 10.1 米，最窄者安澜桥为 7.3 米。不仅如此，上述五桥还分别代表了平面、凸曲面、凹曲面三种不同桥面类型，尤其是万县瀼渡乡明镜桥的凹曲形桥面，实属国内少见。三种桥面追求宽大尺度显示了桥师们不仅从巩固加强拱圈的作用出发，亦充分考虑了长度、引桥、矢高、桥高、跨度等相互间的作用力关系，更可贵的是把精神因素纳入了结构的构思设计中。三峡石拱桥的这些共同特点，使得上述诸桥不仅具有长效的物质功能作用，而且发挥着一方人文景观的文化作用。这是很值得现代桥梁设计借鉴的。以上还同时说明了过去以桥上附属建筑诸如雕刻、碑石等取代桥本身通过结构、材料等来表达文化内涵的偏见性，应该说两者都是桥文化的精粹，只不过后者的文化内涵显得隐蔽一些。前者因具体形象的可描述性，招人耳目，易获口碑，所以往往遮掩了桥体本身所蕴含的以技艺为主的设计及结构文化。我们再以桥高与引桥长度而论，于三峡支流河谷深涧建桥，作为平肩桥往往桥高 3 厘米，引桥就长 30 厘米，这就不太同于在宽河谷建桥时的多有行船、洪水泄导考虑。而三峡诸桥，除了洪水泄导外，多数陡拱桥下是并不行船的深涧浅溪，何以非要做一个平肩桥的费事工程不可？除工程要求之外，似还有满足山区人渴望平地，减少因两岸陡坡而引发生理、心理上的紧张的要求。当然，得一“平地”不易，于是派生出桥面建筑和不准在桥上打场碾谷等诸多桥约桥规，如安澜桥的桥约。另外，驼峰似的陡拱桥在寻求拱顶“平地”上也有此理，只不过“平地”少一些。显然这是特殊地理环境中建桥所形成的文化氛围，且有巨大数量集中于一区域，在国内就罕见了。更有连接城市乡镇的拱桥，它们“在总体布局上常常是组成城市或建筑群的重要元素。在设计方面，桥和房屋建筑相结合是中国桥梁的重要特色”（王刚：《四川清代史》，成都科技大学出版社，1991）。这种特色在三峡地区堪称国内典型。一个多世纪以来，不知引来多少科学家、建筑家、艺术家的绝口赞美，李约瑟、茅以升、梁思成、李可染、张仃……说它是完美的组合设计是一点儿也不过分的。试问，单从城市美学价值，桥与城市、建筑的配置，以及二者密合得天衣无缝这一点着眼，有哪一个地方比得上李可染大师描绘的“万县三桥”（一桥已垮，另包括将淹没的万安桥、陆安桥）那样淋漓尽致、令人叹为观止，从而使“万县三桥”享誉全世界？须知，此论不是以艺术再现代替桥梁本身与城市布局、建筑配置方面的科学价值，而是科学的、巧妙的、独特而有创造性的布局和配置，以及桥本身优美的结构形体更易受到具有敏锐观察力的艺术家青睐。所以，高妙的桥作总是科学和艺术的完美结合。以上仅就“万县三桥”而论，若大师们有幸深入到三峡支流里一睹其他桥梁的风采，相信会留下更多的妙语和佳作。

中国桥文化，除桥与城镇、建筑关系之外，中国现代桥梁的奠基人茅以升教授还用优美的文笔把桥与山水，桥与园林，桥与历史、人物、神话描述得精彩绝伦，并因此得到了毛泽东同志的称赞。三峡石拱桥无不处处散发着这种温馨的文化气息。这首先是石拱桥优美的圆弧拱圈以其他物质形态不可比拟、不可取代的造型和对环境造成强烈的视觉冲击力所产生的结果。因无论建筑与自然，不是规范的直线就是随意的曲线，所以一旦有规范的圆弧线出现，立刻就会使大地上的点、线、面的造型关系丰富起来，造成视觉的“众矢之的”，引人注目。引人注目的焦点，就是繁衍特定的物质与精神形态的中心。围绕它或延伸出桥庙、碑志、雕刻、牌坊、房屋、树木，或滋生出传说、神话、故事、戏剧……而物质与精神形态的相辅相成，尤其是著名的有特殊意义的长江三峡河谷地带，在这种文化的渲染上显得别具一格，充满了浓郁的区域色彩。三峡石拱桥首先是由纪念性、祈祷性二点核心内涵所展开的物质、精神形态的表现。过去凡有桥之处皆有庙、碑，如龙门桥的鲁班堂、安澜桥的观音寺，前者供奉鲁班以颂扬建桥人，后者祈祷观音以保桥平安。因此，宗教气氛围绕桥生发。在这一地区，凡可资供奉者皆可成神，如川主庙、龙王庙、土地庙、山王庙……庙址选择多在桥两头轴线上或桥中两侧，碑志或立于庙内庙外、桥中侧，其中似乎都有风水因素的渗透。更有甚者，作为封建时代社会规范最高准则的道德、操守纪念建筑也大规模地搬上桥面，从而成为桥梁建筑的一大奇观。龙门桥有孝节坊两座，德政坊一座，分别为当地李舒氏、曹姚氏和当时支持建桥的涪州知州濮文升所建。牌坊选址，历来颇为讲究，赐建于桥面不仅能烘托桥梁的艺术气氛，更能昭示封建秩序的神圣。牌坊能选址于桥，足见桥梁在当地居民心目中的地位。还有一个桥上雕刻，亦是该地区石拱桥的一大特色。雕刻

/\ 南侧远眺龙门桥与蔺市镇

/\ 长江与支流黎香溪上龙门桥之谐和景观

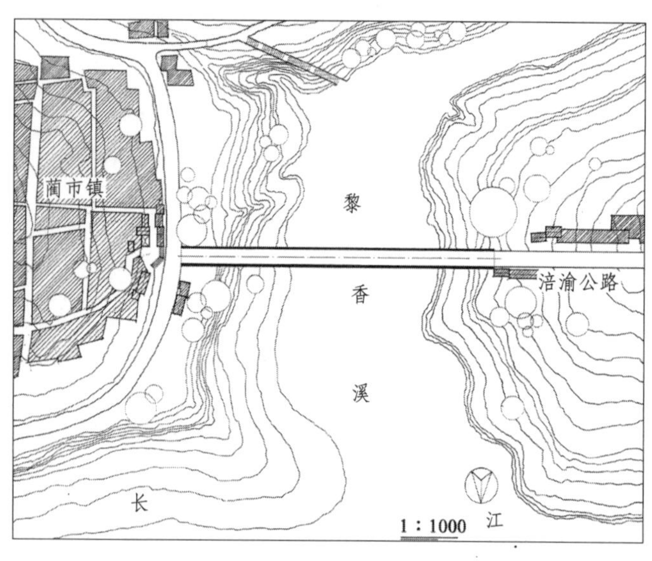

/\ 龙门桥与蔺市镇关系总平面图

龙门桥勘测记录

- 位置：在涪陵市蔺市镇西，横跨长江支流黎香溪。距长江约 500 米，东西向。
- 坐标：东经 107° 11'，北纬 29° 40'。高程：171 米。
- 建筑面积：1504.62 平方米。占地面积：2229.6 平方米。
- 涪陵市文物保护单位。
- 石质：侏罗纪硬质砂岩石。
- 建桥概况：龙门桥东洞拱顶碑刻《龙门桥卷拱精石碑文》："龙门桥议修已久，乡先生于光绪乙亥（光绪元年，即 1875 年）开山取石，丙子、丁丑淘砂辟基、运石建礅，戊寅、己卯伐木立架，起圈安墙，竖龙成洞。其历年乙卯，阅星霜，费用已十万余金矣。圈洞将成，敬募精石，不越两月，复集千金，岂非人心乐善而天意亦为默助哉。其序：'先中洞，次西洞，次东洞，今成之金，立叙始末。'由桥师陈永恩主持修建。"
- 现状：为纵联三孔无铰实肩平面式。1961 年冬前为步行桥，后当地政府推倒桥上 3 座牌坊，桥面浇制水泥，至今为车、步两行桥。1994 年曾对桥墩损坏处进行维修，耗资 1 万元。4 桥墩皆建于硬质砂岩石滩上，桥墩条石重 1~2 吨，共 16 层，拱圈石每孔 118 块，最大者 3.2×0.4×0.8 米，都在 1 吨以上。拱圈共两层，第二层出现凸线。石栏下近桥面之处共开 63 个 40×30 厘米的泄水孔，间隔 4.8~5.3 米不等。龙头、龙尾、净瓶、龙门桥题刻均置高栏挡护。中洞拱顶桥面有回音石，呈圆形，直径 2.5 米，由两块半圆形石板构成，击掌可听见类似石室内发出的回音。

/\ 正在测绘的西南交通大学建筑系 1991 级同学，上为张若愚，船上白衣者为王俊

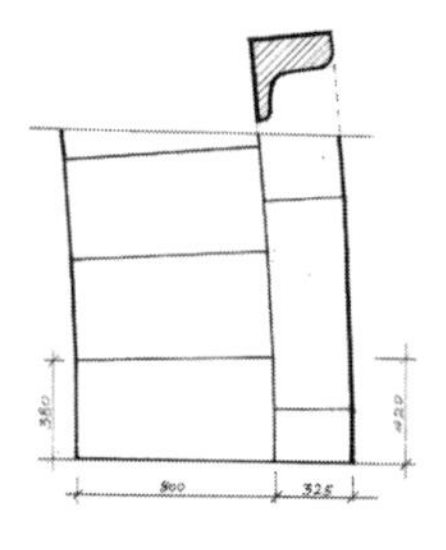

/\ 拱圈大样

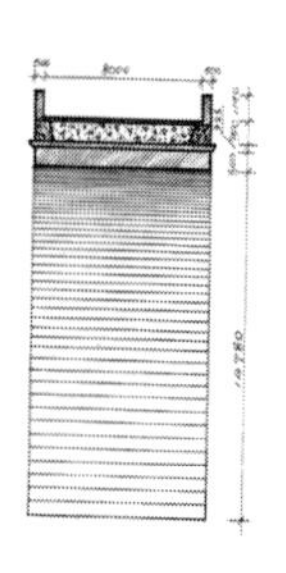

/\ 纵剖面图

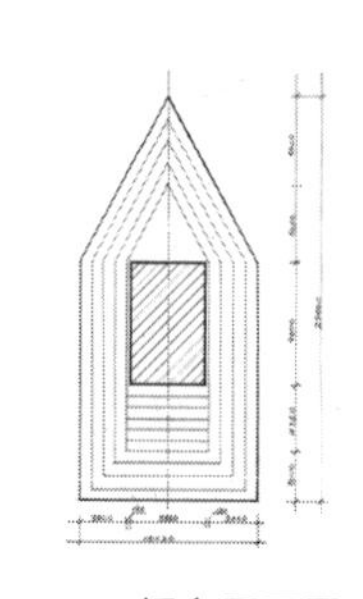

/\ 桥台平面图

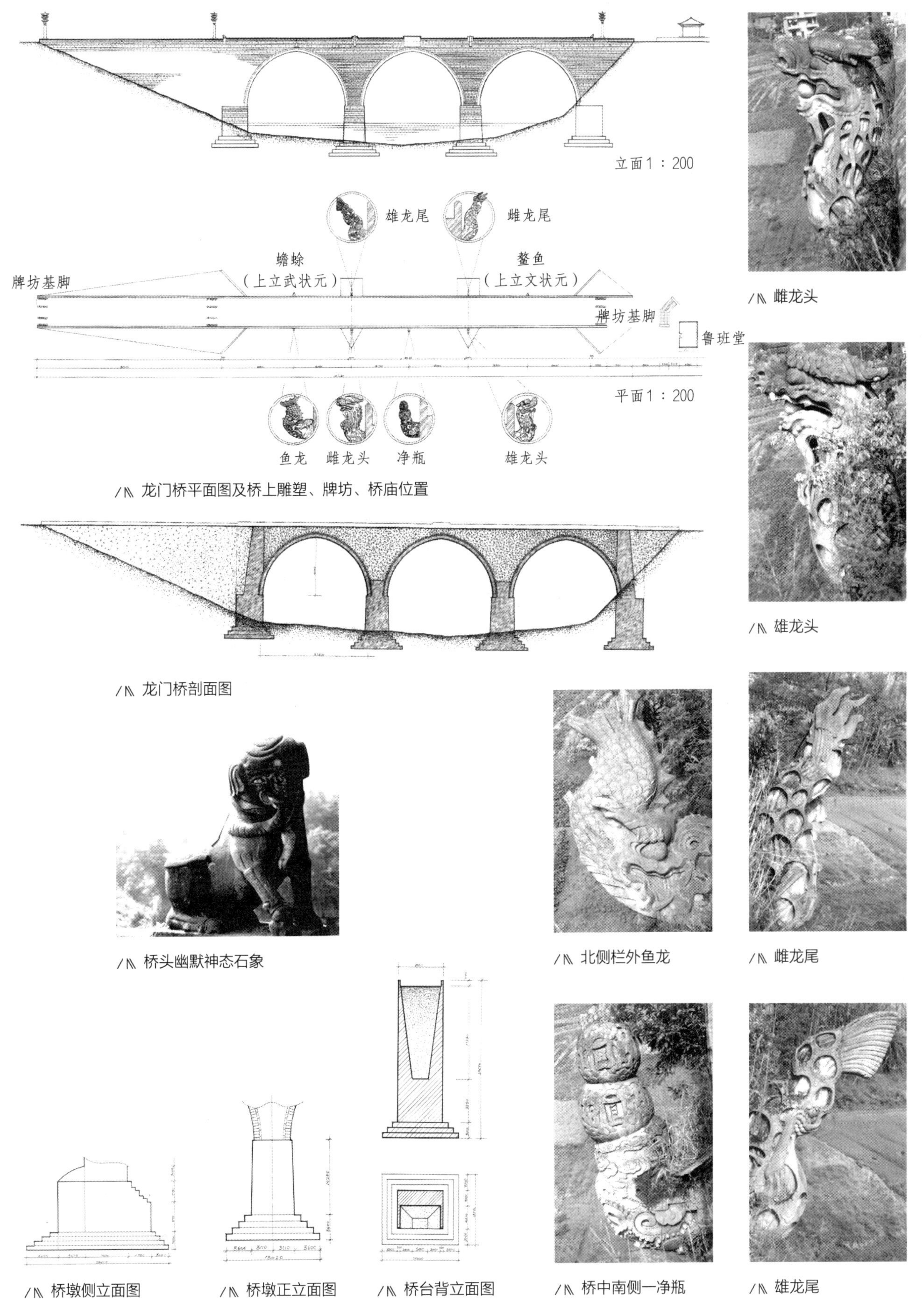

龙门桥平面图及桥上雕塑、牌坊、桥庙位置

龙门桥剖面图

桥头幽默神态石象

桥墩侧立面图

桥墩正立面图

桥台背立面图

雌龙头

雄龙头

北侧栏外鱼龙

雌龙尾

桥中南侧一净瓶

雄龙尾

/\\ 云阳盐渠场述先桥

述先桥勘测记录

- 位置：在长江支流汤溪河的一条小支流上，距两支流交汇处约30米，离长江约25千米，南北向。
- 地名：盐渠乡广木村后湾。北桥头接盐渠镇老街场口，南桥头靠云阳至巫峡公路干线，为步行桥。
- 坐标：东经108° 48'，北纬31° 8'。高程：158米。
- 建筑面积：458.85平方米。占地面积：602.8平方米。
- 概况：原桥建于清道光年间，时名兴隆桥。民国二十二年桥毁重建，更名述先桥。“述先”出自《论语》：“述面先知。”由本地人士李宗支任总监修。耗银19647银元5角7仙正。
- 现状：桥为纵联无铰式双心圆拱结构。有大、小两拱，大拱圈石130块，小拱圈石15块。大拱为主桥跨越溪流上。小拱为泄导洪水备用，位于斜面坡地上。桥分两段成角度。基础为滩涂明挖硬山底。主拱桥面有栏杆8柱，拱顶有石兽已毁，护堤栏杆、引桥栏杆已毁，拱顶石龙雕刻风化，毁损严重。风格和川东、涪陵地区雷同。唯桥碑6块尚存，保护较好。桥孔内顶端悬吊“斩龙剑”一把。桥北头民居立面丰富别致，设计随意，反得佳趣，和桥相得益彰。是川东桥头建筑不可多得的佳构。原有两土地庙分立于桥边，桥头还有魁星楼一座，二层，有戏台。整体桥况还较完整。
- 云阳县文物保护单位。

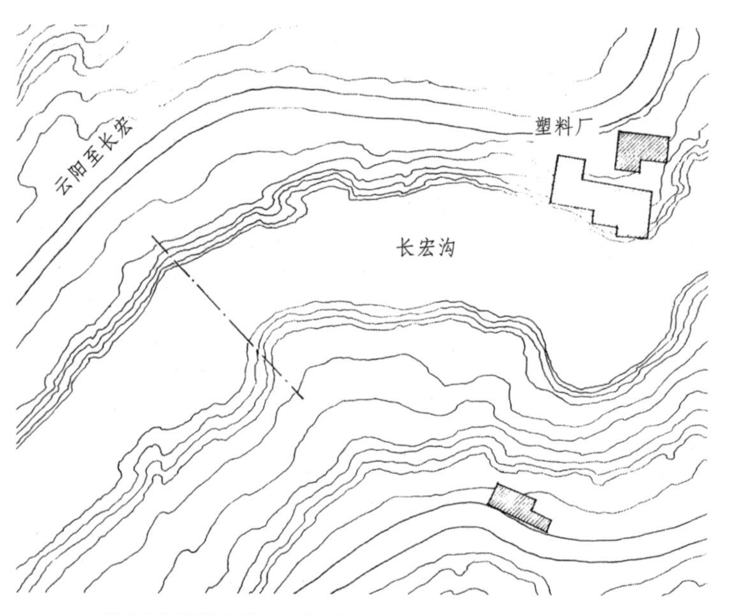

/\\ 述先桥拟搬迁新址总平面图

/\\ 述先桥与场镇之关系

/\\ 盐渠场述先桥桥头民居风姿

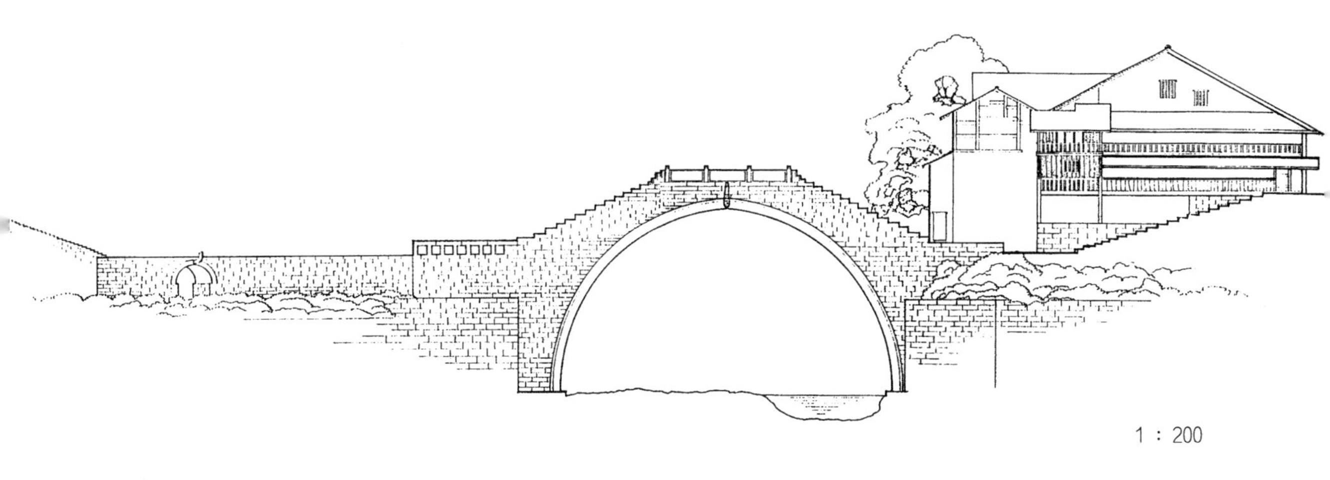

述先桥与桥头民居立面图

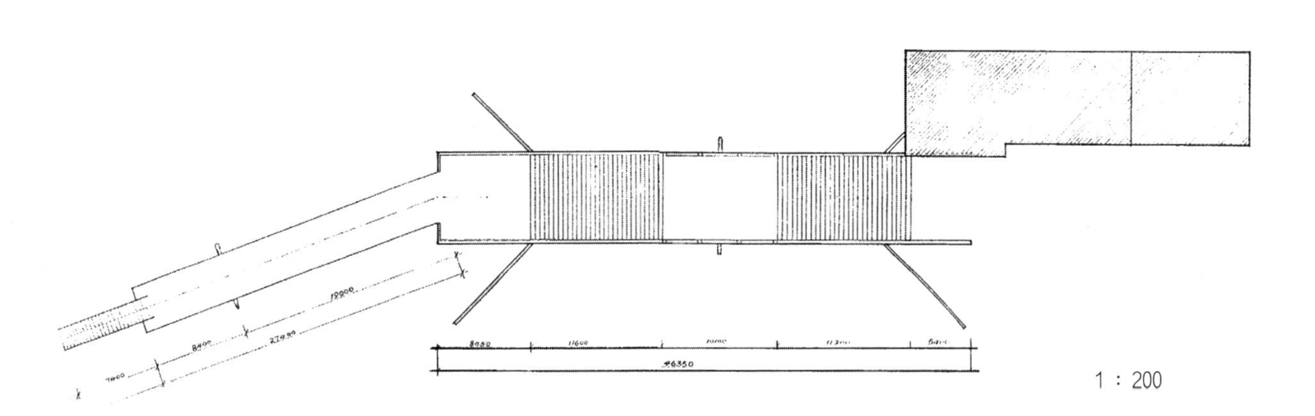

述先桥与桥头民居平面图

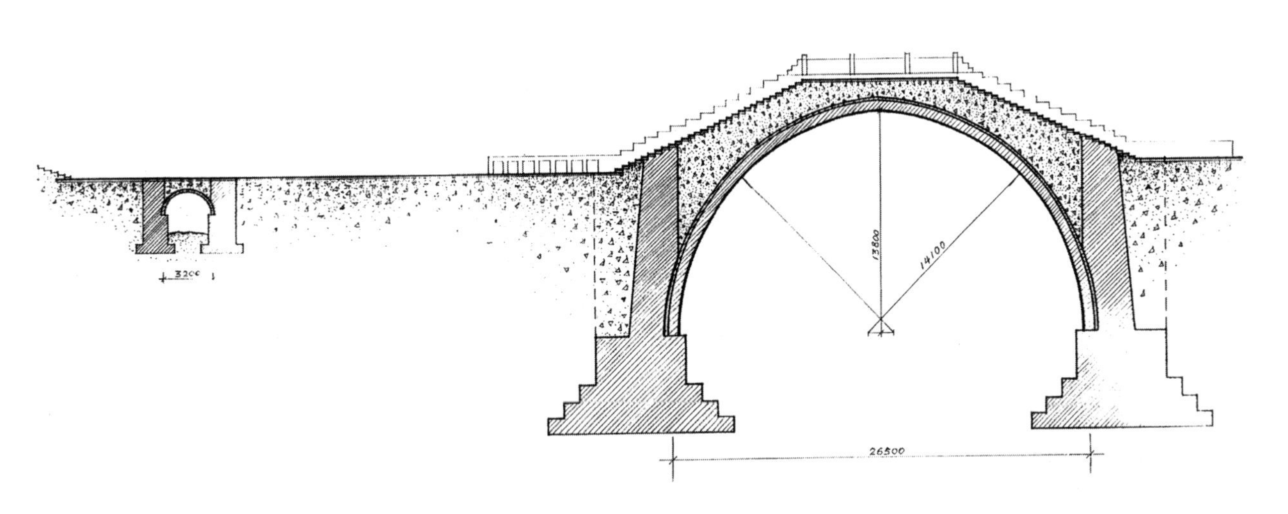

述先桥剖面图

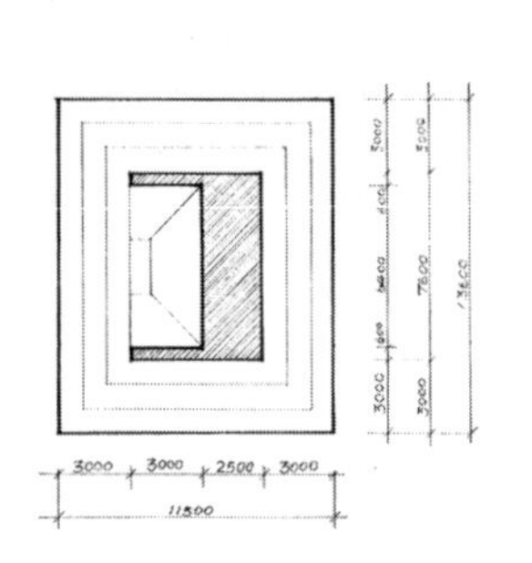

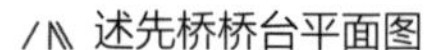

述先桥桥台平面图

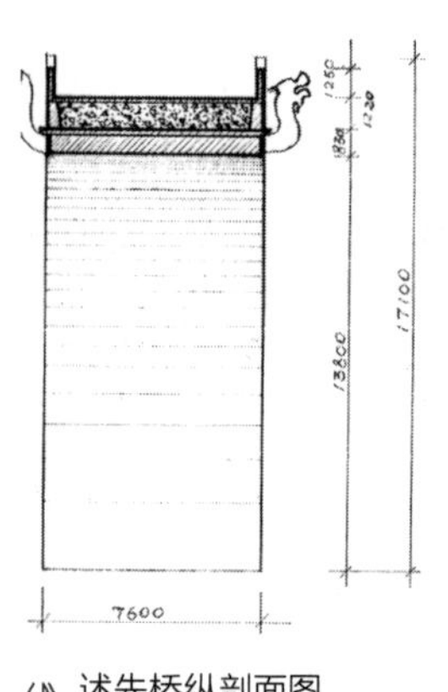

述先桥纵剖面图

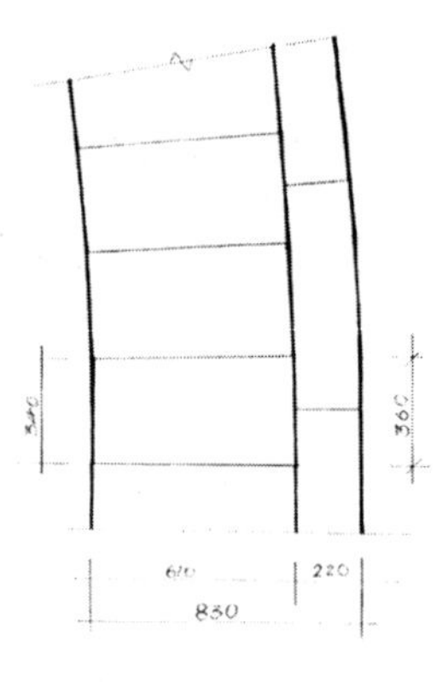

述先桥拱圈大样

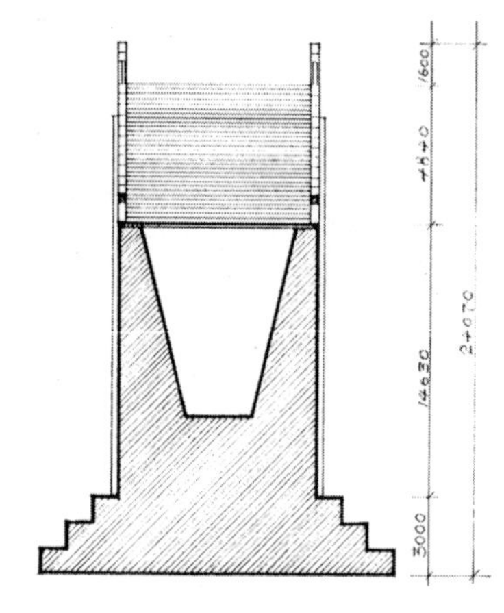

述先桥桥台剖面图

分圆雕、镂雕、浮雕多式，内容以龙为主，兼以狮像、麒麟、鳌鱼、鱼龙、蟾蜍、净瓶、石敢当、夏得海、“龙凤呈祥”、“班超上书”、“文武官员”等内容。有的一雕多刻，如龙门桥雌雄二龙，头身为圆雕，龙身圆雕外还精于镂雕，其形体表面又饰以浮雕。更耐人寻味的是雕龙分雌雄，这是其他地方雕龙造型所少见的。鬣尾者为雌，鱼尾者为雄。前者头径粗 65 厘米，头高 340 厘米，头、尾分别伸出桥栏 170 厘米、214 厘米；后者头径粗 60 厘米，头高 310 厘米，尾高 310 厘米，头、尾伸出桥栏长度与雌龙略同。二龙头、尾各重达 20 吨，如此巨大的龙体是如何镶入桥体内，又是如何寻找重心点的，笔者经反复推敲仍不得其解。不仅如此，在龙的形体塑造上，头与身的比例皆不同于川中和国内其他一些地方。在涪陵、万县一带雕龙形象的共同特征是，其头比龙身稍大，近似于川东民间流传的蛟龙形象，蛟传说是蛇变龙的过渡形态。里面是否蕴含着巴人蛇图腾的遗韵尚待考证，不过川中其他地区，譬如泸县龙脑桥的雕刻，其龙头显然是发育得充分的，且比例是头比身大得多。而从龙门桥其他石兽和龙本身的造型与技艺判断，

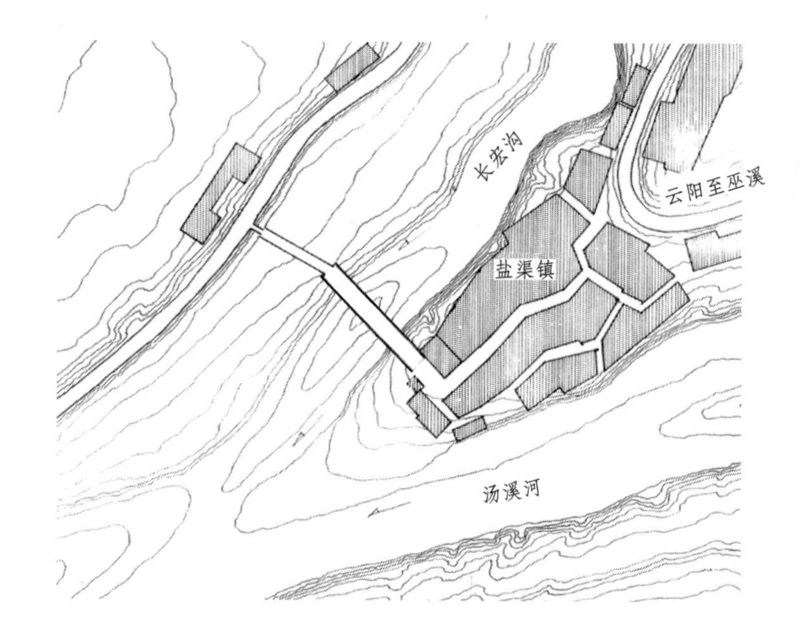

述先桥与场镇关系总平面图

/⩘ 培石郊外长江岸上无夺桥

/⩘ 涪陵蔺市郊外凤凰桥

/⩘ 涪陵梓里支流乌江口优美石拱桥

/⩘ 涪陵李渡幺店与桥梁散心桥偕成一体的场镇外围人文景观

/⩘ 涪陵酒井场郊一阳桥

/⩘ 云阳养鹿场石拱桥

/⺀ 蔺市安澜桥轻盈之拱圈

/⺀ 蔺市安澜桥优美之桥态

/⺀ 安澜桥立面图

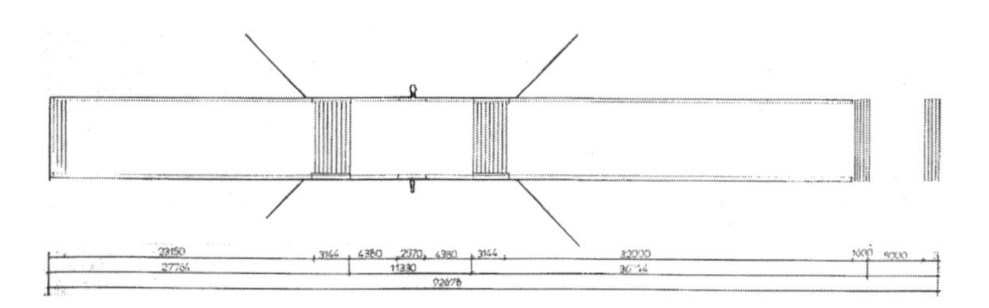

/⺀ 安澜桥平面图

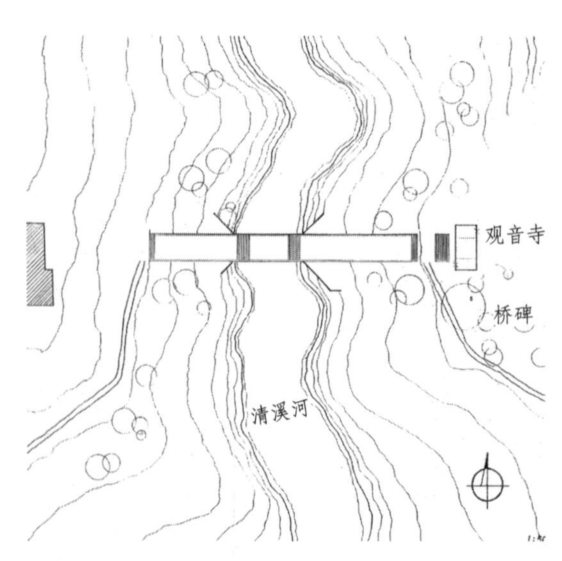

/⺀ 安澜桥总平面图

安澜桥勘测记录

· 位置：距蔺市镇东约 4 公里，桥横跨在北拱乡石塔村清溪河上，为长江支流。桥距江面约 1 公里。东西向。

· 坐标：东经 107° 12'，北纬 29° 40'。高程：169 米。

· 建筑面积：553.6 平方米。占地面积：768.76 平方米。

· 石质：青砂石。

· 涪陵市文物保护单位。

· 建桥概况：建于清咸丰六年（1856 年）。由民间集资修建，民国二十二年（1933 年）曾维修一次，现保存良好。从桥风格和石雕龙看，龙门桥受此桥影响甚大。为古时涪陵通往蔺市的必经之桥。

· 现状：为纵联式单孔无铰实肩凸面桥、步行桥。石材直接取自桥下石场，尚有石坑若干。基础坚稳，做工精细。桥栏嵌入桥面 3~4 厘米。有拱圈石 104 块。

· 附属建筑：桥东头原有观音寺一座，4 排 3 间，构作华美。旁边尚存民国二十二年维修桥的捐资人名单及过程碑刻一座，上覆巨大黄桷树一株。桥南北中栏外有“安澜桥”阴刻楷书桥名，中栏内侧书有阴刻桥约二则：北“禁止桥上一带石坝不准打粮食违者罚钱一串绝不奉情”，南“近桥两岸熟土各宽留数丈以作桥基子孙世代昌炽”。桥南侧中栏外拱顶伸出石雕龙头，仰望上游，北侧外为龙尾，有局部损毁和风化现象。桥北连长江，南近清溪河深谷，周围竹木丰美，黄桷如盖，加之桥造型优美，此景观实三峡地区难得的人文与自然相谐的佳构。

· 此桥两岸老百姓对于桥的毁与搬迁反应极为强烈。

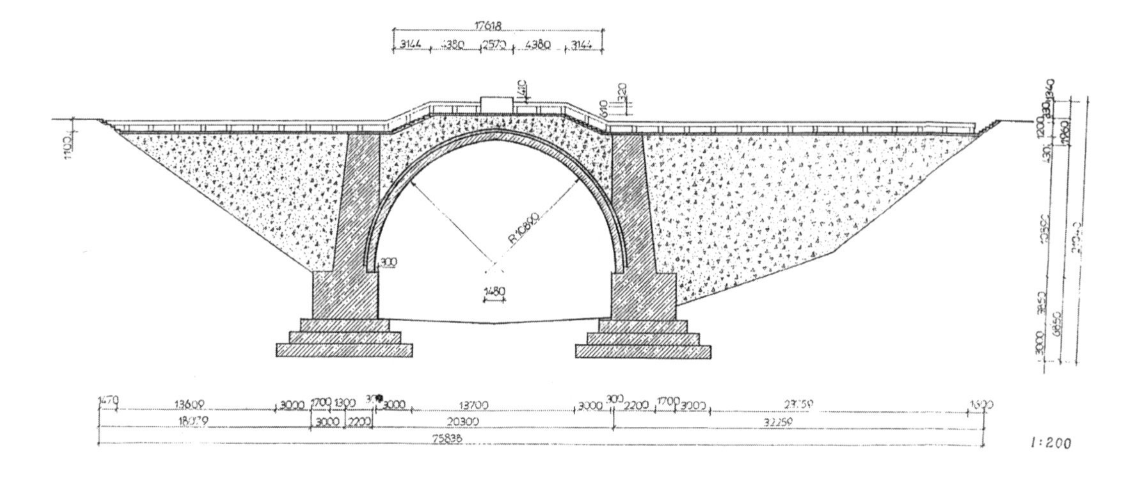

安澜桥横剖面图

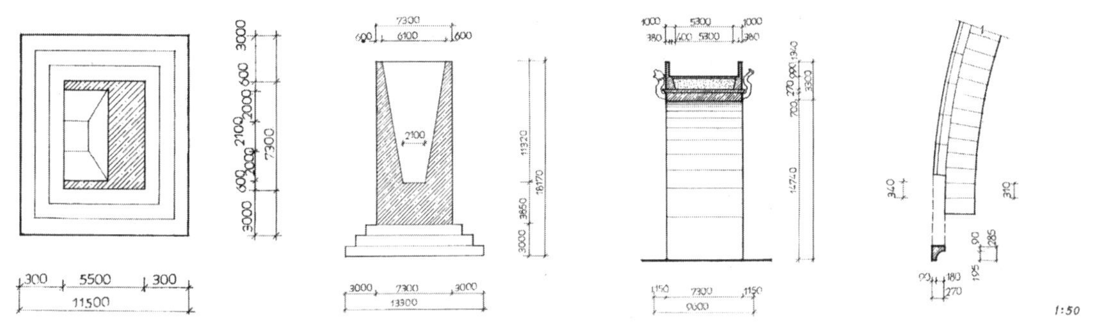

蔺市安澜桥桥台平面图　蔺市安澜桥桥台背立面图　蔺市安澜桥纵剖面图　蔺市安澜桥拱圈大样

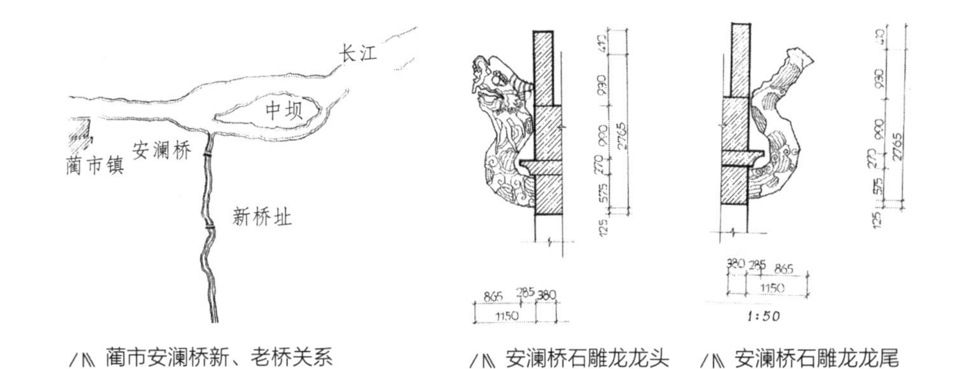

蔺市安澜桥新、老桥关系　安澜桥石雕龙龙头　安澜桥石雕龙龙尾

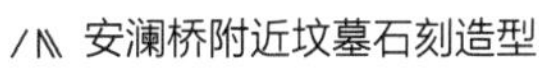

安澜桥附近坟墓石刻造型

安澜桥桥头原文武官员雕刻

安澜桥桥碑

/\ 明镜桥风姿

明镜桥勘测记录

· 位置：在长江支流瀼渡河上，距其与长江交汇处2.5公里。桥址地名：瀼渡乡联泉村黄桷梁。东西向。
· 坐标：东经108° 18'，北纬30° 36'。高程：145米。
· 建筑面积：690.6平方米。占地面积：955.6平方米。
· 石质：侏罗纪硬质青砂石。
· 建桥概况：建于清光绪末年，由当地绅粮陈云庭主持地方募捐修建。时为瀼渡水码头通往忠县的大道。为步行桥。
· 现状：为典型双心圆尖拱式，圈拱纵联并置，无铰两孔实肩凹桥面，桥面殊为国内罕见。石材直接取自桥下河床，既铲平了河床原凹凸不平的乱石，疏通了河道，又取得了建桥石材。两拱中心石栏外书有“明镜桥”楷书阴刻大字，无其他雕刻装饰。造型简洁、朴实、大方。
· 万县文物保护单位。

/\ 明镜桥立面图

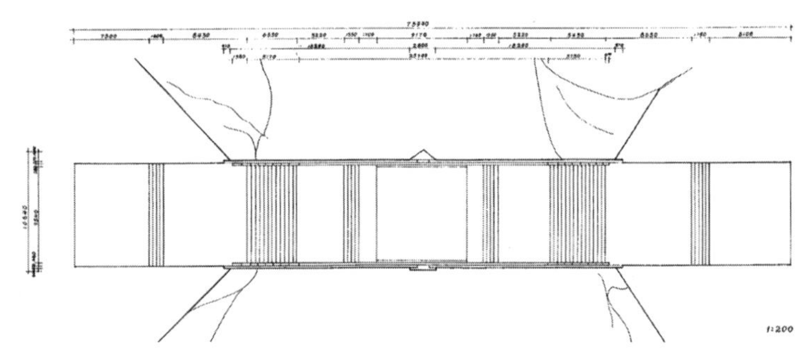

/\ 明镜桥平面图

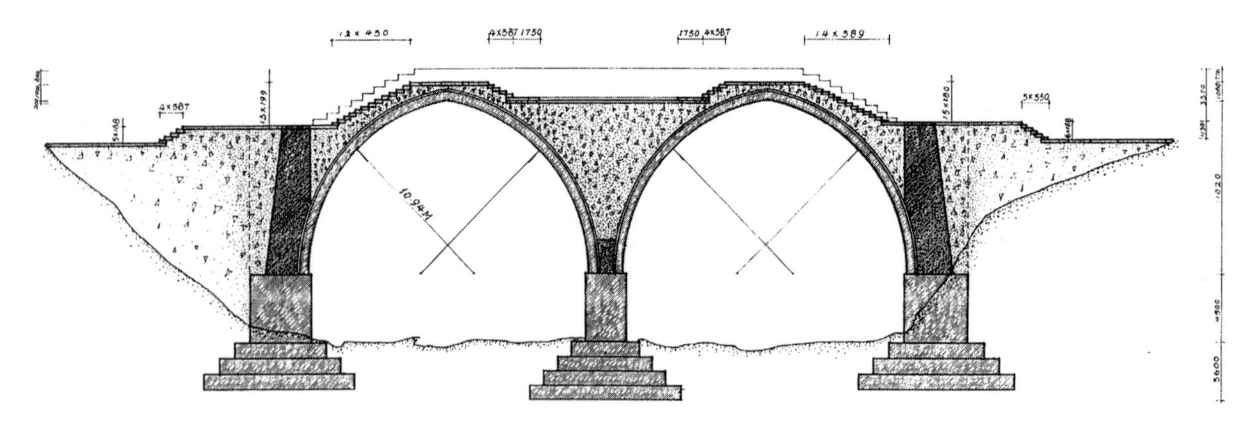

/\ 明镜桥剖面图

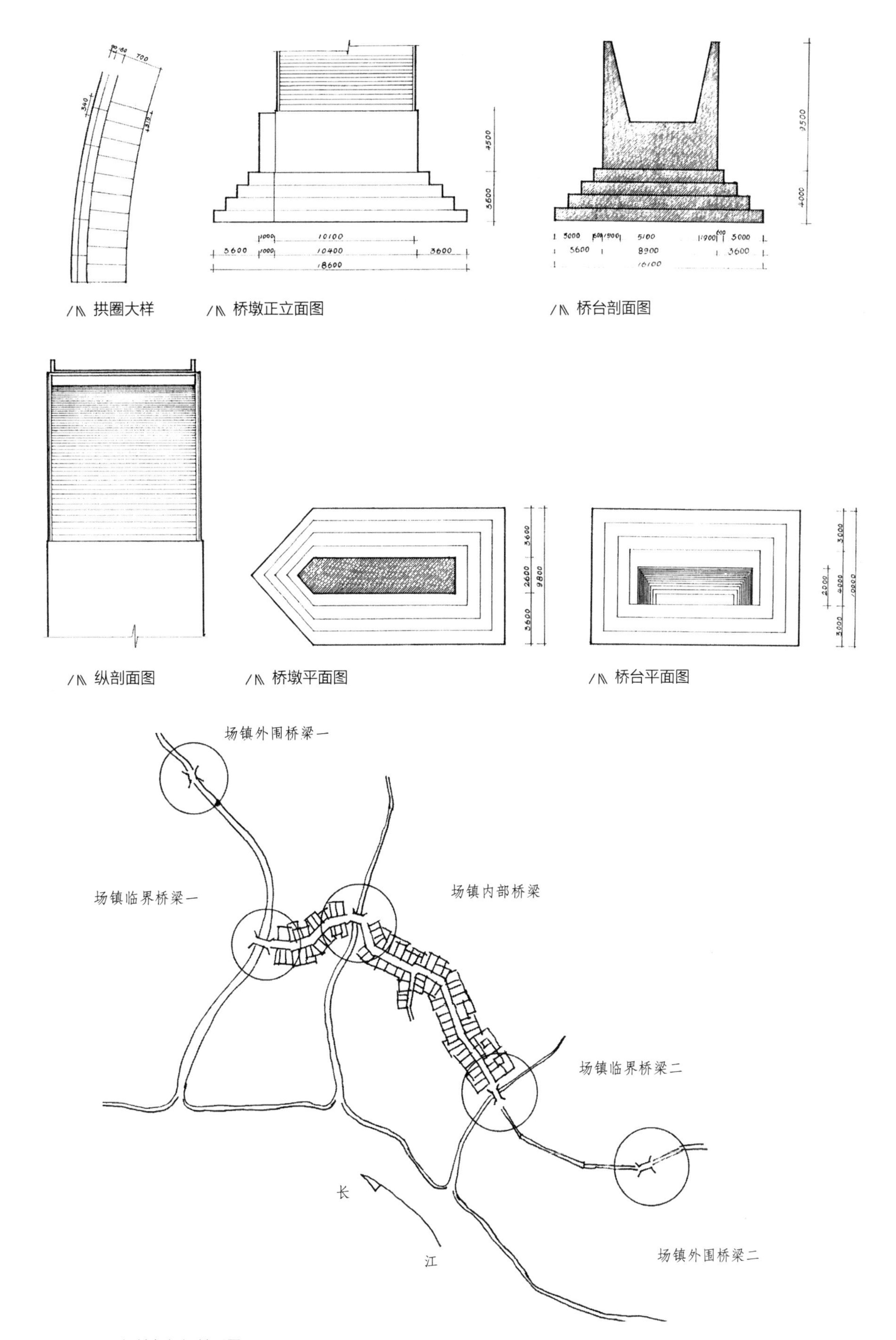

拱圈大样

桥墩正立面图

桥台剖面图

纵剖面图

桥墩平面图

桥台平面图

场镇与桥梁关系图

创造类似龙脑桥石龙在技艺上是完全没有问题的。何以如此，则又是一个谜。虽如此，但并不影响龙体的创造性设计。龙身镂空透雕的技法应用与一般龙身鱼鳞形状的表现截然不同，堪称独具一格，十分可贵。至于其他石拱桥的龙和其他石兽雕刻，时间或前或后，技艺或粗或精，体形或大或小，都显示了本区域的造型共性，是历史上延续下来并有所发展的区域艺术现象。

最后，还有因桥而产生的民风民俗现象很值得一书。在那个年代，生产力与经济水平都很低下，如果没有行之有效的管理机制运筹于集资、控制、疏导、分配，三峡地区如此众多的大型高质量石作建筑是很难完成的。是什么力量在支配着这一切，而桥建成后又是靠什么维护它的完好存在和有效使用？涪陵安澜桥中栏两内侧各有一段文字阴刻在石护栏内，南侧是“近桥两岸熟土各宽留数丈以作桥基子孙世代昌炽”，北侧是“禁止桥上一带石坝不准打粮食违者罚钱一串绝不奉情”。更有带着宗教与伦理道德色彩的口头禅流传，并制约着建桥护桥的过程，等等。这些民间风俗也是一个非常有价值的文化层面，亦是我们祖先留下的一笔遗产。总之，三峡桥梁是三峡库区人民心中的瑰宝。由于在诸多方面有突出的特色，不少桥梁在国内外享有极高知名度，在历史、艺术、文化、科学上亦有很高价值，因此，它们在全国人民及海外华人乃至外国人士的心目中都占有一定分量。保护它们就是保护我们民族优秀的传统文化。

三峡工程淹没区地面文物桥梁专题复查情况表

序号	名称	复查后准确位置	标高(米)	桥型类别				时代年代	体量(米)				占地面积(平方米)	建筑面积(平方米)	保存状况			保护措施建议			原经费估算(万元)	复查后经费估算(万元)	备注
				单拱	双拱	三拱	平桥		桥長	桥宽	桥高	跨度			典型	较好	一般	易地搬迁	收集资料做模型	放弃			
68	无代桥	巫山县培石乡	103.2	✓				清光绪庚寅年	23			8.2	250	119.6			✓		✓		100	/	场镇外
69	无暴桥	巫山县培石乡狮家嘴	130	✓				清光绪庚寅年	14			6	105	57.4			✓		✓		80	/	场镇外
70	无奇桥	巫山县培石乡沙木瀼	128	✓				清光绪庚寅年	36.5			11.5	250	175.2		✓		✓			150	160	场镇外
71	锁津桥	巫山县曲尺乡礁滩村	185	✓				清道光二十七年	28			5.6	150	75		✓			✓		65	/	场镇外
72	福寿桥	巫山县大溪乡油榨碛	140	✓				清道光二年	9			6.2	250	88.70			✓		✓		85	/	三次村岸
	长寿桥	巫山县大溪镇水井沟		✓				不详	18	29	7.8												场镇内
73	凤凰廊桥	巫溪县凤凰镇	174				✓	清道光十五年	42			18.5	500	79.8	✓			✓			85	80	场镇内
105	洪龙桥	云阳县高阳乡红庙村	145	✓				民国初年	25			15	500	238			✓		✓		15	/	场镇外
106	同德桥	云阳县高阳乡团包村	160	✓				一九三〇年	10			3	500	140.5			✓		✓		15	/	场镇外
122	述先桥	云阳县盐渠乡广木村	160	✓				民国二十二年	82.6			30.5	2000	532.5	✓			✓			200	280~300	场镇临界
178	双溪桥	丰都县十直乡双溪村	153	✓				清代	29.5			10.8	170	126			✓		✓		160	/	场镇外
124	陆安桥	万县市陆家街小学	150	✓				清代	41			32.4	1500	390	✓	✓		✓			350	300	城市内
126	驷马桥	万县市长江北岸盘石	145			✓		清代	22.5			9	1500	200		✓			✓		20	/	城市临界
127	万安桥	万县市苎溪入长江口	120.4			✓		民国十七年	91.7			32	5000	1500	✓			✓			550	350	城市内
139	利济桥	万县市天城区新田镇	145	✓				清光绪丙戌年	37.25			25.9	3000	650		✓		✓			350	300	场镇临界
141	五梁桥	万县市天城区三清村	165	✓				清光绪癸未年	18.10			13.20	600	185			✓		✓		80	/	场镇外

续表

序号	名称	复查后准确位置	标高(米)	桥型类别				时代年代	体量(米)				占地面积(平方米)	建筑面积(平方米)	保存状况			保护措施建议			原经费估算(万元)	复查后经费估算(万元)	备注
				单拱	双拱	三拱	平桥		桥长	桥宽	桥高	跨度			典型	较好	一般	易地搬迁	取资料	放弃			
142	明镜桥	万县市瀼渡乡联泉村	145		✓			清光绪末年	53			15	2000	350		✓		✓			20	180~200	坊镇外
187	龙眼桥(一)	石柱县西沱镇胜利街	120	✓				清代	6.7			5	160	40	✓			✓			40	20	坊镇临界
188	龙眼桥(二)	石柱县西沱镇胜利街	130	✓				清代	5			2.5	130	30.5			✓		✓		35	1	坊镇临界
203	永顺桥	涪陵县荣桂乡永顺村	168	✓				清乾隆五十六年	49.08			11	400	183		✓			✓		60	1	坊镇外
204	龙门桥	涪陵县蔺市镇西面	163			✓		清光绪元年	174			148	1200	8	✓			✓			850	1200	坊镇临界
205	凤阳桥	涪陵县蔺市镇凤阳村	173	✓				清光绪十八年	43			5	180	120			✓		✓		80	1	坊镇外
206	安澜桥	涪陵县蔺市镇石塔村	169	✓				清咸丰六年	62.4			20	400	245	✓			✓			90	200	坊镇外
207	龙济村	涪陵县酒井乡映河村	155	✓				清光绪六年	20.8	3.4		5	100	72		✓			✓		80	1	坊镇外
208	一阳桥	涪陵县新妙乡一阳村	181			✓		清道光二十三年	79	7.4		55	600	554		✓			✓		360	1	坊镇外
210	散心桥	涪陵县李渡镇太乙村	164	✓				明代	19.8			8.45	130	80.5		✓			✓		20	1	坊镇外
211	志益桥	涪陵县梓里乡东流村	162	✓				清代	15.54	4.55		8	300	184.5	✓			✓			90	200	坊镇外
212	同心桥	涪陵县琼塘乡菜坝	154					清代														/	已毁
213	望澜桥	涪陵县敦仁办事处	173				✓	清代	6.2			2	40	30			✓			✓	20	/	已毁
226	兴隆桥	武隆县羊角乡新滩街	167.3	✓				明代	12			6	40	26.6			✓			✓	20	/	已毁改建
227	永济桥	武隆县土坎乡纸厂	172	✓				明代	10			3	100	61.6			✓		✓		80	1	坊镇临界

续表

序号	名称	复查后准确位置	标高（米）	桥型类别				时代年代	体量（米）				占地面积（平方米）	建筑面积（平方米）	保存状况			保护措施建议			原经费估算（万元）	复查后经费估算（万元）	备注
				单拱	双拱	三拱	平桥		桥長	桥宽	桥高	跨度			典型	较好	一般	易地搬迁	取资料做模型	放弃			
501	土桥	巴县清溪乡剑山村	175				√	清代	4.3	1.1	3	3	19	17			√			√	8		坊镇外
505	石平桥	巴县双河口镇三汊河	171				√	清道光十二年	15			6	37	32		√			√		18	1	坊镇外
506	人和桥	巴县清溪乡兴隆村	166	√				清咸丰四年	9.9			5.2	80	70		√		√			22	100	坊镇外
507	永利桥	巴县木洞镇保安村	150	√				清道光二十六年	47			7.4	295	255			√	√			18	18	坊镇临界
508	石桥	巴县清溪乡鱼藏村	165				√	清代	3			2.6	19	16			√			√	20	—	坊镇外
509	清溪老桥	巴县清溪乡感应村	178				√	清代	6			5.4	42	38			√		√		10	1	坊镇外
511	人和桥	巴县清溪乡鱼藏村	165				√	清代					40	32			√				11	—	坊镇外
512	年丰桥	巴县清溪乡华光村	165	√				清代	12			3	32	30		√			√		8	1	坊镇外
513	箭桥	巴县木洞镇箭桥村	160				√	清代	14.5			3.6	45	28		√		√			14	14	坊镇临界
514	崇善桥	巴县双河口镇石门村	160	√				清道光三十年	11.6			4.7	70	45			√	√			14	17	坊镇外
515	新大桥	巴县双河口镇相复村	173	√				清道光十二年	44			10.5	64	57		√		√			12	10	坊镇外
516	磴子桥	巴县跳磴乡小南海村	178	√				清代					38	34				华山乡兴塘村					已毁
517	三元桥	巴县木洞乡保安村	162	√				清道光二十七年	5.0			3.5	45	25			√		√		12	1	坊镇外
518	普济桥	巴县木洞乡保安村	155	√				清道光二十五年	24			7.8	143	121		√		√			20	25	坊镇临界
525	長乐桥	長寿县扁沱乡长乐村	160	√				清光绪戊申年	31			12	200	125		√		√			15	70	坊镇外
增加	度生桥	巴县双河口镇跳蹬河	173	√				清代	29.5			11	270	215		√		√				15	坊镇外
增加	报板桥	巴县木洞庙垭村	163	√				清代	9.5			2.9	48	27		√						4	坊镇外

第十二章

三峡场镇与作坊——忠县油房

仅从地图上遍览巴蜀各地地名，凡以作坊冠名者，何止千千。如成都龙泉驿叶家烧房、金堂土桥张家酒糖房、新都禾登场高家碾房、重庆沙坪坝红糟房、武隆双河铁炉坝、巫溪宁厂及盐井坝、奉节窑湾、巫山大溪碗厂及水磨、云阳糖房、万县长滩新油房，等等。这种和作坊相关联的地名，或以作坊建筑胜，或以遗址胜，或以作坊所出产品胜，均具有以建筑为基础广泛形成地名特征的地名学区域文化色彩。它们和巴蜀各地诸如某家屋基、某家祠堂、某家老屋、某家花朝门等建筑地名，共同构成巴蜀文化中一种颇具幽默情调的民间文化。它们在一定程度上反映出当时当地的文化渊源，我们亦可从中窥探本地乡土建筑的发展轨迹。这些地名可谓乡土建筑实例总索引，我们甚至还可找到尚存的建筑。当然，乡土作坊选址受到很多局限，比如，碾房、碗厂必受有落差的水流和泥土的限制，盐井受盐源的限制，等等，所以，作坊选址往往根据自然条件而定，不能随意。而诸如烧房、糟房（川西称酿酒用房为烧房，川东则称之为糟房），以及石、木、竹、金属等加工的手工作坊选址的自由度则大得多。忠县洋渡糟房就设在街道中段闹市之区，直接成为组成场镇空间的显要建筑，作坊内高大木柱烘托起来的构架犹如一部乡土史书，从中我们不仅可洞察出当时本地森林资源的丰富、生态的原始，亦可揣度出洋渡场的兴起与酿酒业有一定的关系，因为它的位置在场镇的中心。在建筑空间功能分配上，它也不是常见的前店后宅，而是临街进门直接就是酿酒全过程的作坊设施，酒糟味夹杂着历史的沧桑感扑面而来。这种一反场镇街房前店后宅、后作坊的寻常方式的布局，使得场镇以买卖为主的商业气氛和充满乡土味的作坊气氛糅合在一起，把场镇功能的多样性突显出来，使人产生一种农副产品深度加工的手工业建镇的纵深感。

/⑆ 丰都县新建乡山区磨房

/⑆ 巴县某磨房外观

/// 向以华忆写川东乡

这种油榨称木榨或楔榨，以人力将撞杆撞击楔子，挤压油饼，产出油液。榨床的情况是：木构大多用青冈木组成，但油榨上下两大木块必须用核桃木。另撞头是铁制，撞杆为木制。在三峡地区及川东一带常有俗语说："千年的狐狸万年的精，抵不过油榨咔咔声。"形容油榨之貌年久，色泽深厚，气势不凡，遂成"妖精"，民间传说其榨油时传出的"咔咔声"可驱邪避鬼祛病。

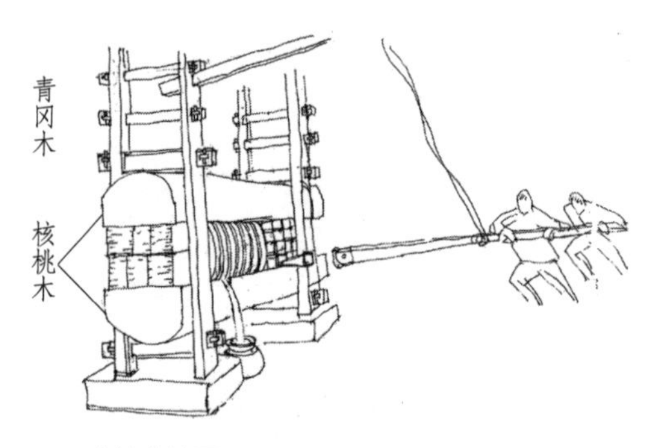

/// 木榨出油图

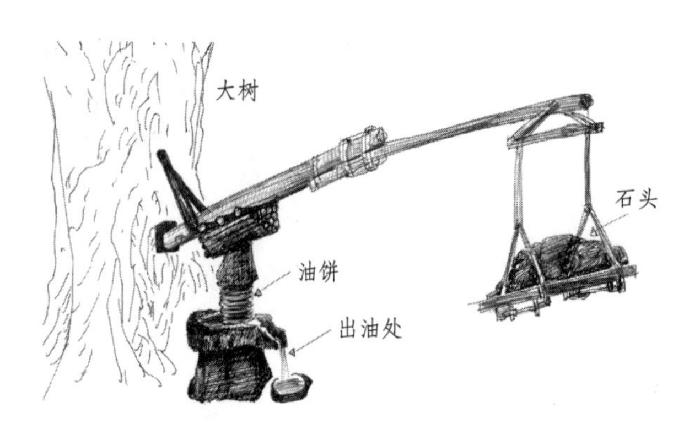

/// 川东及三峡地区古老的榨油方式：树榨

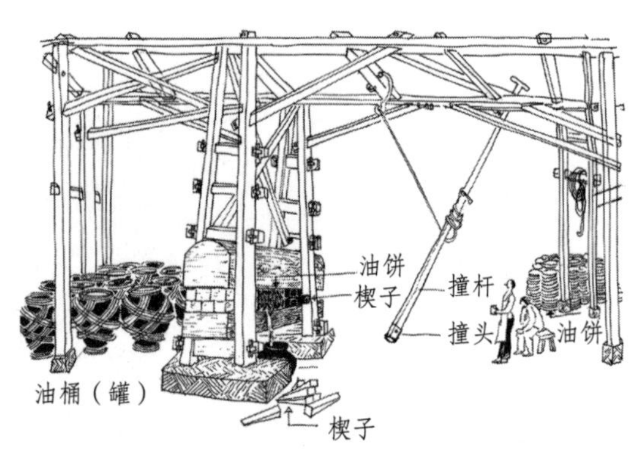

/// 川东及三峡地区古典木榨图

当然，像洋渡镇这样的作坊因酒糟味和烟火常污染环境和市街，而在场镇建设中渐次消失或移至镇外，但出于历史等原因，仍有不少作坊，像铁匠铺、木竹篾货铺等还相间于街坊中，成为三峡地区古老场镇的一种特色，从而也就形成作坊在场镇内和在场镇外两大空间区别。

各类作坊选址在场镇的头尾，距场镇有一定距离，看似选址不拘、见缝插针，实则有相当的讲究，皆以生计源出，满足乡人方便与市场方便的需要。具体而言，有如下原因：

（1）选址为赶场人进出场镇必经之地，作坊与场镇不仅在空间上有所顾盼，在心理上亦有一定联系。所谓顾盼，即相互间视觉可达，看得见。作坊选址与场镇要在同一视野范围之内，这就有场镇与作坊间的距离要求，作坊离场镇不能太远。这自然也就给作坊产品买主以心理上的方便感。

（2）选择一风景绝美之地，或一棵大树、一块石头、一座小桥、一泓小流旁，或山弯、塘堰、垭口、岩畔处。于此建作坊，买主在取物、休息、买卖时皆可在此逗留片刻，可观山望水、纳风乘凉，不生厌倦。这里和幺店子无异，和场镇距离500米左右，同是进场出场恰到好处的歇脚之地。

/\ 环境优美的忠县黄金油房

（3）中国的传统城镇素来讲究整体空间层次，在城镇外围形成卫星小镇，进而建立牌坊、小店、长亭，以适应人们进出城镇时心境情绪的变化，并渐次在建筑上以多少、大小的不同类型来调节这种心情。作坊虽不能如有的城镇外围建筑来一番精作妙造或乡间之作以适应场镇之需，不过，作坊建筑多少也有这方面的考虑。

（4）必须利用水力作为动力的作坊，像碾米房、榨油房等，在场镇的空间联系上受到一定限制，因此其与场镇的距离有远有近。我们研究二者之间的关系，自然是就能和场镇空间构成近距离关系者而言的。但有一点，作坊必须设立在赶场的大路旁，以利于相互间交易。像距场镇较近的作坊，往往有落差的溪流为之提供天然的可资利用的条件，善于捕捉商机的人便于此凿渠筑堰，构筑加工农副产品的作坊建筑。而有落差的水流岸畔自然地形陡峭，因而作坊为适应环境在建筑上的随意性就很大，而此种顺乎地形变化而变化的建造理念，正对应了“天人合一”的传统哲学思想。因此，作坊建筑就变得随遇而安，自成一格，在建筑外观上也就容易产生奇险、生动多变的审美效果。它又以单体取胜，下有流水、水车，上有石碾，周围坡陡岩悬，绿树簇拥。像这样距场镇不远的乡土人文景观，与相对呆板的场镇建筑比较，往往更能使乡人获得朴素审美心理的满足。所以，赶场人常情不自禁地于此稍憩片刻。这里面就深层次地潜隐着场镇群体建筑的闷倦与单体作坊随意大方、气氛宽松之间的对比。人们常听到从喧嚣拥挤的场镇赶场出来的人说“哎呀，真是松了一口大气”，个中就有对街道狭窄而产生的挣扎感的表达。恰好此时，正有一上述作坊建筑于场镇不远处，赶场人自然会油然而生亲切之情。综上，不难看出作坊与场镇之间的密切关系。

由于群体建筑与单体建筑在距离上能产生这样奇妙的心理效应，因此，三峡地区场镇外围不唯作坊一类，诸如幺店子、土地庙、山神庙、草药铺，甚至有的绅粮大户也于此建房造屋，并构成聚落，与场镇“抗衡”。有的聚落最后又形成街市者也不乏其例。

/\ 黄金油房俯瞰

/\ 黄金油房侧面透视图之一

/\ 黄金油房侧面透视图之二

/\ 黄金油房侧面透视图之三

一、㽏井河黄金油房情结

1992年五六月，为调查四川名人故居，笔者从川北、川东北来到下川东万县凉风镇，对何其芳故居考察一番后，转赴忠县赶场镇东子大队。那是笔者于1964年搞“四清”时生活、工作过的山乡。和房东摆了似乎仅片刻的龙门阵后，不知不觉已是下半晌，幸好搭上最后一班从万县到忠县的班车。班车在黄昏烟霭中经过一河边，眼前忽有一儿重檐的灰色瓦屋面倏然掠过，且建筑体量很大，笔者很震惊，来不及再看，汽车已移物换景。在车上一问老乡，方知这里名黄金镇，隔忠县有20多千米。第二天一早，笔者返回黄金镇，溯㽏井河约250米，那重檐大屋赫然出现在眼前。原来，那是目前四川极难见到的榨油房，而且还在进行土制桐油、菜油加工。3架水车带动不同功能的木制齿轮在欢快地转动，水力传动机械的构造实在叫人叹为观止、激动不已。1994年2月，笔者在进行三峡库区淹没古桥的普查时，又顺便再去看了一次。那座榨油房在机械设备、室内空间、外部造型、建筑选址等方面都令笔者久久不能忘怀，于是，1995年2月，笔者又叫女婿和女儿去跑了一趟。后来，笔者把外观造型和环境画了一张建筑钢笔画，拿给故宫博物院的古建组长傅连兴教授看，老先生居然也激动了，忙问是否在175米以下，是否在申报保护之列。1998年5月，西南交通大学建筑学专业参加全国评估，专家组组长、同济大学城市建设学院院长卢济威教授在系会议室偶然发现了挂在墙上的这幅画，感到这一建筑很美，遂问一青年教师这是谁画的。后来卢先生问笔者测绘了没有，我很惋惜地告诉他，房子太大，个人势单力薄，几次去都是匆匆忙忙的。1999年，笔者申报了《三峡古典场镇》国家自然科学基金，并下决心再去三峡，以对书稿补充一些资料。同年3月，笔者又一次来到了黄金油房，此次才算比较完整地对其进行了测绘和了解。为一个作坊，笔者4次不厌其烦地奔波千里之途，可见其建筑和作坊机械的巨大吸引力。这种经7年慢慢缠绕起来的乡土建筑情结，逐渐成为笔者心中一团解不开的情感疙瘩，也算是笔者苦恋乡间一些优美建筑积久而成的一种悬念心理。

据现在仍在榨油房主管技术的工人王万成讲，㽏井河油房的始建年代是民国

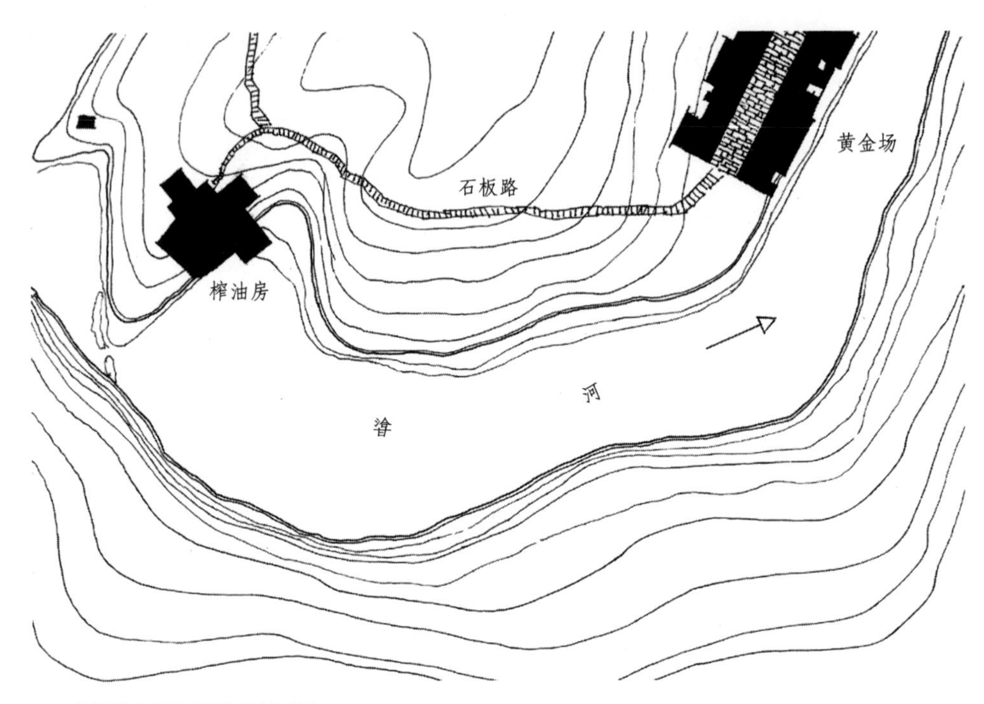

/\\ 忠县黄金场与榨油房关系图

年间。王万成 25 岁时到此学榨油技术。他讲从榨油房建筑到机械都是由一名叫吴子连的木匠设计并施工和制造的。吴子连家住黄金六队，前不久才去世，若活着现在也才 80 多岁，他有一儿子在北京当军官。老人聪明透顶，他选择此地建作坊的道理有六：一是河流水量丰沛；二是河流于此有落差；三是引水渠段距离不长，仅几十米，工程不大；四是此处基础为巨大石质露头，大整块石头在选址处形成断层高差，高差约 4 米，足以造成水渠水力落差，而 4~5 米落差水流产生的动力足可冲动多个系列水车；五是可在建筑基础部分节约土石方量，柱础和墙体可就地取材，即直接取毛条石砌筑；六是此处距黄金场不远，仅 250 米，正位于赶场大路旁，利于粮食和油料加工、交易，这也是最重要的一点。

这间作坊在新中国成立前一直作为面房，1952 年改成榨油房。共有 3 架水车，3 台榨油机，冬春榨桐籽，热天榨菜籽。全盛时日榨桐籽 2000 多斤、菜籽近千斤，出油各近千斤。通常共 9 个工人操作：

1 个烘工，负责将农民交来的湿度很大的桐籽、菜籽烘干。烘房在作坊坡地最高处，即大门外，于此交货可缩短搬运距离以节省劳力。

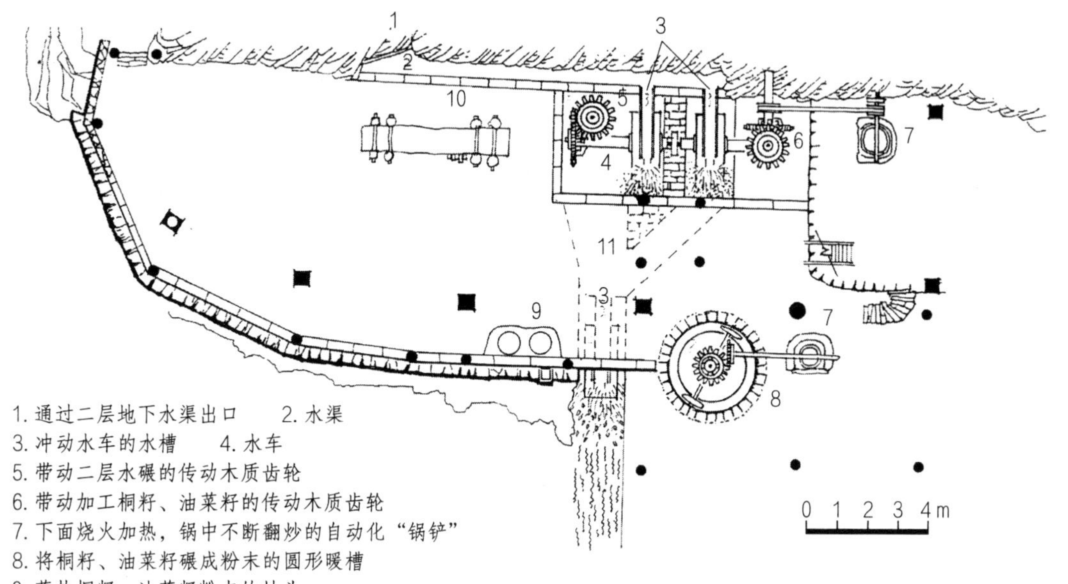

1. 通过二层地下水渠出口　2. 水渠
3. 冲动水车的水槽　4. 水车
5. 带动二层水碾的传动木质齿轮
6. 带动加工桐籽、油菜籽的传动木质齿轮
7. 下面烧火加热，锅中不断翻炒的自动化"锅铲"
8. 将桐籽、油菜籽碾成粉末的圆形暖槽
9. 蒸热桐籽、油菜籽粉末的灶头
10. 进行最后一道工序的油榨
11. 进入最后一个水车的地下排水渠

黄金榨油房上一层平面图

1. 进入油房石板路　2. 收购桐籽、菜籽入库处　3. 湿桐籽储存池　4. 湿桐籽烘干炕　5. 柴火堆放处　6. 灶炕口与专职烧炕人位置　7. 烘干桐籽由此出口　8. 出口传入梭槽　9. 将干桐籽打碎，使壳与心（肉）剥离分开的脱壳机，原也有机械传动　10. 吹走杂质的手风车　11. 岩体　12. 半敞开的加工房，利于灰尘消散　13. 下河边的小路　14. 大门　15. 上烧炕人卧室梯道　16. 大房间　17. 上一层碾子　18. 由底层传入上一层的齿轮　19. 成品油池　20. 休息处　21、23. 管理人卧室　22. 承包人王洪军办公室　24. 通向河岸之门　25. 零放油饼（油枯）及谷草的房间　26. 暗渠　27. 暗渠出口　28. 猪圈　29. 水渠溢水道兼猪粪排泄道　30. 水闸　31. 水渠　32. 厨房洗菜、淘米、洗衣水埠　33. 水缸　34. 厨房、餐桌　35. 工人卧室　36. 上二层杂物间楼梯　37. 二层木楼板

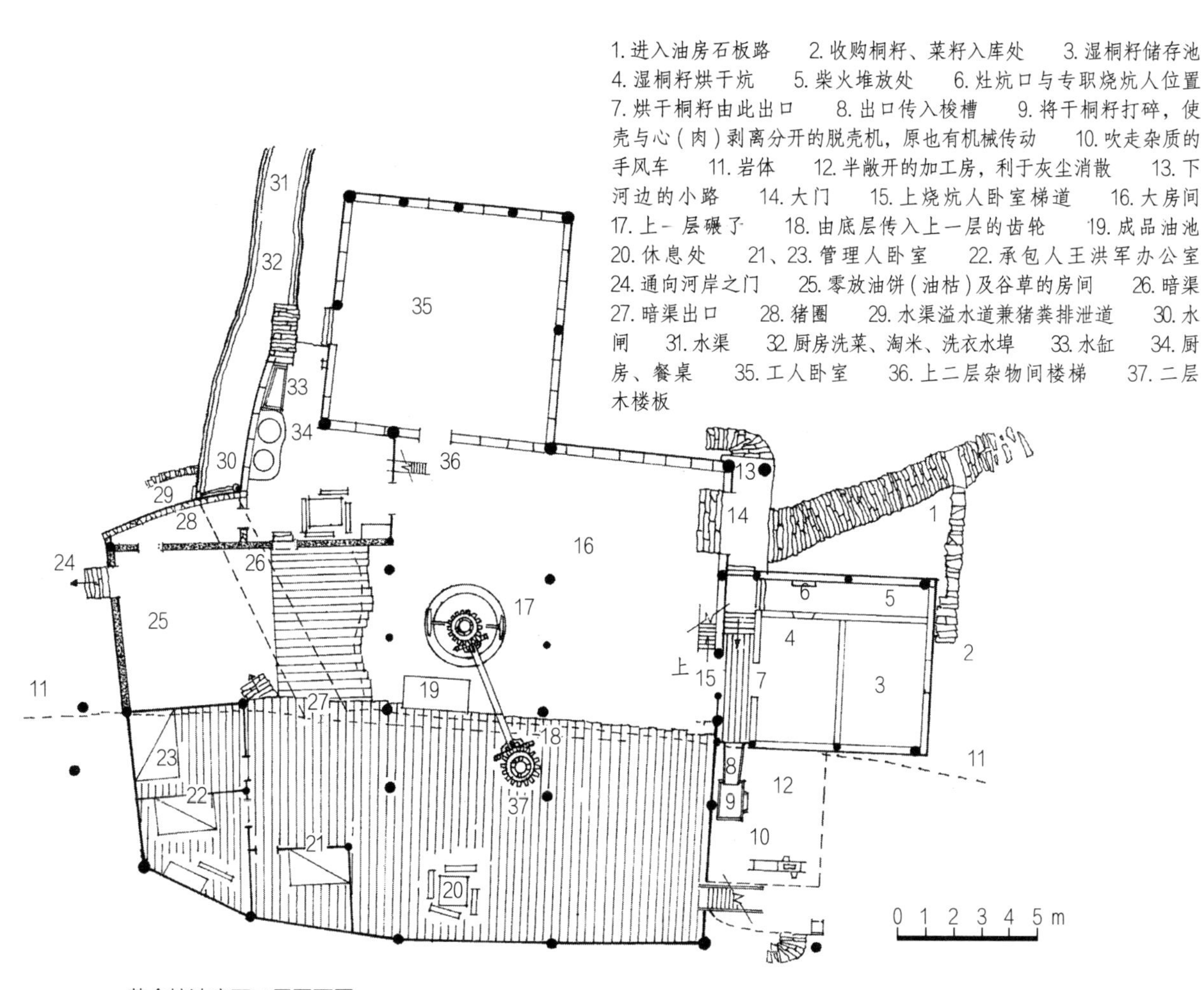

黄金榨油房下二层平面图

1 个粉碎工，负责把烘干的桐籽用机械将壳与核（即“肉”，川东叫桐米）脱离并将桐米、菜籽粉碎。

1 个碾工，先在灶上将粉碎后的桐米或菜籽炒热，等其冷干后，再在水车传动于地面的圆形碾槽内将其碾成粉末状态。

1 个蒸饼工，把粉末于甑子中高温蒸熟。

1 个坯工，将事先用竹篾条编成统一大小的圆箍放在地上，再放些稻草于箍内，接着把蒸熟的桐籽或菜籽粉末倒入箍中；先用手拍打，再用脚踏实，使其呈圆饼状。

3 个榨油工，轮流将油饼嵌入木榨中。木榨多为上下两块厚重之木，相接处中间掏挖成半圆槽，两者相重叠为挖空的圆桶形，里面正好放下若干蒸熟的油饼。此时趁热于两木缝隙处加塞小方木条，又在木条缝隙间加塞楔子，然后榨油工挥动铁锤猛烈击打楔子，又不断地再加进楔子，这样油液便源源不断地流到榨下的接油槽里。因此这是榨油过程中所需体力强度最大的工种。而击打锤子的方法各地又有不同，有的地方用可伸缩的绳索悬于梁上，下吊一铁锤进行击打，有的下吊一粗圆木进行击打，目的是节省劳力又增大击打力度。据说，黄金油房木榨是用机械传动齿轮从而带动铁锤进行击打的。1992 年，笔者在第一次考察黄金油房时已不见木榨踪影，因此亦无法将其复原于图纸上了（所画之榨油图是笔者根据工人回忆，结合金堂县土桥油房油榨样式而描制的）。但从一水车下巨大的两个铸铁齿轮传动关系看，铸铁齿轮正是带动铁锤的动力所在。因为是 3 台榨油机，木质齿轮是无法负担如此巨大负荷的。这里要补述的是，作坊在全盛时是 3 台榨油机，必然是 3 人各负责一台，而一台机器又必须由专属的水车、石碾、炒锅、蒸灶及甑子等来配合，而这些遗弃物或遗址尚在，说明当时作坊是何等繁盛，乡土作坊对农业手工业经济的作用又是何等重要。

最后，还有一个搬动榨干油的油饼及收集各榨机下油液的工人。

以上 9 人加上油房承包人王洪军共 10 人，这 10 人让作坊运转得流畅，其土制机械的运用方法被当地称为“一条龙”方法，声名很是显赫，据说制成的模型还于 1958 年在成都进行了展览。笔者之所以花了大量篇幅描述榨油过程，是因为其与作坊内机械设计布置直接相关，它体现出的操作程序亦正是与机械传动程序相吻合的。而程序带来的机械化布置又直接影响到作坊建筑布局。从空间组合、景观气氛、时代特点来审视这种关系，如果缺少了作坊机械的存在，孤立地谈论作坊建筑就毫无意义了。因此，我们判断，黄金场㽏井河榨油房的存在是依附于榨油机械而存在的，所以作坊建筑构思明显是围绕机械布置的位置而展开的，而不是建好了房子后再安装机械，至少二者构思先后次序如此。若是，就注定了大俗大雅的建筑适应机械位置的不经意性和自由性、随意性，注定了其与自然岩体、基础、河面形态的高度协调性和亲和性。由于如此恰到好处，不经意之作反得高妙空间效果。内中道理，自然值得深思。

有一种观点认为，中国建筑之美是周围自然环境衬托产生的，而不是在建筑理论指导下设计出来的；它是一种不存在的虚幻之美，其本身并不美。这种观点也许只对了一半。的确，中国儒、道、释三家历来都注重与自然环境的关系，而非道家独尊此关系。天人合一之理渗透进百姓血液，百姓依附自然生存并把儒家文化集中表现出来，其广泛的表现形式便是农业文化，属于其中一支的乡土建筑文化则最为顽冥、淋漓、畅达、明朗。无论何类乡土建筑，或民居，或宗祠，或桥梁，或作坊，皆顺天理，不作独立创设。百姓把自己建造的建筑看成是自然的一部分，不作强求，不事征讨，讲究建筑与自然的和谐、亲善，以此加强建筑的自然属性，并以建筑彻底融入自然而自喜自慰。故室内有树有石有水而忘乎所以者有之，大树枝探入卧室、书房者亦有之。像这样的建筑就算很不起眼，也有自然的亲昵，如此，又何故非要一番高深的建筑理论去论证建筑的长短呢？何况此时平淡的建筑由于有了自然的烘托，已达到了“屋我两忘”的境界，体现了儒、道、释文化对人的终极关怀。在这样的建筑里居住或工作，人们于情感与生理上均感适逢天意，游刃有余，此难道不也是现代人追求的生存质量吗？所以，后来有人评判说中国建筑只有依附自然方显建筑本色。此论是拿西方建筑做的一种对比，其实这种论调仅注意到了中国建筑的一方面，最多也不过只有一半之理，其中自有中国人的建筑哲学观。卢济威教授在《山地建筑设计》中言：“建筑的立体造型与山体形状相融合。例如……四川忠县黄金镇㽏井河上的榨油房，也是建筑与山体形状融合的佳例，榨油房结合山岩走势，随地形跌落，高低错叠，自由的平面布置和不规则的坡顶组合，和谐地镶嵌在大自然中，形成一幅优美图画。”此理正是“天人合一”的自然观在中国建筑哲学观中的反映。

另一方面，顺乎自然还表现在建筑朝向、选址上。对地貌的利用、内部空间组合，以及高差秩序的跌宕起伏，造成了建筑外部立面的奇特。加之是就地取材，石、泥、木材料的组织与肌理呼应，从而把乡土建筑的类型特征充分表达出来。个中道理和前述比较，如果说前者是利用自然环境来修饰建筑的被动现象，那么后者则是充分利用自然环境来构思建筑的一种主动设计。于是，这就体现出了乡土建筑和自然环境相辅相成的两个侧面。黄金镇㽏井河油房正是这种设计的典型实例。

㽏井河为长江小支流，油房位置距离河流下游的黄金镇约 500 米，距同在下游方的㽏井镇约 10 千米，㽏井河因此而得名。1999 年 1 月，四川文物考古所在㽏井镇中坝的考古发掘中，“发现三峡地区目前文化堆积最厚，地层纵深分布最完整的一处遗址群，它沿注入长江的㽏井河分布，长 6 千米，宽 4 千米，反映的年代涵盖新石器时期直至明清时期，时间跨度近 5000 年，遗址文化层厚达 9~10 米，仿佛一部由房屋、窑址、墓葬和生活用品堆积而成的‘无字天书’”；还“发掘出东周时期的房址 45 座，这是三峡库区首次发现东周时期的房屋遗址，它对于了解峡江地区东周时期的聚落形态、房址结构、生活方式等有十分重要的研究价值”（《华西都市报》9 版《三峡考古再获重大发现》，1999-01-29）。就在这篇报道出来一个月之后，笔者就去了距此仅几千米、完全可称属同一文化带的油房。更为奇巧的是，“房屋、窑址”这些词语均与“作坊”“建筑”这些词语那样巧合，它们之间的距离又是那样近。

建筑作为一种文化表现形式，它的完美性必然经过了历史的积累和沉淀，绝不是无缘无故出现的现象。忠县历来是出土与建筑有关的明器之地，还有涂井，亦曾出土罕见的三国蜀汉时期达官贵人的民居模型；更有遗存至今的无铭阙、丁房阙，它们和其他汉代阙的建筑造型有明显区别；还有石宝寨爬山寨楼的独特设计，这些皆表现出忠县百姓极高的文化素质的核心部分，即富于创造的文化个性，若反映在建筑上则自然形成强烈的建筑个性。所以，根据从古到今忠县地区喜好修建房屋、喜好修建好建筑这一高品位的区域物质文化特征来深究，㽏井河作坊出现让上至建筑大师、古建筑权威，下至一般百姓都同声叫绝的空间形象，也就顺理成章了。而在建筑上表现得如此集中、优美，三峡地区各县应是突出的，哪怕是不“入流”的乡土作坊建筑。

二、作坊建筑之赏析

作坊亦即手工业工场。严格来说，其建筑历来无官方色彩，是纯粹的乡土建筑，全由老百姓随心所欲而作。但是，是什么样的作坊，即加工或制作什么样的产品，与建筑的关系就很密切了。20世纪60年代，笔者在宜宾市工作，曾考察过五粮液、泸州老窖、茅台、郎酒各酒厂。那时这些酒厂都还是原始作坊生产，厂房建筑都是木构体系加小青瓦或茅草房（如二郎滩郎酒厂）。在车间内人明显感觉到润人肌肤的湿度，这显然与建筑材料、空间有极大关系。还有川中各地的砖瓦厂，亦有坯房、窑房，但又和烧制碗、罐的厂房建筑有很大区别，表现出专业性的建筑内外空间特征。作为利用水力推动石磨加工农副产品的作坊，在川西平原水丰、力大、落差小的情况下，不足1米的落差即可建立。而在山区河流量季节性强的条件下，人们则充分利用地形高差较大的特点筑堰、砌坝、引渠，主要做到细水长流，能冲动水车即可。这就造成了视流水大小、季节变化、上下游等诸多条件而产生的作坊建筑规模变化。㽏井河为忠县境内最大的长江支流，全长119千米，分别由黄金河、水磨河等支流汇聚而成。过去这些河流溪水之上作坊密布，而黄金镇旁的㽏井河榨油房只是诸多作坊中之佼佼者而已。

㽏井河作坊得地形之利，作坊水力机械布置庞大、复杂，建筑面积约500平方米，除容纳机械外，更留有偌大室内空间以供生产、生活之用，可谓农业社会手工业工场集中之缩影。作坊由于是利用垂直高差与斜坡相结合的平面构思，室内一二层分成大小不同的几块台地，其起伏错落之间以梯道相连，又无过多隔断造成琐碎的室内分隔，因此，在二层空间形成大气磅礴的、浓郁的手工业加工场气氛。一层临河岩下机械工场，更是以机械喧宾夺主，建筑气氛已被木制机械彻底取代。这样大大小小、高高低低略加改造的原生岩石地面，首先制约着屋面的气氛和多变，于是在屋面出现一扭曲屋脊的大屋外，又旁逸斜出几间小屋面，加之一层披檐式的弧状屋面重叠，屋面多变组合成为作坊夺人眼目的灿烂之处。且屋面巨大，整体超出600平方米，这是在其他地方很难见到的特大屋面。

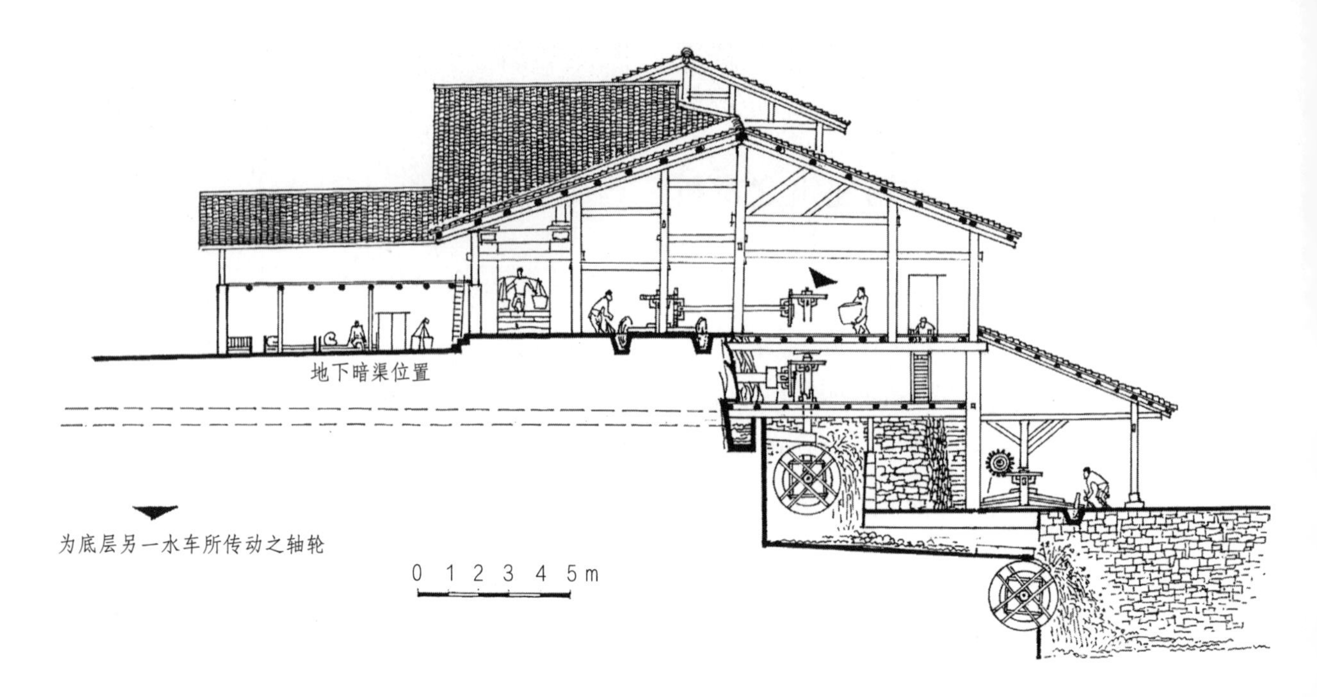

/\ 黄金榨油房剖面图

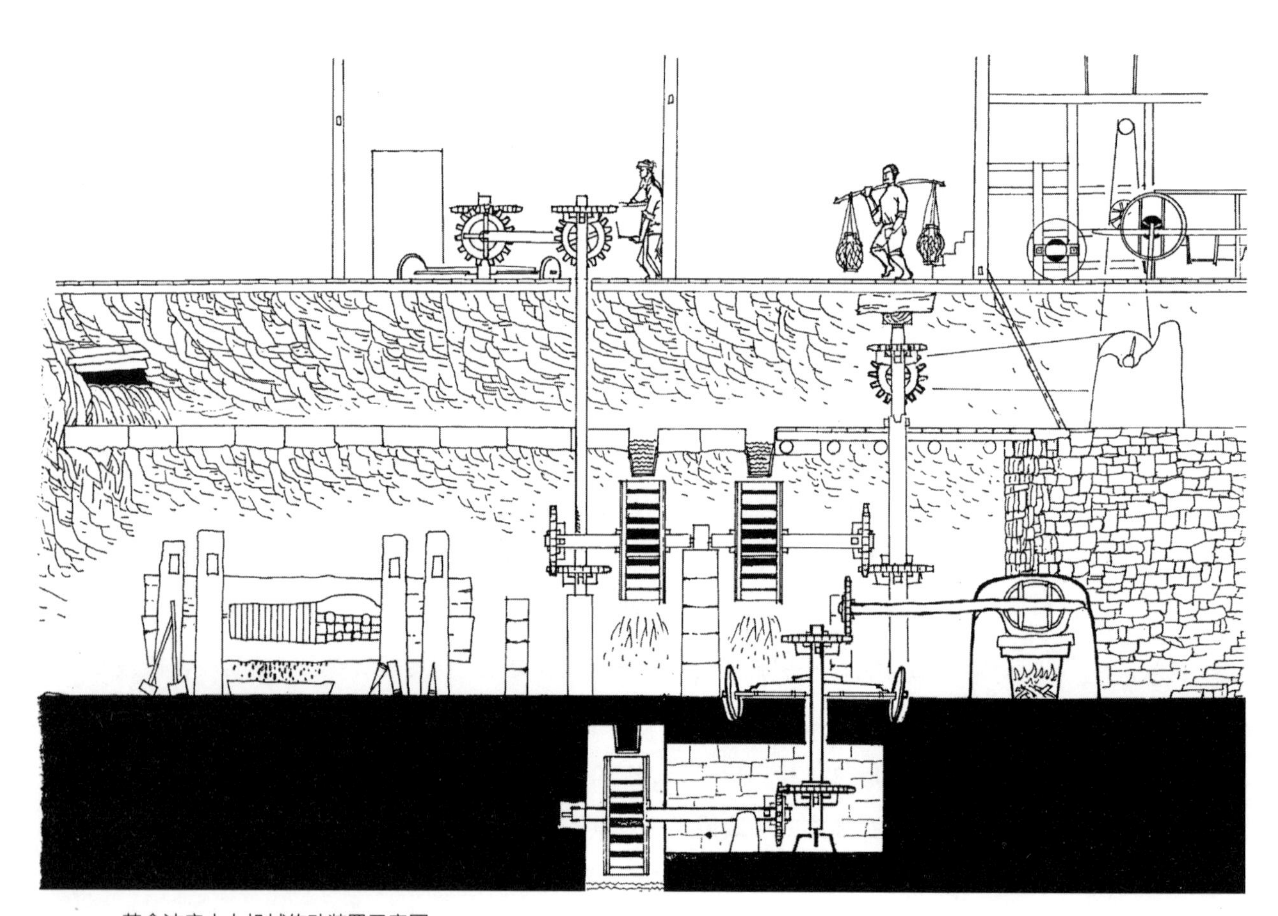

/\ 黄金油房水力机械传动装置示意图

/‖ 用现代榨油机操作的榨油程序

/‖ 榨油作坊车间

/‖ 齿轮带动“锅铲”

/‖ 木齿轮传动装置

林徽因先生在梁思成《清式营造则例》的绪论中言：“我国所有的建筑……均始终保留着三个基本要素——台基部分、柱梁或木造部分及屋顶部分。在外形上，三者之中，最庄严美丽、迥然殊异于他系建筑，为中国建筑博得最大荣誉的，自是屋顶部分。”林先生言“庄严”者，指规范的民居与宫殿屋面，自是崇高、庄严的美学范畴。而自由发挥、“不成规矩”的乡土作坊屋面，在本质上是相通的，只不过表现形式“粗野”大俗，理应是屋顶形式的另一极端，亦如国画之大写意，是一种淋漓畅快、无拘无束的顺其自然之美，亦应说这是更符合人性中自然属性的审美特点的。所以，它迷人，亦能从心灵深处拨动你的情感之弦，显得更具震撼力。

屋面自然是由木构架所支撑，在特定的起伏不平的平面上产生的结构法，除了原则上遵循传统的穿逗式，柱网有基本等距离的砖、木柱，其梁、枋之牵掣，亦显简洁、实用、粗放。这和屋面是内外互为照应的，唯四周什么地方多

/↖ 油房部分工匠合影。由左到右：王万成（榨油工），孙忠品（榨油工），王洪军（80 岁，承包人），徐德珍（王妻），王万华（脱壳、粉碎）

一根柱、少一根柱，构架上哪里多一条枋、少一条枋，在整体构架上给人造成一时迷乱的印象。如果我们不沉静下来去刻意追求它的结构程序，而只追求一种结构产生的空间意趣和心理感受，甚至于美学情调，那么，柱、梁、枋、挑等一切木构物似乎迷乱的布阵，则使人犹如进入一座民间作坊迷宫。这是一种什么样的结构程序与空间序列呢？其他什么地方都没有，唯此独创。它是作坊功能需要，是特定环境下特定做法的自由自在的情感流淌，找不出一点儿“法式”的痕迹，更与雕凿之气绝缘。它如流水欢快地在乱石滩上漫流，亦如壮汉毫无制约的举止。如果说纯粹是一种原始美，那它又有一定规范构架的韵味，说是规范、严谨、庄重之美则更不沾边。想来在乡土建筑中如山野作坊之类的结构韵律里，山歌的节奏和旋律与其最为合拍。如果情感从内心深处发端得恰到好处，那就会产生永恒的魅力。此点犹如任何国度的人都会钟情《康定情歌》《太阳出来喜洋洋》之类的四川民歌一样。

外观除了屋面，就面积而言还有立面。油房的精彩立面全集中在临河一面。

如此动人心魄的视觉审美力量来自立面堡坎、墙体、室内空透面的面积对比，以及用材料在各自面积内显示的造型要素，即黑、白、灰三色的协调搭配组合。乡土建筑不会有事先立面包括色彩的设计。如果说这是偶然，也是乡土建筑因地制宜、就地取材这一必然性中的偶然。因此，那空透室内暗部和木板壁呈现的深色，夯土墙间夹泥墙呈现的浅灰白色，石质堡坎和墙体呈现的中间灰色，三色正好构成黑、白、灰的立面韵律。加之三色的面积和几何形状的大小、平直与曲线、转折与倾斜、长柱与短枋等多种构成因素的影响，造成了立面非常少见、非常生动、非常活泼的视觉效果。更有作坊下深潭与流水、断岩与乱石环境的衬托，以及从水面到屋顶不寻常高度的衬托，这就激发了人类追求多样、丰富、统一、奇异、诡谲的审美天性。

上述选址、平面布局、内部空间、屋面、外立面、结构关系、环境烘托共同构成的油房形态，以及由内部水力带动的加工机械，其典型性与独特性代表了在漫长的农业社会中的三峡地区手工业发展与发达程度。这是笔者经若干年调查发现的唯一保存完好的作坊建筑和水力机械。因此，它在科学、历史、艺术、民俗等方面的综合价值是非同寻常的。这是一种“极特殊、极长寿、极体面的建筑系统”（林徽因语），是“最古朴简陋的胎形”。虽然本文研究核心着眼于场镇与作坊关系，但深入剖析某一作坊从里到外的整体关系，仍是加深了解两者关系之必然。虽然这种整体关系不直接影响场镇空间及形态，但在某种程度上而言，它依附场镇而生存，与场镇有共存共荣的深层联系。可以预断，在当代若场镇消失，那么这样的作坊存在的可能性也就极小。

最后，笔者愿与童年生活在小城小镇的人们共同回忆那城镇之郊的小桥、幺店、茅屋、小庙以及各类作坊，这些童年美妙回忆中的驿站，也许会留给你们很多迷人的遐想。正是这一点，会把恋乡情结绾得更结实，直到永远永远。

第十三章

三峡场镇粗线条

三峡库区有一部分古镇完全沉入175米淹没线以下的人工湖中，另有一部分古镇则将部分淹没，其中包括原“四川历史文化名镇”中的巫山县大昌镇和石柱县西沱镇。此外还有诸如湖北秭归县的新滩和香溪、兴山县的峡口、巴东县的官渡口和楠木园、巫山县的大溪和培石、云阳县的双江、忠县的石宝和洋渡、涪陵市的蔺市等一大批沿江知名古镇，场镇（县政府所在镇除外）总数在百个以上。这些场镇多数经数百年甚至更长时间的自然、社会、经济、文化等方面的砥砺，遂形成一些具有规律性及特殊性的现象。研究这些古镇的发生、发展历史，不仅可抢救一批可能永无挽救之日的珍贵资料，亦可供沿江城镇新建设借鉴和对照之用。意义自不待言。

《华西都市报》1999年1月29日报道，四川文物考古研究所发布消息：他们在忠县中坝遗址二区的发掘中发现距今3200~5000年的，包括三星堆文化、老官庙文化、哨棚嘴文化的完整地层叠压文化堆积，反映的年代涵盖新石器时期至明清时期，跨度近5000年。这是在三峡地区首次发现的东周时期房屋遗址，共45座，且以相距很近的组团形式出现。这是三峡历史上比较清晰的聚落遗址的考古浮现，公元前4000~前3000年的大溪文化已经有了半穴式地面房屋，屈家岭文化中的房屋建筑技术在三峡地区有了发展，诸如有了套间，等等，但没有聚落的考古发现消息。

紧接着的夏、商、周甚至秦、汉、唐、宋时期，三峡考古遇到一个让人迷惑不解的问题。王家德在《四川文物》1996年第3期上写道：“从峡民古遗址的分布来看，原始社会遗存堆积厚，反而夏、商、周时期的遗址较薄，而且文化遗址的分布数量，即古人的居住点也相对少一些……秦、汉、唐、宋时期，这一带文化遗存与原始文化相比显得单薄些，与其他发达地区的汉、唐、宋文化相比显得苍白无力。”为什么三峡地区会出现一大段这样的历史？不少专家都认为，这可能与三峡先民们过量砍伐森林、刀耕火种、毁林围猎、掠夺性捕鱼，造成对森林、土地、水资源、水生物、动物的破坏，把本来耕地就不多的三峡沿江沿岸推向不能继续农业耕种的绝境有关，于是，当地居民只有迁徙别处了。

他们迁向何处？路线理应是沿长江河谷向上、下游方向延伸，包括向左右岸山区纵深扩散。所以，考古发掘中在忠县、丰都、涪陵等河谷开阔、利于耕作的地带，发现自春秋战国时期以来不少的文化遗存。《四川古代史稿》认为："东与鄂西长江干流沿江岸夏商时期的考古文化，西与成都平原早期的蜀文化，是一个重要的中间环节。”亦即三峡地区是介于云梦湖泊文明与成都平原自流灌溉文明之间的冷谷江河文明。再结合忠县东周时期的聚落发现，我们可初步推测：至迟于春秋战国时期，三峡沿江地区已开始出现城镇。到了秦汉时期则出现较多城镇。明以前城镇发展时兴时衰，恐也是造成“文化遗存与原始文化相比显得单薄”的原因之一。

明末清初，四川尤其是川东出现李自成、张献忠义军的征战，比如，巫山城被反复攻打多次，历代积累下来的建筑在战争中几乎全都遭到破坏。当然也还有其他原因，因此，如今遗留下来的城镇都是从清朝开始新发展起来的。

清统一四川后，城镇复兴，营造兴盛之功则应归因于“湖广填四川”的移民政策。来自湖北、湖南、江西、广东、福建、陕西等省的移民“五方杂处”三峡地区，开始在战争的废墟上重新建设三峡城镇。其中对城镇最具影响力的是农业、航运交通、盐业产销三大产业的发展。

农业的发展主要表现在长江干流及支流沿岸利于耕种的台地及缓坡上，这里有肥沃的土地、丰富的农副产品、迅速增加的人口、经济两极分化的突出、秦汉以来四川“人大分家，别财异居”的民俗对村庄聚落的淡漠、各省移民地缘性结合“以自保”的愿望、农民由于自身发展而对信息的渴望、统治者对随之而来的社会矛盾加剧的对策，等等。这些都突出地需要若干区域性的中心来统筹解决社会发展中的问题，于是，城镇全面复苏。此转折发生于清乾隆年间全盛时，表现出四川境内与全国大部分地区的发展同步。不同的是，有的城镇是在原废址上重建起来的，有的则是新建的，前者多后者少，所以，我们看到前者不少基础格局仍有清以前的古制。这种古制延续下来，理应是沿江农业社会、经济、政治、文化占主导地位，所以，三峡四川段除涪陵和乌江因有特殊关系建在南岸外，其他所有县以上所在地均在北岸。此似乎是一个蹊跷的问题，实则北岸为各县、市主要农业生产区域，而南岸多山区，无农业纵深发展余地。并且北岸纵深处即为四川盆地广大的农业发达地区，长江沿岸形同它们的港口，又是从“旱路”去政治、经济中心成都障碍较少之道。再则，选址北岸，对于东西向的长江而言，城镇街道、公私建筑的传统布局易于开展，如开北门则“对王气不利”，不能形成坐北朝南、背山面水的整体城镇风水格局。以东西向与江岸平行的街道分隔开南北的建筑类型，靠山的北侧为“公厅”集中地块，靠江岸面南的则为民居等。所以，笔者至今调研了若干次三峡城镇，还没有发现一例真正意义上的宫观寺庙、宗祠会馆是布置在临江岸一列与民居混存的。此显然是发达的中原文化在治城方面对三峡城镇浸染的结果，同时也是农业文明留在三峡地区的印记。但仅依靠农业经济要创造出像样的城镇显然是不够的，于是，农业的全面振兴必然促使航运交通的复苏。

四川的内河航运以三峡长江段为咽喉之部，历史上凡与外省交流涉及的货运、客运、军队进出，大部分要经长江三峡运输。四川在历史上各时期均有交通繁盛和城镇、水驿同步发达的记载。仅从船只的质与量上完全可见木构技术的发达，并可推测其他木构形态的昌炽。比如，秦司马错伐楚建造大型单体船只万艘；汉建武十一年（35年）建直进楼船战舰数千艘进出三峡；西汉出现“万斛大船”，载重可达500吨。一些商人还在沿江城镇开设大商店，等等。隋、唐、宋时期，四川粮、麻、茶量大品优，全国各地商贾拥入四川，又使沿江崛起一批新兴城镇，同时出现了遍布江岸的造船工场和水、陆驿站。这些驿站后来大多发展成城镇，比如，巴县木洞、涪陵、奉节、安平等均为水驿发展而来。清代自雍正时期起，城镇建设渐次兴旺，于乾隆、嘉庆、道光年间形成高潮。航运的繁荣直接强化了三峡城镇的深度发展，表现在：

（1）沿江与山区城镇拉开了规模大小、繁荣程度上的距离：“场镇滨江者繁盛，山市小而寂。”

（2）场镇功能分区完善、成熟、明晰，比如，为航运服务的系列空间划分组合清楚，修造船工场、码头，服务旅客的餐饮、栈房、烟馆、货场，甚至船业行会王爷庙均靠江岸，为农业服务的秧苗、猪牛市等分置场镇端点等。

（3）利用航运发展建造的建筑规模与质量远优于生租生息产生的居住建筑，且前者新意多于后者，在场镇中居于突出地位。

（4）除以会馆为大宗的公共建筑外，这里还出现了几乎每个城镇都有航运业祠庙王爷庙的奇观。除其轴线必须面对上游外，不少祠庙、王爷庙质量、规模超过了当地的会馆建筑，如长寿扇沱王爷庙。

应特别强调三峡地区盐业产销、运输对城镇发展的影响，尤其是对长江南岸场镇的影响。长江南岸历史上谓之“楚岸”。三峡地区云阳、忠县、巫溪、彭水等县本身就是产盐区。自乾隆年间起，清廷明令川盐销往湖北建始、长乐、鹤峰、施南、恩施、来凤、利川、咸丰八州县，盐无论公私皆由长江南岸转陆运，由人背马驮行山道至鄂西分散各地，这自然促进长江南岸和乌江东岸场镇的发生、发展。第二次“川盐济楚”发生在咸丰年间，由于太平天国运动截断了淮盐对两湖的供应，清廷转而仰求川盐，从而以自贡为中心的优质川盐“锅巴盐”成为航运大宗，其销售量比乾隆时猛增10倍，运销范围不仅包括湖北，而且更加扩大，又增加到了湖南的3府2州。时盐船多达上千艘，可谓船帮林立。在长江与乌江夹角的川东南及鄂西广人山区小道上，力夫络绎如织。同时期又出现“川米济楚”，这不仅使三峡地区进入了航运高峰期，还促成了区域城镇兴旺，导致城镇空间猛烈膨胀。那些小场镇变大了，山道上的幺店子聚落乘机向场镇演变。同时，这还激发了四川盆地城镇和农业以及其他产业的发展潜力，所以，四川不少稍有质量、规模的城镇和公私建筑均为清咸丰、同治年间的造作，均为第二次“川盐、川米济楚”所致。这也是三峡长江南岸本为贫困山区，反而场镇甚多的原因。抗日战争时期掀起的第三次“川盐济楚”，也形成相当规模的建筑高潮，但无新兴场镇产生，仅是原场镇的扩大。不过，随着封建社会的瓦解，加之鸦片战争爆发以来殖民文化的侵入，三峡建筑中已有个别西式建筑出现。乘第三次“川盐济楚”之机，这里又涌现出较多的五花八门的洋房子。三峡沿江城镇传统形态与风貌的纯度受到影响，加之传统观念开始淡漠，建筑中轴意识开始消退。时三峡建筑已不成形制，和清中、晚期相比，传统建筑在三峡呈江河日下之势。所以，整个中国古典建筑日薄西山、气息奄奄均应从封建制度崩溃之时算起，而不唯三峡之场镇如此。

三峡地区在历史上发生如此多的经济、政治、军事活动，又处于中原与四川盆地过渡地带，虽属贫困之境，但非农业经济因素带来的发达城镇占有很大比重，其密度和一般沿江城镇相比，仍是极特殊的。基本情况是：

（1）长江巫山县（含支流）至重庆段沿江城镇密度大于巫山县以下湖北三峡段。

（2）南岸临近土家族地区，场镇中土家族居民的比例很大，自然土家族建筑文化在场镇建设中大显身手。尤其是干栏建筑风格之淋漓表现，以酉阳县龚滩场为最，展示了南岸中国小城镇干栏建筑之大观。

（3）90% 的城镇选址均在支流与长江交汇的三角形台地上。这些城镇选址有着强烈的风水相地初衷和祖先渔猎遗风（因两水交汇之地往往是鱼群密集之地）。北岸城镇于此均有东西向主干道界分南北建筑的布局，因北靠山，故可分层分台构筑大型建筑，集中所有公共建筑，是对“北为公厅”的中原城镇格局的沿袭。南靠江岸一列全为民居，要想拓宽面积则非置干栏和砌坎不可。南岸若如法炮制，则公厅与民居布置方向与北岸相反，是江流迫使风水迷信无法自圆其说的绝妙例子。

（4）绝大部分的东西向主干道以向西、上游方为街道开敞口，且均无建筑物、大树等障碍物遮挡全街视线。用意有三。一是其下多码头，利于观察江船动向，集散物资，聚散旅客。二是风水原因，传“五行”中金、木、水、火、土，水同金。街道开口朝上游方除寻觅对景的“迎山”之外，“接水”以金带缠腰攸关场镇生存。街道以西端开敞面对上游，犹袒胸露怀呈拥抱之势迎接滚滚而来的“金水”，即钱财。若不让钱财在与江岸平行的街道上“这头进那头出”流走，又往往在东向的下游方场口发生转折，以挡住钱财，使其在街中盘留，如忠县洋渡场、奉节安平场等。三是西方为蜀汉都城成都。场口街道向西开口，以云阳张飞庙山门斜开伊始，三峡川江沿江场镇、宫观寺庙、民居纷纷效仿，以表“心向蜀汉”的忠君及版图归属，于此又染上了一层儒学“仁忠”色彩。

（5）两县相交的临江边界上，往往形成各有归属的场镇对峙格局。典型代表有原丰都洪河场与忠县洋渡场。忠县复兴场与石柱沿溪场的对峙，目的是吸引对方农商人流，以活跃本县经济，是农业市场经济在场镇生存竞争的结果。

此在四川各地均有不少实例，结果终是一胜一负，其中衍生出的蔚为传奇的众多场镇发生、发展的精彩过程，自然是一个场镇形态来龙去脉的重要侧面。

（6）虽然三峡沿江场镇街道以平行江岸的线形布局为最多，但也不乏平行、斜向、垂直等高线的多变衔接式街道布局，以及随地形变化而变化、随意性很强的自由街道组合，更有忠县石宝场几乎围绕玉印山一圈的奇妙布局。尤其是巴东信陵镇，楠木园，石柱西沱“挂壁而建”“通天云梯”式的全程垂直等高线的布局，令人叹为观止。其中西沱全程1800多步石梯、80多个平台，整体虽呈垂直状，经实测，仍有码头段、中段、山顶独门嘴段稍向西偏斜，以街道轴线取江对面石宝寨玉印山为对景的情况，而信陵临江诸街垂直上爬，至恩施方向山口合而为一，房屋铺满山体，“挂壁而建”，其貌似鄂西总码头。

（7）在绝大多数场镇外围0.5~2千米，均有三五家小聚落，一二家幺店子或作坊构成农村去向场镇的过渡空间。因这些地方要与场镇争夺生意，所以选址就特别考究，或在桥头旁、大树下、瀑布边，或以几笼竹丛、一块巨大怪石等小景留住客人。势大者，索性在宅前自建一条短街，并纳入宅中以过街楼跨越，或以铺面围护，形成街宅一体，大有与场镇在生意上形成抗衡之势，如忠县涂井场之赵家幺店子，巫山培石吕宅、张宅等。

（8）沿江不少场镇除了形成一方政治、经济、文化中心，同时又是纵深地区若干小场镇的中心，如忠县洋渡与合同场、蒲家场，石柱县西沱与王场、黎场、沿溪场，忠县石宝寨与双河场、白安场、咸隆场等。它们相距10千米左右，是流域、水系、地形、民族、文化、人口等因素经历史积淀形成的习惯行政区域，必然构建起中心与副中心的场镇层次，以顺应一方生产生活。它和县城所在镇与中心场镇的架构同理，形成若干大、中、小中心层次的场镇网络。

（9）三峡地区自战国起就有因盐业兴起的镇，如巫溪宁厂镇等。据考察，这批镇在空间类型及内涵上和因农业、交通等兴起的城镇有很大差别。前者多取盐水、煎盐、储盐的厂房，以及报时的钟楼、临时工的棚户，较少移民会馆及寺观庙宇。因此，其在形态上殊为简约，难见一歇山屋顶，远不及以农业、交通为主的城镇辉煌，但其厂房区与街道商业、居住区分得很清楚。

（10）三峡沿江多坡地，内部空间分街道、临江一列建筑、靠山一列建筑三大部分（以平行江岸线形场镇为例）。

街道拼命追求灰色空间，在宽达3~4米的地方建檐廊，或两列，或一列，或时有时无。实在无法，则长出檐，采用双挑及单挑枋的材料技术，以衬托空间的宽大。因而，大部分街道是无檐廊的，此有别于盆地内部场镇。

临江一列街旁民居是三峡街道民居中最具特色的部分。其跨于街道与江流相交的陡斜坡岸上，进深稍长者必求多层台面，台面面积大小决定着空间构思。民国以前此类住宅不懈追求合院格局，但亦要视面积而定。因此，临江一列民居各台面稍宽者，均以中轴对称的合院出现。其中又分第一、二、三台面，台面上布有天井。平面划分、空间组合极为自然流畅，该宽则宽，天井四周房间隔板墙该有则有，或一列厢房有，或四周二面有，或全无，均视采光和使用方便而定。如此一来，再加上临江立面普遍多有开大窗的习惯，令人顿感家家都处在灰色空间光线柔和的氛围之中，起到了街道开敞与江面开阔间的有机联系。光影随着台面的跌落、空间上的变化，都表现出一种光节奏、光旋律的意趣。这些民居虽说是合院，实则是家家一首歌——一首地地道道的乡土空间之歌。老百姓是能察觉这种以光线谱曲的音乐之美的，故凡三峡茶馆，古往今来均多选临江一侧。还有栈房、饭店、家中书楼、绣花楼等优雅空间，均以面江、临江修建为乐事。无法实现合院形制、占地窄又进深长者，则普遍使用玻璃亮瓦采光。多者密集成排，面积有三四平方米，形成“干天井”，此乃人们对合院情结的依恋。由于上述民居普遍有对光的渴求，其效果等同弥补了街道檐廊灰空间公共性质的不足，把檐廊延长到了各家各户。故凡生人熟客，多可随意进入百姓家，绝少遭到拒绝。其对三峡人阳刚性格的影响，不能说没有作用，它和川西阴柔之貌、反感外人进入住宅者形成很大反差，实乃空间风格与人格的谐和。

前述为公共建筑与民居的合阵。公共建筑选择靠山而建，除有风水和儒学之因外，更主要的是其体量较大，占地较多，材料中石、砖、泥比重大及防洪等原因。靠山基础扎实硬朗，各台面拓展较易，利于宫殿式格局布置，且严肃之制，不可以吊脚楼之类民间“玩意儿”代之。再则，砌筑的堡坎填土较少，能经受住洪水冲击、浸泡等。故早期一些大宅多建在靠山一列。

上述为三峡库区沿江古镇形态粗线条，笔者力图以此勾画出那些古镇的概貌。因而，自1964年秋起，笔者十数次进入三峡沿江地区，几乎跑遍沿江大大小小的场镇，经整合、归纳、积淀，渐次有了一些感受。当然，笔者对此所做的一切是微不足道的，因为所论及的内容实在太博大、太深邃了。

一、巴东信陵——众心归一　挂壁而建

巴东县在秦汉时为巫县地，其始有三巴之称，到东汉末时三巴之称已较流行，建安六年（201年）便分置了巴东郡。南朝梁置归乡县，北周时改乐乡县，隋开皇十八年（598年）改巴东县，因“在巴之东”而得名。时县址从五里堆迁到旧县坪，北宋名臣寇准任巴东知县时，县治正是旧县坪。南宋时巴东县属夔州路归州，乾道年间（1165—1173年）县治迁今址，即信陵镇。

值得一提的是，地处巫峡口外北岸的旧县治所在地的景观留下了寇准、陆游等名人的诸多感叹，是不多见的对三峡古镇的空间与环境描述。

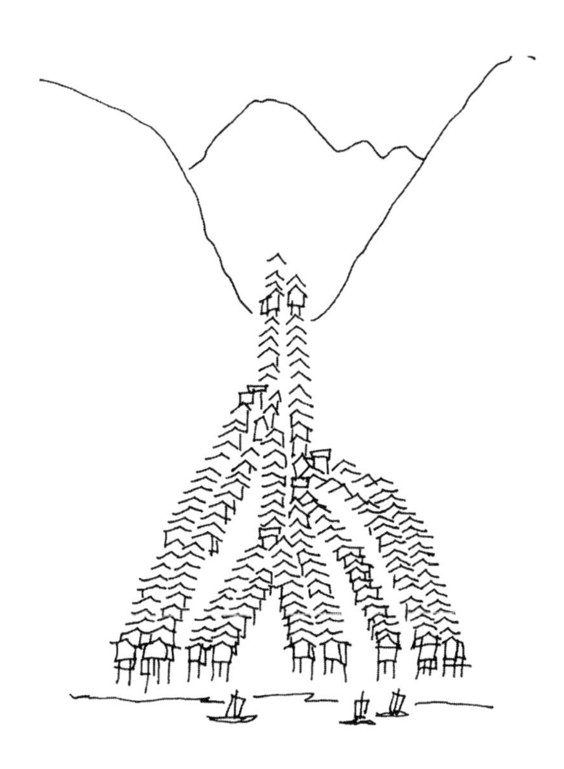

/\ 信陵写意

寇准《春日登楼怀旧》记载："高楼聊引望，杳杳一川平。野水无人渡，孤舟尽日横。荒村生断霭，深树语流莺。旧业遥清渭，沉思忽自惊。"从这首诗中我们可以想象得出当时巴东县城是很萧索的，长江静寂，舟樯稀少。城中有高楼，但周围是荒村，"断霭""深树""流莺"，表明其环境是一派原始状态，而这正是宋代山水画中描绘的景象。

陆游则在《入蜀记》中感叹："晚泊巴东县，江山雄丽，大胜秭归，但井邑极于萧条，邑中才百余户，自令廨而下，皆茅茨，了无片瓦。"此段描写的巴东县城山水虽好于秭归，但百余民居全是茅草房，一间瓦房也没有。这样的井邑萧条之貌自是当时三峡城镇之一斑，和川境内沿江城镇实无太大区别。不过周围自然环境确实非常优美，生态也极良好，陆游继云："遂登双柏堂、白云亭。堂下旧有莱公所植柏，今已槁死。然南山重复，秀丽可爱。白云亭则天下幽奇绝境，群山环拥，层出间见，古木森然，往往二三百年物。栏外双瀑，泻石涧中，跳珠溅玉，冷入人骨。其下是为慈溪，奔流与江会。"

综上，联系北魏郦道元《水经注》之《江水》篇对巫峡的描写，我们进一步了解到千年以来三峡生态的概貌："……春冬之时，则素湍绿潭，回清倒影，绝巘多生怪柏，悬泉瀑布，飞漱其间，清荣峻茂，良多趣味。每至晴初霜旦，林寒涧肃，常有高猿长啸，属引凄异，空谷传响，哀转久绝。故渔者歌曰：'巴东三峡巫峡长，猿鸣三声泪沾裳'。"又"……林木高茂……林木萧森，离离蔚蔚"，等等。这些描写可谓是三峡巫峡段生态景观极尽真实生动之写照。时林木高大，繁荣茂盛，一年四季都是如此，其间猿声充塞山谷，绵延不绝。此景况至少从北魏至南宋700年间皆如此。这是何等优美、何等迷人的三峡生态！

以上引述、阐释，无非想道明三峡生态今非昔比，是必须引起重视的问题。今研究之三峡古镇才是城镇生存、人之生存的根本，故以下才有对今巴东信陵镇的解析。

信陵镇俗称巴东老城，素称"楚蜀咽喉，鄂西户牖"，选址于长江南岸一陡斜坡上。新中国成立后一县领导在《巴东老城》一书中很形象地形容它是"在巫峡口下谷地南岸金字山的北麓，依山傍水，挂壁而建"。又继言："街道独此一条（指沿江岸平行走向的街道——笔者注），出门多半得上山下坡，走街两边的石板小巷、马鹿口巷、陈家巷、范家巷、鲁家巷、朱家巷……一口气可以

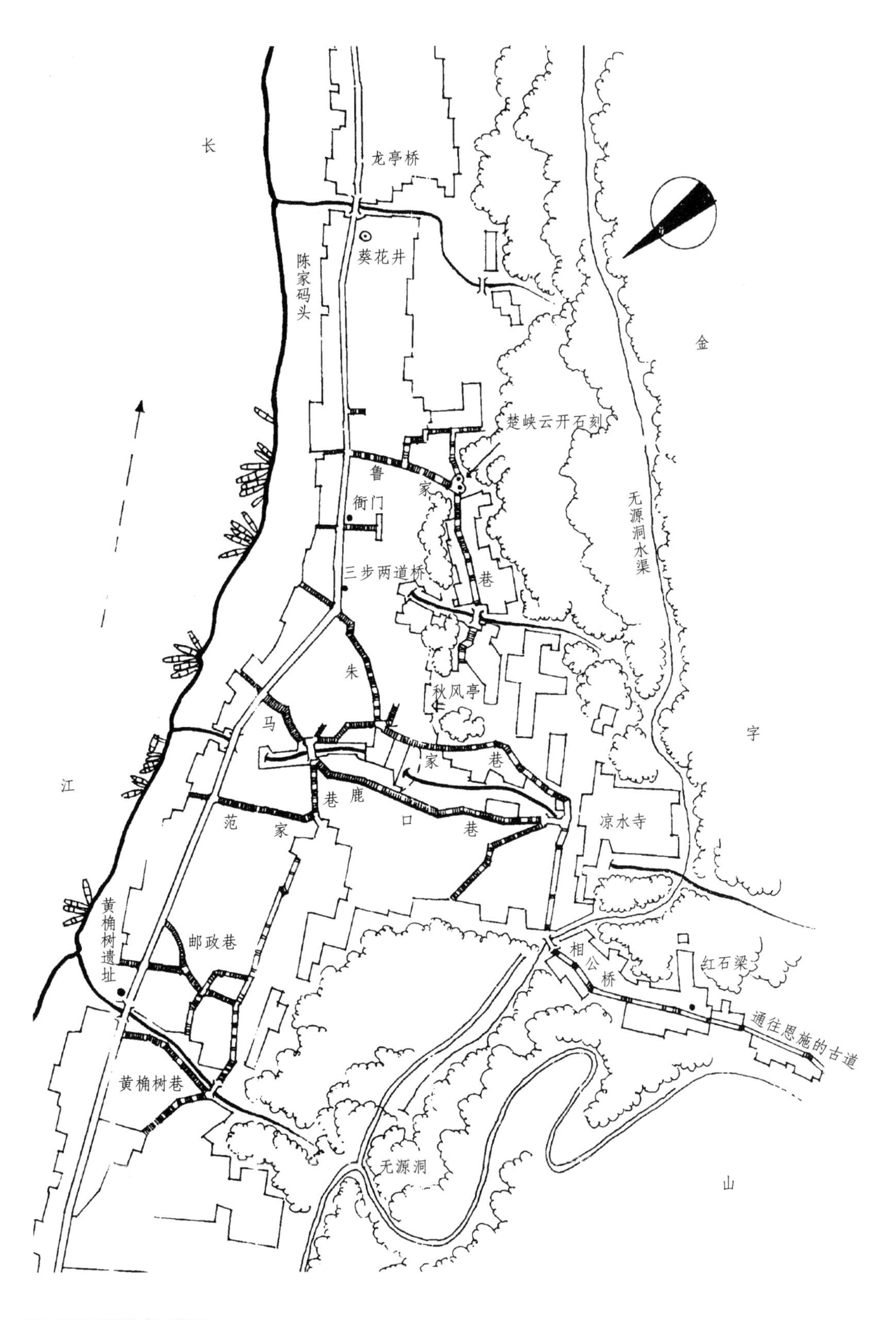

/八 巴东县信陵镇综合示意图

/\ 巴东信陵写意图

数出 10 多条。石级小巷里长满青苔的石碚上挂满了一丛丛、一缕缕嫩黄嫩黄的迎春花。”上述文字实则把信陵镇的道路空间骨架描绘得一清二楚，用专业一些的语言讲就是，10 多条垂直于等高线的小巷从江边竖向而上，穿过一条平行于等高线的长街，小巷长长短短、弯弯曲曲，最后这些小巷有的隐没于干栏建筑迷离的空间“乱阵”中，而主要的几条小巷如鲁家巷、黄桷树巷、邮政巷则向镇中的朱家巷、马鹿口巷、范家巷靠拢，最后又于大半山的凉水寺前汇聚，经过相公桥通向恩施的古道。如果我们把人流比作水流，那么凡从长江下船的客人通过这些小巷，爬上山来，最后均要汇聚一起归流一道，去向鄂西的广大山区。回过来，又于一岔路口分若干小道，撒向镇中，直抵江岸边。

由此可见，信陵镇的选址和空间道路格局的形成，之所以要在南宋时期就由北岸的旧县坪迁移至此，全在于人流流向的自然状态，即信陵镇背靠恩施、建始等广大山区，山区的人和货物与外界交流时，此地是靠近长江的最便捷的路线。吴守忠《三峡通志》卷五言：“巴东商贾，依川江之便，民多逐末……或为负土货出境往来施南以佣值资其生。”而金字山北麓比起巫峡其他高陡坡而言又平缓得多。于是，古人选线选址时，经若干年的勘定，自然认识到此地的优越。久之，人气渐旺，顺着山谷、山垭、小溪两岸铺路砌坎、垒梯培阶，又在道路两旁搭棚建屋、置铺设店。所以，从一定意义上讲，巴东信陵镇是鄂西的浓缩，故有户牖之谓：“万山雄峙，二江奔流（巴东辖内南部还有一条清江贯境——笔者注），锁钥荆襄，咽喉巴蜀，北控房陵之腹，南附夜郎之背，水陆要冲，上游重地。”扩而大之，它又具有辐辏鄂、川、黔边区的战略意义。故信陵之起始，至迟于南宋时期就有相当规模的人户聚居，而不是县治迁建于此之后才建房造屋的。

三峡沿江古城建镇的兴起有一个共同规律：在这些城镇的背后都有一块面积大小不等的纵深地区作为“势力范围”或为影响波及面。它和城镇互为依托，相辅相成，共存共荣。背负之地幅员大小、经济状况、交通条件、纵深空间、文化传统等综合因素决定着城镇的兴衰。从另一角度而言，仅从城镇空间形态的大小、建筑精美程度的优劣，亦大致可判断背负之地的综合背景。它们集中表现在空间形态上时，道路格局则是此形态内在的最关键所在。巴东信陵镇可谓三峡城镇发生、发展规律的典型代表。

/\ 从长江北岸望信陵

镇上“多巷归一”的现象是颇有趣味的。它有二义。一是与江边平行长约1千米的街道，汇集了自码头上来的若干短小之巷，巷多是因为码头多、船只停泊点多，停泊点多又是由于宜停泊的港口多。几条延伸的主巷均有相对应的码头，如鲁家巷对陈家码头等，而港口多又取决于江岸沙滩的长短。信陵诸码头上自马鹿口巷江岸，下至陈家码头，“舒展着一大片洁净的沙滩”，足有好几百米长。长江三峡两岸，凡有沙滩之地往往即成码头，因船只吃水均浅，故宜停泊抛锚。这样多码头多巷道延伸至岸上，又有一条沿江岸的街道疏通、集散、调剂、归纳，犹成总码头，多巷于此归一。此为横向之“一”。二是于此再次分成若干垂直竖向的小巷，齐向山上攀登，各路段长短、偏斜不同，但都朝着一个方向，即向通往恩施的大道靠拢，并在凉水寺和秋风亭间形成节点，形成多路归一竖向之“一”。这一横一竖、一下一上、一高一低的道路格局变化，实则控制了信陵镇空间的竖向发展，同时又留出了空间横向拓展的余地。于是空间组团围绕道路自成有密有疏之貌，形态特征水到渠成，无丝毫雕琢之感。按理，宋代营建城池，必有完善的城墙甚至瓮城作为围护防御系统。县治之地的信陵无城郭，其“依山为城，面水为池，地势陡峭险峻”，当然也有营造不便

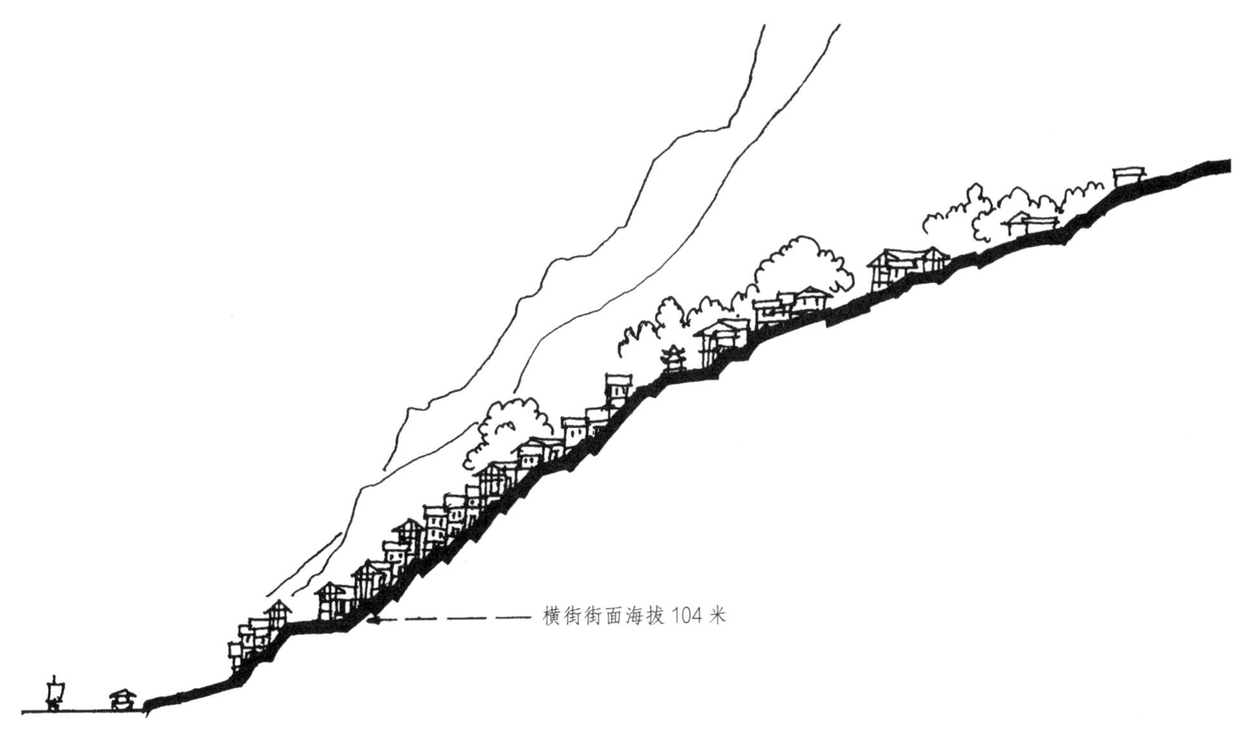

/∧ 巴东信陵镇剖面图

/∧ 巴东信陵镇鲁家巷街景

/∧ 巴东信陵镇鲁家巷民居

/∧ 巴东信陵镇马鹿口巷街道

的原因。从一定意义上讲，它又是三峡地区部分城镇无城郭的典型，即“依山为城，面水为池”。若地形允许，则必建无疑，如奉节、大昌。古人营建城郭，最重形貌的可识别、可描述、可把握性。山地坡岩之地与北方平旷之野不同，北方城郭以方向准日月，继以街道准里坊。居民对此言必称东南西北。荆楚巴蜀山地居民则以“物”的特征指方向，或以一街一房、一树一石、一水一桥等明确方向，其原因为坡地方向不易识别。信陵古镇一横一竖之间夹众多小巷，按顺序识巷口，以道路识上下，人于镇中“乱走都有理”，终归归于一条或上或下之路，故极易描述、识别、把握。这是历经千年时间人与自然磨合的产物，是人们一步一梯改造的结果。所以，我们常说某城某镇形态有一种人文境界，此境界之谓即由必然王国到自由王国最后成熟的空间形态、风貌，亦难怪中国众多聚落、市镇在人们眼中有无可挑剔之感，其理恐亦如此。这正是一个古镇形态、风貌构成的深层原因。而道路之上的建筑与道路又恰如肉与骨的关系。

巴东信陵镇范家巷街道

巴东信陵镇大门没有开在街道旁的民居

信陵街巷最长者为沿江岸横向的扁担街，长约 1600 米。竖向马鹿口巷长约 600 米。竖向各巷宽不过 2~3 米，真可谓窄街陡巷。据当地文史城建部门测算：最陡的范家巷足有 50° 坡度，其巷百来米长，有 180 余级石阶，段落最陡处石阶，俗称“礓磜子”，一阶礓磜子高 13~16 厘米，宽 25~33 厘米，长约 3 米。如此陡窄之梯道，自各码头起，砌满了各竖向之巷道。若拆掉建筑袒露街巷，则蔚成若干条通天云梯之大观。三峡地区有众多城镇，仅巴东信陵古镇窄街陡巷最多。试想，这些街巷旁的建筑又该是何等的奇险！

古代三峡城镇，文献上多有茅草房较多的记载。《宋代蜀文辑存》之《石州西亭记》言："居室多草茨，井闾之间栉比皆是。"陆游《入蜀记》说巴东旧县治"皆茅茨，了无片瓦"。清康熙济南人王士祯《蜀道驿程记》也说："抵巴东，县无城郭，茅茨数十家，枕山临江而居。"至"清末民初时，小城中的房屋大多不为木结构和土木结构，间杂许多茅茨"（方筱君等：《巴东老城》，新疆人民出版社，1999）。以上所引只是井邑之中的草房，还不包括密集建在码头上、随洪水季节退去而临时搭建的茅草"河棚子"。三峡城镇在历史上有如此多的草房，自然是因为经济基础薄弱。再则，《三峡通志》言："其覆用茅竹，而俗信鬼，相传日作瓦屋者不利。"此说恐是为贫穷找一种幽默的托词而已。

信陵古镇建筑主要包括公共建筑和民居两大部分。公共建筑有宫观寺庙、亭阁桥梁，其中有龙王庙、武圣庙、寿宁寺、寇公祠、凉水寺、信陵书院、天主堂、白云亭、秋风亭……现唯秋风亭独存。占绝大多数的民居是最迷人的城镇的重要组成部分。

在三峡地区，自然是以坡地民居为主。但坡地民居实在花样频出，形式多多。有沿着横向街道两侧者，有竖（纵）向街巷两侧者，有于"街背后"、镇边郊野建宅者，有于巷道、街道相交节点处周围建转角房者，有于桥头建民居者，等等。它们都共有一种倾向：若面积允许则拼命追求合院形制，实在不行才转向其他做法。信陵古镇朱家巷中有一高尚志宅，谓之"将军府"，其实就是一四合院。比如，楠木园镇中向宅亦是于陡坡中搞到宽地基而建成的镇中唯一四合院。还有巫山培石镇张宅以及峡中若干小镇中诸如此类的宅居。综观其背景，这些宅主在当地不是最早的入住人家，就是权势、财力显赫者，故有选址回旋余地相当大的条件。这类住宅构成三峡古镇民居合院类型数量较少的"阶层"。更多的则是选址余地少、充分发挥所占有限地基而营造空间的民居，它们的巨大数量和个体创造潜能在此得以完全展示，并构成了这些城镇形态的基础。基础之谓，即家家选址的大小面积和地形有异，基础做法或条石垒砌，或挖土填方，或干栏支撑，均各取所爱。齐地面进去的空间使用部分亦前店后宅、下店上（楼）宅、前堂屋后住宅等，样式极多，是宅主素质、财力诸多因素的综合流露，可谓一家一个样。这样做，除充分考虑好使用之外，尽量追求宽大亦是共同目标。若我们把个体不同的空间形态比作一个城镇形态的细胞，那么，这个城镇就集中展示了不同个体的形态。其整体空间错落跌宕，迂回曲折，高高低低，正是我们感到传统城镇丰富悦目的内部构成原因。若是面江而建的城镇，则更是地形造就了形态，建筑烘托了风貌。再加上宫观寺庙、亭台楼阁非悬山式坡屋面，而歇山、庑殿、亭阁、楼台多而大小不同的屋面间杂其中，又有木构、瓦面夯土墙的沉稳之色调与自然之景匹配，等等，于是，建筑艺术所必须要求的形式冲突、矛盾统一，生土材料的多样一致，色彩基调的和谐丰富，空间体积、面积个性与共性的和睦相处，建筑技术展现的时代与文化特征，特定自然环境下山体、江面、树种体态与建筑的和衷共济，等等，则由这里的人经若干年的文化发酵，终至成熟。信陵镇民居及公共建筑组团正是上述特点的典型代表。

区域界分虽然没有一条明确的线，但历来文化各归其区域。巴东之境是荆楚、巴蜀相邻的地方，犹如巫山地理位置，两地文化交往十分密切，因此，区域界分在文化上业已开始形成。但毕竟相邻，和各纵深之地比较，这里你中有我、我中有你的文化成分最多，包括语言、服饰、饮食等习惯。就民居和其他建筑而言，亦是同理。像川江船工独有的祠庙——王爷庙，建在巴东距川境最近的楠木园镇旁，恐是湖北境内唯一的川人王爷庙了。更有大量的川人在巴东境内，鄂人在巫山境内经商、打工，他们便是文化使者，相互影响自然优于其他因素，但毕竟川、鄂两地又分别从属于两大文化领域，各有文化内聚核心，又大不同于各纵深文化地区，如巫山、奉节。奉节一带喜爱在街道段落中设券拱门，它可影响到离巴东境最近的培石镇，在该镇街上也形成两道拱门洞。顺水下湖北，其城镇街道中此制就绝迹了。就民居而言，川鄂交界地区之长江南岸又是土家族聚居之地，其传统干栏式做法亦将随之浸染，因此制便是适应在坡地建屋而来的，何况这里的居民土家族成分占了相当比例。于是川鄂相交之境的文化成分变得更加多样丰富，以至产生了不易判断谁究竟从属于什么文化的模糊性。这便是文化过渡地带的一般规律，不独此地，凡类似之地皆有此状况。

交界地带民居若有不同，恐表现在因经济成分不同而出现的空间状态变化上，有的还在改变传统形制。如湖北靠近巫山县境一带的农村夯土民居，尤其

/\ 巴东信陵镇鲁家巷一景

/⑊ 巴东信陵镇下码头的小巷口及木构民居

/⑊ 巴东信陵镇小巷深深之一

/⑊ 巴东信陵镇砖、石、泥、木混构坡地民居

是在北岸，一排式变得体量小，开间亦随之变小且成双数，即一排2间或4间，这等于取消了堂屋为中轴的对称传统格局。而巫山境内这种形制少见，仍保留着过去做法，它当然影响着城镇民居的文化。所以，巴东信陵镇民居比巫山民居显得更随意、更自由；由于经济的贫弱，又更简陋一些。如此恰又使得整体空间形态变得多姿多彩、丰富悦目。从一定意义上讲，农业社会里的城镇，其民居是农村民居的集中展示，临街空间为适应商业功能的要求虽有所改变而成店铺，但只要有条件，它必然顽强地体现儒文化要求住宅的一切要素，诸如礼仪、伦理等。所以，才有"前店后宅"之说。"后宅"，准确地说应是四合院之宅，它是中国最规范之宅，唯其如此才能体现儒文化，才成为农业社会里的国人普遍追求的住宅目标和模式。信陵镇的陡峭地形制约了"后宅"的发展，即便有着万贯家财的宅主也只有顺其自然了，只有或横向或竖向加高、增多楼层。因此，基础部分就显得很重要，这才出现了众多高挑的干栏式吊脚楼、大面积

巴东信陵镇小巷深深之二

窄巷中登梯的“背夫”

纪念北宋巴东县令寇准之著名秋风亭速写

的石砌堡坎上夯土住宅、丰富多彩的各种个体外观……信陵古镇空间整体形态就成为三峡城镇“挂壁而建”的民居独特立体画面的一大奇观。

过去，信陵镇常有泥石流发生，致使房屋倒塌，重要原因之一是绿化出现了问题。三峡绿化要达到北魏郦道元《水经注·江水》中所说的“林木高茂”“林木萧森”的境况，显然要经过当地人不懈的努力。但信陵镇后金字山人造林效果非常好，几成森林，郁郁苍苍。森林即使仅作为城镇形象的烘托，已须臾不可离开，何况它又有保护城市的作用。

二、巴东楠木园——半途老街　鄂峡伊始

从湖北巴东县城逆江而上，在临近川鄂交界的鳊鱼溪（亦称边域溪）南岸一陡斜坡地，残存着一堵饱经岁月沧桑的风火山墙和几座深褐色的木构山花墙面的老屋。更多的是沿坡脊层层向上爬行的石梯和石梯两侧工艺让人称绝的石砌堡坎，堡坎形成面积数十平方米不等的若干屋基台面，房屋消失了，留下肥沃的“屋基土”，上面栽种了庄稼。这就是川江航运史上和老船工们常常提到的巴东楠木园镇。在季节河似的岁月冲刷下，这个古镇基本上已经退废了。

楠木园冬季枯水，由江岸海拔 50 米处起，至顶端一武姓人家止，道路全长约 200 米。中行至大半山腰向姓人家，其门口地面标高正好为 173 米。三峡水库建成，全镇基本淹没，因 173 米以下集中了小镇 90% 的房屋。小镇道路分两端，下端码头自然是临长江以集散旅客货物，至顶端则通过观垭到建始县。于是沿着道路衍生出住户店铺，这些住户店铺又多集中在靠近码头的下端一段，此段长不过 60 米，然十数家店铺于道路旁排成两列，又因垂直等高线的格局，其空间形态和四川石柱西沱镇相同。现在犹可见当年风貌景观的别致，其中亦定有峡中腹地建筑组合山花墙面重叠的标志性神韵。再沿道路上行至火烧坪，

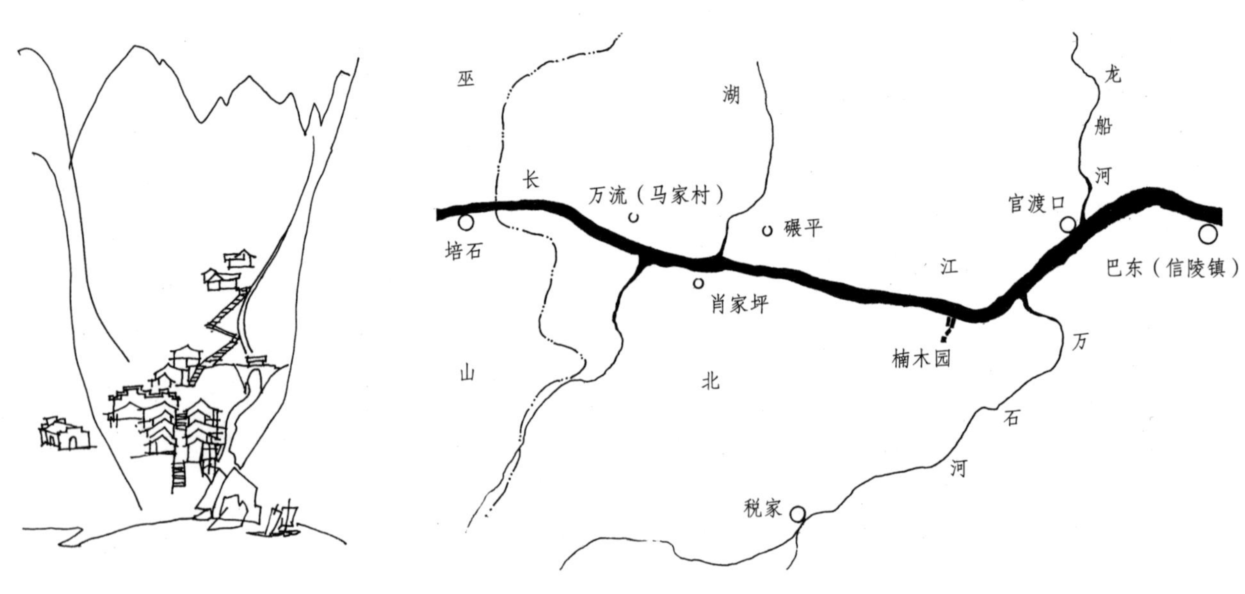

╱∖∖ 巴东楠木园写意　　╱∖∖ 巴东楠木园在三峡中的位置

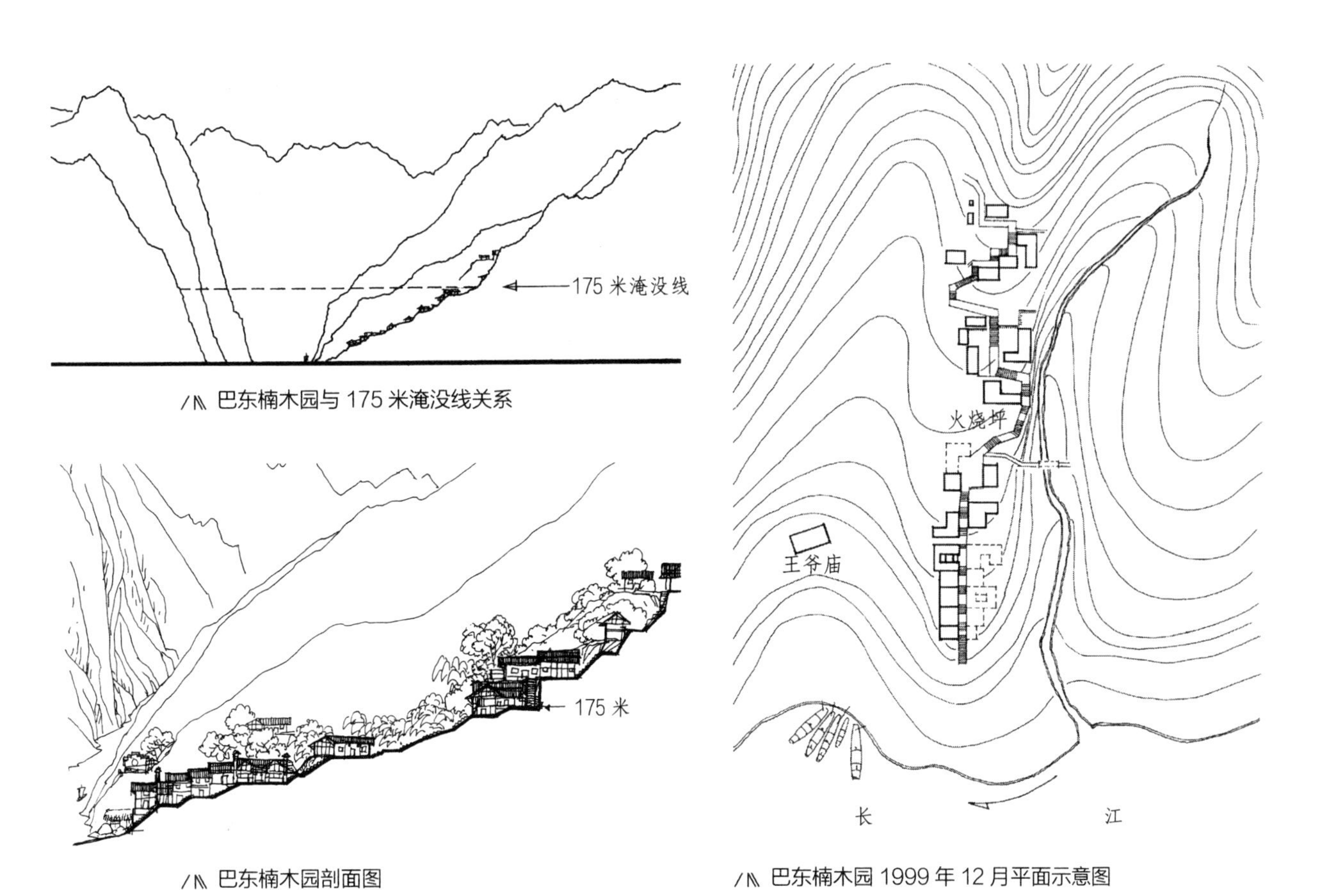

/╲ 巴东楠木园与 175 米淹没线关系

/╲ 巴东楠木园剖面图

/╲ 巴东楠木园 1999 年 12 月平面示意图

时路分两向：右岔出一条小路，跨小溪上的廊桥通往村野；沿主干道路续行，建筑开始疏落，仅点缀于路旁。有 1975 年 12 月辛克靖先生关于鄂西土家族村镇建筑调查的文图在案，他在《华中建筑》上说："巴东楠木园由水码头数百步石梯上至用青石板铺成的街道，就是随地形自然形成的。道路有石板路、乱石路和土路。街道一般用青石板铺成，比较狭窄。沿街建筑大多为一二层木结构或砖木结构，并有出廊或深或浅的出檐。沿街店面装修大多用住宅常用的隔扇，置于外檐柱间，或在沿街店面固定的柜台上装有可装卸的门板。这种隔扇和门板玲珑轻巧，既分内外，必要时又可全部打开和拆除，使店铺呈开敞状态以接待顾客。建筑的内外线是虚的、不定的，可以穿透。街道空间和建筑室内空间也是流通的，并有一种向内吸引的感觉。街道宽度与建筑高度为 1∶2 的比例居多。"

从仅存的三五家看，街房和一般发达的场镇存在明显区别，即前店后宅格局尚在发育之中。前店后宅有别于一般街房住宅的显著特征是：前店有柜台、货架之类摆放商品的地方，如果是客栈，则犹如街旁住户，进门则是设立香火

/🔺 巴东楠木园竖向景观示意图

/⺀ 现场之夜忆写楠木园景观

/⺀ 辛克靖 1975 年描绘之楠木园码头

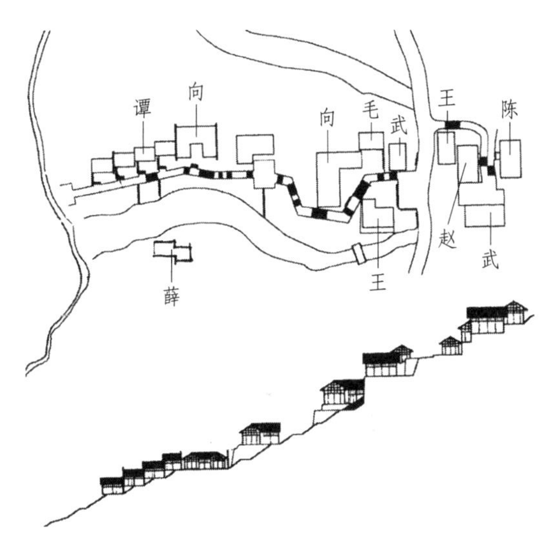

/⺀ 巴东楠木园居民姓氏概况

的堂屋。楠木园民居，一因地处偏远，过客不甚多；二是坡地建宅面积有限，一房多用，无法在进深上追求合院式的展开；三是经济实力有限；因此，只有在有限面积上向空中发展，即增加楼层。从辛克靖先生的楠木园速写中，我们看到 25 年前（1975 年），码头人家甚至有三层木构楼房出现。像这样的街房，如果开展商业活动，理应是下店上宅。由于地处之境文化落后，就是有较宽大地基修建街房，亦是农民搬迁建房，一时还难以割舍强大伦理力量支配下的建房动机和传统习惯，建房时间多在清末民初，所以，街房仅存的向姓四合院，不仅临街建“楼子”（即门楼），内天井、正房、厢房齐全，而且还在厢房两侧

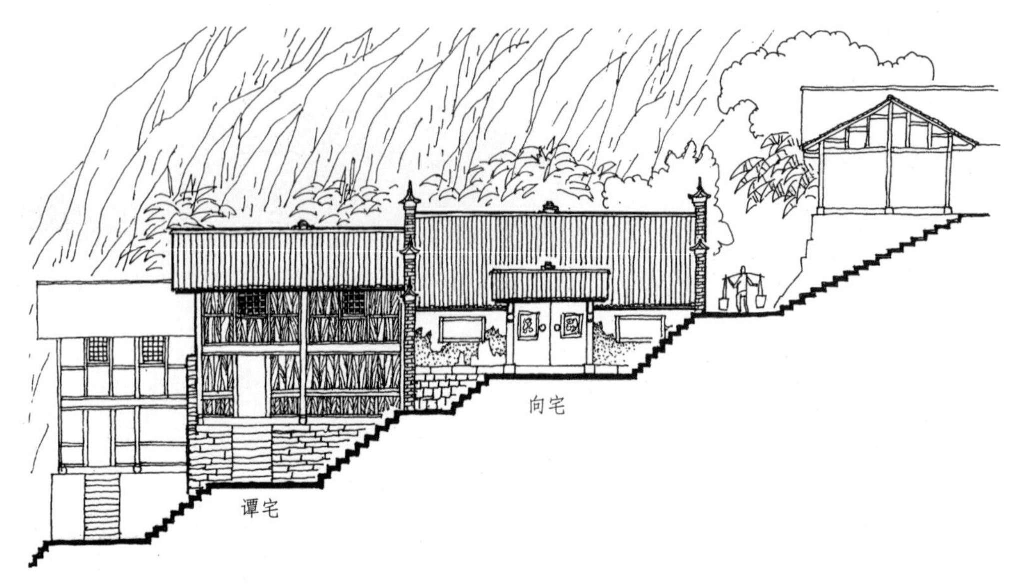

/\\ 楠木园上街向、谭二宅正立面图

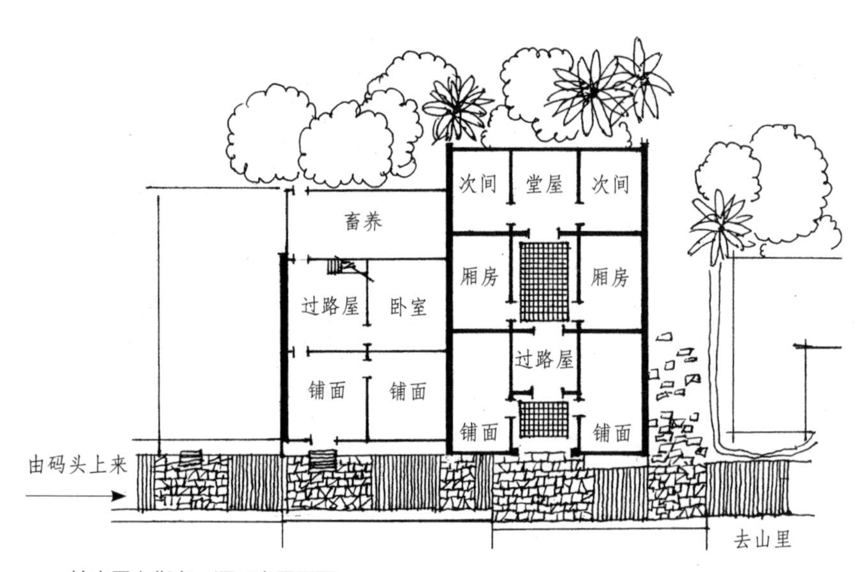

/\\ 楠木园上街向、谭二宅平面图

/\\ 从后坡看楠木园向宅

/八 楠木园临街向、谭诸宅俯瞰

砌风火山墙。这就是在江面上看到的那堵饱经岁月沧桑的风火山墙。另外还有巧妙者，因用地所限，厢房屋顶采用单坡屋面，天井小巧，仅几平方米。所以说楠木园是一个尚在发育过程中的场镇，犹如农村住房有序地排列在道路两旁而已。若从保存完好的半段零星散落的住宅看，或为曲尺形，或为一字形，比如，向宅、毛宅、武宅等均与当地农村住宅无异。若再拿最近的四川境内巫山县培石镇比较，两者偏远的地理位置、贫弱的经济状况等均相同，所产生的空间形态亦类似。这正是建筑受文化明显影响的例证。说到底，就是大城市于平原上建房，前店后宅之"宅"亦多以四合院为正宗、为多数。而这里处于农业社会封建秩序状态的山区，街上人家大部分仍以种庄稼为主，只不过他们同时兼营生意而已。

在场镇发展的过程中，空间归属的不确定性、商业与农业的季节性造成了冬秋航运高峰与秋收后年关将至的商业消费高潮的结合。秋季洪水消退后，在河岸上密集地出现临时性草棚（河棚子），而骡马店、油坊、客栈、茶馆、酒

楠木园上街向宅透视图

店、香蜡纸烛店周期性地重新登场。据老人们讲，高峰时有1000人的流量，周围农民尤其不少土家族农民在农闲时上街经商，一时热闹非凡。场镇地处长江一曲回港湾，是川江航运进入湖北的第一个、回程又是最末一个幺店子聚落似的歇脚点，因此，船工们认为其具有特殊意义，常登岸吃顿饭，住一宿，烧炷香，久之便在近码头的岸上修起王爷庙。王爷庙是川江船工特有的祠庙，湖北境内楠木园曾有的这一座，恐为川境外唯一的了。再下湖北境内就称水府庙之类了，如香溪水府庙。当然，场镇既兴，其他寺观亦应运而生，诸如通往建始、较场坝山顶大路旁的道观、土地庙。故场镇发展形成不独民居建筑一种类型，同时镇旁小溪又拱起带廊屋的石拱廊桥，加之周围树木竹丛的浓密苍翠、溪流弯曲、溪水潺潺有声，一个三峡腹地长江边上的传统场镇胚胎渐次形成。

楠木园的兴起，据传主要与川江船工

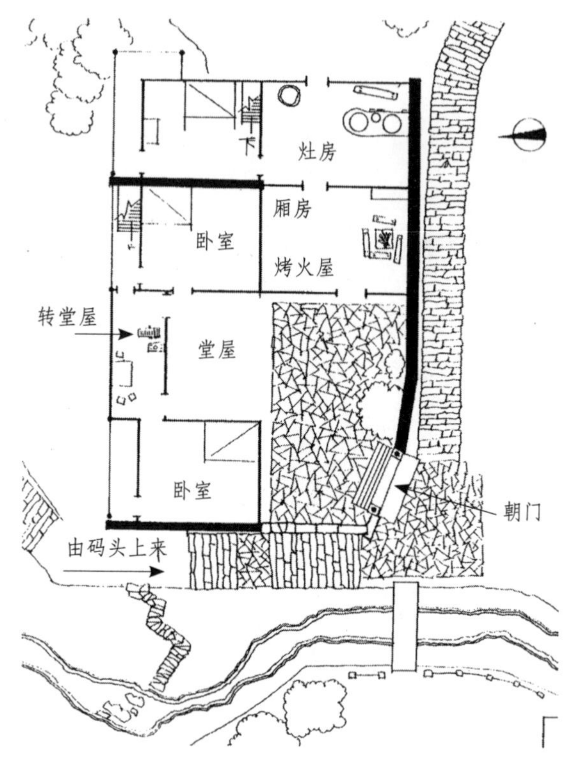

楠木园上街向宅平面图

楠木园上街向宅

楠木园向宅局部

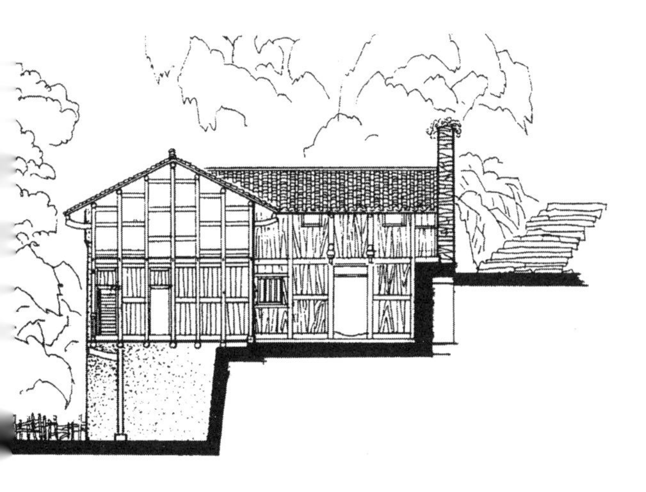

/\\ 楠木园上街向宅剖面图

/\\ 楠木园面江挑出的木楼

/\\ 楠木园谭宅临街店面

/\\ 楠木园木、石镶嵌工艺

常于此歇脚有关：下水出川时这里是第一个湖北歇脚点，上水又是最末一个歇脚点。又因有一小回水沱利于抛锚停靠，若有船货至建始县部分近楠木园的场镇者，这里也路途便捷。清咸丰、同治年间，第二次“川盐、川米济楚”高潮时期，这里停泊船只增加，山道上往返人流增多，促成了场镇的进一步兴盛。人口构成上以土家族为主，赵、武、毛、王、向、薛、任、陈、谭、唐等姓杂居。20世纪20年代时，这里曾被伪装成贺龙部队的“棒老二”土匪洗劫、火烧，后又增建不少民居。

楠木园的空间形态和巫山培石有着诸多相似的地方。虽然一个是垂直等高线布局，一个是平行等高线沿江岸布局，但太多的内在因素促成了这一结果，因此，它具有类似条件产生的聚落、进而产生场镇的普遍而典型的意义。尤其三峡地区省与省相邻、县与县相邻之处，这样的边界相接之地不断变化，亦造成了聚落与场镇不断出现，因而其自然有着不同于一般场镇的发生、发展规律。就楠木园与培石而言，二者大致有如下一些共同点：

（1）有类似的地理位置和环境特点。两镇都处于三峡腹心两省（同时又是分属两县）的最前缘边界旁，楠木园距两省市边界线约25千米，培石距两省市边界线约1.5千米，均在南岸，又是陡坡山地，背后均是广大山区。

（2）同样具有贫弱的农业经济和人口构成。以旱地作物为主的农业经济，贫乏的森林资源，薄弱的小农耕种和副业生产等经济基础导致人口稀少，且都存在土家族与汉族贫苦农民混居的状况。

（3）都受到了“川盐、川米济楚”的影响。清乾隆、咸丰年间及抗日战争三个历史时期，“川盐、川米济楚”的小流量流向必然要利用航运之便，通过南岸一些天然港湾以取捷径，把盐、米运往湖北西部一些县、镇、乡村，同时又组织回头山货。这些港湾渐次由聚落到场镇，有序发展，终因辐射面积窄小、时间太短、人货流量太少等诸多因素制约，人气不能长旺，故特定的历史时期一过，场镇也就衰败了。

（4）都有争夺经济收入的潜在因素。楚、蜀两行政区域交界之地，各场镇完善空间组织以争夺对方人流流向本地，从而产生消费，增加经济收入，自是历来农业市场经济的一大特点。因此，把场镇选址定在边界有着潜在的争夺经济收入的因素。

（5）都有空间的有序组织和先入为主的特点。任何一个聚落的兴起和场镇的发生，均有一两户最早入住的人家。往往是后续者看见他们生意兴旺才接踵而至，于邻近处建房置店。作为有限的经济规模，后续者意欲分得一杯羹似晚了一步，加之先入者占据有利口岸地段，早已积累较多钱财，又入住在先，掌握着空间秩序规划的发言权，因此，这样的聚落总是有一两家建筑建得最有特点，规模大、质量好，其他店铺的建设围绕它们有序地展开，但其建筑形态就显得一般了。建筑形态之优劣个中便有其深层原因，比如，楠木园有风火山墙的向宅，培石张胜模宅，其宅主均是入住最早的人家。

（6）建筑形态与时间有先后。场镇最先建设之住宅店铺，修建时间最迟也在清末，合院式仍是那时占据主导地位的居住模式，加之财力、选址回旋余地大，所以最先建设者多以四合院雄踞街中。后来者由于诸事约束，且又处于封

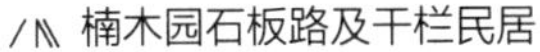

/\ 楠木园石板路及干栏民居

/\ 楠木园破墙开门洞的乡土做法

建社会逐渐瓦解的时期，合院模式渐次消退，而建筑的随意性增加，因此还出现多姿多态的状况，但建筑工艺、工程质量明显不如前者。此正是转轨时期因观念调整而造成的混乱在建筑上的反映。但作为整体，场镇空间丰富了，天际轮廓线错落起伏，建筑的面、线、色组合变化有致，因此，三峡场镇形态于此也各有了千秋。

（7）都受到区域建筑的影响。楠木园向宅风火山墙无论样式、做法、色彩、尺度等与湖北秭归聚集坊村、上孝村等湖北三峡境内的重檐式山墙都出自一个模式。但跨过川、楚边界，这种模式在四川一方就销声匿迹了。培石街中的砖拱圆门洞亦是巫山县城起云街门洞的翻版，也多见于奉节、巫山县城镇，越过湖北界则未发现此类型的存在。显然，地域行政区划是制约、影响建筑及文化的一个重要原因。边界本是无形的，是人为的一条虚线，却在人们的心理上构筑起一条长久难越的鸿沟，这同时又是文化的鸿沟，影响着各区域内人的行为，又隔绝着各区域内尤其是自成文化体系区域内相互之间的影响。然而它们又统一于中原文化圈内，所以区域之间的文化差异不过是中原文化内部的细微出入。

三、巫山培石——峡中聚落　川镇句号

巫山县培石小镇位于巫峡与西陵峡之间的南岸，是真正的三峡腹心之地，距湖北与四川“楚蜀鸿沟”天然分界线的鳊鱼溪口仅1.5千米。培石实为村级行政单位，全村200多户，居民以种橘、捕鱼、搬运、经商为生。

培石为场镇功能尚在发育中的聚落，它无场期，无功能划分的市场，只有一段长约20米、宽仅2米左右的街道。街道两侧各有几家店铺零售服装、百货之类。加之街两端有圆拱门加栅子关锁，明眼人一看就知道是仿照巫山县城老街里坊门圆拱做法，其貌犹如一家宅院。街道狭长封闭，空间情调与一般场镇大异，是经济、文化状况，地形、地势条件，人口分布等因素共同作用所产生的人文形态，谓之村庄与场镇之间的过渡性形态或有序的聚落较为确切。恰此“不伦不类”，使我们看到了一个场镇在发生、发展的初级阶段的完整模式，看到了城镇发展史中一个极为难得的空间胚胎形态。

位于小街西端拱门自码头上来的张胜模的家宅，无论是在极狭窄陡坡上顽强追求四合院格局的秉性，还是在结构与工艺上的认真态度，所用木料的尺寸及保存至今的成色，以及宅外踏步石梯反映出来的当时严谨、坚稳的工程风尚，等等，都极具说服力地证实，这座平凡踏实、端庄巧妙的四合院不仅是出自儒化之风纯正的清中叶，同时又是峡江川境内盐销川鄂边境最遥远的起始点。由此算来，张宅的历史也在200年左右，是非常有价值的三峡民居典范。

张家要在峡中聚散盐巴和山货，必建既宽敞又有门面的宅子，所在之地发展成街道后又是商业好口岸，宅中之人向江面顾盼，气畅情至，视听通达，与自然保持全方位的联系。三峡陡岸欲得一平地建宅谈何容易？张家后虽终建成一宅，然从现况洞察，建宅之用心、运算显得十分礼让、智慧、巧妙、得体。

张宅首先花大钱于基础部分，分两台垒砌堡坎，下台成路，直通江边码头，专供行人之用。上台为宅基。下台之路宽2~3米，硬青石台面与石梯交替进行，直铺至家门，门斜对西北长江上游，于此小路发生转折成直角，门亦正在直角顶端。路亦成私家之道。行人至此，正疑是否走错路时，视线一转，豁然开朗，东连坦荡小街直通远处。不仅如此，为在转角处稳住人心，令其止步，

/⑊ 培石写意

/⑊ 培石临巫峡老街屋面

/⑊ 张、吕二宅连接处过街楼下通道中张宅大门

并进行招揽，张宅于此靠门面对小街处设一柜台以陈列商品，其上作为过街楼，楼下置长石凳。三峡地区夏天太阳毒辣，冬季江风凛冽，在过街楼下等船时，无论与码头距离远近，都能躲避寒风，这不仅有效地解决了上下码头行人之困难问题，而且成为培石全天候的“候船室”。同时这又算是本埠最大的公共空间。加之“洞口”石梯直对江面，进退无障，可坐而静观江景，任何人到此绝不会另择地方一憩。因为是家门口的地方，客人坐久了，对主人都有感激之情，往往情不自禁购买一二小商品以示答谢。若有兴致高者，因好奇而想纵览其宅院全貌，便可进得门去，上见天井宽敞，更有一间有栏杆的面江大屋。里面有桌有凳有椅，可供茶酒饭食。走廊栏杆外正是长江的浩荡江流，至此者不由得会产生非上前凭栏一睹江上风光不可的欲望。你若觉得不过瘾，可或要杯茶，或要盘腊肉佐酒，再吃一顿嫩豌豆加苞谷的“三合饭”，此正中老板下怀。其实，你自一踏上石梯入转角处，就无形中被张宅建筑牵着鼻子走，被宅主一步一步导入建宅时的设想计划之中。且这种导入还分成几个阶段，第一是转角处为自下船以来一直爬坡的客人遇到的第一个有荫蔽处的过街楼下小台面，第二

/\ 培石张宅临江木构风姿

/\ 培石吕宅临江吊脚楼

/\ 培石庙嘴之神女庙与谭氏宗祠残貌

/\ 培石街下河滩

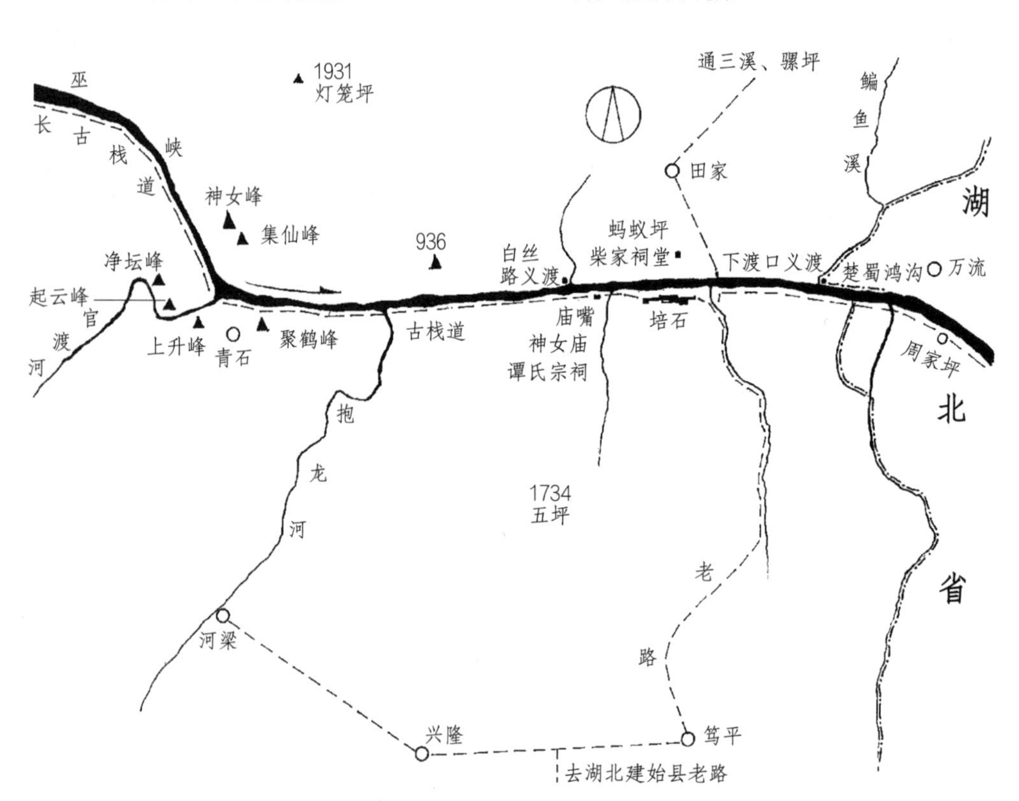

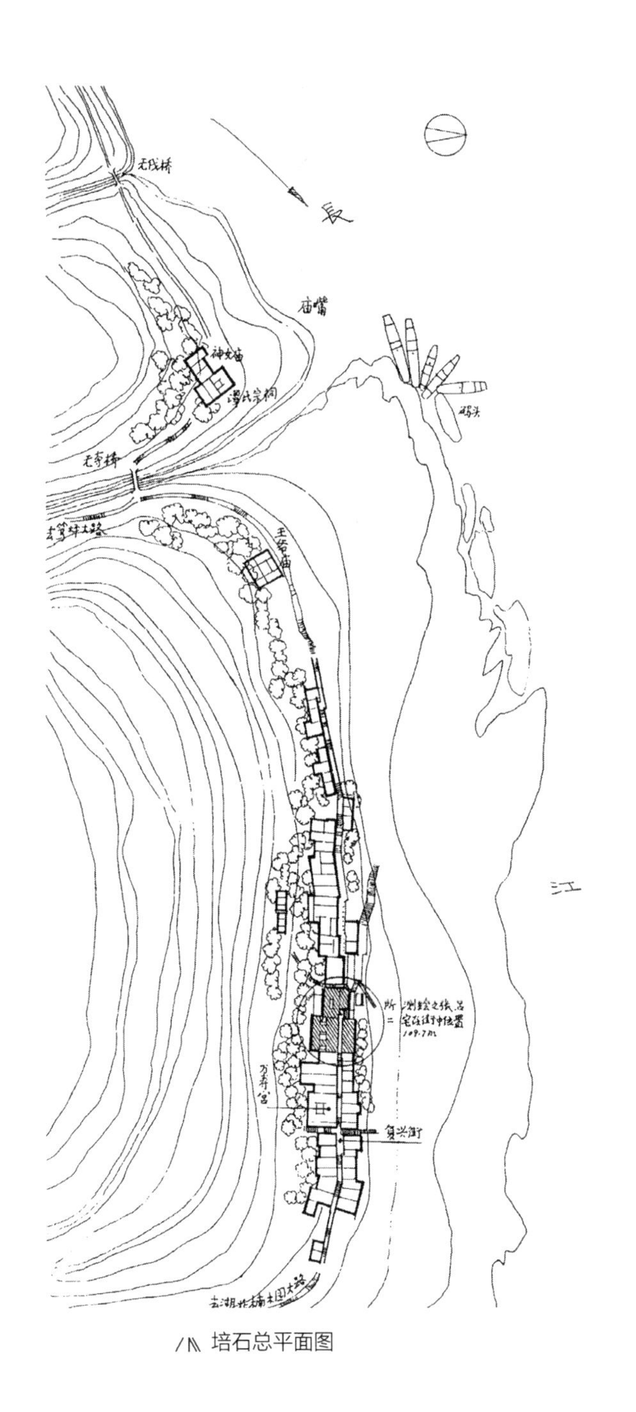

/八 培石总平面图

阶段是客人于此小憩，想吃点儿什么，第三阶段是如前述进得屋中的如此这般。商人做事，最终目的就是赚钱。他们在建新房子时绞尽脑汁想办法在设计上把过客稳住，让其久留，然后施展招数让其舒服，因为这样可以赚到更多的钱。但以建筑开路，以空间吸引客人，实为高明亦很高尚之举。

前面讲了，张宅追求合院形制，囿于地形，终于在有限空间条件下实现其合院美梦，这理应是农业社会普通人家在居住上的最高理想。然而，因其地处坡地，在前厅部分做临江一面建构时，并没有完全失去干栏做法，不同的是把木柱改成了石砌墙，于是形成了三层的前厅空间，其立面木石兼作，自江面望去，在那个时代也不失为高楼，其风致自然十乡八里有口皆碑，亦为僻远峡江一大人文景观。尤其是湖北楠木园一带居民，说到四川培石，均有言必称张宅如何如何之妙。今天看来，石作与穿逗木构均无破损、偏斜，其工程质量是值得当代人学习、研究的。

张宅为小镇之初，随后渐次有了一条小街紧连。按理，后来人家顺小街往下游方延长下去，久之定成场镇。结果全出所料，若干年下来仍旧只有张宅和小街一段。之所以如此，根源之一仍然要从张宅开始建房时的设计思想谈起。

张宅把码头石路引进自家宅内通过，已是浩大的石砌工程，把过街楼作为场口，即街道的唯一标志物，并和道路有机接合起来，使其成为又一进入街道的通道口。张宅此举，亦使其永远成为培石靠近码头的黄金口岸第一家。若后来者想离开此场口另在一边开路建街，并和老街连成一气，则非通过张宅天井

/ 培石所处峡江优美环境

不可，或者张家必须拆迁，当然那都是不可能的。这就注定了张宅“霸道”的设计将永久独踞场口第一家之位，再加之小街两头又使用拱门栅子，从而使其自成一独立的商业中心。本来人口就不多的山区，在街上做生意显然难以与“老店铺”抗衡，无奈之中，不少人家只有东一户西一户地“乱建”了。这就形成了聚落之形貌。

另补充一点，巫山有的场镇爱用拱门栅子把街道分成若干段区的做法，全因受巫山县城老街的影响，比如，起云街李季达民居门前连续三道拱门的气势，如同忠县西山街西式民居影响场镇的气势一样。本来这种做法对防火、防盗均有一定的积极作用，但用在人口稀少、经济单薄的偏远地区，则影响了场镇的进一步发展。当然，这是极特殊的例子。

在街道区段中间出现的带拱门和栅子的墙体，理应是独户单家风火山墙向

/\ 培石张、吕二宅俯视图

街道中间的扩大和延伸。以若干家的组群方式，在街头构建风火山墙式的防火防盗墙体是三峡尤其是巫山地区场镇的一大特点，这反映出三峡地区沿江四川境内场镇民居的集体协作精神。同时这又在场镇中大大减少了风火山墙的数量。这和湖北西陵峡沿江两岸，诸如香溪口水府庙、上孝村、聚集坊村等风火山墙林立毗连的现象比较起来，可见两地文化有不同的地方。这种复杂关系，既表现了区域建筑文化的相对独立性，又有中原文化反映在三峡地区的关联性和差异性，更有三峡中段“楚蜀鸿沟”的行政划分带来两地各有归属的文化倾向性。这种归属性的影响表现在物质与精神形态方面：在四川，巫山场镇受巫山县城影响，万县地区各县城受万县市影响，万县及重庆附近县、市又受重庆影响。在湖北，巴东场镇受巴东县城影响，宜昌地区各县城受宜昌市影响，宜昌及武汉附近县市又受武汉市影响。若以“楚蜀鸿沟”为界，巫山培石、巴东楠木园则就处在两大区域文化的最前沿了。自两镇沿长江上、下起，那里的时间形态（如语言）、空间形态（如建筑）就开始发生如归属等方面的变化，也就形成了区域文化的边缘及前哨地带即长江时空合一的形态。

培石故事

笔者三次去培石，每次间隔近10年。最近一次是2001年2月，因为2003年6月三峡水库大坝开始蓄水，并将达到135米的高度，届时培石将被全部淹没，笔者怕到时无法抢救街中张、吕两家的民居资料，故春节刚过便心急火燎地由成都直奔峡江腹地。从巫山县城到峡中小镇必须换乘小船，笔者本来有一叶轻舟荡峡江的兴致，却被风雨和"稀牙漏缝"的船篷彻底扫尽，茫茫苍苍的迷蒙，昏昏沉沉的时辰，30多千米的路程走了两个多钟头，才把人推到还是10年以前的境地，且因一天只有一班船，故笔者必须又得借宿峡中百姓家了。

既然是专为街中老民居而来，自然就先从这家人说起。笔者原以为老宅就是由川鄂交界一带名声很大的张胜模所建、所有。据当时70多岁的街民柴孝魁老人言，老宅实则是唐宫喜祖辈留的财产，因唐是地主，土改时宅子被没收，几经转手才到张胜模手上。笔者这次到培石考察时，张胜模已将住宅卖给其弟了。由于要测绘，笔者才里里外外、上上下下把房子翻了个遍，于是，又一次为峡中腹地的魅力倾倒。区区小屋散发出来的文化浓香冉冉飘来，它的僻远、封闭丝毫没有掩盖传统建筑文化令人无法抗拒的吸引力，因而在调研中，笔者发现建筑的每一细微之处和传统文化熨帖得如此和谐和默契，让人赞叹不已。

大门外右侧"无中生有"多出了一根木柱（参阅平面图），不明事理者当然以为是多此一举，认为它不具支撑和承重作用，又有些碍事。然而，恰因此而改换门向，与原先的门构成约200°的角度，这一角度是不能再斜了，否则真的进门就不方便了。这种现象如前面很多地方提到的，清以来，川江街道、宫观寺庙、民居凡门向能往上游方调整的，均不遗余力地调整，核心是朝上游方，哪怕稍稍向上游方偏离一点儿，这仅是一种意象似的偏离，只为心理上的完善满足。建筑与街道人为地以轴线或门向或下房发生偏离，笔者已在若干文章中讨论过，这是巴蜀之地建筑自清以来常见的现象。在考察龙泉驿洛带镇一些客

/\\ 培石张、吕二宅接合部山墙

家乡下民居时，笔者发现还有农民因病因祸而改变门向以消灾难的现象。三峡场镇、建筑实则和川江其他沿江场镇、建筑一样，并无太多的特殊性，原因有三。一是风水说法。阴阳五行中，金同水，面迎上游，犹如敞怀接宝纳财。二是行政归属。成都在西方，蜀都为汉室，以云阳张飞庙大门斜向西开为代表，寓意“心向蜀汉”，是心理上版图归属的一种表达方式。还是同一文化圈内向心聚合的暗示，根源还在于其受儒文化“忠”“仁”思想影响。三是心理作用。试做一下比较，如果门向朝下游方，人的心理状态及感觉将会产生下走、流散、松弛、消极之感，门向上游则会形成积极、亢奋、向上、有力的精神状态。当然，门向与盆地内风向、日照也有些关系，比如，避北风、无江流的地方则追求更多的日照等。张胜模86岁的母亲，站出来对笔者说：“把门改来歪起，还不是想发财？”一语道破改门向的风水缘由。

张胜模宅空间因坡地而分层，一层仅分台构筑就只剩下了几十平方米。主要的二层、三层则在底层基础上上升。二层厢房、正房实则为平房。但宅主着力塑造临江立面三层的豪华高大，也是告知过往江船和客人一种空间信息：此处豪华、实力雄厚、吃住舒适。这种做法有商业操作成分。故三层之上做了些“假走廊”围绕天井大半圈，以示外廊的内部延伸，是川中走马转角楼内以回廊展示身份的一种建筑显示，因这种做法在清代往往是大

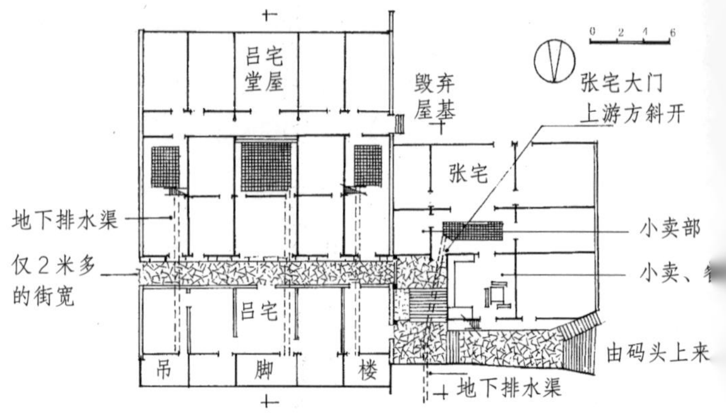

巫山县培石街张胜模、吕尔扬宅首层平面图

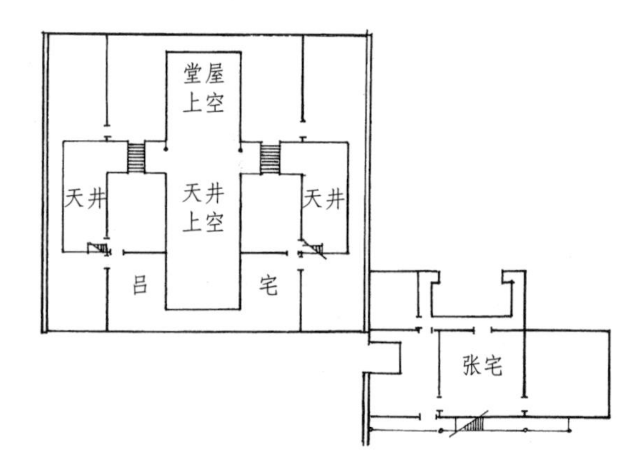

巫山县培石街张胜模、吕尔扬宅二层平面图

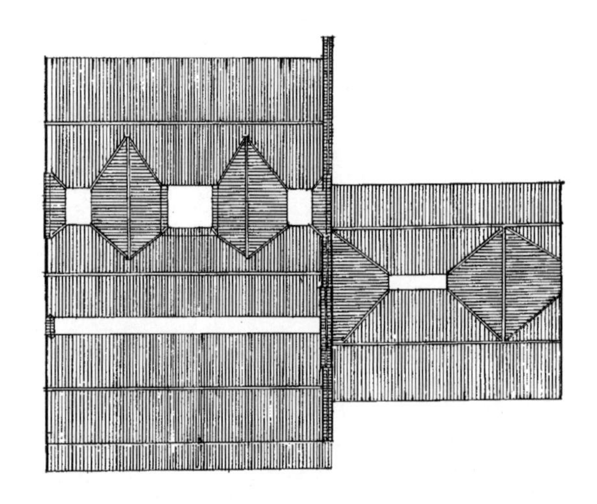
巫山县培石街张胜模、吕尔扬屋顶平面图

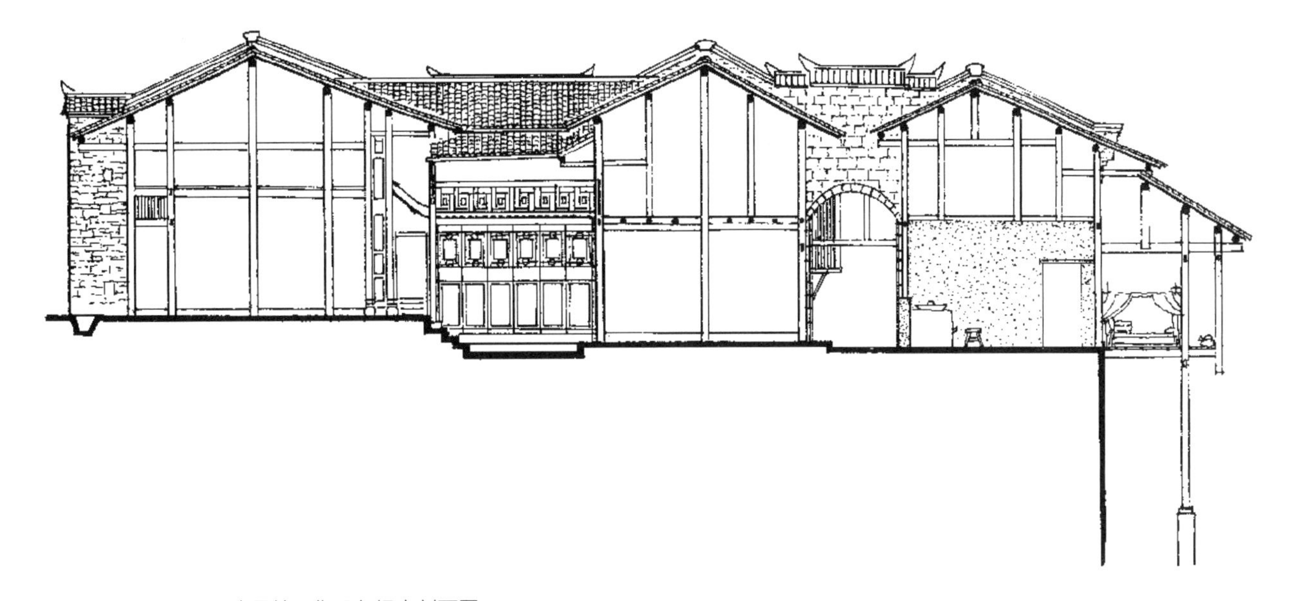

/\ 巫山县培石街吕尔扬宅剖面图

/\ 巫山县培石街张胜模、吕尔扬宅临江立面图

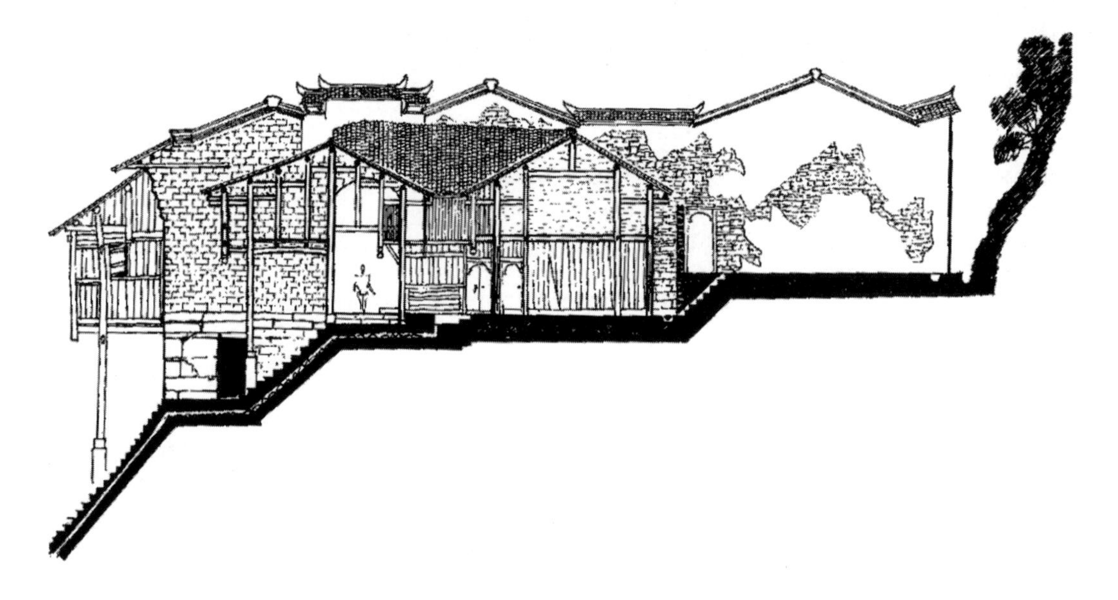

/⼋ 培石街张胜模宅剖面图

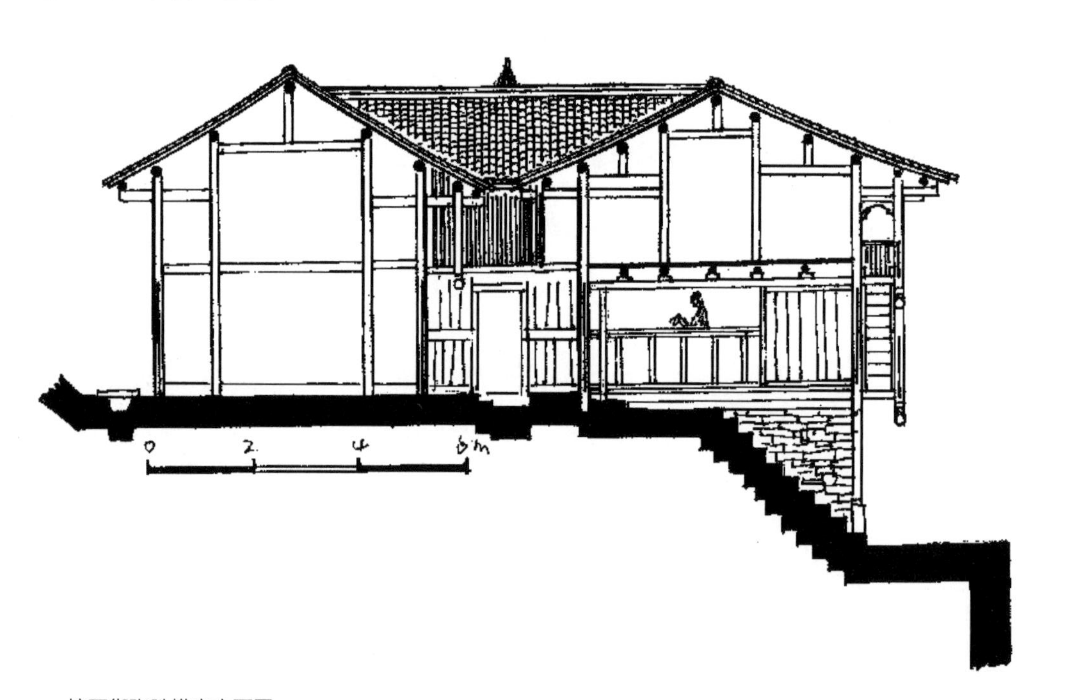

/⼋ 培石街张胜模宅立面图

培石速写：从老街上看张宅窗口

培石速写：下码头石梯

培石速写：张宅室内

培石速写：从张宅窗口看老街

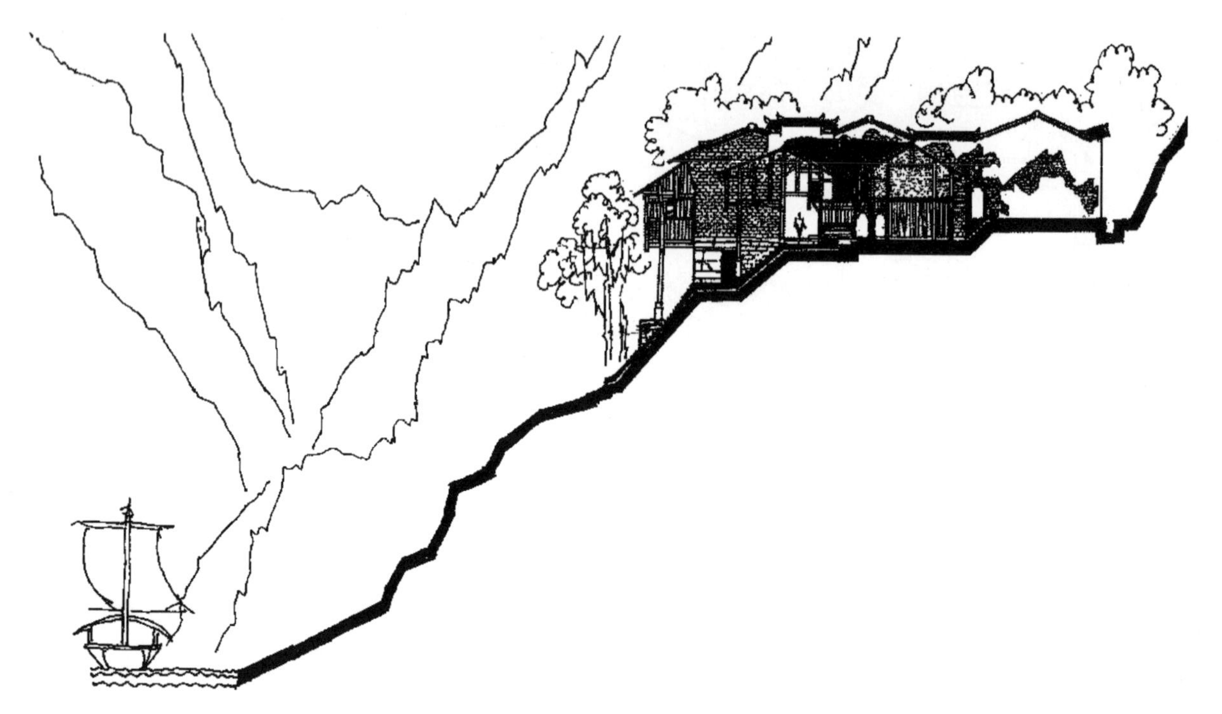

/⑪ 培石张、吕宅与环境

/⑪ 培石张宅及环境

 巫峡雨雾

培石人家

户人家借四合院传达财富的标志性信息的手段。

和张宅一拱门墙相紧邻的仅 2 米宽的街道，实为吕尔扬住宅的内部通道。有趣的是，其纳公私于一体，和忠县涂井场赵联云宅同制，赵宅以歇山顶过街楼立于街道两端以示范围，吕宅以砖砌圆拱栅子门立于两端头，框定界限。赵、吕二宅现象鲜见于三峡之外的其他区域，是三峡场镇形态内涵独有之处。且吕宅还在街道上空覆以亮瓦，使该街成为全天候“赶场街”，街道太窄恐有此原因。据传这种做法是吕尔扬从武汉商场仿效而来的，但从其内部看，全为纯清制度，故街道上空全覆玻璃亮瓦恐是民国年间的补作。无论如何，此宅恐是三峡场镇，甚至川渝场镇唯一如此的建构，恰又在最边远的还不成场镇气候的小街，其可贵之处也在于此。

吕宅占地 500 多平方米，一层建筑面积约 400 平方米，由街道分成两部分：主宅靠山，一排 5 间，形成传统合院格局，仍分上、下房，中为主天井，中轴线顶端为祖堂，主天井左右各置一小天井。下房 5 间临街，作为门面用。中轴一间宽 4.65 米，左右各两间，每间宽 3.45 米。换算成市制，大门约 1 丈 5 尺 6 寸，次间和稍间 1 丈 1 尺 2 寸，正是清代之中间宽左右稍窄的习惯做法。民国年间，这种加宽轴线系列房间宽度的做法被渐次舍弃，理由自然是对住宅封建仪轨的淡漠。遍数三峡民居，此现象亦可作为判断民居建筑年代的根据之一。主宅还有二层，围绕三个天井全部打通，并在主天井厢房二层与上房次间二层间的过道上空架设悬空木楼梯。此作似有些勉强，但又有些趣味。三峡地区夏天酷热，如此更利于通风，也不是毫无道理。

笔者从江上看吕宅临江悬置干栏（吊脚楼）部分，因其每间比例接近，以为

/⺇ 吕宅堂屋、次间、厢房接合部

/⺇ 培石张宅天井

/⺇ 培石张宅歪斜大门

是连排式民居，而测绘结果仍和主宅开间尺度一致，这表明宅主是把街道之外的房子纳入了整体考虑中，又以两侧石砌墙归纳统筹。内外间的一致性、照应性除了有强调两宅之间的街道有私家性质，亦在商业上有“挡道卖”“关门卖”，在家中做生意的垄断霸道遗风。张宅门外巷道空间也有此理，只是处理得更有人情味，给路人提供休息的平台和石凳，又上有楼面权作风雨篷，因而空间朝美学方面发生转变，情调变得更加浓郁。吕宅后来对此理有所意识，在苍白的街道上空加盖亮瓦，恐怕也是受到张宅的一些启发。因为任何人只要总是往给人方便、替人解忧、为人着想这些方面去想、去做，结果自然也就会带来商机。

张、吕二老宅以一砖砌圆拱门紧紧毗连，形成培石老街一个周边数十平方千米知名度极高的空间场所。如当地老人言：一是修得早，二是修得巧。二者浑然一体，全因修建时间比较一致而产生传播出同一空间信息的效应，即时间与空间的统一性，没有发生出入。反之，明显地一先一后修建，就使人感到有点儿勉强了。

培石虽在峡江腹心，又尽在大山区的江边，但其以几家老宅为支点，托起了一方文化，则相关的“龙门阵”自然是很多的。它的名字就有一番传说：朱元璋建都南京后，在筑城墙时看中了培石江岸上坚硬好看的“油光石”（石灰石），便大量开采，船运下江。其妻病，朱元璋找算命先生卜卦，算命先生言须归还所采之石，谓“赔石”，其妻病才能好转。朱元璋照办，妻病方愈。因“赔石”是培石的谐音，故此处才有了培石这一地名。

再如江岸内“无伐”“无夺”“无暴”三桥，传为三弟兄所建，父要三人不可“伐”“夺”“暴”，以桥名诠释人生，故得名。后清末奉节籍名将鲍超由湖南提督回川改造川鄂沿江栈道时，加固三桥并大加称赞，流传至今。

培石街民多为“湖广填四川”之移民，以谭、张二姓为主，张姓又多于谭姓。江西人入川后，先于街边缘地带居住，势力渐大又筹建万寿宫后，以万寿宫作为“力行”（搬运工）帮口，掌握了搬运工的领导权。帮头见利十抽一，凡欲新加入帮口者，一对人给一副抬杠，缴一斗苞谷，单个者对折缴五升。时社会由帮会左右，遂必以封建色彩浓重之地缘性结合形成社会主干形态，所以清末民初重“仁”“义”二字的袍哥当道，又有大刀会道门横行乡里，渐成反动势力，下武汉以金银首饰置刀购枪，上云阳买盐垄断，成为一方邪恶势力。他们的聚会多以万寿宫为依托，有时也在吕家院子集会，故会馆、民居功能多了一层“公所”的色彩，这也是地方势力强大的恶果之一。

培石庙嘴坡上有谭氏宗祠，先于张姓人住培石者，笔者以为应是土家族居民，其原因一是谭为土家大姓；二是培石紧邻土家聚居区的建始等县；三是原居民斗不过文化发达的江南移民；四是“湖广填四川”，由于距离近，土家族居民捷足先登易成气候，或本来就是培石农民。附近农民入住街上较为方便，如柴姓，在清中前期为湖南岳州府余塘县籍，移民江对岸蚂蚁坪后，先住岩洞，渐搭棚盖房；1946年由于躲避国民党拉壮丁才辗转入街居住。故川中“五方杂

/|\ 培石吕宅清代厢房窗作

/|\ 培石张胜模之父和过街楼下宅门小店

处”自有缘由。

抗日战争也给培石带来紧张，天上有空战，江上舰船忙。虽没有驻兵，但日本的飞机就在两省交界的鳊鱼溪炸沉了三艘船，还在上游不远的青石炸沉了民生公司的“民俗”号江轮。当时满江漂着呼救、挣扎者，街人无船相助，眼巴巴看着他们随江流远去。今老人谈起，犹怒色不减，对日本军国主义的仇恨深入骨髓。

当然，培石悲壮或美丽的故事还有很多。人们在往上游方望去的庙嘴坡上也建了一座神女庙，今庙虽已残破，但神女在晨雾暮霭中时隐时现，仍不断在培石居民面前展示她的倩影。能和这样一个晓知天下的美女常伴常依，朝夕相处，虽处僻远寂寞之地，也就满足了。最后值得一提的是，培石与南岸一直延至湖北建始县的广大山区之所以保持着密切关系，其历史原因在于，清雍正六年（1728 年）前建始县属四川版图辖区，后划归湖北，但部分山区下长江的路线仍以培石为近，那里的居民言必称培石，对街中某人某事了如指掌，可见他们对培石的深厚感情。

四、巫山大溪——对景夔门　“心向蜀汉”

大溪镇在巫山县境内，因地处大溪河畔而得名。大溪河为三峡中长江南岸的一条小支流，它和长江交汇处的东岸即大溪镇址，西岸即大溪文化遗址。

大溪的“大”字，当地人读“黛”，与“载”字同音。大溪是古代巫载部落核心地带。“大溪”即“载溪”。自 1958 年以来，国家考古部门在大溪河西岸有三级台阶的上溪村进行大规模发掘，出土了大量文物，并确证距今 6000~5300 年这里曾是人类聚集生活的地方，谓之大溪文化。然而，在其东岸的大溪镇是否就是古时遗存聚落发展起来的呢？一是无资料证实，二是尚不太可能。但从镇址台阶上分布有拱石砌成的汉墓看，在汉代这里就有居民居住是完全有可能的。它和大溪河对岸有大片耕地的大溪文化遗址附近居民区仅一小流之隔。从地形上看，这里的河岸更利于上下船只的停泊，还是大庙乡广大客商乡民进入

/\\ 大溪写意

/\\ 和瞿塘峡对景的大溪镇

长江最便捷之道。据学者任乃强考察，处在三峡—巫载文化带上的湖北恩施盐阳，殷周时期正是“翻越七岳山，经巫山大庙坝，大溪沟（河）沿长江至今巫山县城。这条大道，乃古代巫盐输入恩施盆地的‘盐道’”（四川文史馆编：《巴蜀科技史研究》，四川大学出版社，1995）。而盐道重要的水陆转折点，正是别处无法代替的大溪镇今镇址码头。从地图上看，此位置亦为水陆转折最佳之地，并和任乃强所指之“盐道”相吻合。笔者在考察大溪镇时与当地镇民叙谈，镇民皆称至今大溪镇与大庙镇之间道路仍是两镇居民赶场、走亲戚之唯一路线。而大溪街道石板路上若干已成石窝的“蹄印”，又说明了自古以来这里马帮、人流络绎不绝。从这一历史事实可知，殷周时期，作为连接水陆两线的交通承启点，码头之地形成聚落是不成问题的，应该说市镇的兴起也是具备条件的。因为稍后秦汉时的巫山故城已有了相当规模：“城缘山为墉，周十二里一百一十步，东西北三面皆带傍深谷，南临大江。北有北井县，盐井建平一郡之所资也。”（蓝勇：《深谷回音》，西南师范大学出版社，1994）那么，巫山县城上游的这段河谷，即瞿塘峡与巫峡之间河谷稍宽阔的长江两岸，亦无可能兴镇的地方。唯这段河谷的两个端点，即瞿塘峡下游出口的大溪镇与巫峡上游出口的巫山镇之间构成本县上游长江沿岸农业习惯区域。自然，上游方端点的大溪镇的形成是有非常大的可能的。所以，在殷周时期大溪镇已具备市镇兴起的条件绝非臆想。如果从水陆交通的行程时间计算，大溪镇址之地，也正是过往人群一天路程恰好的歇脚处、食宿点，因而促成了这里饭店、客栈及相应的服务业产

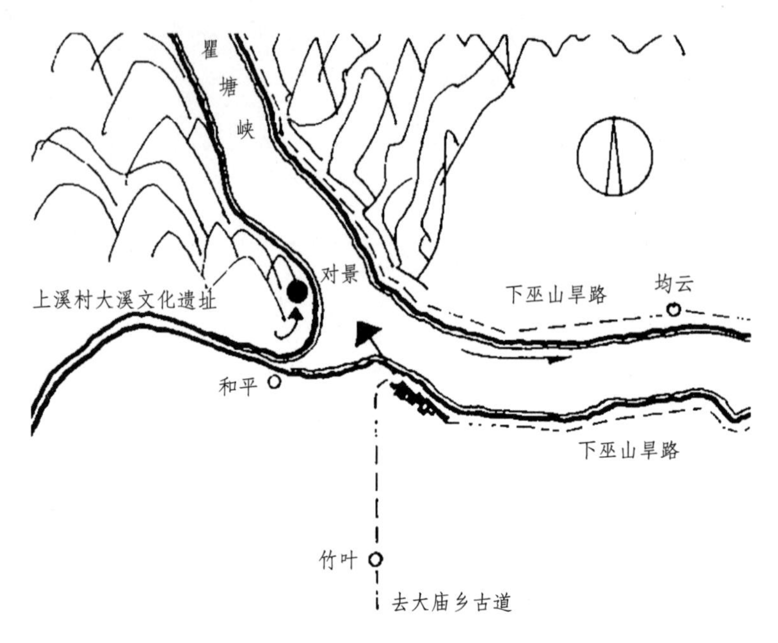

/\ 大溪与瞿塘峡对景关系

生，市镇形成的功能要求于是更加齐备。如此之状况，正好与巫山镇东西、上下游遥相呼应，共同构成市镇，成为至少是盐运、鱼产品、农副产品交汇之地。

大溪镇选址在军事战略位置与风水上亦有可资研究的地方。

大溪镇地处瞿塘峡口，上溯 8 千米，经两岸绝壁夹峙的瞿塘峡即属于奉节县城。要进入奉节乃至广大川东地区，这里是据兵扼险防守的最后一道天然险关。《明史》记载：洪武初年（1368 年），大将军康茂才先锋入川，半夜行至瞿塘峡方向柜子岩下，被伏兵乱箭射死，后百姓在大溪修有康公庙。老百姓讲抗战时日军占领宜昌后，在粮草供应困难的情况下这里亦驻有两个团的国民党兵。大溪镇位置背靠大山，进退自如，进可攻退可守，在整个三峡长江段亦具有一定的战略地位。

大溪选址，正处在大溪河与长江交汇口南岸三角地带陡坡之上。街道正对瞿塘峡出口，视野很远，可穿越瞿塘峡看见 10 千米外的奉节景物，这个方向向上延伸即为四川盆地的辽阔空间，使人感到大溪之地在行政划分上有强烈的归属感。这不禁又使人想起云阳张飞庙的斜开山门，也是正对上游西方，亦即盆地腹心之地。有专家考释，此喻张飞死了都心向蜀汉，因为西方正是蜀汉都城

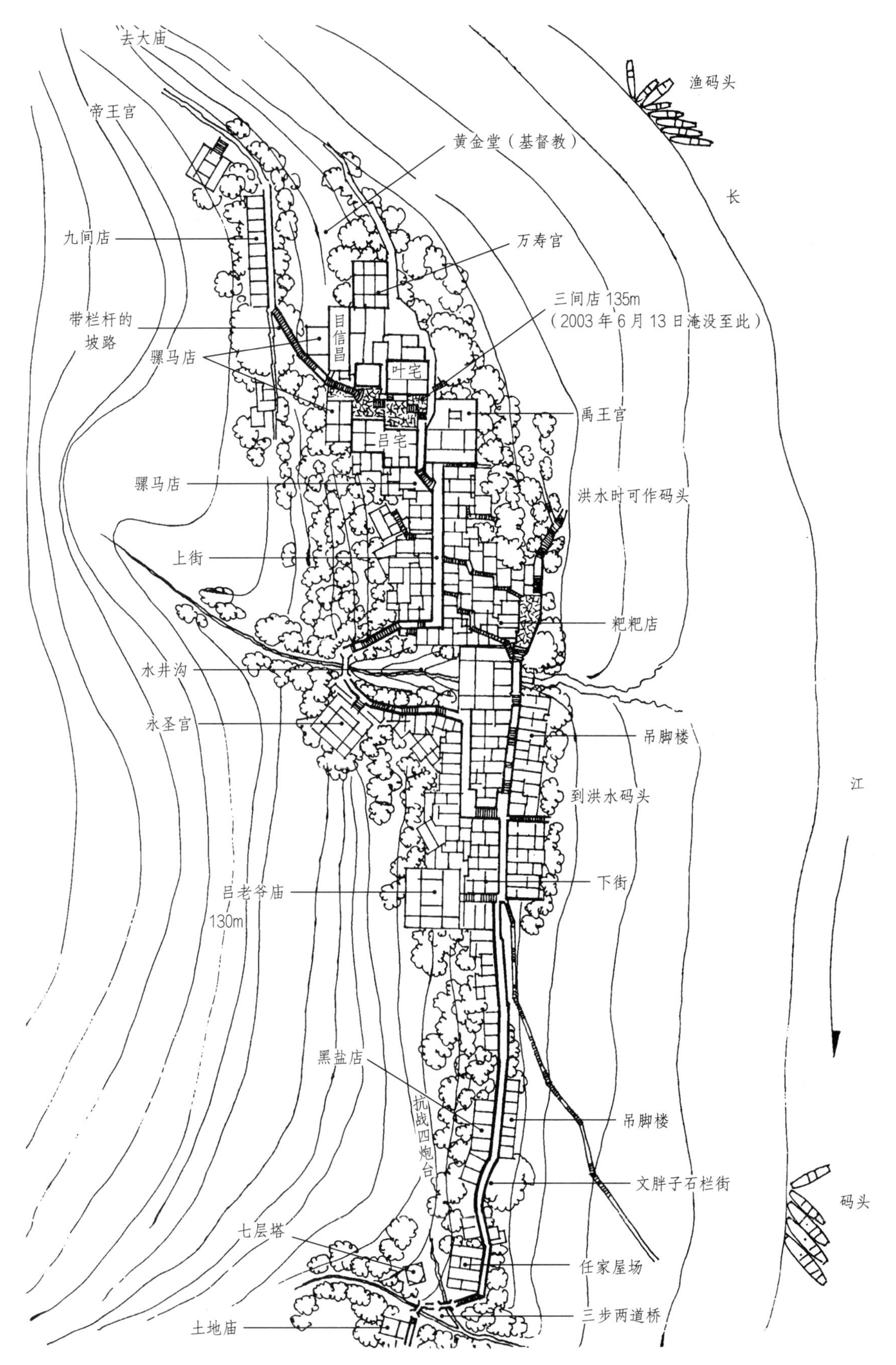

/\\ 巫山县大溪镇平面综合示意图

/\ 大溪三间店与瞿塘峡对景关系

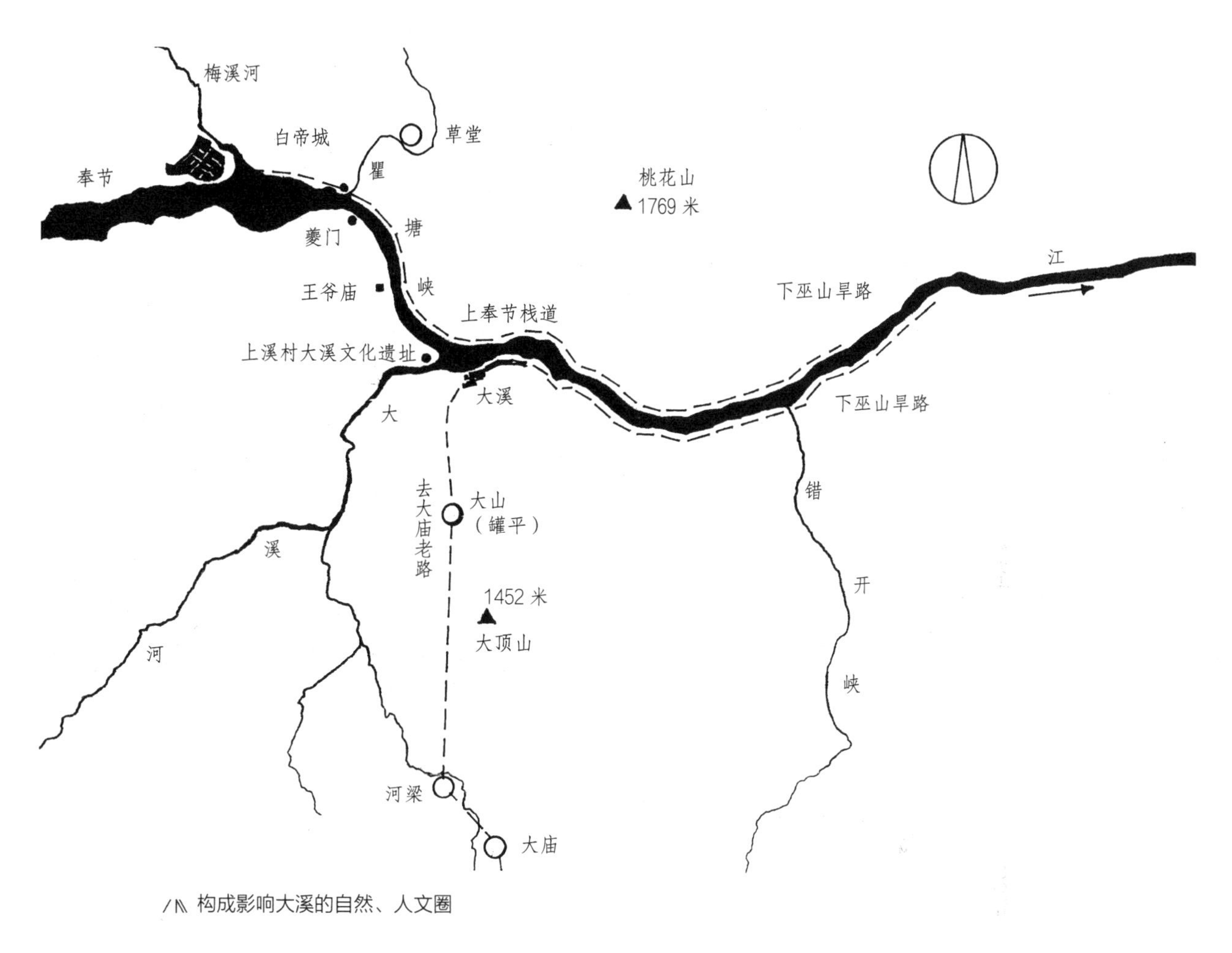

/\ 构成影响大溪的自然、人文圈

/\ 从大溪镇远眺长江与大溪河交汇形成的半岛

⁄⑊ 在古代，这里曾是渔猎的大溪人停泊渔船的地方

⁄⑊ 赶在淹没前紧张开掘的考古探方（摄于 2001.2）

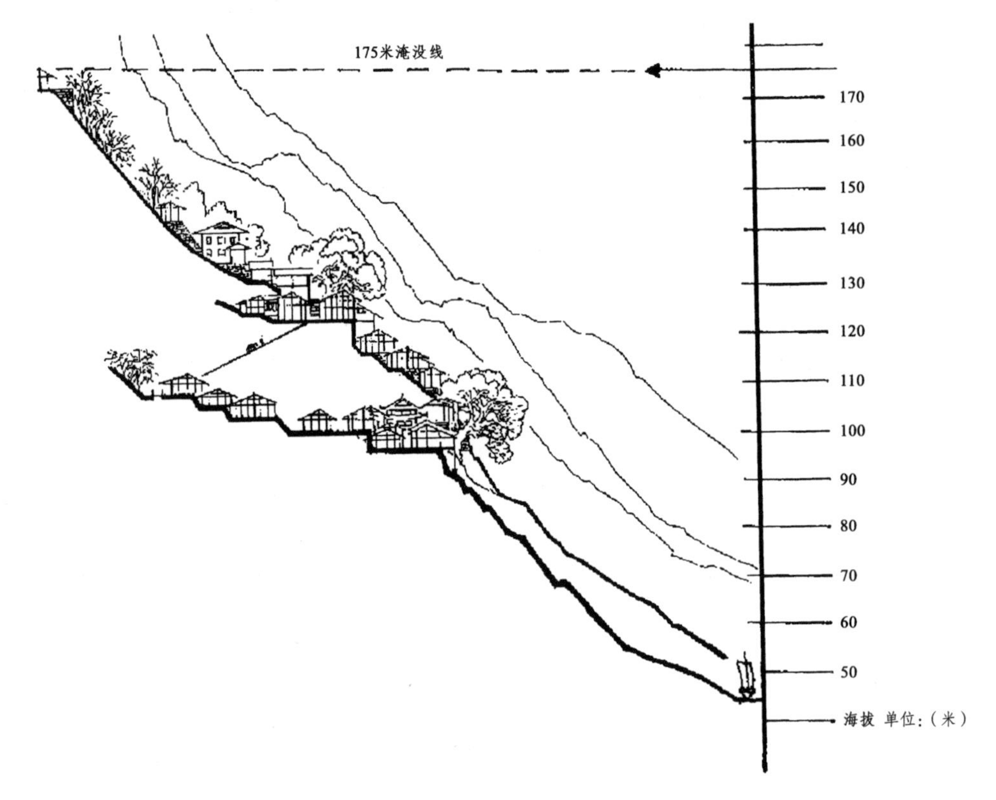

⁄⑊ 大溪剖面图及高差示意图

成都的方向。那么，大溪镇选址正对西方，向着瞿塘峡，是否也有这种归属象征呢？在易学五行金、木、水、火、土中，金同水，水由西方而来，全镇面迎上游下流之水，形同敞怀袒胸接纳如流水之势的金银财宝。我们在前面一些地方讨论过，中国人无论住宅、聚落、村镇选址，除充分考虑生产、生活、交通、商业诸方面之外，在精神上要寄托一些理想，在心理上要追求一些愿望。这不

是毫无根据地凭空杜撰，虽然个中免不了受时代局限，夹杂了不少迷信成分，但总囿于其地貌的特殊性，并作为联想的切入点，这种说法易为人接受。比如，如果大溪镇选址于另外的地方，恐怕产生的说法就与此不同了。所以，船往下游行至峡中，船上的人抬头就依稀看见远处的大溪镇街房，稍有心计之人都不免要有一些“不是偶然”的想法。自然，这种选址与便于全镇观察“下水船”的动向也直接相关。

综上大溪选址及街道布局的成因，以及形态的特殊性，无疑是古往今来多方面因素经时间和空间积淀的结果。

大溪街道格局在三峡古镇中也是颇具典型意义的。若论长度，从下游方三步两道桥算起，至半山腰九间房止，少则有1000米。像古时这样长的三峡腹心地带场镇，没有相当的农业、商业、交通支持，生存和发展都是难以想象的。前文讨论过了，尤其是交通，可谓是支撑大溪生存的基础条件，又是造成街道格局现状最重要的因素。这里作为古代大庙镇山区广大地域农副产品的输出港口，清以来，乾隆、咸丰两个时期以及抗战时期三次“川盐、川米济楚”，又一而再、再而三地促进了大溪的发展。这种发展所带来的街道格局、形态变化犹如一条乡土历史、社会演变的可视展廊，它不仅造就了街道的长度，同时也造就了不同历史时期街道的宽度。更有甚者，因交通上以骡马为主要运输工具的特殊性，这里需要大量的骡马棚、客栈以安顿骡马、客人，因而必然要拓宽陡坡间的平台。然而，砌坎筑台在三峡坡地谈何容易？唯相准一地尽量加大加宽，又必须是道路必经之地，以不失商机，给骡马客以方便。因此，欲开骡马店者各显神通，在通往大庙山区的古道上，尤其是在三次“川盐济楚”时期，大兴土木，修桥拓路。如此两三百年下来，形成了古镇道路有的街段平行江岸（等高线），有的垂直于等高线，有的斜向而设置于二者之间的奇妙的街道格局。若以全长1000米计，平行者约800米，垂直者约70米，介于二者之间的“斜坡”约130米。又三者从江边最早的、临时码头海拔仅98米的下街和黑盐店算起，直到顶端海拔175米的九间房止，整个大溪镇街道高差77米。顺江而下，船出夔门，迎面而来的是重屋叠加、山花墙面和正后立面混存的小山城空间壮美景观。

若再从码头上来进入下街，仅2.55米宽的街两旁各分列6家老宅，烟熏火

/\ 大溪三间店风姿

烤的深褐色，3 米左右的民居开间尺度和檐高，街面若干凹进去的深深浅浅的骡马蹄印及破碎有致、几成纹路肌理图案的石灰岩石板……这一处处历史信息告知路人，此段街道至少是清前期所建。它和现存川、黔、鄂边远山区保存完好的古场镇尺度宽窄无大异。街道向西南方几经波折，时而跨水井沟，时而经一段段斜向石梯，便至比下街宽又比下街长的上街。从多处空间特征判断，其所建时间全在清末同治年间与民初的时间范围内。它还包括不远处著名的三间店，以及九间房，此整整约 500 米的街段，亦随着时代的变化而变化。甚至在三间店旁还出现了占地 182 平方米、建筑面积达 153 平方米的“西式建筑”——“巨信昌”（音），此则更加证实了大溪街道越往山里高处走，距离码头越远，则时间越晚的历史发展轨迹。值得指出的是，据当地老人回忆，此地抗战时期是最繁荣的，当时不仅驻有国民党两团驻军，又是“川盐济楚”，由此转运食盐销往鄂西诸县的重要码头，河岸“茅山”草棚密布，犹如现今沿江各县码头棚户，

/\ 大溪速写之一

/\ 大溪速写之二

/\ 大溪速写之三

/\ 大溪速写之四

码头搬运工人占了居民很大比例。

值得特别一书的是民居中的佼佼者三间店。三间店位于海拔约140米的街道西南方，今保存较完好。它和诸如吕老爷房子（乡政府所在地）、下场口任

 大溪上街

/⑉ 三间店之叶宅远眺

/⑉ 骡马还在山道上爬行

家屋场等本地著名民居一起属于始建时间稍晚者。还有不同的是，三间店临街为一叶姓、二吕姓三家共同组成，选址于垂直坡地的小平台上，三户面面相觑。尤其是其街宽近10米，包括屋前台地，成为峡江场镇中罕见的开敞段落。由于“宽”，其又成为一种具有美学意义的空间，成为与绝大多数窄街小巷相比较而存在的景观。又由于街道垂直于坡地，街口直对瞿塘峡出口而获得良好视野，江船只要在夔峡中稍有流动，立刻就会被目光捕捉。众所周知，大溪转口运输主要靠上游船只，首先知道有下水船临港的信息至关重要，再由此下码头，时间是完全充裕的。因此，完全可据此判断，三间店之成除了给骡马以停驻空间，必有观察、掌握江船动向的因素。另外，还有街口面迎上游之水，“水同金”的接财纳宝的风水潜意识也是选址原因，同时也是清以来川江沿江场镇街道布局的普遍现象。再则，街道不可一通到底，以致钱财流走，因而势必在适当位置发生转折，以挡住钱财让其于街中盘留。像忠县洋渡、奉节安平、万县黄柏等场镇皆是如此。相反，面迎上游的街道开口一开始就发生转折或干脆封闭者，笔者调查沿江场镇百处以上，尚未发现一例。这种特别而饶有趣味的乡土建筑空间现象又和沿江民居、宫观寺庙的大门想方设法面迎上游而开的现象合拍，适成三峡乡土建筑文化奇特深厚的内涵和风景，十分撩人心扉。经调查，处在闻名天下的三峡第一峡——瞿塘峡——旁的唯一小镇大溪镇，凡朝向坐南朝北、朝西北者均力求大门对准瞿塘峡出口，并以其为对景。而三间店三宅相对临街而建，朝向无法与上述同置，但通过相互拥有的一段短街道面对峡口，

同样也完善了上述功能和心理需求。

随着经济状况的改善，人们必对土泥、木构建筑进行加固维修，这自然对清宅制有所改动。但从留下的大量公共建筑遗址，诸如万寿宫、永圣宫、川主庙、帝王宫、禹王宫、王爷庙等宫观寺庙看，清咸丰年间不仅是“川盐济楚”第二次高潮，同时也是四川有据可考的晚清建筑修建高潮，这些建筑的出现估计多在此一时期。而民国时期封建制度大势已去，人民思想有所进步，因而不太可能再建封建时代的东西。它们与民居及其他乡土建筑和衷共济，构成大溪真正意义上的古典场镇形态风貌。比如，民间流传着水井沟与王爷庙的关系，即“桥上有座庙，庙上有座桥”，不仅形象地点明了桥与庙（王爷庙）的位置及桥的数量，又鲜明地描绘了小镇局部空间风貌，即使一桥一庙消失了，我们仍可从这些民间口传俗说中准确地找到它们的位置，并想象出当时优美的景致。

三间店之铺地

大溪粑粑店

大溪黑盐店一瞥

大溪人

上述街道、民居、宫观寺庙等建筑默契的谐调，无疑是儒文化在农业社会中畅行无阻、强劲地支配着社会发展的结果。哪怕是在三峡腹心地带，它的主宰地位仍是不可动摇的，只不过有时以此地此时论事，糅进了风水、民俗因素，考虑到了功能需求、特定地理位置、地形、气候等。归纳起来，我们可以透过现象看到儒文化作为内在决定因素在农业时代强大的制约力。因此，这条主脉贯通的古镇总是如此和谐，如此具有整体性、包容性。当然，个中建筑形制、做法、材料的趋同性也完善和修正着这条主脉，强化着它的整体性，由此而产生的形态，尤其是通过形态传达出来的神韵，无不处处洋溢着一种消失了的时代感、乡土感、选址及位置的神秘感。再加之地处旧石器时代上溪村的大溪文化遗址近在咫尺，以及镇址多处裸露的汉代石拱砖墓室，无疑又是对大溪古镇的渲染，使人不觉产生它们之间是否有联系的遐想。

笔者曾三次考察大溪。第一次是在 1992 年，笔者由大溪文化站丁继民同志陪同，到上溪村考察石人凤民居，后写论文《天上人间》，收录入拙著《巴蜀城镇与民居》中。第二次是在 1994 年，笔者受国家文物局委派，借对库区淹没古桥进行普查的机会，对大溪下街原王爷庙下古桥、长江对岸一古桥进行测绘。第三次是为完成国家自然科学基金资助项目“三峡库区淹没古镇形态研究”对大溪做调查。这三次调查，笔者的感受一次比一次深。水库建成后，大溪全部被水淹没。探索三峡古典场镇其实是一种人生体验，有时甚至不在乎街道和建筑本身规划设计的深浅、结构的巧拙、材料的优劣，它们作为判断建筑价值的依据此时已退居次要地位，只权当是一种体验人生、历史、文化的媒介。这种媒介不需用晋商豪宅、徽商雅居来类比。任何东西的价值首先是真实而非虚假，这种真实即震撼人们心灵的原动力。所以，三次大溪之行笔者皆投宿下街风雨飘摇的旅栈中，面临巴山夜雾、潇潇春雨、昏昏烛焰，风撩木窗，一下把思绪推至关于遥远的大溪人如何生存、如何建街修房的历史长河的想象之中，这是难得的享受。加之一次以大溪河产的麻花鱼佐酒，一次九间房老居民裴安才以腊肉嫩豌豆米饭伴浓茶“点心”款待，则更加使人体验到与乡土文化和建筑文化并行不悖的饮食文化的地道。正是诸多文化形态的举架共构，适成一方乡土文化的别致特征，在此绵远悠长的回味之中，何须晋、徽商家精致佳肴在豪宅大院中的烘托呢？大溪文化遗址，出土了大量鱼骨，在渔猎之乡的民居中品尝历史，真可谓“上下五千年，一顿茶饭中”。

大溪还有很多故事，表面上看似与本题研究无关，实则处处相扣，如下场口三步两道桥形成路桥、水流、七层宝塔、土地庙、任家屋场四合院、汉石砖拱墓等建筑松散组合的场口中心，这种中心犹如一篇文章中一段起着过渡作用的文字，承前启后般地联系着村野与街道，同是诉诸建筑的心理构建。再往前走则是黑盐店老街，具有双列式段落、半边街段落，临河一列皆为吊脚楼，一些半边街石柱栏杆做得很大气，传说是街民文胖子摔跤跌倒后一手一脚出力义建的结果，个中自然透露出某些公共设施的由来。还有下街桥头粑粑店之所以临近河岸，是出于给码头搬运工人提供“幺站”打尖的缘故。凡此等口耳传说，正是乡土建筑文化的一个重要侧面，通过它们我们可以把乡土建筑及文化研究引向更深的层面。

大溪很快就会消失，上溪村石人凤已举家移民湖北荆州。本文不是祭文，只是留一些图文给读者，兴许大家能从里面找到一些民间建街建房的长处。自然离别之情人人有之，文中透露出来的丝丝哀怨和伤感也是有的，因为那里毕竟有着具有几千年历史的文化遗址和灿烂的古镇。

五、巫山大昌——圆城幽古　勘得风水

从1992年起至1999年4月，在对三峡长江重要支流大宁河旁的宁厂、巫溪、大昌、双龙等城镇的四次考察后，最近一次笔者才算较为清晰地澄清了这些城镇的大致轮廓。尤其是大昌镇，过去笔者脑子里迷糊的东西太多，走马观花似的浮在表面，终不得古镇城址、空间形态等方面的要领。通过最近一次广泛和古镇老人们的访谈、踏勘及相关资料互证，笔者终于有了进一步的认识。

对大昌镇的若干认识中，较为翔实者为《四川文物》1993年第2期冯林先生所作《浅谈大昌古城及温家大院民居的建筑风格》一文。尤其是其对古城南街温家大院的实测，至为准确，体现出了其严谨的治学精神。冯先生又对古城城址进行考证，得出“近似圆形”的概念，亦经笔者踏勘得到印证。

一、老城与新城

八 大昌写意

大昌镇现分新城和老城两部分，当地百姓亦呼内城和外城。新城即由东门口起至兴隆街末端，全长1.5~2千米，由东起为兴隆街、太平街、胜利街。街道由老城东门起顺一浅丘延伸，大弯大曲，为一独街，间有若干小巷辐射乡间。新城起始无疑是老街道狭小、不敷使用所产生的自然扩张，并随着时间的变化，先在老城东门外聚集成街，然后逐渐往后发展，故有“温半头，蓝半边”之说。蓝姓大户即建若干街房于老城东门之外的南侧，亦即胜利街的起始处。既然有“温半头，蓝半边”之说，那么新城之“蓝半边”初始，定然与温家民居在建造时间上相隔不远。一则城内居民多“湖广填四川”时的移民，二则建筑风格一致。故新城初建亦与老城建筑属同时期，即清代中前期。但不是现新城全部，新城街道两侧民居越往后时间越晚，直到新中国成立后。所以新城民居犹如清代以来的民居展览长廊，将时间以空间形式凝固于街道两旁。从砖木结构、严格形制、风水讲究渐变为全木结构，进而夯土与木构混合，直至夯土为主。再从木材用料的选择上看，亦是由粗壮变纤细，直至用量越来越少。个中除了反映出建街建城的时间顺序，更无情地显示出周围自然生态在森林砍伐后的逐渐恶化。若文物保护注入现代观念，以教训计生态内涵，新城亦是值得保护的。另外，它还展示了清初以来下川东及三峡地区民居内外空间的渐变，故与老城比，同样价值不菲。

大昌老城即古城。《巫山县志》言：为秦汉巫（山）地，晋太康元年（280年）置泰昌县，属建平郡。北周文帝改泰昌为“大昌”。天康元年（566年）废北井县（今宁河）并入大昌。宋端拱元年（988年）改属大宁监。南宋嘉定八年（1215年）移治水口监。元至元二十年（1283年）并入大宁州。明洪武四年（1371年）复置水口监，永乐元年（1403年）又复置大昌县，改属夔州府。清康熙九年（1670年）废大昌县，并入巫山县。古城已有1700多年历史，作

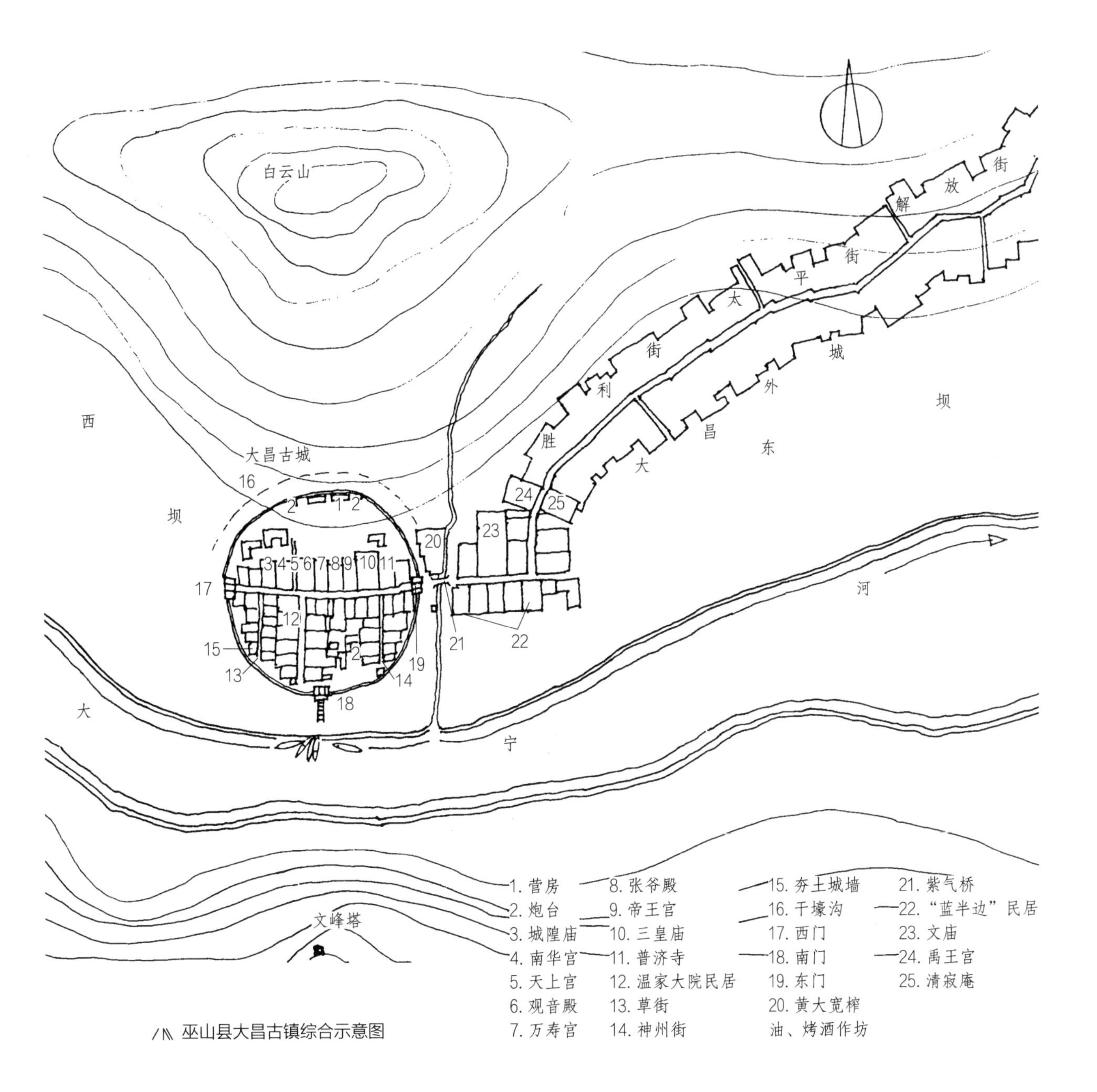

巫山县大昌古镇综合示意图

为历代郡、县治地亦有1300多年。大昌素为兵家必争之地：明末，张献忠入大昌；清初，李自成部刘体纯、袁宗弟以大昌为据点；嘉庆年间，白莲教在此与清兵血战；1932年，贺龙率红军于此路过。

大昌镇为大宁河第一大镇，也是三峡库区淹没的第二大镇。1992年，大昌镇被公布为四川省18个历史文化名镇之一，和石柱县西沱镇并为三峡地区有名的古镇。如说“镇”，则应包括新老城；如说“古城”，则专指有三门一坊，即曾有围护的老城。

古城坐落于长江支流大宁河左岸一冲积扇形平坝上，东、西、南三面环水，适大宁河于此形成弓状，城址选在突出的顶端，位置以南门近河岸。这样就形成了南门通河流（大宁河）对笔架山、西门通西坝对岗家岭、东门通东坝对核桃山、北对白云山环状带圆的城池格局。从古城河对面笔架山（原山顶建有文峰塔）看古城，南街后对白云山中顶，后面山势蜿蜒，山脉层层拔高，正是中国古城选址风水意义上的龙脉结穴之处。按古代任何一家关于选址书籍的说法，大昌城选择大宁河北岸偏西的特殊位置，而并不在大昌平坝的中心，确实是有其道理的。笔者不在此赘述古代风水治城的要义，但历史唯物论者亦不回避曾出现过的历史现象，例如，后面我们还要谈到如城门与街道的错位、温家大院的前庭与后院的倾斜等，应该说是古城整体与局部现象的统一。这在封建时代是一个极平常的现象，如云阳张飞庙大门的歪斜、大溪古镇正对瞿塘峡口，等等。如果这种古代城市空间现象仅以自然因素解释，就历史而言显然是不能自圆其说的。

《夔州府志》说大昌“诸山萦绕，峭壁如画”，有八景：“龙池夜月、金顶霁雪、羊耳秋风、唐帽晴云、昌阳晚渡、七里春早、泮水拖蓝、聚奎耸翠。”还有城镇附近八景：“美女沐丽日、一桥两土地、石龙戏凤凰、九拐十八梯、一里三座桥、俯视倒流溪、一步两道桥、土地对土地。”

四川城镇，素有八景、十二景之爱，是儒化之风与风水观念对自然崇尚深入民心、互为观照的景观诗化，是环境观纳自然与人文于一体的整体环境意识框架，亦是中国古代成熟的科学环境规划大纲。如四川唯一的县级全国历史文化名城阆中，其地理位置与大昌极为近似，除大格局外，小的地理环境亦相似。《阆中县志》：“阆之为治，蟠龙障其后，锦屏列其前，锦屏适当江水停蓄处，而城之正南亦适当江水弯环处。”大昌白云山障其后，笔架山列其前，笔架山适当江水停蓄处，而城之正南亦适当江水弯环处。白云山是大巴山脉于此聚结形成的，其对大昌气候影响很大，是北面挡御寒流的屏障，南又可接纳阳光和暖湿气流，并和笔架山合为一抱，于城区及小盆地形成良好小气候。在景观上，白云山使北部群山层层后移、景象深远逶迤、气势磅礴葱郁，使北部天际线变得丰富悦目。“仁者乐山”，以此观照传统审美理想对人文灵气的启发和触动，当为“天人合一”的最佳选择。这些都是因为有了白云山才形成的物与人的感应。古人称这种山川格局为龙脉。龙脉因山势聚结，城市傍倚其下，又产生很多说法，繁衍出对龙脉山势、山形、山貌因物象形的评价，等等。所在之处优劣与否，核心在是否能保护龙脉山系的生态，以达到保护城市的目的。

风水又言形胜之地不可无水，阆中与大昌皆“金城环抱”，得三面迂曲之水。“风水之法，得水为之”，这是古往今来城市选址的一条重要法则。新中国成立前，四川的城镇95%临水、靠水，除了考虑国计民生之农业、交通等命脉所在，城镇所在地还充分考虑水的深浅、水质优劣、水流缓急、季节导致洪水的凶吉，以及凭此天然设险，等等。最重要的是地球自转形成的偏向力，使河道变弯，把东向流水的南面形成河曲，由于大昌古城位于大宁河弓形河道之北岸，此岸凸出，凸岸积沙成滩，而南岸凹入，凹岸则不断受到水的冲击而成坍岸。选址凸岸亦正是此理。1998年，大宁河发生空前洪水，大昌对岸坍塌，洪水席卷岸边田土房舍，而凸岸的大昌安然无恙。凸岸同时又起了丁字坝的作用，保证了河弯下游段的水平如镜。所以宋《大宁县志》说盐官孔嗣宗“春日与客泛舟，饮于绿荫下”，近建斜拉桥于下游段，亦均在此理之中。故大昌城址之选定深含合理的成分，当然，城市临水，在人的心理上亦起到了“智者乐水”的作用，是陶冶性情、启迪智慧、与山动静结合不可偏重一方的传统自然观的反映。

“诸山萦绕，峭壁如画。”再看大昌之东的巫山，及南面笔架山、西面金柿山，皆重峦叠嶂，这就使城镇落脚点和街道走向适得与山川拱抱，构成完整周密的格局，此正是形成地方小气候和良好生态环境的关键地形地势，也使城镇格局的展开有了确定的把握，同时为我们分析大昌古城与周围环境关系提供了依据。

二、古城格局踏勘

有关资料记载，大昌古城格局的完善，始于明成化七年（1471年），为知县魏进所修。弘治三年（1490年），董忠复续三门，曰朝阳、永丰、通济。嘉靖二十六年（1547年），知县陈靖之将城墙增高。明末义军袁宗弟驻城内，与清兵恶战导致城毁。清初又重建土城。嘉庆九年（1804年），白莲教起义，清廷

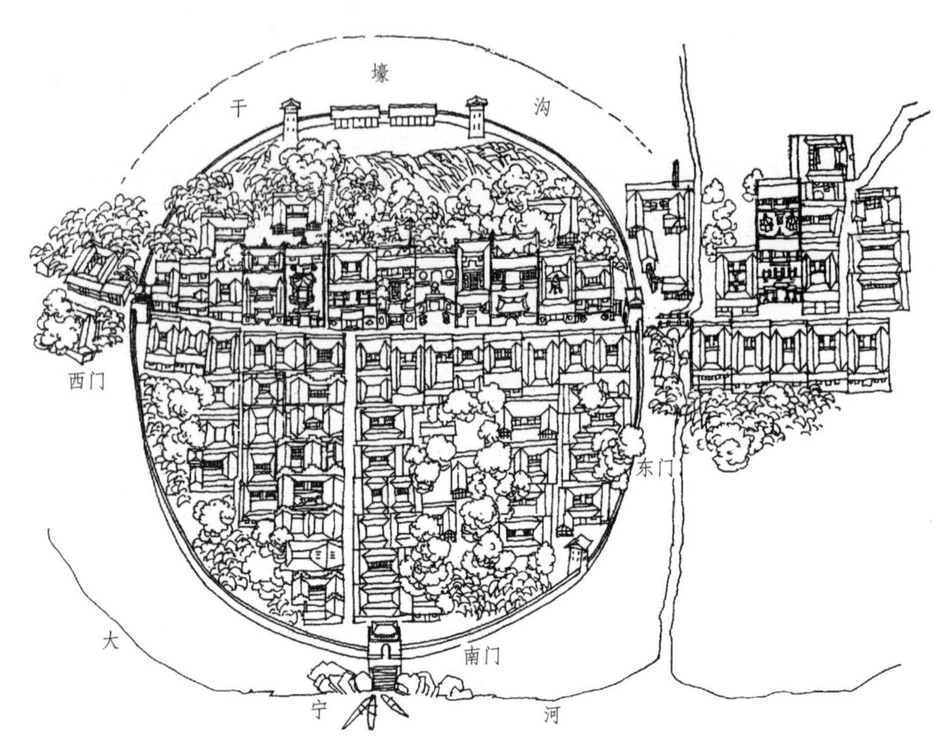

/ 巫山县大昌古镇清代格局示意图

/ 大昌新城（外城）街道

/ 大昌南门外之大宁河

/ 大昌西门

/ 大昌南门

大昌东门

大昌帝王宫仅存局部

又屯兵大昌，修土城1000多米，并复置东、南二门，并于西、北二面筑炮台各一座。道光元年（1821年），城墙被大水冲塌30米，门楼炮台陆续倒塌。时隔四年，知县杨佩之捐资修补城墙门楼，并加固完善，又重修三门：东紫气门、西通远门、南临济门。

从此段资料可以看出，在明朝成化七年（1471年）至清道光四年（1824年）长达300多年的时间内，大昌古城的格局全在断断续续变化之中。古城现状成形及格局的稳定，应在清初与后来“湖广填四川”移民高潮期之间，即在大昌历史上最后一次大的战乱，即白莲教起义前后这一段时间内，理由是：

（1）古城东、西街道北侧建筑布置几乎全被宫观祠庙占完，有南华宫、城隍庙、天上宫、万寿宫、观音殿、帝王宫、张爷殿等，皆空间庞大。这些“九宫八庙”的兴起，并一律坐北朝南，是来自风水相地盛行的江南移民们共识的结果：历来风水认为“南向为正，居中为尊”。“故虽广邈，断有一高处，即为正穴”“京都以朝殿为正穴，州郡以公厅为正穴，宅舍以中堂为正穴。”古城北高南低的地形，又正对南面笔架山文峰塔的方向，尤其是宗祠会馆，各省及行业人士，极盼本省本业及子孙“发科甲”。而此位置正是《相宅经纂》等风水术经典选址的共同所指，又“公高于私”，所以东、西街道北侧几乎被公共建筑占满，和四川同一时期其他城镇建设同步同理。不过大昌显得更加规范，更有风水章法。这一时期自然是乾隆、嘉庆、道光年间清代政治、经济、文化全盛之时。

（2）古城东、西、南三街民居风格，和四川境内其他城镇临街民居相比，

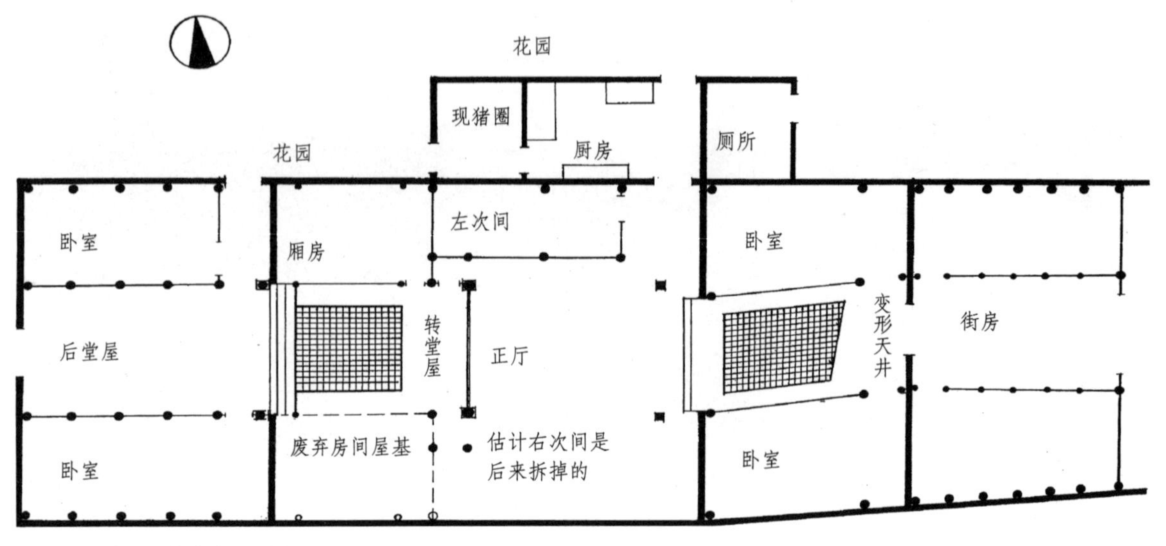

/\ 大昌温家大院平面图

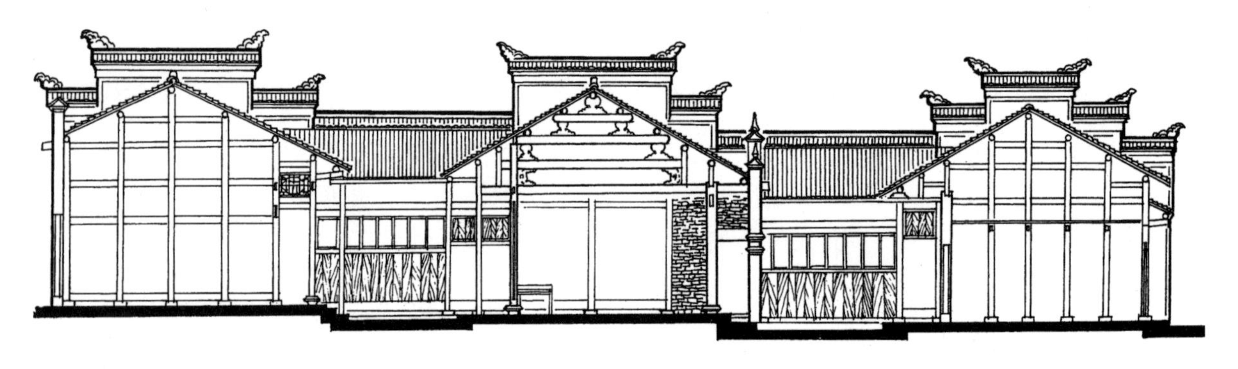

/\ 大昌温家大院剖面图

本质上区别不大。这说明建造人“俗从各乡”的恋乡情结，建造时间出入不大。例如，于临近东门内南侧23号居住的刘锦兰老人，当时80岁，江西籍，祖上行医入川。他为入川后第六辈，下有四代共十辈，算来正好200年左右历史，其祖入川时亦正是乾、嘉年间。民居风格为前店后宅式，三面高墙齐平，因临街立面要开店必须全敞，故称“半口印”房，此正是江西农村住宅“全口印”印子房适应新环境的变化。内部空间，平面亦全然原乡模式。后来又在临街风火山墙前端顶部截裁三段成跌落重檐式“三滴水”，是五山风火山墙的局部仿造，也是全城建筑文化在新的环境下的融汇。包括南街（解放街）温家大院在内，其围护墙体形态也疑为今状。笔者向刘锦兰老人了解温家之兴衰，据老人言，实质是温家后人吃鸦片导致家境败落的。民间流传则是文峰塔如笔舔干其墨盒内的墨汁，才汁干家败。“墨盒”是形容他家房子的形状，自然是四墙齐平，和印子房的外形相同而被比作墨盒。何况印子房比诸如五山式、半圆“猫拱背”式更具小农经济的封闭性，但其严重缺点是排列在街道上，外轮廓线平直呆板，极不优美。何况城中街房相连，防盗功能次于防火功能，加之材料浪费，是否因此才产生了现在的五山式山墙，或者风水附会其中，皆不得而知。

大昌古城，明正德（1506—1521年）《夔州府志》即称：“大昌县三街一坊，有220户。”这和前述古城完善于明成化年间在时间逻辑上是符合的。清嘉庆九年（1804年）筑土城1000多米。上述两者虽间隔300年，但给我们一个完整的古城空间印象，即有一个1000米土城围合的三街三门一坊的形态和格局。1000米内，大昌镇政府资料计算约占地66 667平方米。冯林在《四川文物》1993年第2期《浅谈大昌古城及温家大院民居的建筑风格》中说：“原占地约4.27万平方米。平面近似圆形。”并在面积和围合形状上也提出了看法。今得刘锦兰老人引路，笔者踏勘原土城城基，绕城一周，刘老讲此土城为一般夯土墙，高约2.67米，厚仅0.5米，于其少年时已倒塌得只剩极少部分，余者为小土堆，呈绵延状。墙基为石质，今南门至西门段仍清晰可辨，呈弧形，长约200米。若以此段推测其他三段，则正好为圆形，长度也约1000米。城墙于新中国成立前全部消失，故60岁以下者皆不可知。笔者踏勘中还得古城布局新意如下：

（1）“圆形”城墙北面地形明显高于南面，且由北面向南呈渐低倾斜趋势。

（2）北墙外围宽约10米，深约3.33米，有呈弧形的长约百米的沟。估计此即为史学界考证的干壕沟。刘老亦认为是壕沟，儿时所见沟壁垂直、干硬，爬不上去。沟底向东西两端倾斜，无法蓄水。城墙就筑在内弧形沟壁上，两者

大昌温家大院一进天井

大昌温家大院远眺

大昌温家大院左侧

大昌温家大院临街大门

呈平行状态。

（3）壕沟上城墙内原有驻兵营房两座。两侧各设一炮台，在河边的东南墙角也设有一炮台，共计3座。炮台即碉楼，作瞭望、防御用。北面炮台正在全城制高点上。

（4）原东南向有一条街，叫神州街。西南向也有一条街，叫草街。这两条街后退废并消失。

综上而论，围城土墙长1000米无疑。从明代以来，只有东、西、南三门而无北门，故“三门一坊”确为事实。后不少论大昌古城有四门者，显然查证史料与实地考察不足。为什么无北门？笔者有这样几点浅识：

（1）古城之北即白云山，且向后不是农业区域，而是层层高远的大山区，人烟稀少，个别山民完全可绕城进入东、西门，且距离不远。

（2）古城之北为制高点，又有城墙围抱，从而形成一道阻挡北方寒流入侵的屏障，有利于城内小气候形成。若置街道，则防御与御寒皆无屏可拒。

（3）现古城的老人们一致表示：从小就没有看到过北门。

另外，《中国城市建设史》（中国建筑工业出版社，1989）认为：“古代还有一些规划思想与久已形成的阴阳、风水八卦等观念有关，如主要建筑物要朝南或东，不可朝西或北。城市北面往往不开城门，以免对‘王气不利’。”

这样东西街长共210米，南北街长152米，两街相交成“T”字形。各街口用条石构筑城墙门，砌置券拱门洞，上面覆以木构箭楼。三道城门即为联结土城墙的结合点，于此就形成近似圆形的古城围合空间形态。其中南门石砌城门总长13.64米，中间门洞宽2.6米、高3.45米、深6.6米，城门宽6.6米、高3.8米。

再则，“三门一坊”的“坊”于大昌古城是何状态？

坊源于春秋战国间，其时为闾里的居住方式。城市中居住区为“闾”，后称坊里，是一种封闭的利于管理的居住区基本单位，或正方形，或矩形。“闾里制度的规格化要求城市布局规划成方格网形式最为合理，每一块方格用地面积也相等。”（孙大章：《中国古代建筑史话》，中国建筑工业出版社，1987）隋唐时长安城中建造了108个坊里，而大昌城仅1坊而已。显然，这是小城市格局，仅有220户人家。一城一坊共220户，可见此坊较大。估计位置在现在的三条街巷，由神州街、草街及小巷共同组成，若是方形则有约4.41万平方米。坊的大小，南北各地不尽相同，随着历史发展而发生变化。但大昌街道民居仍存在里坊格局，这显示了古城的内涵。这种民居四川省内亦不多见，堪称弥足珍贵。虽然清代里坊制于大昌有所变异，但大昌院落均围绕街道而建，仍见其对里坊制的核心空间控制。大昌古城殊有明代遗风，其理正是如此。尤其是明末清初的战乱使四川古城尽遭毁灭之后，我们无从断言何城何镇是何时期所建，大昌古城给我们提供四川城镇诸多方面的研究资料，亦实在难得。

三、古城民居评述

综观大昌古城建筑，包括宫观寺庙与住宅，均属清代中前期，即乾、嘉、道时期作品。可惜众多祠庙会馆先后消失，如帝王宫（现邮电局），原山门巍巍，门前一双石狮子，硕大、精雕。进门为戏楼（亭子屋），穿楼下而过为宽敞院坝，继而正殿。唯此殿两侧圆拱脊山墙还存在，体大壮丽，造型生动。还有城隍庙（现小学）、禹王宫（现粮站）、关帝庙（现政府）、天上宫、土地庙、南华宫、万寿宫、三皇庙、普济寺、清寂庵等。以上大部分毗列于东西街北侧，形成了真正意义上的半城之势，又占尽坐北朝南的风水之利，且建筑工艺远优于一般民居。因此，若以现存之民居评价大昌建筑，则主要在平面及空间创造上。这里面各宅各院自作主张，充分体现了人民群众的智慧。民居之所以被当代看重，此即为原因。

/ 大昌民居屋面

大昌民居沿街而建，自然受到街道走向的制约。大昌街道与东、西、南三门均有5°~10°的偏离错位。这一现象显然还是与风水有关。《阳宅会心集》云："城门者，关系一方居民，不可不辨，总要以迎山接水为主。"大昌之门，如前述各有"迎山接水"的山水对景。《阳宅会心集》继云："无月城（瓮城——笔者注）者，则于城外，建一亭或做一阁，以收之。"而《相宅经纂》中说："凡都省府县乡村，文人不利，不发科甲者，可于甲、巽、丙、丁四字方位上择其吉地，立一文笔尖峰，只要高过别山，即发科甲。或于山上立文笔，或于平地建高塔，皆为文笔峰。"这就是大昌南门河对面笔架山上文峰塔的来历。但塔阁要做到正对"迎山接水"山水间，则以门正对为主。《武经总要前集·守城》："惟偏开一门，左右各随其便。"故大昌南门与街道在城门相接处就发生偏离。唯此理似才自圆其说。此现象于明清时期四川各地城池与建筑中随处可见，实不罕见。从一定意义上讲，南门偏离是为了使古城整体正对作为案山的笔架山，以及正对文峰塔，这是古城居民共同祈祷"发科甲"的意愿，理应不是专门对南街而言。而"左右各随其便"则以东、西门比较，其门与街的偏离人为痕迹不明显，多为自然弯曲，比较随便。

但是出现临街多进合院民居前半部分整体偏离而不仅仅是门偏斜者，就不多见了。比如，著名的温家大院即为此例，若平面变异离开传统的中轴对称布局，并让空间更加舒适和更好使用，则为人为的创造。而相反者，如温家大院一进天井的左右厢房因偏离轴线而使得平面成为直角梯形，其空间因此变得不好使用，出现此况显然就有其他原因了。风水典籍中关于历代住宅的相法，可谓多种多样，不过，大致也就分成农村山野与井邑之居两大类。村野之居的相

/八 大昌人

宅风水术一目了然，而井邑宅院则比较复杂。井邑临街之宅风水相法多借鉴农村住宅辨形山川形法，如《阳宅会心集》说："一层街衢为一层水，一层墙屋为一层砂，门前街道即为明堂，对面屋宇即为案山。"然而，此也仅为风水井邑之术的极小部分，也说明不了温家大院偏离之因。例如，还要察气，对大环境吉凶、宅外形的把握和宅内形的讲究。更有根据河图洛书、八卦九宫、阴阳五行的宇宙图式，把天上的星官、宅主的命相和宅子的时空构成联系起来，查其相生相克关系，方才在宅向、布局、兴宅程序甚至结构做法等方面综合做出选择。而温氏造房始祖生辰八字"命相"这一条至关紧要的条件已无从查找，显然温宅偏离之谜已无从破译。在以上总原则下，中国各地尚存在相宅的各类"理法"，诸如福元法、大游年法、穿宫九星法、截路分房法等，大昌一带清代流行何法？这亦实在又是一道难题。何况上述还不是全部，亦有日法、符镇法等一大套庞杂烦琐的规范。

自中国古代万物有灵原始宗教始，经汉代董仲舒归纳推阐，形成系统的天人感应思想，渐次影响中国学术发展数千年。个中风水阳宅之谓，自然充斥着不少迷信的糟粕，但明清时期遗存在四川境内的大量民居中的这一事实，作为学术研究，是不能回避的。

非常明显，温家大院除偏离轴线的前天井厢房显得微妙、有些不好使用外，其他空间仍然有不少充满个性之处。

温宅进深总约35米，前面下房店面偏离部分进深约13米，后自正厅起到后墙宽12.8米，临街正立面面阔12.2米，前后偏离0.6米。若加北侧厨房等空间，占地约500平方米。大院形制仍为传统的纵向二进合院，由于前小半部分偏离，适成不规则长方形平面。

宅院前正立面屋面下横置披檐（挑厦）形成二重檐形式，其他三面以砖砌墙体并在三重屋侧山花处形成三列六道五山风火山墙。这样封闭的围合形态正是当地印子房的发展和演变。

从面阔的街房进来，为一楼一底高 7.5 米。过有砖墙隔断的门道即为变形的天井，左右厢房与正厅间又有砖墙隔断。但正厅于此以其高朗的气氛立刻突兀地显现在人眼前，通过开敞天井进入正厅半封闭空间与街房一楼一底的压抑形成系列对比，加之正厅之高与前街房之高相差无几，而正厅无楼层，且宽大，仅从空间尺度之营造看，宅主以凝重、肃穆为构思核心，以烘托整个庭院核心空间气氛，不像一般二进合院以此为过厅，马虎了事。温宅实质上把过厅之地改造成了堂屋的正房，故为正厅亦是此意。这是它和一般之宅不同的地方，亦为特色。为加强此空间核心作用，温宅又采取了如下之法：

（1）在大厅靠后置高木板隔断齐屋面桷板，以高度僭威严于此设祖堂并立香火位。隔断两侧各设一门，退约半步架形成转堂屋。转堂屋正是三峡民居的一种特色，亦必须位于堂屋之后。

（2）若为堂屋则定有次间，温宅居然为显正厅之高朗宽大而舍去右次间、压缩左次间，使得正厅空间失去平衡而不对称。变异之故和轴线偏离的内在联系何在，尚无从稽考，故再留下一谜。

（3）温宅木构系统唯正厅使用抬梁，而大部分采取穿逗，形成九架式抬梁结构，梁架皆用抬担柁墩、角背、雀替，挂落雕刻吉祥图案，以装饰镶嵌其间。抬梁与穿逗的结构反差使用于正厅两侧，唯视抬梁高贵于穿逗。以抬梁跨度之长，粗壮之美，排列之势的结构与材料组合应用于烘托正厅气氛，又是一大特色。

综上三法结果，不但没有使人感到别扭，反倒使人感到正厅空间特别宽松、舒畅，且又不失肃穆、温馨之气，营造了民居艺术内部空间特有的境界，这是很不容易的。这是在不动传统大格局的前提下，积极调整，对功能、方位、次序、空间、结构等进行重组所收到的效果。在封建营造制度最严厉的清代中前期，这样做显然是有一定风险的，无疑，这是一种创造，也是它的价值所在。另外，为了给过厅之处设堂屋找一个说法，温宅还在本为二进合院堂屋的后院堂屋中开墙设门直通野外，有造成不得已而为之的局面，可见其用心周密与良苦。

所谓大昌古城“温半头”，指温家不止一处宅院。温家大院北向还依次紧挨着好几家同样蔚为壮观、颇具韵味、各具特色的宅院。有的在天井上建凉亭，有的正厅空间用料更显粗大，气氛更显凝重。所以，我们说的要对温家大院进行研究，并非对上述所有民居进行研究，而仅是对温家系列民居中个别现象进行研究。笔者坚信“温半头”是一个整体的民居概念，离开整体孤立地谈局部，一定是不全面、不透彻的。另外，大昌城乡关于温家房子的传说颇多，诸如温家大院是温家有人得罪了掌墨师，掌墨师在建造过程中故意把左边的梁锯短，造成梁架歪斜的既定事实后，平面不得不跟着偏离的说法。还有抬担柁墩及雀替，工匠以母狮子造型致使温家“寡母子”多，等等，但此类说法均不可信。

笔者几乎遍游古城街畔民居，凡清代作品，均大同小异为一进、二进式合院。其“小异”处皆可成为兴奋点，亦小有创新。但总的格局和温家大院无本质区别。

最后需补充的是：温宅轴线偏离现象虽不多见，但不是没有，四川多进民居，同类现象在清代亦时有出现，比如，屏山县客家庄园“龙氏山庄”的轴线也发生了偏离。相信类似之作还有不少，关键是这些宅院面积太大，不易一下看出，若做测绘则清晰可辨了。

六、巫溪宁厂——弥街盐香　悠古远镇

四川盆地蕴藏着丰富的盐资源，凿井煮盐“至迟在战国时代已经开发”。汉以后，“盐井遍及全川”。据《华阳国志》记载，产盐地有忠县㽏井和汝溪，云阳云安和盐渠、巫溪宁厂、酉阳、阆中、三台、泸州、高县、邛崃、什邡、简阳、内江、乐山、盐源、资中等县乡地。而名噪天下的自流井、贡井产盐大区则在以后了。漫长的产盐历史，广阔的产盐地域，丰富的盐业利润，众多的制盐工人，依附在“盐”身上的第三产业，产盐区对周围农副业的激活，水陆交通因运盐而畅旺的网络，以及随之繁荣的戏剧、结社等文化的滥觞，都直接或间接地推动了盐业中心建筑的兴旺。

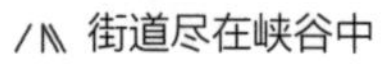

街道尽在峡谷中

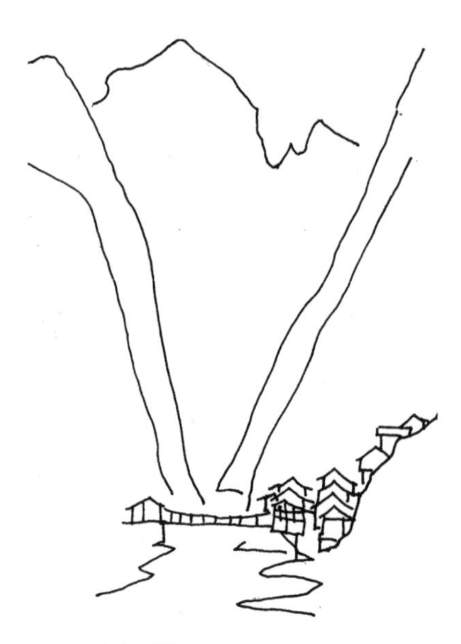

宁厂写意

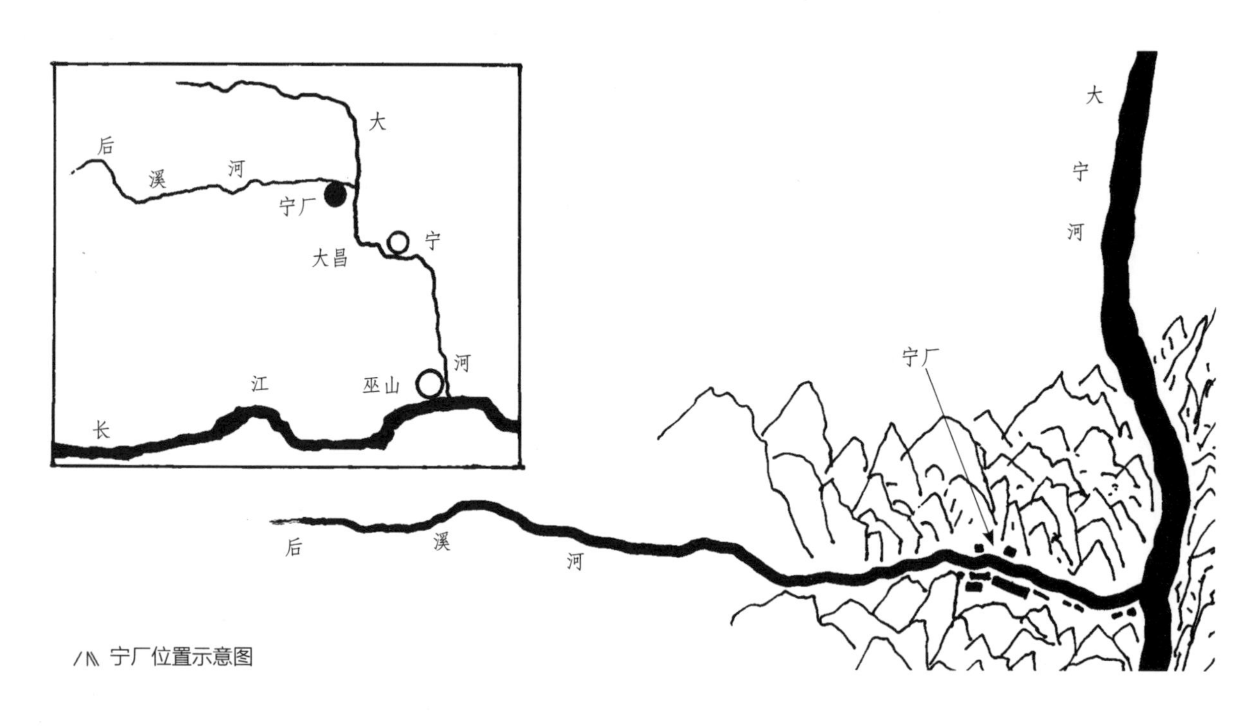

宁厂位置示意图

产盐区经济的发达，使一批思想开放、敢于冒险又工于心计的商人致了富。这类人基本是以“离经叛道”为指导，于峡谷荒滩之中凿井，倾其所有于一役。他们的致富手段和传统农业以积累逐渐生租生息的致富手段适成两种不同的经济模式，因而在两种不同思想指导下的建筑营造自然产生不同的空间气氛。这些富商财力雄厚，产盐区往往又不在农业中心，故建筑不受制于风水选址的传统规约，尽可能采用一切以产生最大经济效益为目的、能简则简而又不失体面的建筑手段。于是，我们看到，巴蜀地域间最具特色、最有创造色彩的空间形态多在此类城镇中。历史上各地盐井兴衰的反复，又导致城镇兴旺与退废无常。多而败残，数质并存，毕竟又一批卓绝的空间遗产留下了。

尤其自清初各省移民入川以来，各省因盐聚财的佼佼者，借会馆、宗祠、家宅以显示能力财势，联络乡亲，告慰祖宗，遥祈桑梓，扩大势力，于是在盐业中心大兴土木，相互攀比，在盐井多而长旺的地区掀起一浪高过一浪的建筑热潮。各省原乡之建筑，尤其是民间建筑诸如民居类，成为他们张扬故土文化的契机和媒介。此恰又产生了不同而卓具风范的从单体到群体的组合空间。而初入川时，多夫妻、父子、兄弟三族之众，适又受川中“人大分家”民俗及土地插占分散的影响，于是农村少聚落、少大族，这就形成了川中多场镇的局面。在这种普遍规律之中，又派生出非农业因素的盐业兴镇格局，自然又从农业人口中分流了不少人员。而作坊式的生产关系仍维系着传统农业操作方式。因此，不可避免地，人们或多或少会在盐业中心建镇兴场，并流露出农业文明的情调。有的场镇甚至在街道布局、选址造房上并无区别，尤其盐井靠近本是农业经济区的场镇。所以，盐业兴镇的空间特色，反倒出现在远离农业经济中心、受其影响较少的僻远之地。

早在战国时期，三峡盐泉就被开发、利用。据《后汉书·南蛮记》记载，“盐水有神女”，“盐水”即今大宁河。汉以来，大宁河上游支流后溪河上的宁厂因在自然盐泉周围煎盐的可采薪材充足，“商人不须大有工本亦能开设之”。宁厂盐成本不高，又有船直下长江的便利交通优势，盐业在三峡地区以至全川处于十分有利的竞争地位。明洪武时“产量占四川产盐的20%之多”，“各省流民一二万在彼砍柴以供大宁盐井用”。《蜀中广记》又说：时“五方杂处，华屋相比，繁华万分”，大宁厂一带居民因此“不忧冻馁，不织不耕，持盐以易衣食”。各种条件促成宁厂必往城镇方向发展。陈明早在《夔行纪程》中写道：“自溪口（大宁河与后溪河交汇处——笔者注）至灶所，沿河山坡俱居民铺户，连六七里未断。”民国时期巫溪县城仅600余户人家，而大宁盐厂有1000余户，二三万人口，沿着三四千米河岸都是居民铺户。此一写实描述基本勾画出了宁厂的空间面貌。而光绪《大宁县志》做了进一步描绘：“居屋完美，街市井井，夏屋如云……华屋甚多。”此篇文字不仅涉及了街市，还描绘了房屋。有清人王尚彬

/\ 宁厂后溪河峡谷恒家岗一带

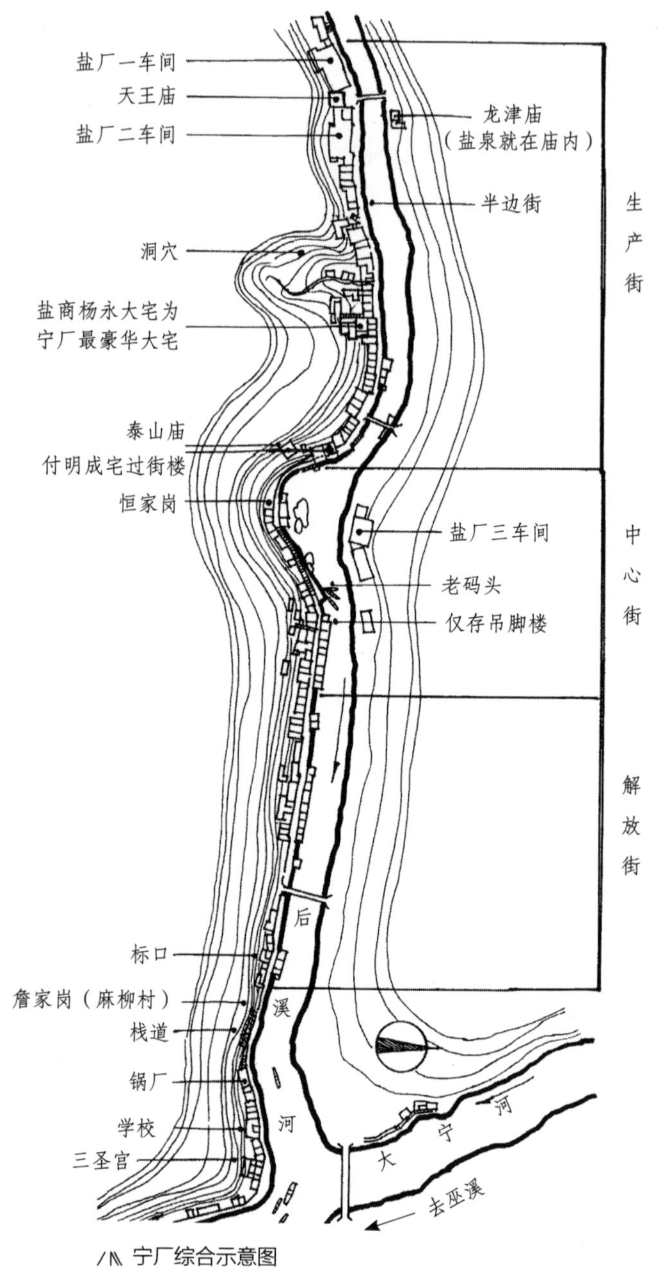

/\ 宁厂综合示意图

《大宁场题壁》之句“岩疆断续四五里，石筑屋居人稠”，更是从宁厂镇因地理环境的“岩疆”地貌特点，展开了“断续四五里”的规划叙述。其建筑材料以石为主，皆为“人稠”断续两三千米的整体场镇空间形态。古人对宁厂的街市场镇和建筑的至微描述本已比较全面，无须赘述。结合实地考察亦仅能于其概况之中再啰唆几点。

（1）宁厂镇在巫溪县北 17 千米处，有 1000 多户人家，二三万人口。若每户以 6 人计，最多不到 12000 人。余者一二万人，“工匠外来者多，平日无事，不足以养多人，偶有营造，工役辄不敷用，至盐厂峒灶工丁逾数千人，论工受值，足羁縻之”。镇上显然有不少“打工仔”，所以，1000 多户者当为厂区较稳定的居民，包括灶户、商人等，余者为杂役、佣工、搬夫、船工等。这 1000 多户民居便构成了宁厂镇的基本建筑规模。那么在建筑类别上，亦可划出灶户之厂房，商人之栈房、饭铺、茶馆、酒肆等；

/⺌ 宁厂恒家岗街道剖面图

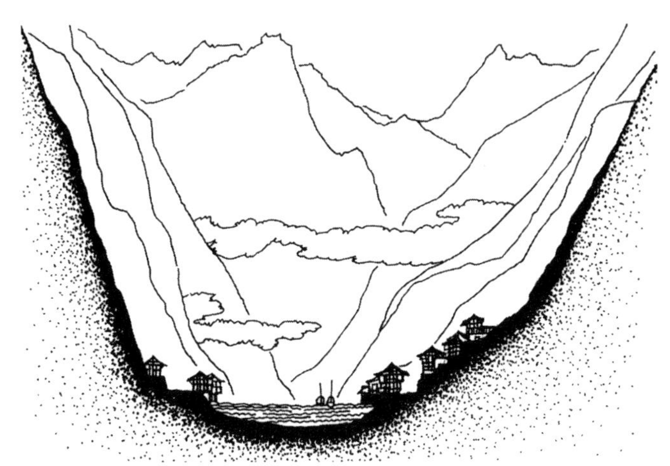

/⺌ 宁厂剖面图（张兴国作）

而住宅不仅市街，而且山林中皆是。《大宁县志》说：“官民屋宇，多覆茅竹及板，以瓦者无几……至高山老林，散若星辰。”今日在临河岸的主街后面山上，仍分布着很多住宅。因此我们可以推测，不少临时“覆茅竹及板”的工棚之类亦“散若星辰”般地建造在后溪河两岸坡地上，其中亦有“官民屋宇”的夏屋。结合今日考察所见，坡地上体量、造型均较突出的“华屋”“夏屋”，恐怕正是此类。综上，空间与人口的关系勾勒概貌，展现在人们眼前的恰是一个似乎不甚有序的“散乱”组合群体。若与川中成熟农业经济区的场镇空间比较，那么，这种“散乱”正是山谷屋宇选址无回旋余地的创造，并随坡面立体地呈现在眼前，于是首先夺人眼目地产生了一种极有诱惑力、感染力的美学力量。故“华屋”亦有内涵优美的一面，不尽在建筑本身的高大华丽。这一点，从当代画家专拣宁厂不甚高大华丽的建筑为写生对象的现象中就可见一斑。这也正是千百年来宁厂在建筑空间上极为吸引人的地方。

（2）宁厂街道市镇之形成，也许先期并无统筹规划，但既有房屋沿河出现，渐次必有约制。宝源山麓，后溪两岸，陡坡绝崖，盐泉就在狭窄山谷河边。人之所以来荒僻山谷建房兴街，正是仰仗这股盐泉，盐泉周围不管有多险峻，凡稍可立足加改造即可建房者，必然不会舍近求远去追求宽屋大宅，以造成生产生活的困难。然而，地形毕竟又有90°的绝岸段落。正如前述清人王尚彬所言“岩疆断续四五里”中的“断”字，实质就是不能建房的断壁处，“续”者即是可建房地段。这样断断续续两三千米长，均在险岩绝壁的疆界之中。那么，别无选择地，一切建筑行为必须于此绝处逢生；还必须有一个礼让的“仁”字作为主脉，方可在意识上贯穿人心始末。这条主脉反映在物质形态上，就是街道。其先本为道路。峡谷中之道路无论如何不能有丝毫阻塞，街道虽二三米宽度，又时断时续，蜿蜒曲折，但十分畅达。畅达者乃是由于断壁前后有石板路可通，犹如山间小道。无形中小道断开市街及建筑使之成为一段一组的空间组合，隔一段无建筑的陡壁山道后，又是一段街道组合。把这种现象比喻成虚实关系的话，有建筑段落即为实，空敞段道路则为虚。虚虚实实、虚实相生即成宁厂空间形态最大特色，亦烘托出一个既紧凑又疏朗的整体小镇面貌。

街道并不是如一般平地的两列式“两边街”统治街道始终，“实”得缝隙皆无，如一条黑巷子。恰又因地形变化，于街上因地制宜再做半边街，且半边街又分内半边街和外半边街。内者即靠岩坡一边建一排街房，留出临河街道、堤坎，以敞开河面；外者即伸出堤坎在河岸上撑柱悬梁铺板建街房，留出靠岩坡一面，以开敞傍岩坡空间，此即人们常言的吊脚楼，亦即实中又有虚。综上各段开合延续变化，又得内、外半边街的错落排列，不仅丰富了“实”的街段空间，更充实了整体空间内涵。归纳起来正如下式：开敞石板路—双街子—外半边街—双街子—内半边街—双街子—开敞石板路—半边街……即整条2.5千米（有说3.5千米）长的街道，尽在封闭、半封闭、开敞的不断交替中变换。可想而知，你无论从哪一角度进入，那光影、色彩、结构、材料、山石、河面、远山……亦不断组合、不断交替、不断变换。由于有开敞、半开敞的段落留给人视觉调整的取景框似的空间尺度，故使人进退自如，犹如看原作画，而尽精微，致广大，极尽赏心悦目、极尽自由调换创作心态之能事。这种无可抗拒的空间艺术感染力是在特殊的地理条件下，以建筑整体制约局部，然后以局部丰富整体方可达到的境界。前面讲了这是以“仁”为中心的儒家传统思想，以礼让作为建筑意识所展开的空间格局，可见“礼让之仁”亦可产生高尚的审美情调。

/\\ 宁厂吊脚楼速写

内半边街（半封闭）
有过街楼的街段
开敞段绝壁小路
码头
双街子（封闭）
内半边街（半封闭）
双街子（封闭）
外半边街吊脚楼（半封闭）
双街子（封闭）
开敞石板路
零星散户
后
溪
河
半封闭 灰
开敞 白
封闭 黑

/\\ 宁厂街路空间格局分析示意图

（3）宁厂一条街全在后溪河南岸，它是二三万人口的命脉，靠它聚散、吐纳盐事，以维系生存发展。加之山高路远，人员五方杂处，又流动性大，纯粹的手工业操作、农业文明介入难以在建筑上形成气候。若无盐泉，这里必成穷乡僻壤。因此，以盐业兴镇的建筑面貌和川中农业经济发达地区相比，有一个极明显的特点：建镇2000年，经济发达、人口多而集中的地方，竟然没有“九宫八庙”这样的精神建筑。仅镇北岸有一座龙津庙，内有一石雕龙头，盐泉由龙嘴宝珠两侧喷出，意指盐泉为龙津。此就算唯一的正宗寺庙了，造型亦如民居那样简单。

场镇因“九宫八庙”房高，又多四坡水歇山式屋面及装饰，往往在场镇整体屋面空间上形成高低起伏的变化。而寺庙宫观、宗祠会馆的富丽堂皇外观与金碧璀璨装饰，把成熟的农业文明推向极致，建筑作为文化载体，通过场镇空间亦充分渲染了这一境界。建筑诚然是了不起的审美对象。它的这种氛围是通过民居然后杂以若干“九宫八庙”等精神建筑才得以构成的。

/\\ 宁厂老码头街段立面写生

/\\ 宁厂生产街速写

/\\ 宁厂恒家岗付成明民居过街楼一段立面图

宁厂老码头及周围民居

老码头

宁厂生产街制盐二车间

河岸吊脚楼之一

河岸吊脚楼之二

宁厂真正的干栏民居仅存老码头几间，做法简易，但古风犹存

宁厂盐商杨永太宅 1994 年状

大宁河独有的“两头尖”木船

宁厂付成明宅过街楼等几户人家，全部建在岩石垒砌的石坎上，形成颇有气势的石作技艺

宁厂付成明等几家过街楼各有各的做法，把地用尽，似有回报砌坎艰辛的隐情

/// 宁厂恒家岗民居（据 1994 年夏实况拍摄绘制）

/// 宁厂由老码头上恒家岗的山道，均有大石垒砌的栏杆式护墙

/// 过街楼下

/// 宁厂付成明宅过街楼

/// 半边街人家

/// 1998 年洪水肆虐后状况。河岸露出巨量堡坎，但失去了植被

/// 宁厂偏安一隅人家及充分利用石砌堡坎、护坡、砌墙组合起来的优美环境

/// 坡上人家

/// 宁厂临街干栏做法

/// 盐商杨永太宅

/// 宁厂半边街木构老屋

/\\ 宁厂生产街上段有吊桥联系两岸产盐车间

/\\ 宁厂生产街民居是入住最早的民居，因紧挨盐厂车间，形成车间、民居相互错落的空间组团

/\\ 宁厂临河别致小店

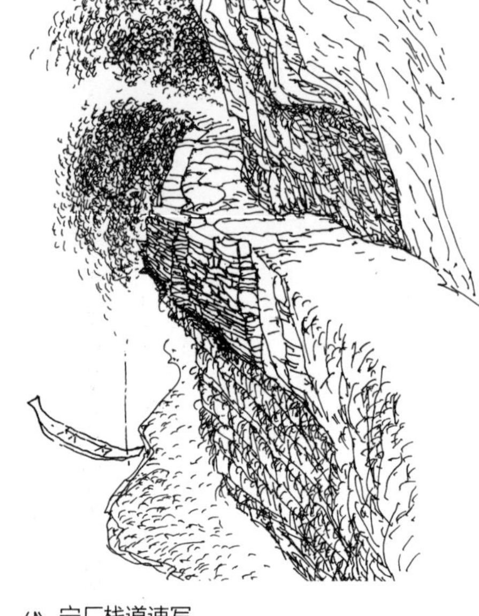

/\\ 宁厂栈道速写

宁厂无“九宫八庙”，因此少见歇山式屋顶，没有规则的天井式合院，仅有石砌稍大的屋面，余者几乎清一色两坡水、悬山式简易屋面，清一色小青瓦。不少单面不过 20 平方米。也就是说建筑纯粹得全是民居，几乎无装饰，屋面大小差不多，小而薄，有的险岩处还仅一面屋顶直伸河岸，然后在道路上形成过街楼。还有一个共同特点：无论房屋体量多小，通街清一色一楼一底。即使孤零零的一间 10 多平方米的小木屋也是一楼一底。人多地窄自然只能如此。这又是一种纯粹的做法。木穿逗的简单实用，木板壁的不拘一格大小面积的镶嵌，木质色彩因年代久远而变成褐黄斑驳的调子，以及家家皆有一些不同的石砌墙基等石作，直到临河街有多长石堤坎就有多长的石砌巨作统一全镇，这又是一种单纯中的统一、统一中的单纯现象。而且，宁厂无多话，不絮叨，犹如山谷里的手工业工人，实在淳朴到极致了，而又有一面傍山靠岩依坡，一面又临河碧水涓流，三两吊桥疏通两岸的自然、人文景致。峡谷陡坡及层层淡去的远山衬托，清风遥远的宁静，这一切又加强了纯粹气氛。建筑与环境能酿成这样美丽的气氛，反倒得益于没有“九宫八庙”的干扰。于是这就构成了川中罕见的全民居建筑特色，也就产生了与大多数巴蜀场镇空间形态不同的风貌，烘托出了一种极朴实、素雅的老百姓的平民气氛。没有歇山、庑殿的神圣，没有官腔十足的空间传播出来的威严、压抑，适得山间一方乐融融的谐和。所以，使人感到建筑艺术不仅在于有繁复的宫殿式建造，整体的单纯形态反复重叠、排列、

/N 宁厂过街楼速写

错落，亦可构成令人叹为观止的群体空间之美。

不过，综上所凝聚的三点特色，若不是天远地僻，若不是盐灶早已熄火停产，若还有可支撑的农业，那么，那里将会缀入几幢水泥房子，如此，则纯粹立即变为浑浊，不伦不类于偏镇远乡，更没有人到那里去旅游了。

第十四章 三峡三镇

重庆市石柱县西沱镇，忠县石宝镇、洋渡镇，位于三峡地区长江上游中段，自古为楚巴文化激烈碰撞之域。西沱、洋渡在南岸，各属不同的行政分区，方斗山北麓与长江又将其夹于狭长地带的东西两个端点上。这几个场镇虽小，然各领风骚于一隅，成为当地中心场镇。石宝镇虽在北岸，却处处与隔岸相望的西沱镇发生关系。经实地多次考察，笔者甚感西沱形态与石宝寨玉印山有诸多纠葛。于是，在三峡古典场镇中出现了三个颇具代表性的形态格局。这些场镇给李可染、张仃、彭一刚、汪国瑜、成城等画家及建筑师以强烈的视觉冲击，使他们留下不少让人印象深刻的作品，这显然是形态内因所散发出来的自然与人文力量。三镇行将全淹或者部分淹没，笔者今粗涉皮毛，权当管窥。

三峡地区沿江城镇自湖北起，有巴东县信陵镇数条街巷垂直山体而建，谓之“挂壁而建”。又楠木园一条线形独街从码头朝上直爬，场镇功能似尚在发育，却一下沉寂下来，留下一条清晰的登山小街道。虽然今重庆境内各县沿江场镇的不少街道多多少少都有垂直等高线的段落，但唯石柱县西沱镇号称长五里，高差160米，有1800多步石梯，其间设有80多个平台，全程垂直等高线的街道格局最为典型，人们谓之“通天云梯”。于此基础上托举营造的层层爬山坡地建筑，蔚成中国小镇空间奇观，亦可言万里长江两岸唯此绝例，它在建筑学上的深层结构集中浓缩了陡坡地形，以及又需垂直等高线建镇的诸般要点。其中不独基础部分，如道路、转折，平台、节点等，亦多变、自然、流畅。它又与水系达成默契，互通有无，偕成有机，酵发文化。人们更在其基础上分出上千台面，构架建筑，中分公私，融融乐乐，又不抹杀个性。儒化之风恰又始终贯穿统一，加之风水之术的勘校，最后才全其大树、修竹、闲草，丰满、润泽。

经数百年甚至上千年的时间与空间磨合、熔炼，方才得此特例。谓之奇诡，其实是因为这是一种中国空间塑造的高度成熟现象，理同悬空寺、山顶庙、洞中窟、林中观。不同的是，那里住神仙，这里居住凡人。更奇特的是，西沱一江之隔的忠县石宝寨玉印山也有12层的陡岩爬山楼阁，形同西沱“云梯街”的对景。这就把二者之间是否有内在联系的玄机摆在了感兴趣者面前。

以物质功能说诠释中国古典空间自是生存发展首位之理，凡论西沱、石宝场的成因及格局者亦是此理。但物质第一位与意识第二位，即意识产生于物质的哲理我们往往不说或少说了，尤其是特殊的物质现象。比如，长江缓坡土岸上突然飞来一庞大石质体，莫说古人，就是今人也绝大多数不知何故，那么，自古大石崇拜延至今日，至少你得惊异于自然的神秘力量和鬼斧神工。有心人或编造故事或罗织景观或营建寺观，在唯物论尚未风行的封建时代，这些必然会衍成崇拜氛围，构成顶礼膜拜的中心，显然，氛围之“围”确也可作“范围”解，小者围绕其实体兴庙建寺；中者圈其道路，两旁建住宅以解决进香者食、宿、行、玩问题；大者半径三里五里的人与物以其为圆心、轴心，或人们心理上常思常想，或以物作为方向相对应，祈求与其顾盼。故凡宫观寺庙、民居、城镇在这特定现象的面前，相互借成环境，并必有基本因素表明和它呼应的联系性，这便是朝向。朝向必讲轴线。风水解释有朝案及借景之意，间或糅进儒文化，隐喻发科甲者可，借景观滋养民风也可。但这多指对景之物在水平状态之上而言，《园治》称之为“仰借”，而历史上鲜见“俯借”者。石宝寨玉印山位置在长江江岸边，自是高程低处，若仅从石宝场镇街道及民居，即从中、小范围而言，诚处处皆可“仰借”，而三五里半径内的公私建筑、场镇街道均高于其位置者，若要以其为对景，则只有“俯借”了。

据考证，西沱场镇兴于汉代，完善于清乾隆年间，清以前毁于战火，于“湖广填四川”，尤其是乾隆年间第一次“川盐济楚”时成为川盐远销鄂西的著名的“楚岸”，川东南的大码头。丰厚的盐利使大批人致富，故言西沱而不言盐事盐店者，显见尚待提升境界。在这种背景下，现街道格局也许是汉以来的遗存，也许是清初以来政府对历代街道不断调整的结果。笔者相信后者，因中国城镇空间正是时空关系在儒文化环境中一脉相承的延续和发展，一直保持着稳定的文化内核。那么，在风水术和儒化风浓厚的清代四川，几乎所有城镇都有一番风水与儒化之说，哪怕有的勉强得很。所以，像西沱这样的场镇，面对一个近在咫尺的神秘景物不借对，情理上是很难说得通的，加之清以来盐事与山货的发达，经济上可能有支持，促成西沱部分街道段发生偏离，以街道空间对着所借的景物则是完全有可能的。

笔者经多次踏勘，验证了西沱整体街道和石宝寨不在一条轴线上，但偏离角度很小，也就5°～10°，部分段落稍加调整，即可把二者统一在轴线之内，关键是取什么位置的段落与石宝寨相对应。经实地观察，笔者发现下码头段、中和平街段、上独门嘴段各长数十米，有下、中、上三段和石宝寨对应，实喻整体已相对，动局部而成全大局，不伤筋骨又达成众愿，这也是中国文化擅变通的合理合情的归纳手法。不同的是，场镇中的建筑，包括所有的宫观寺庙和部分民居，甚至包括石宝寨上的凌霄殿，则和街道对景不一致，此留待后面再说。

经隔江相望的两场镇一番自然与文化的砥砺，三峡沿江城镇中出现了城镇选址多种模式中的一种“隔江相望”模式，中有江北洛碛对麻柳、涪陵石沱对正安、丰都兴义对农花、万县武陵对新场、黄柏对巴阳、云阳双江对九龙，等等。虽然，“相对”原因区别很大，但如此使我们看到一种普遍现象背后复杂的因素。西沱对石宝，被动一方石宝寨上的爬山楼阁与西沱的“登天云梯”又存在何种关系？这两者体量悬殊又形貌酷似，一个顺陡坡上行近2000步石梯，一个附着悬岩垂直上爬12层楼道，寨门牌坊上还书“梯云直上”几个大字，此是否在暗示爬岩楼阁的设计受到西沱“云梯街”的启迪？是巧合还是必然？于此进一步把两镇纳入同一思考与想象空间之中，结论无须查证，亦正是传统城镇留下悬念的文化奥秘，只有留给后人去考释了。

《四川通志》言：石宝寨“明末谭宏起义，自称武陵王，据此为寨，故名”。寨上有道光二十四年（1844年）碑记：“自康熙年间，始建重楼飞阁，阎罗殿……”而寨下场镇之兴全在寺庙香火渐旺，香客不绝，故被称之“宗教类型场镇”。它和巫溪宁厂、云阳云安、忠县㽏井等因盐兴起的场镇，沿江一些因航运交通兴起的场镇，更多因农业经济兴起的场镇一起构成三峡沿江场镇类型的多样性，自然也构成了场镇格局的丰富性。西沱垂直等高线是一种特殊格局。石宝场则围绕石宝寨山体几乎一圈，也是一种罕见格局，其烘托的空间形态和人文风貌把三峡场镇推到极高的境界。深究其核心，石宝寨玉印山或为滥觞或为借对。那么，具体到一街一巷、一门一窗，或街道转折处，或街中，或小巷，或开门推窗，或檐下挑枋缝隙，或民居天井之中……玉印山倩影无处不在。玉印山被西沱远对可说是借景，对石宝场街道而言则为底景。因此，我们可知一块巨石对周围环境产生的巨大吸引力和制约力。甚至场镇周围的农村住宅，凡视觉可及者，不惜背弃传统朝向，纷纷面对山体，亦在外围形成一圈崇拜“磁场”，形成众向所归的核心，此亦可言是石宝场圆形街道格局的放大，或者说是石宝场圆形形态的空间基础。这就把中国空间文化内外一致、表里一致、远近一致的信息统一性和归纳性阐释得淋漓尽致又圆满完整。加之石宝寨玉印山坐落位置又在一小溪与长江交汇的三角地上，正契合三峡沿江北岸城镇选址的风水要旨和习惯。玉印山东西向狭长的山体和山顶平台又造就了三峡城镇公共建筑需面朝上游，“有水口”，可“迎山接水”的地形。因此，我们又看到山上的阎罗殿坐东向西、迎山接水的格局。拿这种格局反观西沱和洋渡及绝大部分沿江城镇公共建筑，其理皆成一统。所以，西沱街道旁的所有宫观寺庙均与街道走向不一致，街道与玉印山相对，而宫观寺庙对上游水口，各对各景是三峡场镇中的特例，有乾隆时的《西界沱舆图》为证。

大多数三峡沿江城镇的公共建筑、有条件的民居均需面对上游；不行，则将门向西上游方偏斜，求个意象以表虔诚。公共建筑中以云阳张飞庙大门向西斜开为代表，中含二义：一是风水上的“金同水”，开门接水等同接财纳宝，门需对着上游开；二是儒学“仁忠”意义的暗示，上游西方是蜀汉都城成都方向，死亦效忠蜀汉，表明张飞灵魂的赤诚，也有版图归属意义。而湖北境内就没有川江这种讲究了，前面无甚阻挡物的民居照此寻解，多场镇周边单户有钱人家，街道民居中也有。早期的巫山培石张胜模宅，门硬偏斜10°左右而冒不好使用之讳，此制延至民国，如忠县西山街诸宅，洋渡陈一韦宅，皆是“殖民”房子，亦照此不误。

最具普遍意义的是，大多数平行江岸的线形场镇街道开口亦必对上游方，典型者如忠县洋渡。洋渡古称洋渡溪，得名于与长江交汇的支流名，洋渡场选址于二水交汇处的三角台地上，街临长江岸平行而建，长 200 多米。

人类文明除玛雅文明为丛林文明外，其他文明都发生在江河流域。长江流域下有河姆渡，上有成都平原三星堆及古城址，中有云梦湖泊、三峡冷谷江河文明，此姑称“大文明”。而那些千千万万的大小支流及流域，亦正是这些文明的地理构成。流域虽小，却有自己的特征和依据流域划分的行政范围。范围必有中心，中心分大小，小从大，遂渐次完善农业社会管理框架的人文地理特征，载体便是城镇。小流域正是此理，因此，西沱与巴东信陵、楠木园垂直等高线的街道格局，均不直接选址于两水相交之处，就是拥有一定流域也不在场镇旁边，故场镇发生的农业经济因素就淡薄一些，才出现一反常态的不同于体现流域文明的场镇街道格局，并和其他场镇形成独立状态。而直接依赖农业经济及交通航运的场镇，则紧紧依赖流域内的一切关系，自然在选址、街道格局、空间形态上就会充分反映农业社会、经济等方面的特点和内涵。洋渡正是此类典型。

洋渡场统洋渡溪流域蒲家场，合全场于一体，形成地理、历史、人文传统习惯领域，这又使洋渡场为三者中心，亦如一方门户。恰如西沱统王场、黎场、万朝场，石宝统咸隆场、双河场。一方门户的农业中心场镇，就是没有水上航运，也能万事不求人地把小农经济完善到极致，因其生存之本靠的是农业，交通之利只不过更加促进它的发展而已。而依赖交通、宗教、盐业兴镇者，一旦诸事受到时代或其他因素的遏制，则会很快萧条，进而导致场镇的退废衰败，如西沱、产盐的巫溪宁厂镇等。虽然个中也含有一定的农业经济因素，但不足以支撑场镇的持续发展。由于洋渡之类的农业中心型场镇有稳定的农业基础、一定的流域幅员格局、相对统一的文化习惯等，因此，在兴场建镇过程中，其经济不会出现交通、盐业经济的暴涨暴跌现象。它循序渐进地生租生息的积累方式，在较长的时间内足以让人接受农业型场镇兴建过程中必须遵循的一切条件和要求，基本情况是:

（1）无论南岸北岸，选址尽量按图索骥，追求二水交汇的风水意义，且多在小流的东岸。

（2）二水交汇处不仅是远古渔猎时鱼群密集之地，在洪水期亦可作为从长江撤退船只进小流避险的安全之所。

（3）场镇西端面朝上游，除街口开敞对水口以借景“金同水”以接财纳宝外，街道还不可一通到底，无论街道长短，不可在下游方有开敞街口。若有，形同财宝上游进下游出，财留不住。所以，到俗称下场口的地方街道必有直角形转折而出现垂直于等高线的一段爬坡街，这样钱财就会被挡在街中盘留。当然，垂直形的这条短街往往又是通往纵深地区广大农村的必经之道。

（4）无论南北岸，公共建筑一律靠山傍岩修建，民居则跨江岸临江修建。所以，吊脚楼很少作为公共建筑即在此理：因公共建筑所需面积大，材料又多砖石，需坚实又利于展开形制的基础，临江岸基础不敷使用。

（5）尚未发现一处公共建筑是面朝下游方的，多为垂直江岸略向上游方偏斜，有条件者直对上游与街道错位，无条件者多将大门向上游偏斜。

（6）川江船帮祠庙王爷庙是四川沿江城镇公共建筑一大特色，三峡沿江城镇尤甚。祠庙往往占据城镇码头险要，居高临下，面对上游江面，前不可有障碍物阻挡，这是影响城镇形态很大的空间因素。

上述西沱、石宝、洋渡三场镇在三峡沿江场镇中的相互关联性，以及又相对独立的典型性，无疑使我们看到地域文化孕育过程中的丰富性和有机性。尤值得一书的是：它们之间无论如何相关，都始终保持着独立的空间品位和强烈的整体形态特征，风貌个性一目了然。此点和当今所称之“标志性”，极表层的肤浅认识，脱离历史、文化、环境等诸多条件，仅靠“行政加商业”的“操作”，简直不可同日而语。此说深层无非近代以来西方文化渐入所带来的思维方式的影响。而作为文化形态的长江三峡沿江场镇，和西方以分析为思维特点产生的事物的不同之处在于：东方文化的特点是综合，它所考察的不仅是事物的某一方面，还有全部要素以及它们之间的联系。而后它把握一切联系中的总的纽带，从总体上揭示事物的本质及运动规律。其特征鲜明者便是“天人合一”。季羡林先生在《天人合一新解》中认为：“天人合一命题正是东方综合思维模式的最高最完整的体现。”所谓“天”当然指自然界，“天人合一”主要内涵则是人与自然的关系，在这种思维指导下的主张便是自然万物浑然一体，这与希腊以分析思维为主只出理论不同。中国以综合、归纳思维为主，同时也生技术。今提出三峡三镇亦无非想阐明此一观点。

一、石柱西沱——独标高格　登天云梯

三峡地区川江及支流两岸，清以来人口激增，河谷与山区垦殖发展迅速，为全川大宗农副产品出川唯一咽喉之部。长江干流及支流两岸城镇发展势在必行，如“同治时万县江北有31个场镇，江南有18个场镇，其中以新场、武陵、龙驹坝场最为繁荣。光绪时长寿县有20多个场镇。丰都到民国时已多至76个场镇。沿江以西沱、林家庙、高家镇、蔺市诸场镇最为昌达，户口稠密，生意繁盛”。而支流如大宁河之大昌、宁厂，汤溪河之云安、盐渠，乌江之龚滩、江口诸场，亦是热闹非凡。整个下川东沿江场镇与城市的食品消耗量如民间流传：“千猪百羊万担米”。“场镇滨江者繁盛，山市小而寂”，沿江大镇与山区小场在繁荣程度上形成强烈的对比。历史学者蓝勇认为：“一般讲，大江两岸的城镇优于支流两岸的城镇，大支流两岸的城镇优于小支流两岸的城镇，开阔江岸的城镇优于峡谷江岸的城镇，东部和西部的城镇优于中部城镇。”一时各江岸纤夫如士兵般汇聚，陆岸骡马不绝，茶馆、酒肆、栈房毗列。人烟凑集，华屋连云，室宇门闳，高墙厚垣，檐牙相接。三峡沿江两岸城镇在历史上最辉煌的时期很自然地产生众多个性迥异、格局非凡的城镇空间形态，呈现出别致的人文风貌。其中长江边之西沱与乌江畔之龚滩便是典型之例。

西沱位于古代巴文化区域的腹心地带，大山大流造就了巴人“冷谷江河文明”，巴人尚坚忍崇耐劳，不畏险而剽悍，从渔猎到农耕，皆在险峻的环境里生存。故有巴人阳刚、蜀人阴柔之谓。而凡涉及营造制作类事，亦无不反映两者之区别，前者讲究气魄、粗犷，后者讲究运算、精微。清以来虽江南各省移民纷至沓来，五方杂处，然古风的承袭仍有过之而无不及，西沱之建镇足可综览古今，亦可窥其一斑。

西沱原名西界沱，现不少老人仍呼古名，是黔江土家族地区唯一长江港口，石柱县辖，为“一脚踏三县”之地。其地处长江南岸，对面即忠县与万县交界地，而场镇东侧约1千米处又为万县金福乡界。西沱置于土家山区“大水路”的边缘前端，实则成为长江支流龙河上游乃至石柱、黔江地区土产山货集散地，故此间山民言必称西沱云云。更有湖北恩施、利川等县，清以来于西沱转运川

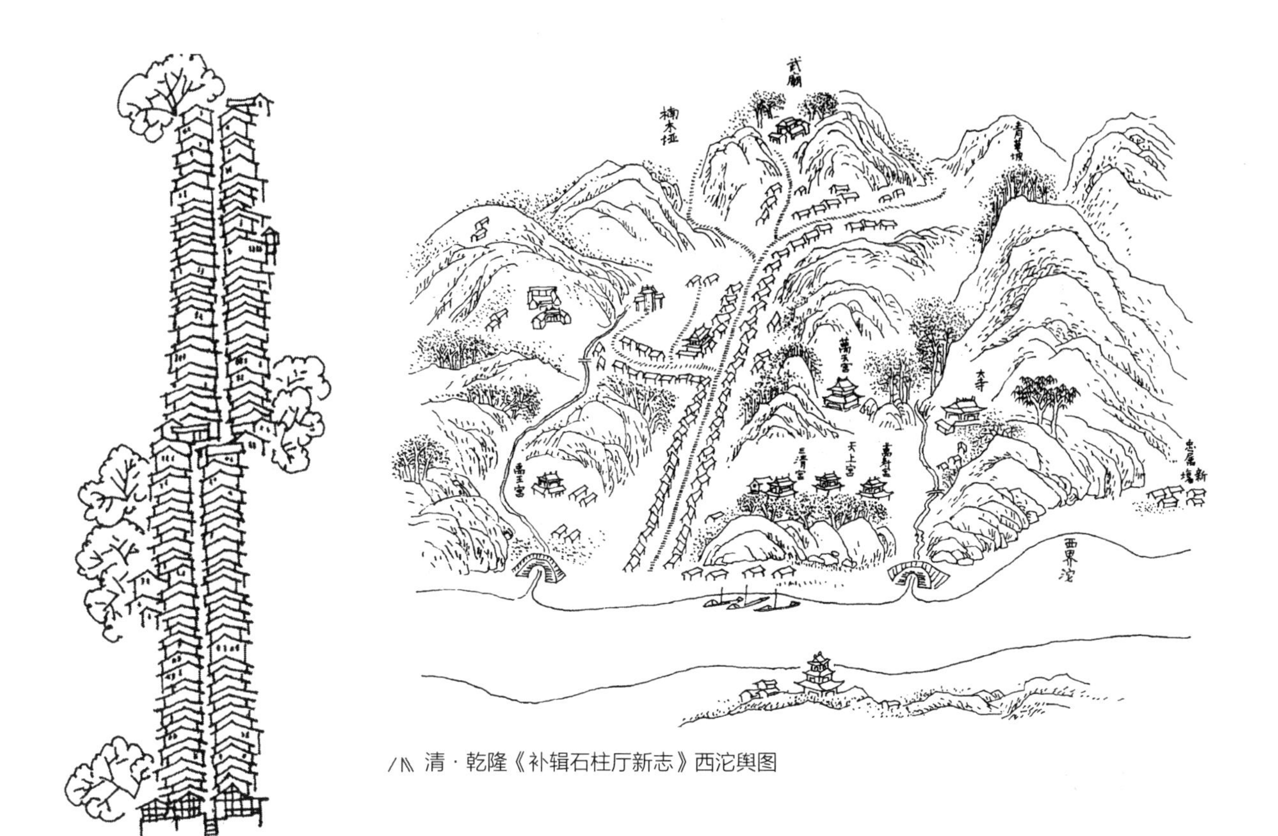

/ 清 · 乾隆《补辑石柱厅新志》西沱舆图

/ 西沱写意

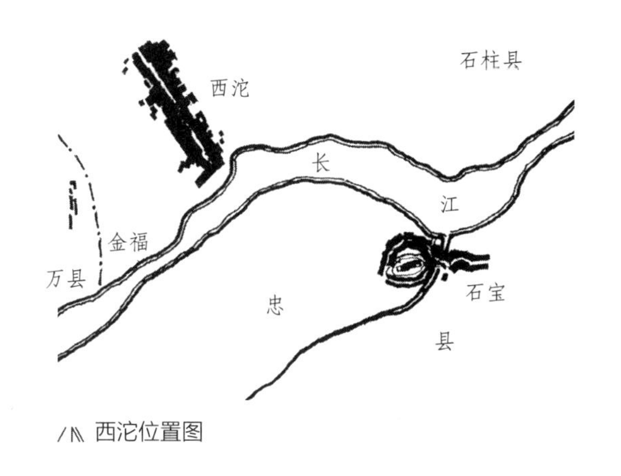

/ 西沱位置图

盐。“川盐济楚”的回头货是土特产，故山道如阡陌由西沱辐射乡间，其后数千米处的高峻方斗山上客商如织，至夜灯笼火把仍于山道闪烁。而西沱江面为凹形优良静态深水港湾，俗称“回水沱”。以古时木船行程计，由重庆、涪陵下万县或由万县上水行船，此处无论泊靠抛锚、起坡住宿、餐饮都是合适且方便之地。还有一点值得注意，西沱斜对岸 2.5 千米处的长江上游方北岸，即为誉满中外的石宝寨。西沱选址，轴线以石宝寨为对景，两者虽咫尺之遥，属两个不同类型的场镇，但仍有十分亲密的顾盼关系。石宝人熟知西沱场的人与事，如数家珍。西沱人说石宝场，亦老幼皆知街中事。两场都在相互视线之内，人们又经常走动，十分亲密。尤其石柱进香客与商贩频繁来往其间，更是加深了邻里之间的友好了解。故两场遥遥相望中，存在诸多影响。

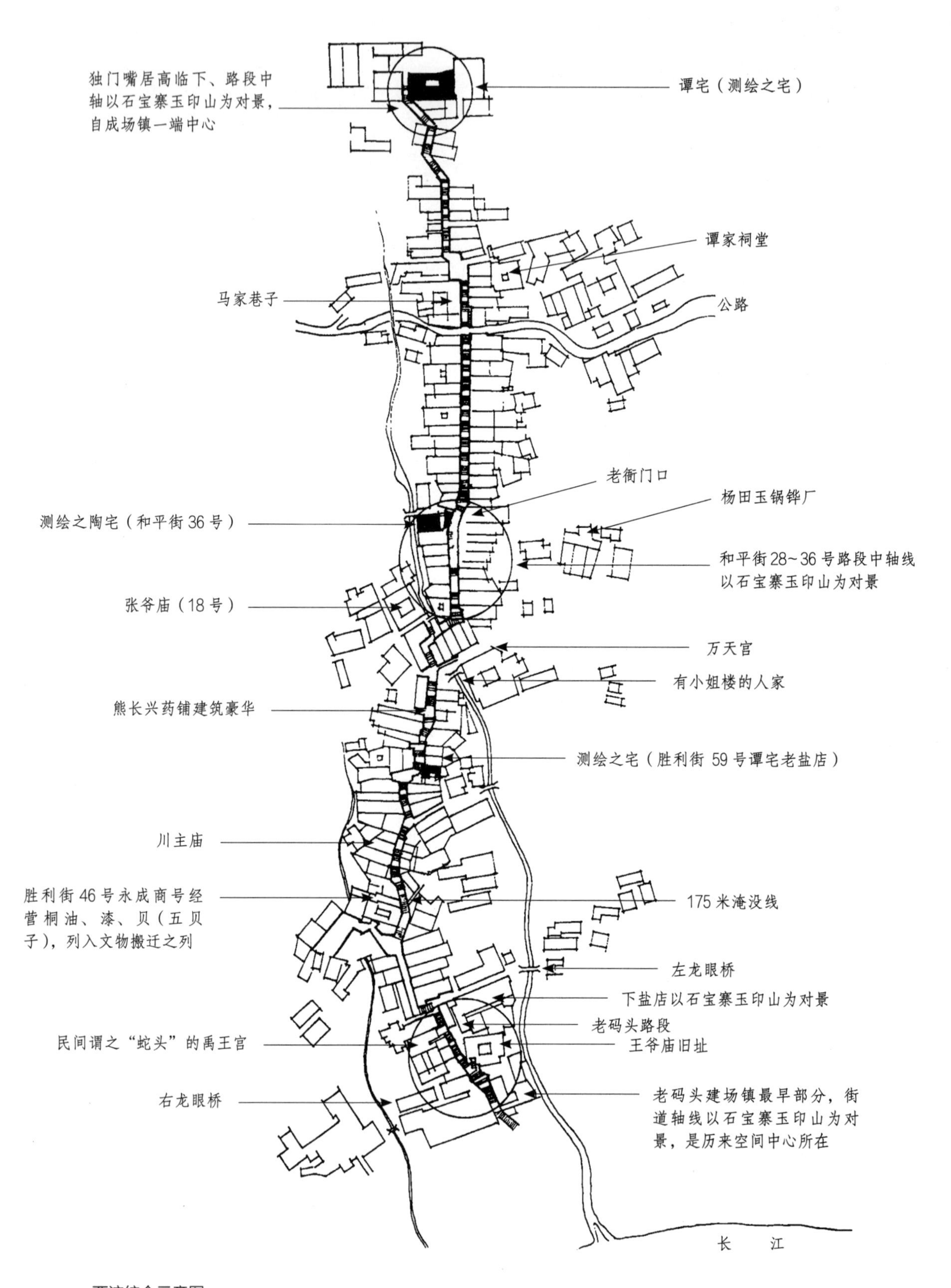
独门嘴居高临下、路段中
轴以石宝寨玉印山为对景，
自成场镇一端中心
谭宅（测绘之宅）
谭家祠堂
马家巷子
公路
老衔门口
杨田玉锅铧厂
测绘之陶宅（和平街36号）
和平街28~36号路段中轴线
以石宝寨玉印山为对景
张爷庙（18号）
万天宫
有小姐楼的人家
熊长兴药铺建筑豪华
测绘之宅（胜利街 59号谭宅老盐店）
川主庙
胜利街46号永成商号经
营桐油、漆、贝（五贝
子），列入文物搬迁之列
175米淹没线
左龙眼桥
下盐店以石宝寨玉印山为对景
老码头路段
民间谓之“蛇头”的禹王宫
王爷庙旧址
右龙眼桥
老码头建场镇最早部分，街
道轴线以石宝寨玉印山为对
景，是历来空间中心所在
长　　江

/ 西沱综合示意图

/∧ 西沱写意

西沱在汉代即有码头，清中叶为其全盛时期，整个场镇从江边垂直向上，并沿坡脊爬行。西沱在唐宋时即成川东、鄂西一带商埠，在元代为川江重要水驿，已形成相当规模的物资交换大镇。凡盐、米、油、茶、烟、糖、酒、药、山货土产、绸缎布匹等于此都有；日杂百货店、五金铁铺、客栈马房已有100多家，行商摊贩有200余户，且多为前店后坊；沙滩江船建造修补业也达到鼎盛，名声远扬到整个川江，直至边远川西北。凡商旅者无人不知西沱。笔者父辈早年为生计奔波于川黔之道，笔者在儿时亦常听他们讲西沱云云。如此长时间历史的积淀，如此发达的一方经济中心，场镇之营建自是辉煌至极。

西沱西起江岸，顺山脊而上，中有两处转折，总体垂直共1800级石踏步（石梯）、113个梯段，至山上街顶端独门嘴，全长

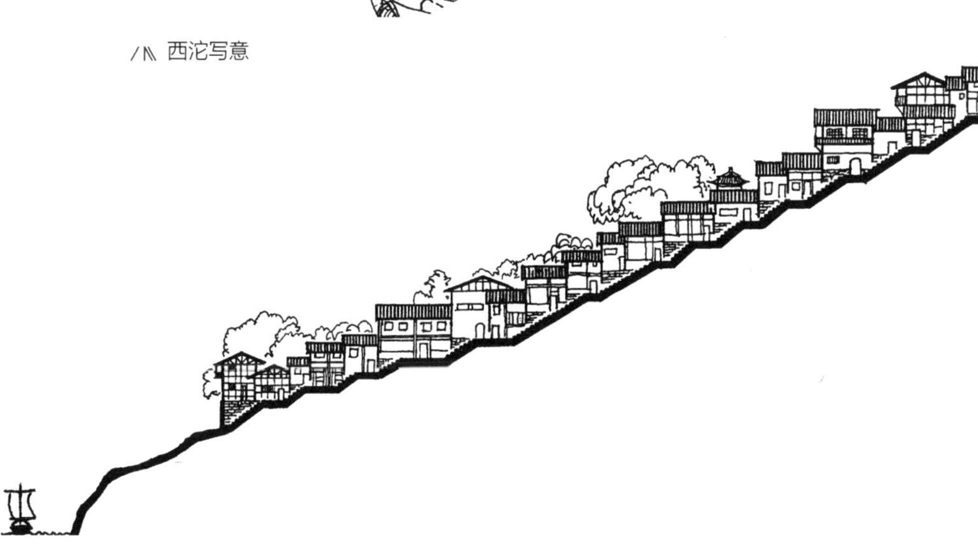

/∧ 西沱码头段街道剖面图

/\ 西沱中、上段重屋叠加的壮观云梯街

2.5 千米。据笔者所知，西沱是长江唯一全程垂直于等高线布局的小镇。故石梯千步，让人如登通天云梯，西沱又被称为云梯式场镇。两端点高差 160 米，除两个大的转折外，更有 80 多个间歇小平台。大转折平台沟通左右横向小巷以疏散人流，汇聚乡间，联系街后建筑，两转折构成从上到下、从下到上两处承转中心。构思基础除平衡人流、减轻主街的压力外，亦可说是一种主旋律的道路修饰，长短、宽窄、大小之道似可圆满地“直通天上”。80 多个小平台则有一

/⫽ 通天云梯——从长江北岸遥望西沱

/⫽ 云梯街与民居

/⫽ 西沱屋面

种休止符似的节奏之妙，小平台之间的石踏步梯段就更有音节之趣了。

何以上千沿江坡地场镇，唯西沱全程垂直等高线布局？综合民间流传与实地考察而论：一是人流主要来自两个端点。上自广大山区，下自江上，而横向方人流稀少。二是此为捷路，垂直线短于斜线。三是古时路坯即已成。四是整个场镇就坐落在如鱼脊背的缓斜巨石上，土层薄而易干旱，占基建宅不足可惜。五是场镇基础略高于两侧，利于左右排水。六是垂直踏步面迎长江，行客可毫无遮挡地观察江船动向。七是于住宅店铺后延伸建房，或前店后坊，或四合院布局，反而更易于展开，所耗费工时、土石方量不见得比沿等高线布局所耗费的多。如果沿等高线布局街道，不但会分散人流与港口之间的联系，同时会出现大片如吊脚楼这样易腐败的木质支撑体系，就如沿江大多数场镇一般。

老人们讲：从北岸看，西沱犹如一条乌梢蛇仰晒肚皮，由江边直上山顶的

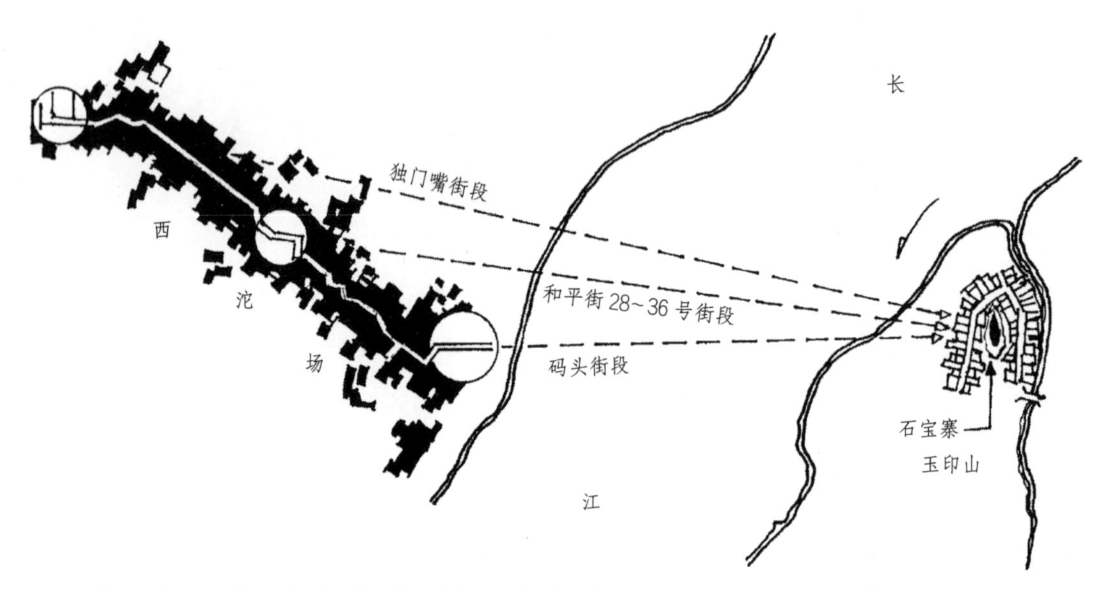

/I\ 西沱场码头、和平街、独门嘴三街段与石宝寨玉印山对景关系

石梯恰如乌梢蛇肚皮上横着的黑白相间的鳞片。那江边镇头的禹王宫是蛇头，左右龙眼桥是蛇眼，民间谐喻亦形象地描绘出全镇的整体空间形态。而沿着骨干之道两旁的爬岩攀附，石砌重叠建筑亦如血肉般丰满了全镇空间。从江面乘船而过，所见是层层上叠、鳞次栉比的民居山花墙面，墙面竹编夹泥墙面又被柱枋巧妙地划割成小方块，或套白灰，或留泥黄本色，建筑特有的线、面、色空间组合韵致，具有视觉艺术的区域文化色彩一下投入眼底，而大量垂直有序的叠加重合，更以磅礴恢宏的气势，偕江流广阔的浩瀚，让人感受到一种极为特殊的空间创造力量的自由和宏大。如果再往下联想，前述石宝寨场和西沱场在空间上是否存在某些内在的联系呢？那石宝寨爬山附岩12层寨楼犹如西沱形貌造型的街道浓缩，只不过一个以阁楼式建筑攀附笔陡的巨石，另一个以民居为主体层层重叠于更

/I\ 和平街、码头、独门嘴三街段与石宝寨玉印山对景关系

从三峡沿江场镇兴起之初几乎都与航运有关的历史看，航运先于港口陆岸形成码头，它是奠定场街空间发展的基础。清乾隆年间是川江全盛期，也是风水盛极之时。在川中，任何营造活动此时期都离不开风水术的介入和指导。作为码头及街道的发端也不例外，除了街道面向上游水口，若能有一对景物则更能圆满一城一镇的整体人文框架。

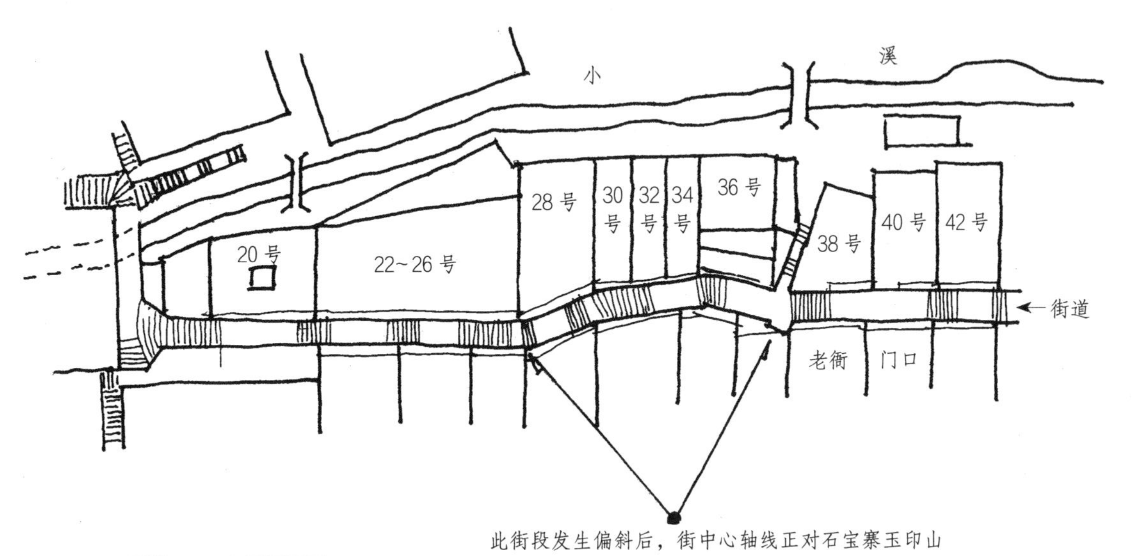

/\ 和平街 20~42 号平面图

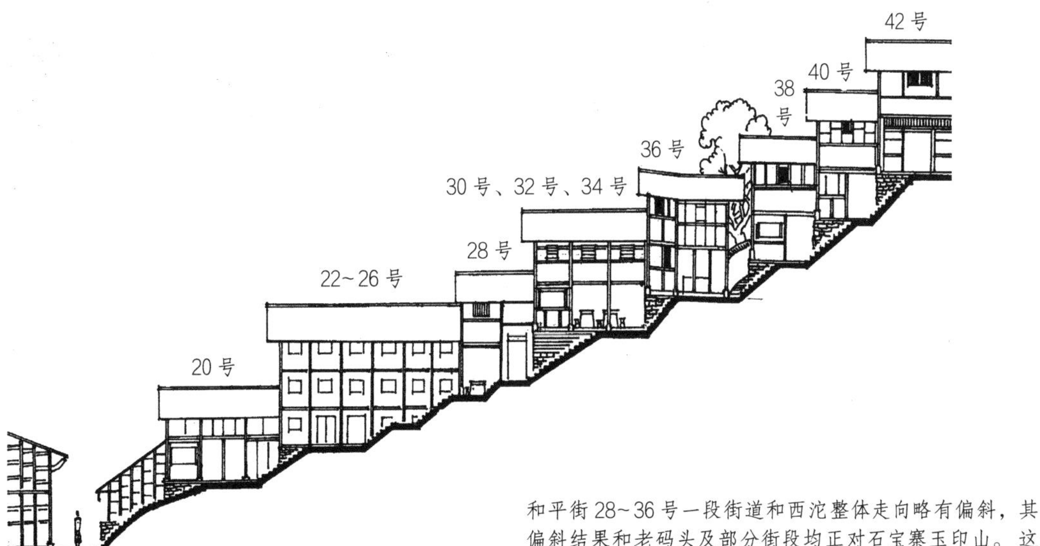

/\ 和平街 20~42 号立面图

和平街 28~36 号一段街道和西沱整体走向略有偏斜，其偏斜结果和老码头及部分街段均正对石宝寨玉印山。这和一小溪之隔的张爷庙朝向，也和西沱大多数寺庙朝向似乎不一致，云阳张飞庙亦故意使大门偏斜朝向西方，据传是“心向蜀汉”即成都方向。那么街道发生向西偏斜是否也有此意呢？笔者认为，无论街道与公共建筑或者大宅，面山迎水，尤其三峡沿江地区，面上游之水首先是风水观使然。风水认为“金生于水”，街向、宅门、寺庙朝向要得“金”必使房形成迎上游来水之势，以摆出张臂接纳之态，其故为不致使财气流走，是“水去则金失”的心理趋同。而三峡上游方又正是蜀汉中心，如此巧同，相谐天机又可一说。然而西沱街道向西不迎纳上游“金水”之势，且以玉印山为对景，两者不可兼得。顾此失彼正是街道垂直等高线布局造成的，因为上述迎山接水之态多为平行等高线街道布局，唯此格局才能借构金水漫街之势，而垂直状态最多水齐“脚杆”而已。所以不如转而对应玉印山，各对各景，如此反倒更加成全特殊形态的人文构想。这正是西沱特殊派生出的特殊之处。

/\ 西沱独门嘴景观

/\ 云梯街与民居

/\ 石踏步白描

/\ 檐牙交错图

石坡凿梯图

和平街街景

为巨大的陡斜石坡；一个是藏路于楼内转折回旋而上以楼面为平台的精神建筑，另一个坦路于民居间，以 80 多个平台承启组合建筑群。若论二者不同之处，不过是体量，而神韵之近似，一目了然。二者惊人相似，又近在咫尺，同一视线之内，万里长江难觅二例。此景难道是一种巧合，或天工之神作？当然，谁先谁后、谁影响谁、谁启发谁并不重要，关键是两种内涵截然不同的空间形态居然有诸多相似的生存条件和同样不凡的建筑面貌，以及截然不同的美感。如实有古典民间匠人，百姓的通力合作与借鉴事实，那么，这种以神似和形似相结合的、相互借鉴的例子当属古典单体到群体民间建筑的极品。因为说到底，它是因地制宜的别致创造，是个性风格迥然天下、极为突出的孤例，是两种功能不同的结构体，是反差极大的艺术，更是中华民族独具巴蜀区域色彩的建筑文化。可贵者还在于它对当代继承弘扬中华传统文化的应用性，这正是令学术界焦头烂额、争论不休的大问题。它至少给当前学人这样的诉求：如何创造有特色的小城镇；创造中如何继承借鉴前人的内功手法；不同功能的建筑是否存在相互借鉴的基因；继承借鉴讲不讲“此时、此地、此事”的时空条件而因地制宜；等等。

让我们再回到“云梯千步”两侧的民居。西沱场除前店后宅的大概念之外，其式样仍是非常丰富的。它基于传统建筑集思想、文化、自然条件、功能为一体的思路，虽限制多多，但仍尽可能地遵循宗法伦理秩序，把精神和实用两种基本需求糅进住宅的建筑中。选址利用高差，尽量凿宽基础平面，不足部分则利用开凿的石料，就地下脚垒砌堡坎。然后在宅前铺砌石梯，并相机给宅前留出或大或小的平台，以更加方便客人于店铺停留，达到相互间舒舒服服做生意的目的，故平台之理，除方便路人缓气休息之外，更主要的原因是每宅主人为生意计，此是建造平台首先必须考虑的。同时住宅所得之平面，或长或方，或成多级平台，均为传统合院式住宅的布局，为宗法伦理赋予建筑的有效完善求得了理想的空间。成长方者，可横向纵深往后构筑四合院。成多级平台者，厢房与街道平行，把正房和堂屋推至最高一台面。如此，高朗光照好不说，且更显得祖堂的神圣，并有朝门和街面相通。不少人家还在二层挑出转楼，从中亦可遥望庭院江流。这种层层向上的多级台面的合院格局，百姓称之为“一道天”，即一个天井一道天，比如，称某家“二道天”“三道天”的大院子如何如何。如此一来，实则把平地四合院的呆板形式做了“变形”，尤其是把厢房分成了几段，加之内有檐廊可回旋内庭，有转楼可分层叠落，人的活动量、视野均可得到最大限度的满足。而且宅子又可获得普遍明亮的光照，宅内干燥又不失必需的湿度，舒畅优雅之气油然而生。若上得转楼，凭栏眺望，江流浩然东去，帆影点点，烟雨苍茫，再配之远近滩涂、大树，全然一派古典山水之意境。

其实，大宅之美还表现在摈弃僵化的规范上。宅基窄长不利于合院式开展者，便以店作为门，再以小门通往内宅。不少人家借此向空中要房，向宅后要“天井”，或建三五层楼，或建后花园以阁楼挑楼来完善弥补宅基之不足。恰此状况，其建筑最具魅力、最有特色、最为动人，原因在于先天不足逼着宅主非动脑筋不可，于窄缝中求生存，窘境中寻空间，珍惜方寸之地，精打细算。所以此类小宅反倒风姿绰约，格调雅致，造型美丽。更多的街后人家，开店铺于街旁，或三五家，或一二家，和其他川中场镇一样，是一个场镇民居的特殊层。他们于街

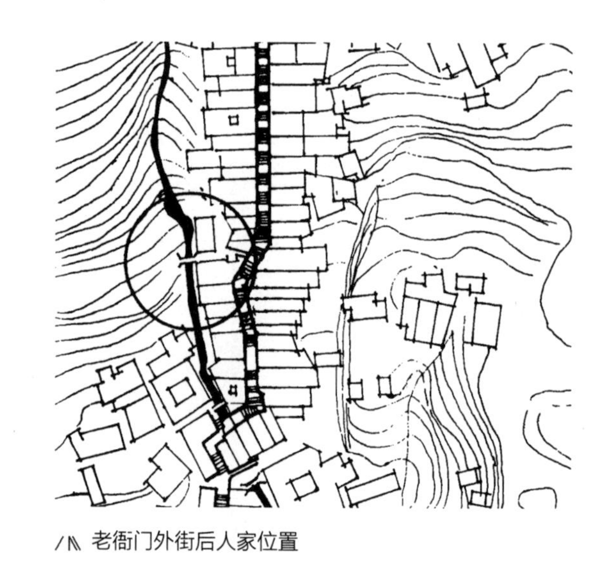

八 老街门外街后人家位置

/⩘ 西沱老衙门陶宅外（和平街 36 号）屋后小景

/⩘ 西沱老衙门外小景组合

/⩘ 小溪从民居旁流过

/⩘ 从乡间通往西沱进入老衙门的老路

/// 西沱永成商号街景（杨春燕作）

/// 西沱街道速写

/// 西沱独门嘴速写（杨春燕作）

/// 西沱和平街街景

后就地取材，往往建筑上得天成之形，有出人意料的空间意趣。背闹市，面村野，两栖于人间，清闲中又不失信息和生活的方便，正是不少中国知识分子理想的居住之所，犹如现在城乡接合部的一些处理方式。

在绿化上，西沱的薄土石坡不宜栽种植物，而川东沿江百姓都喜在薄土岩畔植黄桷树，甚至竹子杂树之类的。或街后、桥头，或垭口、山顶、宅旁呈现出生机勃勃、绿影婆娑又遮阴凉爽的优美景观。西沱场两侧为山上水田多余水的排泄道，若干个券拱式或平梁式小桥串通场镇，桥头民居与黄桷树、竹丛、杂树簇拥。近看“小桥流水人家”，于江上看则和场镇谐为一体，充分体现出窘境中建镇建宅，不忘绿化、珍重自然的传统的天人共存之道。

最后，整个场镇的高低错落变化取决于整个场镇基础的多姿多态。地面不仅有石梯平台，还包括堡坎、石栏、涵洞、天然石路面、转折的岩墙、石凳、街沿等一切与地面直接相邻部分，这些石作自由发挥到极致。试做一设想：把房屋全都拆去，只留下地面部分，那千变万化的石作艺术在长2.5千米、占地0.9平方千米的大面积上，又该是何等的辉煌！

西沱的知名度于今建筑学界可谓响遏行云，国内少有不知者，更有大批学者进行实地研究，写出不少精彩文章。今日再提西沱，发掘这一长江奇特场镇的奥秘，作些散文抒怀，实在是一种难得的享受了。

附：几则日记（2000年6月2日至5日）

6月2日　晴

06:30由洋渡返忠县，继行西沱；11:30，换船抵西沱。一别5年，今又重回旧地，发现古镇面貌又添几分“新颜”。像如此独具天下特色的川江空间频遭“更新”，其蕴含的巨大旅游资源及历史、文化、艺术、科学价值不被有关方面重视，实在是一大悲剧。今日他们就是有所觉悟，也为时已晚。

18:00，率众同人缓步全程先通走体验，待爬上最高点独门嘴，费时一个多小时，众学弟衣衫全部被汗湿透。恰逢一抹斜阳，个个脸上古铜色，犹如英雄般灿烂，古典而厚重，想起我等所从事之事业，油然而生豪迈之气。

6月3日　晴转雨

大晴逢雨，满天凉爽，又在西沱最高点独门嘴谭继唐客栈工作。这里和江岸有近200米的高差，尤显冷气逼人。昨夜大家几乎热得没法儿入睡，受尽煎熬，今日热气彻底消失。半天就把谭宅的里里外外测绘完了。再与宅主谭继唐了解，继请本镇最高寿者，92岁的谭安余老人座谈独门嘴及西沱清末民初以来的古镇状况。老人记忆力惊人，尚能判断全镇大户商贾、绅粮及一般住宅优劣。他认为“打得起等级”的住宅不过几家，今已被公家占去多年。“成色”几被改造得面目全非，甚是可惜。半天下来我们颇有收获。

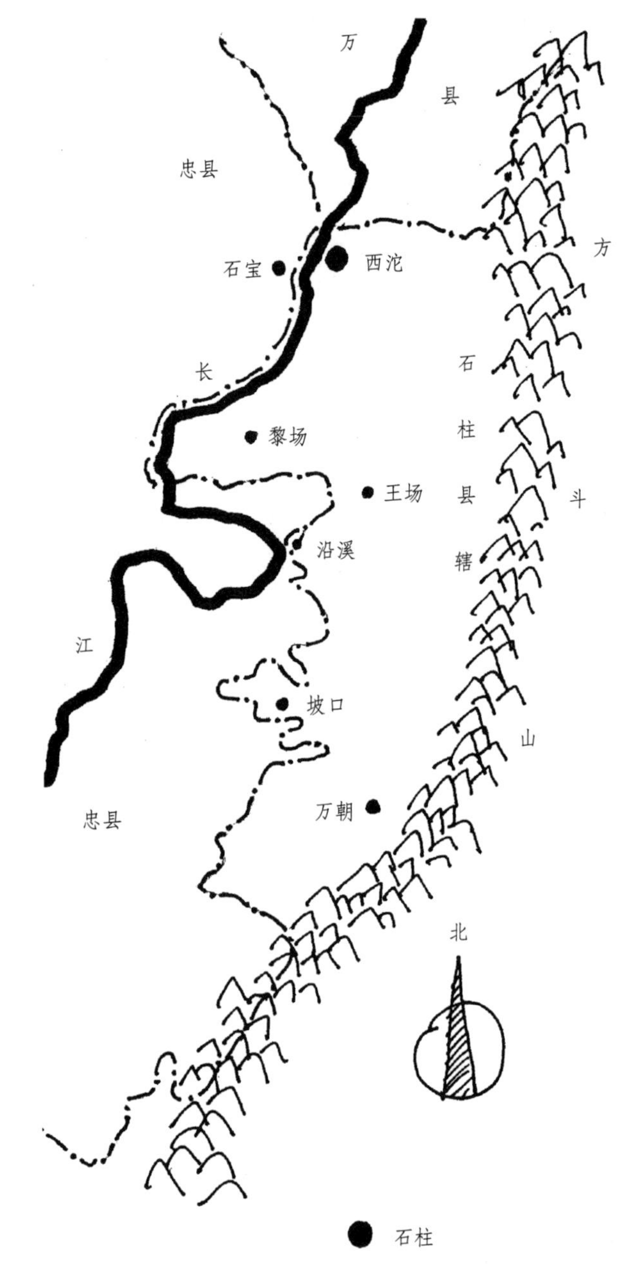

/ⅠⅠ西沱与附近场镇关系

下午去和平街36号陶国于宅做测绘。陶宅临街，宅主前几年从别人手上买来。估计住宅已数易其主。住宅前半部分临街，早先为空地，后建铺面，再后为一排三间住宅，中为堂屋，左右次间，初始纯为居家，后做生意。由此可见临街者最初并非为生意而来。房间格局似有些扑朔迷离，恐为后来增多减少不断变化之结果。唯后面临溪的阁楼甚是风雅，阁楼中人推窗远眺，顺重重下跌的屋面望去，正是长江烟雾迷茫之处。宅主言：原环境干干净净，十分宜人。今不如昔，全在于四川18个历史文化名镇的法规约束被无视，损失之巨大将永无挽回之日。

在陶宅前稍息，面江而坐，忽然发现石宝寨玉印山正在和平街中轴线的端点上，为之欣喜，甚感这是一个新的情况。因为若干研究西沱古镇的成因者，从来没有谈到过其与石宝寨玉印山有关系，而多以功能论成因，诸如垂直道路比斜线短捷，基础为薄土层，下又是巨大石质岩，不仅建镇毁其田土不足可惜，而且采石建街铺梯也方便，等等。

/ 西沱中段山花墙面（1994年）

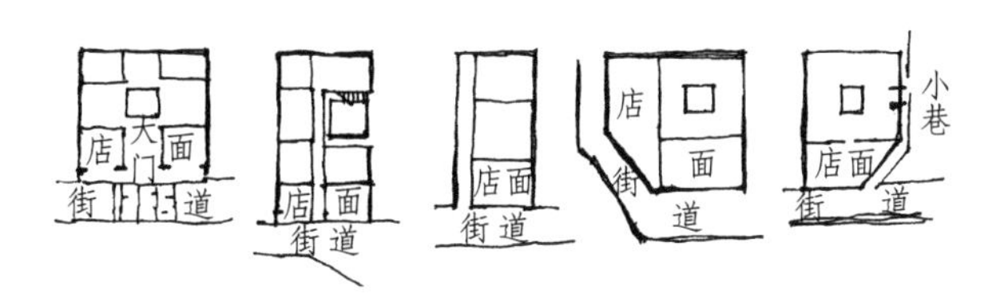

/ 西沱街道民居部分模式

今之发现西沱有街段与江对岸的玉印山有关，显然直接影响西沱街道布局的垂直等高线状态，若换成平行等高线布局，则街道就与江岸平行，街道开口就和一般场镇开口相同，面对长江上游方，也就错开了与玉印山的对景关系。须知长江上游千里江岸，像玉印山这样“飞来”的一巨大石头立于江边者，恐唯有玉印山了。在封建时代，它的神秘性、不可解释性、形象的特殊性，均使百姓对其产生莫名的崇拜。尤其自古以来巴蜀之境便有“大石崇拜”拜物教的渊源，可以说无论是什么历史时期，于石宝寨长江对岸相互间视觉可及的地方选址建场镇，均必须考虑和玉印山的对应关系。这里面似乎又有儒学和风水的因素掺杂其中：儒学历来提倡一城一镇人文滋养，注重景观对人文的影响，借自然原因而对理想有所寄托，心理上取得平衡。故才有文笔塔、文峰塔之对景。西沱借玉印山权当文峰塔相对应，街道出现码头段、和平街段、山顶独门嘴段上中下三段，而不是整体街道取玉印山为对景，实不得已而为之。因为垂直等高

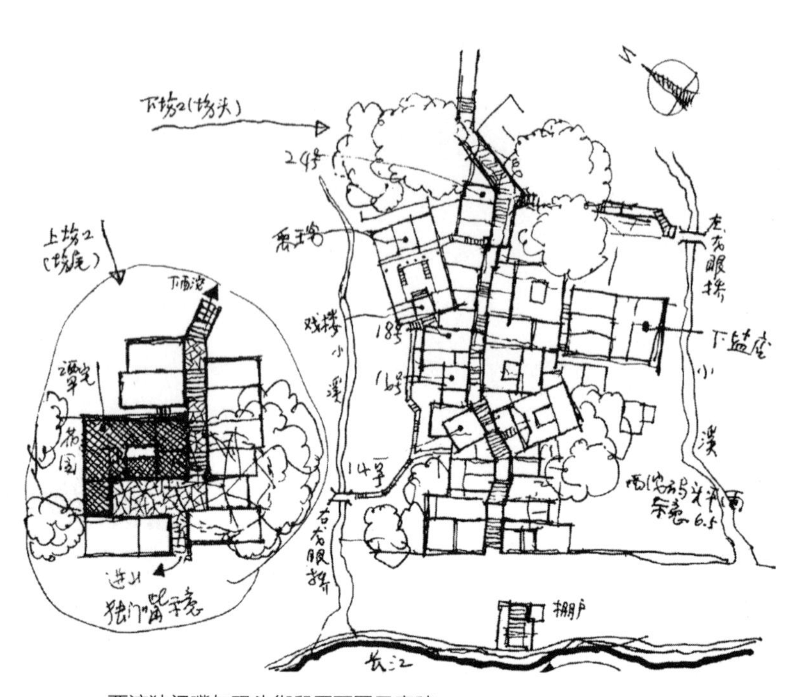

西沱独门嘴与码头街段平面图示意稿

西沱谭宅屋顶鸟瞰

线的坡地与鱼脊背地形决定了其不可能全部面对玉印山，只有在可能发生偏离的段落与玉印山相对应，而上、中、下三段全可言代表并控制了整体街道。这样，即使是部分对景，玉印山亦等同全部。这正代表了全场镇“发科甲”尚文风的意愿。当然，玉印山又有风水中朝案意象，其位置在金带环护的长江之外，亦可言西沱道路偏斜是场镇风水格局的一种完善，至于蔚成龙脉的后方斗山脉象则再清楚不过了。

另据街民言，潘营长宅不错，经查已消失。我们转而看张爷庙（和平街 18 号），发现它已作为卡拉 OK 厅及照相馆用，格局及建筑尚完好，但无坡地特色，且北京建工学院已测绘过。

是夜，笔者于床上忆写临街民居模式几帧，再整理今日上午独门嘴谭宅测绘及座谈概况：

独门嘴于西沱场东制高点上，清末民初仅为幺店小聚落，共 5 家。谭家开油号栈房，向家开铁匠铺，罗家居家，江家开栈房，周家为力夫，共有 30 多人。早先之所以叫独门嘴，就是因为它和西沱场在空间上仅道路（石板路）联系，建筑不相连，间有近百米距离，为独立居民点。后西沱场街道往上延伸，两者亦没有完全相接，一直至今。至西沱马家巷房子

/\\ 西沱和平街某宅后小姐楼

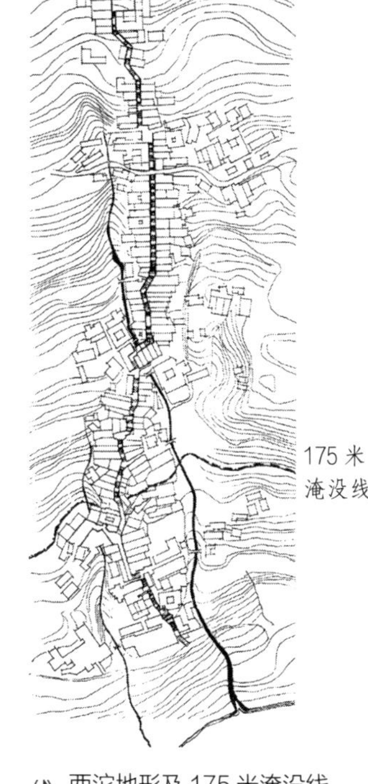

/\\ 西沱地形及 175 米淹没线

就多起来了，下坡至码头，挑担子要半个多钟头，上坡要一个多钟头，号称 5 里。

原江家在独门嘴有一排 3 间，100 多平方米瓦房，有八九十年历史，谭家买过来后仍开旅店，主要针对咸丰、利川、恩施等鄂西广大山区贩桐油的客商。谭家也收油开油号，年收二三万斤，日收千斤不等。挑夫在此吃饭，2 角钱一顿，宿一夜 5 分钱。对门江家后也开“申记”客栈兼收油。独门嘴在新中国成立前的几年生意最好，一时成为三县交界桐油集散之地，并由此聚集桐油商买油下汉口。新中国成立后生意就渐次衰败了。1948 年，谭父谭先列开始重修房子，找距离附近约 1 千米远的万县金福乡的木匠麻子崔太禄设计。崔在这一带名气很大，他曾经修过石宝寨，会画画，雀雀马马画得很好。谭父还请来了赵泥水匠，但没有请风水师。当时房子很新潮，据说是洋房子，又叫土楼，用卵石、石灰、泥土合筑墙体，厚 45 厘米。中间做了一个天井，有一半像走马转角楼，宅面积约 300 平方米。当时重修的原因是谭父看到客人多起来了，赶忙修宽点儿好住客，楼上打通铺可住 100 多人，同时又办伙食，2 角钱一顿还是有点儿利润的。谭家还在房子底层做糟房，日烤酒两三百千克。

高粱酒，纯得很！谭家从黎场、王场、沿溪收高粱米，新中国成立后继续烤，给国家加工，由供销社经营。和房子同修的还有下面的潘营长公馆，也是崔麻子主设计，还没有修好，新中国就成立了。

原独门嘴有七八棵黄桷树，白鹤经常在树上停起，三伏天下面西沱的人也上来歇凉，树下很凉快。

6月4日　阴间雨

上午继续在胜利街59号谭家老盐店测绘。该店与众不同的是利用坡地顺等高线摆开住宅布局，以造成面向长江朝向。而一排3间的临街店面则在右厢房和稍间外再搭建偏厦，其檐下再接披檐，外观之貌犹如重檐（今下檐已拆），此和一般西沱人家山花墙面重叠紧靠，利用正面作为店面的布局方向截然不同。这自然是在土地临街面积有限的情况下尽其精微之法。这就比利用下房作为店面，再进去是天井，接着是堂屋的传统布局显得更灵活，更因地制宜。

老盐店下砌堡坎作为基础，进深虽浅，但仍留天井，仍不懈追求合院中轴格局，得三合院之貌，尤其有趣者，还在左厢房上建楼置栏，以眺望长江之用。紧接着在厢房的山花墙旁边再筑一堵风火山墙，比例用得非常好，和住宅之形貌谐和得很优美。此似乎在追求住宅方方面面古制的完善，缺一不可。在用地有限的情况下尽量糅进一些传统做法而又不失去防火防盗的功能，于是谭宅在精巧中又透露出一股小康之气。此亦算西沱临街住宅中的一种典型。紧接着又把左厢房再下落一层作为厕所、猪圈及杂物间。这样在分台构筑中，不大起大落，仅局部分出台面以解决功能分属，这也是视具体情况而定的灵活办法。

老盐店的建筑年代已不可考，但从其成色、形制、做法、所处街段位置看，老盐店至少是在第二次“川盐济楚”的咸丰年间建成或重建的。比起码头著名的庞大而宽敞的下盐店，老盐店空间用得高妙得多，属本地中产阶级，故言小康之宅。新中国成立后，老盐店为公家所用，作为市管会办公处，后工商所、税务所继之又放弃。它今被从黎场来的老篾匠袁老头租用，用来做篾货生意。袁老头偕90岁慈祥后外婆及2岁孙儿其乐融融地偏安一隅，一切静悄悄的，饮食极粗糙，和老屋谐和得天衣无缝。

下午，同学在旅馆开始正式绘制测绘图。余去国家文物局在册之胜利街46号“永成商号”考察。“永成商号”距码头不远，原经营桐油、盐巴，为二进四合院，和老盐店选址大同小异。它亦面向长江，但其面积要大得多，各构件雕刻乡土而朴素，而老盐店无雕刻。在民国年间，它为地下党活动之处，当时党员以办私学、念古书作为掩护，秘密聚会于此。三峡水库建成后，“永成商号”全淹，因其海拔刚好为175米。现状已彻底摧毁了古制。

晚上，余整理白天零散收集之记录情况：

/// 西沱和平街店面小景（1994年）

/// 西沱和平街20号山花墙面（1994年）

/// 西沱码头民国时电灯局厂后兼住宅

万天宫——现西沱小学，原有戏楼，在左侧。

禹王宫——码头上右侧谓“蛇头”，两湖会馆。

天上宫——福建会馆，在猪草市，有戏楼。

三楚堂——在猪草市。

大　寺——在范家坡。

万寿宫——江西会馆，在天上宫旁。

张爷庙——中街、和平街18号，同治八年（1869年）春建。

王爷庙——码头上，周围多船帮、民居。

关　庙——陕西会馆，现职中，原门前有石狮子。

武　庙——在“坡顶顶”上。

三清宫——道教观，在码头旁。

川主庙——在胜利街，小庙子。

莲花庵——在独门嘴，尼姑庙子。

谭家祠堂——现职中。

谭云安宅——四水归池，走马转角楼、水池、马房、凉亭齐全。

熊长兴药号——在和平街，建筑气派、豪华。

八角亭——区医院背后。

谭定钦宅——改成镇公所，在和平街。

下盐店杨大老爷宅——四水归池，有戏楼，房子“阵仗大”（编者注：四川方言，意为大型、富丽）。

杨玉田宅——铧场、锅厂，在和平街左侧坡脚。

老衙门口——有大房子，分路去万县，不远有牌坊。（参见《西界沱舆图》）

永成商号——胜利街46号。

·西沱过去设保安处。那里也有袍哥，但聚会无一定场所，都在家中。1949年十月初二，国民党军队和解放军在西沱打了一天一夜的仗。独门嘴是制高点。国民党军队在谭家土楼的晒楼上架起机枪、迫击炮，住了一连人，后逃跑。一般年岁还是较平静。

·张爷庙据说是杀猪匠打伙修的庙子。原有张爷（张飞）菩萨，占地200多平方米，砖木结构，四合院，有戏楼，很精实。新中国成立前，有姚善人在此敲木鱼念经，常有镇人烧香。新中国成立后，此地作为派出所，后作为镇公所、医院、邮电所。它被卖给照相馆谭杨宜用，则是20世纪80年代的事，时谭仅花5000元。

· 新中国成立前的衙门在柴市上面，有牢房、公堂排楼，后面是楼房，可住宿，分5层台面。

· 当时袍哥多一号大绅粮，有钱有势。另外，船老板、船工都在街背后的小院子里住，挨到河坝，看得见船。

· 和平街有三家盐店。1933年，土匪罗家申聚众2000人抢马家巷子以下多户人家，后不知几年，王场人又来西沱抢了一回。

· 西沱过去有3座自生桥，即用黄桷树根搭的桥。大黄桷树有好几十棵，白鹤和雀鸟太多了，吵闹得很。

· 新中国成立前的生意是以盐号、油号为大宗，上走盐巴，下走桐油。中间的栈房、面饭铺、绸缎铺、杂货铺、药铺、铁匠铺、纸扎铺等只取小利。

· 土家族和汉族相安一场，没有分彼此。原来本家本族究竟是不是土家族也搞不清楚。谭姓为大族，从字辈上看，石柱高辈分人不少。字辈也对得上。恐怕姓谭的是从七曜山（指鄂西）上下来的土家族。

· 过去"看地的"阴阳风水先生是一种职业，"埋人"（阴宅）要看地，修房子要看地，就是盖厕所、猪圈、灶房也要看地。

· 西沱街上的人和石宝寨街上的人来往较多，有的还有亲戚关系。也有去寨子上的庙子烧香的。

以上诸点，余多据与谭安余老人座谈零言絮语归纳。

6月5日　大雨，午暂停

晨7点包车去黎场，一泼大雨送我们启程，25千米破烂不堪的路程，经一个多小时惊心动魄的颠簸，一泼大雨又送我们回家。

黎场是一个不靠江岸的古镇，和长江直线距离约2千米。传说原黎场有一石柱，有人打赌说谁用手击断，全场镇人跟他姓。结果一黎姓青

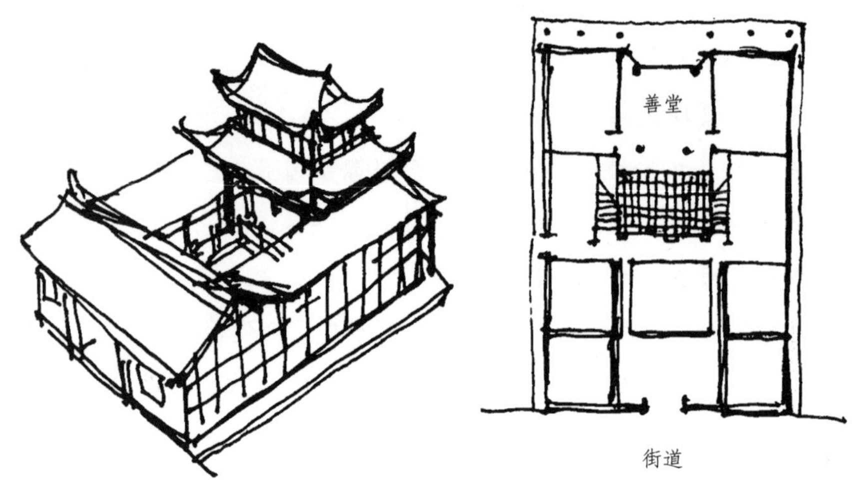

/八 石柱王场王中云宅（中后为善堂）

年将其击断，故叫黎场。

黎场、王场以及沿溪诸场镇，即石柱县方斗山西麓临长江一带山区，构成以西沱为中心的场镇点布局。这些由石柱土家族自治县所辖的靠近长江东岸的古镇，和土家族建筑，和汉族建筑究竟有什么区别呢？这是我一直关注的。黎场选址在山脊上，背向长江，正向朝群山相接的低洼处，远处可谓辽阔深远。晴朗时，方斗山犹如巨大屏幕由北向南展开，甚是壮观而大气磅礴。黎场本身无特色之处。然余专访附近的文昌湾、下湾两民居院落后，印象颇深：①文昌湾周氏合院群有土家吊脚楼于三合院右厢房出现。虽周姓血缘性结合的48个院中以合院为主体，然明显有土家风格的空间存在。这说明三峡南岸地区土家文化延伸是很长的，而北岸决然少见此状，周姓亦自称是"湖广填四川"时的移民。②余后访王场街上，发现20世纪30年代兴建的一座带亭子的合院临街民居，前店后亭子的奇异格局非同一般。其做法使人想起川中建筑犹如其人秉性，敢于把阁楼殿堂、塔楼亭子于轴线顶端融为一体，和群体个性相对应。大胆中蕴含着幽默，"不轨"中不乏有理。经与宅主座谈，余方知此为善堂。此说使我想起小时常听母亲提起"善堂"二字，不知何物。后来我在江北县滩口场也发现一座善堂，其意在于作为做善事者聚会之场所。王宅之父先前行医，同时济医世上穷人，宅中既为私宅又为公事的地方，建筑上理应有个说法。于是在原本堂屋上空起了一个不私不公、既私又公的阁楼式似歇山空间。此作一出，明显出现了不同于家祠，还不同于祠庙，更不同于民居的一种新的建筑模式，故称善堂，其理与形态是何等的一致！江北县滩口场善堂距王场数百千米，做法相同，不同的是彼仅为一层阁楼，为一座真正立在堂屋位置的亭子。

善堂宅主王云中，早年行医行善，凡穷人出不起医药钱者，一律免费，并在阁楼底层檐下挂匾额一块，书“追踪不二”四字。其宅买地于1930年，自建于王场上街，又称米市街，面积为250平方米。新中国成立后，宅子被划评为小土地出租成分。

二、忠县石宝——场由寨生　借景虔诚

川中各地寺庙宫观密布，是封建时代客观存在的宗教现象。而围绕这些寺观居然出现与之息息相关的城镇是十分有趣的。

试做一设想：峨眉县绥山镇若一座寺庙依傍都没有，纯自然风光的峨眉山麓，绥山镇会不会仍如此繁荣？若没有平都山鬼城，丰都名山镇会不会发展得如此昌炽？寺观和城镇的关系在川中相互促进、辅佐、完善，展示了一种紧密的空间格局，这是川中城镇又一类别致的建筑大观。其中比较有名的有：平武与报恩寺、武都镇与窦圌山、郪江场与三台云台观、江津石门场与大佛寺、金带场与梁平双桂堂，等等。而不少地方民间小庙小观旁亦衍生出聚落、场镇。在一定区域内造成影响，形成相互顾盼的空间格局者，则更是数不胜数。

城镇与寺庙宫观的关系，不纯以相互间距离的远近、长短论空间。有的近在咫尺，有的相隔数千米。但有一点是相同的，即城镇与乡场靠寺观最近，和寺观发生心理联系最多，并直接相互影响衰荣程度。这是一种相互依赖而存在变化的空间格局，不一定在城镇的建筑形象中非出现有寺观特点的面貌不可。香客和游人成为联系两者的纽带，使人们头脑里产生两者须臾不可分的整体空间概念。比如：人们提到报恩寺，必然把它与平武相提并论；说到云台观，必然联想到郪江场。而川中多种多样的寺观与城镇的关系中，尤其是在空间形态

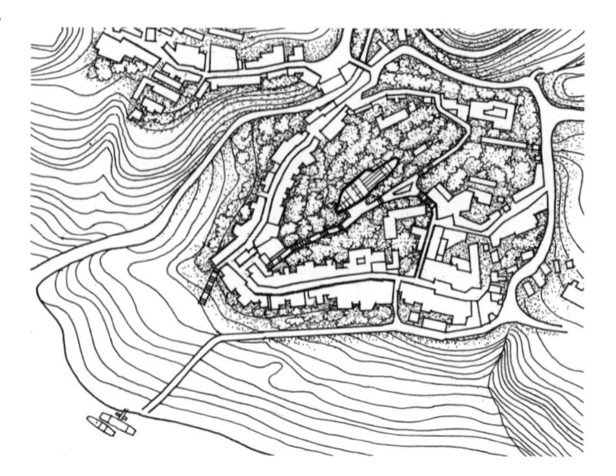

忠县石宝场总平面图

石宝写意

绀宇凌霄（水墨 1980 年）

江岸镇寨一体图

玉印山（水墨 1994 年）

石宝寨透视图

/\\ 石宝寨西侧面与场镇关系

/\\ 石宝寨与环境

/\\ 石宝寨与码头关系

的紧密谐和性上，应首推忠县石宝寨与石宝场的关系。

石宝寨位于忠县境内，在忠县忠州镇长江下游北岸 45 千米处。这里有一巨石（玉印山）奇峰突兀，以形、貌、质、色诸多特点和宽阔的长江、缓斜的坡地构成极强的对比，犹如天上飞来之石，在万里长江岸边形成无与伦比的独特自然景观。与三峡陡岩急坡相比，其景虽为“小景”，但亦是不可取代、不可同日而语的特色殊异的天然形态。这种地貌现象，因周围无类似的山岩奇石可联系、可对比，人们百思不得其解，产生“石由何处来”的千古疑问。于过去时代，自然笼罩着神秘色彩，进而导致人们对物的顶礼膜拜，犹如远古巴蜀大石文化的渊薮滥觞。围绕着这样奇特的巨石和不能解释的自然现象，人类最早的宗教意识便产生了，伴随而来的是宗教行为的滋生。

相传“石宝”的由来，即寨上有一石洞孔，每天有白米自洞中流出，足够庙里僧人和客人享用，后贪心僧人欲求发财，把洞口凿大，从此米不再流出。寨子于是得名“石宝”。

石宝寨上有清道光二十四年（1844 年）碑记：“惟我石宝寨名曰玉印山，为尤其焉，平地耸立，四面如刀截然，毫无边际，高直数十丈，中可容数千人，览其形胜，每有江月何年之感……”对寨上建筑物的建造，此碑记又说：“自康熙年间，始建重楼飞阁，阎罗殿。嘉庆二十四年（1819 年），吴君仕之孙君倬重修……历数年之辛苦而其事始成。”但何以有寨之说呢？《四川通志》记载：

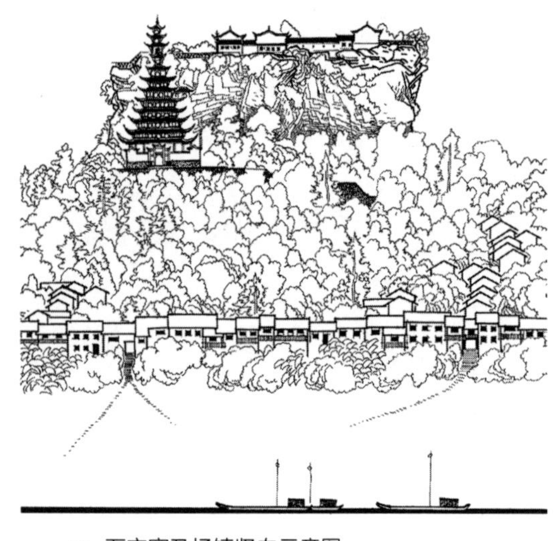

/\\ 石宝寨及场镇竖向示意图

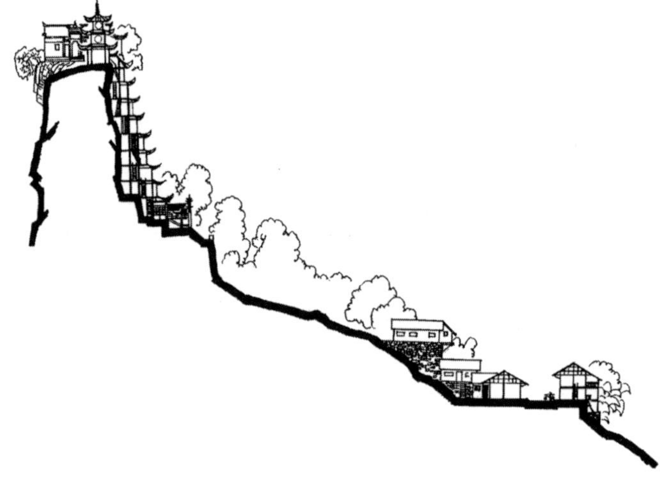

/\\ 石宝寨楼阁与街道剖面图

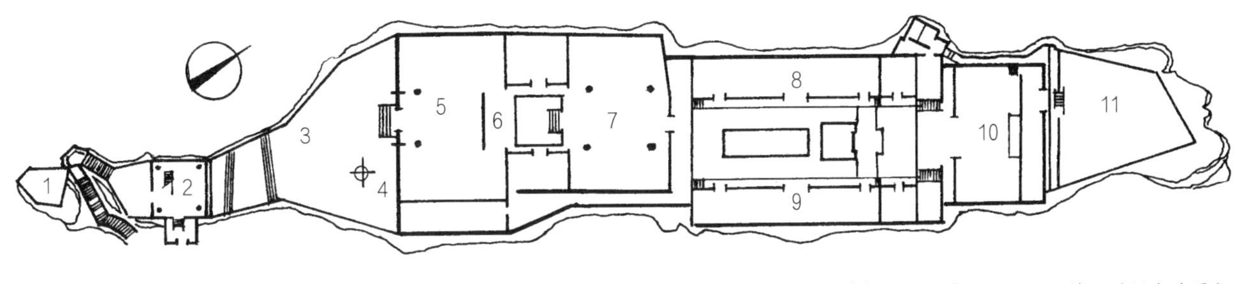

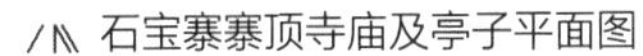
石宝寨寨顶寺庙及亭子平面图

1. 望江亭　2. 魁星阁　3. 前坝　4. 鸭子洞　5. 前殿（纣宇凌霄）
6. 汉砖壁　7. 正殿　8. 十二殿　9. 爱河桥　10. 后殿（有求必应）
11. 后坝

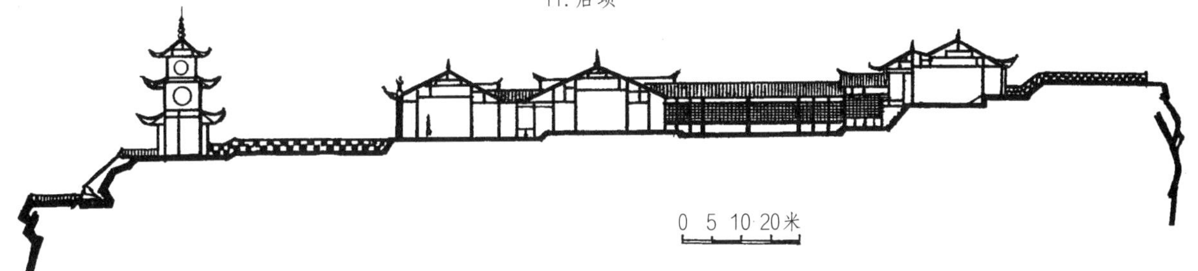

石宝寨寺庙及亭子剖面图

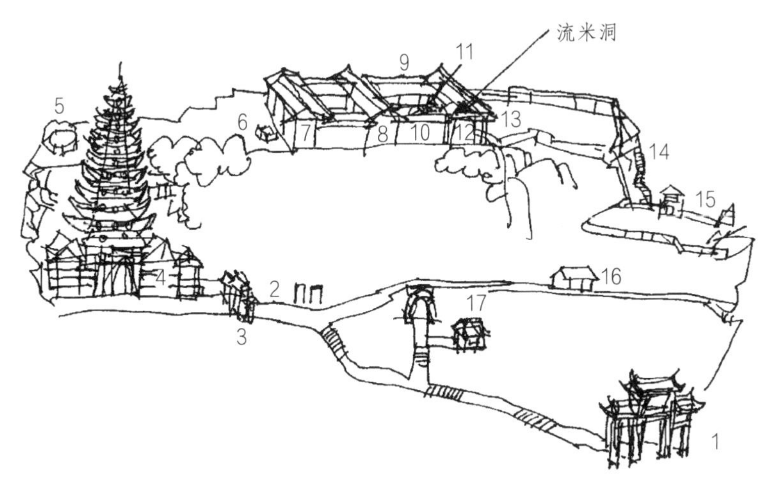

1. 大门
2. 名人碑刻
3. 牌坊
4. 寨门
5. 望江台
6. 鸭子洞
7. 天子殿（前殿）
8. 玉皇殿（正殿）
9. 瑶池祝寿
10. 八仙过海
11. 爱河桥
12. 母殿（后殿）
13. 古炮台
14. 下山道
15. 二岩
16. 藏宝阁
17. 天下奇寨

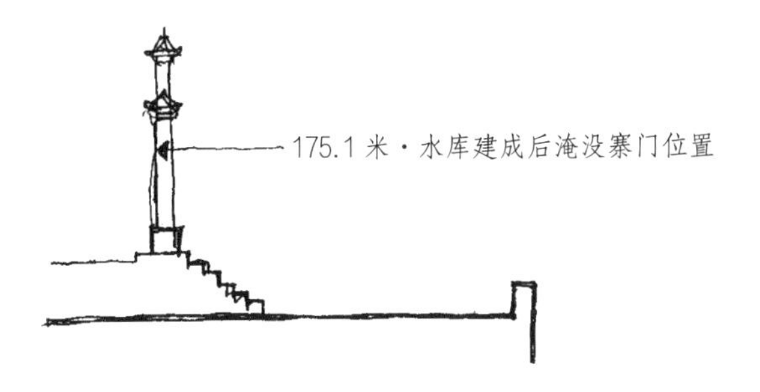

石宝寨山门现场考察手稿

石宝寨上寺庙大门，门额上书“纣宇凌霄”

/⑊ 石宝寨码头屋面

/⑊ 石宝寨魁星阁

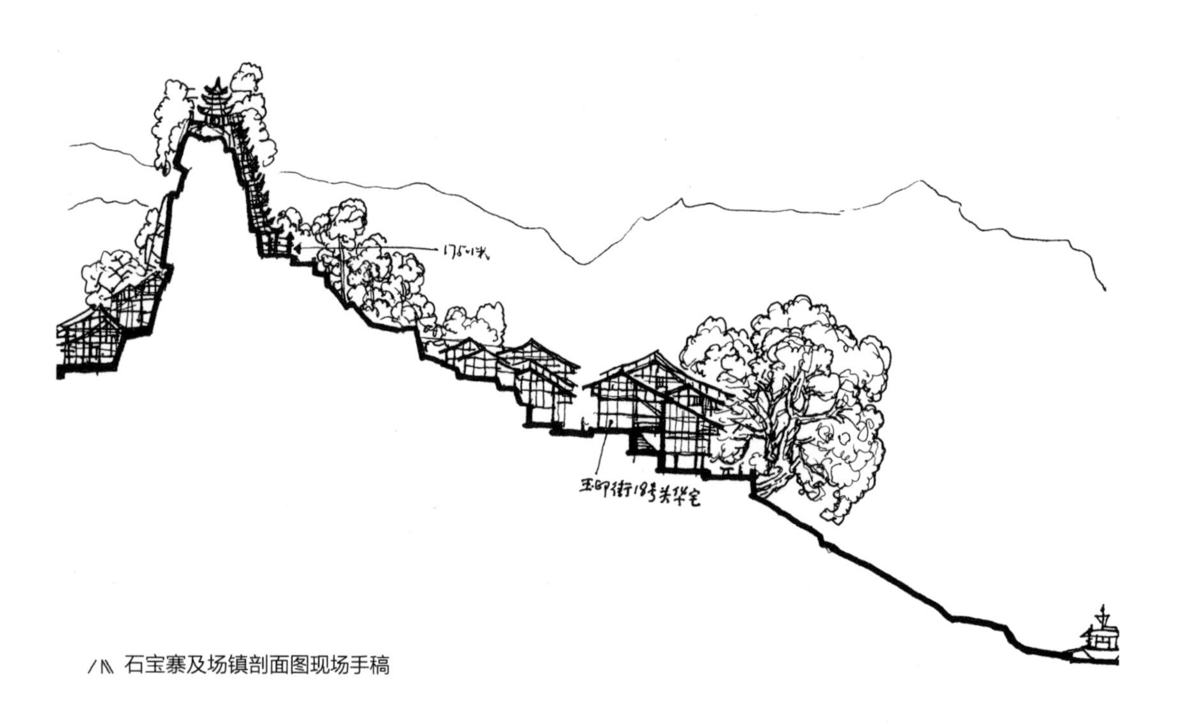

/⑊ 石宝寨及场镇剖面图现场手稿

“明末谭宏起义，自称武陵王，据此为寨，故名。”

综上而论，玉印山集民间传说、寺庙、寨子于一体，这就大为丰富了物质形态和精神形态虚实相生的内涵。而历代诗人墨客的歌颂更加把玉印山及周围上下的建筑统而唱之，再经千年过船行客的传颂及远播，石宝寨的知名度被推到空前程度，致使进香者、游览者千年不衰。这就衍生出一个附生物——石宝场。说是石宝场，是因为有了玉印山及山上寺庙和12层爬岩楼阁建筑的存在，

/\\ 玉印街南段鸟瞰

/\\ 玉印街西段鸟瞰

至少在先后次序上理应如此。也就是说，石宝场兴起在康熙年代之后，其历史也有 300 多年了。可以推测，石宝场的居民成分，定有附近农民，亦有远地迁来做生意者。为了在心理上、建筑上与玉印山呼应，为了暗示一种石宝场与寨子的依附甚至从属关系，那么，最能准确表达这种心境的莫如建筑体了。整体而言，又以场镇街道布局最能体现这种仰仗石宝寨而生存的感恩情愫。

石宝寨街道呈不规则半圆状，然后顺下游方一小溪沟延伸。半圆形街道紧贴着玉印山，绕了山体大半圈。其缠护状如玉印山腰裙，又如膝下芸芸众生，更似山下筑起的一道围护城墙。爬上顶俯瞰街道屋顶：深灰色的两列瓦面如长龙背脊，盘护其下，绕着山脚一动不动。每一家屋顶的衔接如巨大鳞片，重合得生动自然。其形其状顿时使人产生众星拱月之感，有人间天上之缥缈感。然而，当你们顺着场镇建筑依次搜寻并聚集在爬山楼阁时，你会更感到高 50 余米的 3 层魁星阁和 9 层爬山楼阁全是建在众家屋顶之上，犹如群屋举托，更似全镇通往山顶共用的唯一梯道，故重檐层层收缩、叠加。内有曲折木梯，迂回而上。若把石宝场看成是一个大家庭，其爬山楼阁既是家中后院上山的梯道，又

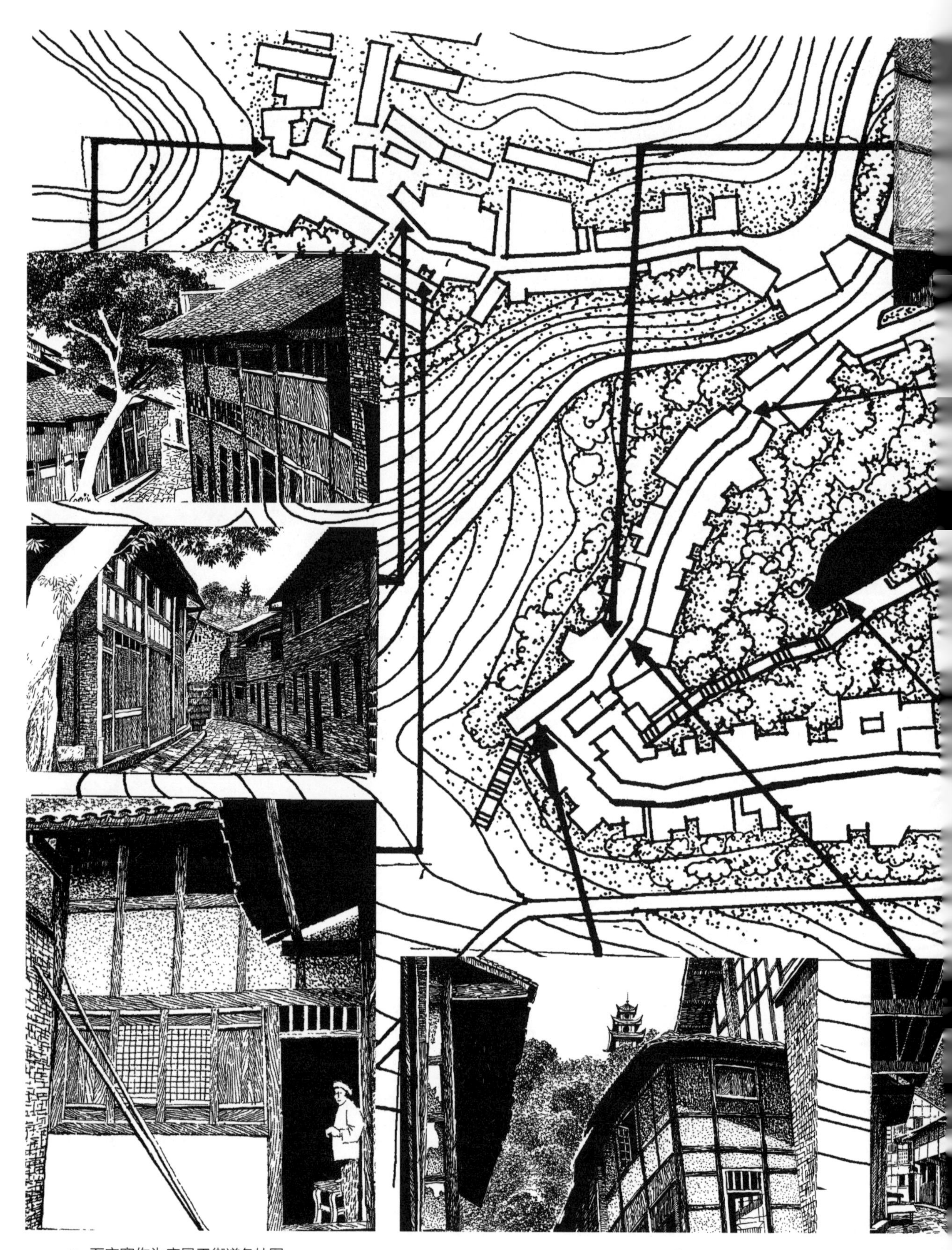

/八 石宝寨作为底景于街道各处图

是隐蔽着梯道的装饰场镇、美化山岩的亭阁一体风物。若回到过去时代，按当时人的宗教意识构想，楼阁又成为所有人通往山顶天子殿的思绪集中管道。若就建筑空间的气氛而言，场镇是平面的，楼阁却是立体的，楼阁在天子殿和场镇之间，既是过渡又是联系两者的纽带。而建筑通过屋顶瓦面，楼阁各层顶、檐、壁、窗、柱、色的相互衔接吻合、照应顾盼，把场镇与楼阁纳为一体。舍去任何部分，不是玉印山孤峰独立，就是场镇离心离德。而把楼阁置于半岩上，充其量如古道多姿覆阁，野趣有余而人文不足。更绝者将楼阁层层向上收缩而成三角锥塔状造型，其底层宽，顶上魁星阁窄，不仅暗喻人流方向，亦有激励人鼓起勇气爬上顶之意。楼层越走越窄，天地越来越宽，到达山顶小平坝而“绀宇凌霄”，发现这里别有天地。这也是建筑心理求奇探险和建筑结构多层木构架受力坚稳的完美结合。而扩大视角去统观全面，则楼阁构架又如搁置在场镇屋架之上，基础更显坚稳宽大，面貌更显协调，人文之气被和盘托出，又丝毫没有削弱玉印山体的自然风貌。更不可思议的是：不仅场镇统一有序的建筑高度没有遮挡游人从江船上观览石宝寨诸景的视线，而且场镇屋顶连续轮廓线间以杂丛树冠，以近景的归纳构图遮挡、削弱了山体下半部分不甚精彩的土坡，这就把游人的视线全部集中到玉印山的整体形态上了，十分有效地起到了叫人“非上去看一看不可”的吸引力作用。人们不禁要问：是一种什么样的民间规划机制在控制着这一切？拿现在风景区建筑来说，人们动辄在山麓建高楼，不仅切割、搅碎了整体山川之美，更没有一点儿意识去思考建筑是否与环境相互完善，是否更加突出了自然之美。搞来搞去，畅游归来者大谈风景区的建筑如何之好，喧宾夺主，诚可大悲也。

石宝场镇不仅没有高楼去破坏玉印山的整体景观，而且在街道的局部空间处理上，亦有不少让人回肠荡气之处。徜徉石板街上，尤感玉印山上诸物无时不在，抬头仰视，无不处处有它的倩影伴随着你。闲在临江一排店铺喝茶、用餐，可取靠近街檐处桌凳而坐，抬头即可见山。穿街过巷，那屋檐间缝隙，那挑枋与撑拱之间，亦有山影不断露出。你暂住一宿简舍，推窗而望，或透过窗眼而管窥，都可获得不同角度的玉印山的美景。更有趣的是，这些建筑构件如取景框，任你摆来摆去，山的景致亦千变万化，真是美不胜收。

在这里，不仅是因为玉印山上有天子殿完整的寺庙建筑，实际上人们把玉印山上的一切皆已宗教化。无论山上山下，凡建筑物，无论功能如何，它们之间没有截然的对立，建筑之间似乎总有一些相通的东西。它们在空间上有距离、形体、结构、材料、色彩的区别，但这些区别没有影响它们之间的谐和气氛。这种气氛靠什么力量支撑维系？显然是玉印山作为自然独特景观和山上诸建筑物统为一体所生发出来的宏伟气势。这种无形的力量支配、控制着场镇的布局、规模，制约着建筑的整体空间组合、建筑的高度，甚至控制着绿化行为中树种的选择。民间有一句最朴实的话：“山下的房子树子不管哪个搞，总不能把山挡到了。”此话正是民间对自然与人文景观约定俗成的保护意识的体现，是最初的场镇规划基础，它靠的是赖以生存的玉印山诸物诸景。能给众人带来生存希望的物质形态之上，必然产生崇尚它的意识形态。反过来这种意识形态又维护着

/⼮ 从码头上来，魁星阁立即投入眼帘

/⼮ 从街檐缝中看石宝寨

/⼮ 无处不在的魁星阁

/⼮ 从民居天井中仰望石宝寨

/⼮ 在起云街末段看石宝寨

/⼮ 在起云街上看石宝寨

/⼮ 玉印山爬山楼阁

/\\ 街道任何段落都可以见到石宝寨影子

发展的物质形态，即如场镇之类的空间形态。几百年以来，石宝场人深知，失去了玉印山，自己也将失去一切，亵渎它等于毁灭自身。

巴蜀场镇于过去的规划中，呈现出各式各样的空间形式，展示出不同类型的建筑风貌。究其根源，凡有序而成章法的格局中，都有内部运行机制严密的逻辑，镇人可以把这种机制多样化。如几大家族居镇主宰地位者，可以以宗法伦理治镇，以宗祠会馆先构成场镇规划骨架；若镇址以形胜者，则引鉴风水术，以龙脉、砂、水、穴之说控制着空间格局。更多的城镇遵循保护自然生态和居住舒适的儒道合一学说来发展空间，完善空间。而诸如石宝场以宗教原因发展、完善空间者，诚亦属场镇类型之一。当然，历史唯物论者不以非科学性的事实否定历史现象；相反，在总结这些现象时抱着实事求是的态度，去发掘、整理一些对当代有用的建筑空间理论，尤为重要。尤其是面对千宅一面、千镇一面的不思创造的建筑文化现实时，笔者更感到发掘、宣传历史文化和传统场镇特色的紧迫性和重要性。

另外，笔者不得不再补述民间关于爬山楼阁的传说，因为里面蕴含着建筑

/\ 今建房屋仍以石宝寨作为底景

与规划的朴素构思。关于爬山楼阁的设计，传说一匠人奉命修建从玉印山下直通山上的建筑工程后，终日在江岸边徘徊。一天，匠人过江到西沱喝酒，醉后从陡梯上摔了下来，匠人马上大声叫道："对了，有了。"意为有了建梯爬玉印山的想法。但"梯子"怎样建法，他心中仍无数。于是他又来到江岸沙滩上躺着，望着对岸的玉印山冥思苦想。这时不知从哪里飞来一只"钻天燕"，川东人称之为鹞鹰，从江面垂直扶摇而上。它留下的如一条直线般的轨迹给匠人以楼阁构思灵感：这不就是楼阁的基本之形吗？之后也就有了楼阁的设计。但于此亦不过是"形"的设计，要做到和山岩结合巧妙的构图，楼层数的内涵表达，作为石宝场、西沱场的底景与对景，给江面过客以观瞻从而过目不忘，等等，匠人力求借楼阁的建造全面提升它的价值。因此他又从江对岸的西沱返回玉印山，再绕着玉印山来回反复地观察，终于选定了现在爬山楼阁的最佳位置，这是玉印山任何地方都不能取代的选址。选址确定后，该建多少数目的楼层？经丈量，二位数16、18、19非吉数，上三位数均大大超越山体。于是艺匠巧妙地选择了一位数"9"。"9"可涵九天之说，意表极致，"九九归原"又是信佛者的最终去处，还谐"长久"之音。然而到第9层，楼阁仅和山顶持平，若在其上再加建达到16等吉数层，显然过高而不安全。于是匠人做了极令人叹服的处理，即到9层为止，以保持"九"的相对独立性，后再于9层旁、山顶上建独立的3层魁星阁。如此一来，远看似两者为一体，即常人所说的"12"层塔楼，实则是两个不同的建筑体。此于古时就再没有什么设计上的漏洞了。尤其是魁星阁一出，既可作"发科甲"的文笔塔、文峰塔解，又可作为凝聚人心的标志性风物。因此，石宝场街上处处可见它的影子，即我们常说的街道景观的底景。它和爬山楼阁谐为一体的高度和层层上收的气势，又使得远近场镇、民居纷纷改变朝向，面对其作为对景。这就像磁场似的形成了以玉印山诸物为核心的、辐射周围的人文影响圈和心理场，构成了一方特殊的文化现象。

再则，何以楼阁下山门不直接建一条像西沱一样的街道直下码头，缩短从船上下来的游客上山观光的距离，而非得让游客向右走很长一段路绕着上山？此恐也是独具匠心的街道民居相互制约的设计。试想：若按上述之法，船上下来的游客将取直线距离最短之道上山，那么，右边很长一段街道依赖游客而生存的店铺将生意清淡。同时，垂直等高线建街直抵山门，不仅破坏了山体及诸物的独立性、威严性，遮挡了楼阁的完美形体，又给游客身心增加了劳累。街道绕着山脚走则可全面解决诸难题。据此可见设计的周密。

三、忠县洋渡——平生和气　一隅中心

新中国成立前，川中地名多用3个字的称谓，竹园称竹园坝，西沱称西界沱。不少场镇名因地貌、行政区划位置、环境特征等得名，这些地名十分形象生动地体现出这些地方的自然与人文面貌。忠县洋渡镇过去称洋渡溪，因傍发源于方斗山北麓的洋渡溪而得名。至今老人们仍呼洋渡镇为洋渡溪。

洋渡场界处于忠县、丰都、石柱3县交界之地，清代属石柱厅辖，为厅之西部重要水陆口岸。据传，与洋渡一溪之隔的洪河场原本属丰都地界，后划归忠县。这样，洋渡镇的完整概念应包括洪河场在内。洪河场街与洋渡场相距很近，约200米，历史上亦曾繁荣辉煌，后重点转移至洋渡后，方渐次清寂下来。

非常明显，洋渡的发生发展，一是濒临长江黄金航道，二是背靠交界3县的广大农业区域。其准确方便的选址，成为集中输出区域农副产品，又接纳、扩散由长江起岸的工业产品的集散中枢。以街道民居、作坊、祠庙所处位置判断，场镇之发端首先以农业为基础，后才是交通、商业的结合。清中前叶及抗战时的“川盐济楚”，以及此地成为自贡富荣盐场船只直放的口岸，石柱的土产、药材、烟土等大宗产品在此集中转运，民生轮船公司在此设加煤站等因素，成为刺激场镇空间膨胀、建筑类型丰富、功能变得更加多样化的一些重要条件。所以，我们现在看到的多数大户豪宅、祠庙之类亦多建在场镇两端。如下场口即

/⟍ 洋渡写意

/⟍ 洋渡上码头远眺

/⟍ 江上尚存古渔猎之风

镇东端，就有袁八老爷、沈纯久、陈一韦等大宅。而西端码头，则有王爷庙、天上宫等公共建筑。建筑历史较久的禹王宫却摆在中部。靠山一列多为四合院、作坊之类，则显示了农业型场镇的基本建筑格局。

然而，我们把人口祖籍关系与宗祠会馆、民居风格合并起来分析，不难发现洋渡场又脱离不了川中大多数场镇空间形态的共性。洋渡场居民以秦、谭二姓较多，又间杂若干其他姓氏。前者多为土家族姓氏，正是石柱土家族自治县历史上曾辖洋渡场的最好说明。而该场镇清以来“九宫十八庙”林立，则又证明了“湖广填四川”中各省移民落脚洋渡一带“五方杂处”的局面。仅宫观寺庙，经粗查就有川主庙、王爷庙、天上宫、南华宫、张爷庙、文昌宫、八圣宫、上山王庙，下山王庙、财神庙、禹王宫、土地庙、牛王庙、观音阁等。其中观音阁在场镇附近，状如石宝寨爬山楼阁。以上祠庙中有湖北、湖南、广东、福建、江西籍人的会馆，自然就与秦、谭二姓相处于同一场镇，亦自然就有“俗从各乡”的建筑文化反映。那么，它造成的场镇空间形态会是什么样子呢？里面尤使人关注的是土家族干栏建筑往长江南岸下山临江发展对三峡沿江场镇的影响，因为这是四川受土家族文化影响的特殊区域。

世居长江三峡南岸川、鄂、湘、黔交界广大区域的土家族，自古习惯木构干栏建筑方式，并形成中国内陆一套独特的建筑体系。如“朐忍……跨其山阪，南临大江之南岸”，就是说秦汉时期就有成熟的“山阪”（干栏建筑）跨建在南岸坡地上。虽历代汉文化强力渗透，但这一广大山区因独特的地理条件，仍比较完好地延续了这一古老的体系。然而，要对周围构成决定性影响是很困难的。在先进的汉文化影响之下，土家族只有渐次缩小本族文化范围，但两个民族并不是相互一点儿交融都没有。地处三峡南岸川鄂交界的山区，有七曜山、方斗山平行岭谷的阻隔，以及巫山山脉南段的横切，使得土家文化影响长江三峡南岸地区更加困难。尤其又在行政区划上仅予西沱拥有长江和一段长几十千米的江岸线。如果要说影响，亦只能体现在几十千米长的岸线上的场镇与民居上。清代洋渡场属土家族石柱厅辖，理应在其文化影响范围内。洋渡以秦、谭姓氏较多，充分证明了这一假设。那么，反映在建筑上该是什么样的形态呢？这里面分两部分。一是这一带农村中的单体民居，它们较多地以三合院、厢房前端干栏悬空的坡地构筑方式出现，并多以聚落形成村庄，这就和川中多散户、少聚落的景况形成区别。二是场镇建筑。举清石柱厅所辖洋渡、沿溪、西沱三镇为例：诸场镇除了普遍采用干栏传统的土家族做法，还在场镇整体布局上一反常态、与众不同。如西沱场镇的垂直等高线布局，不受汉文化

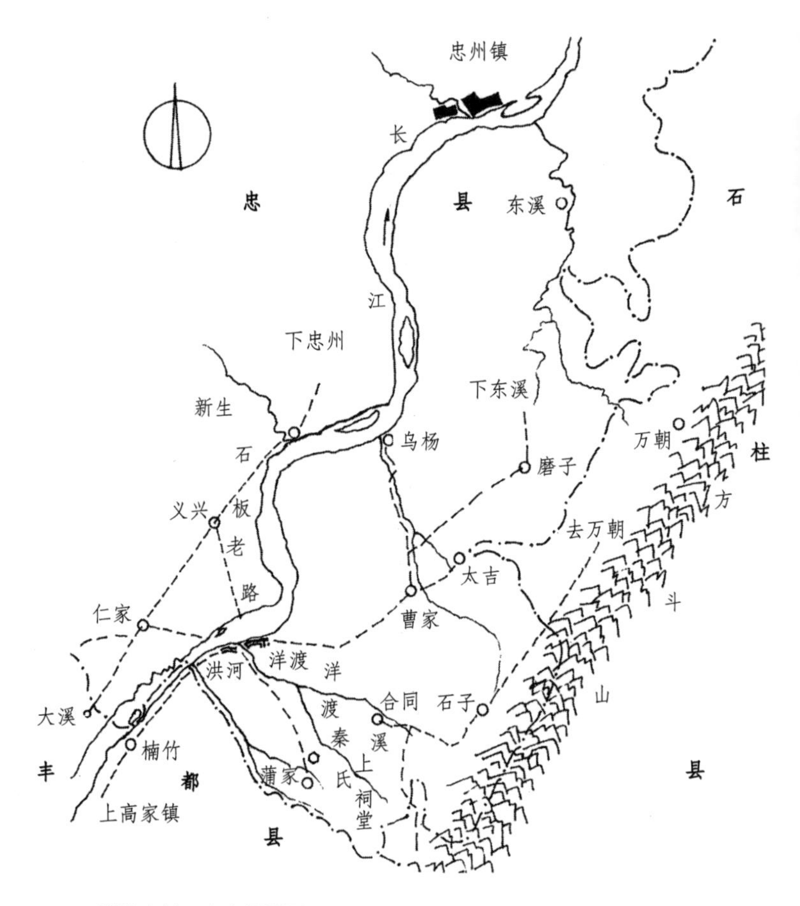

/ 洋渡自然、人文圈图示

/ 洋渡场中段下河街（已被冲毁）

约制，我行我素，深层次地反映出粗犷的民族个性和人们对山的崇拜。这是万里长江岸边小镇唯一的全干道垂直等高线布局，它的出现亦不是偶然。而洋渡、沿溪二场，虽与绝大多数沿江场镇一样，设在平行于等高线的岸边台地之上，但其干栏做法减弱，民居平面与空间汉化程度增强，祠庙显得粗放但仍为汉制，等等。造成如此现状，全因其处于中原文化影响的长江通道旁，这是我们不得不接受的事实。但它们又有土家文化融会其中的成分。虽然这种成分难以被人察觉，但人只要深加考察就会发现它的蛛丝马迹。

洋渡镇选址于洋渡溪与长江交汇的东南夹角内。夹角形似半岛小山，场址即在山腰台地之上。夹角端点自为过去新、老码头，功能分别为：老码头及道路顺洋渡溪而上以联系乡间，新码头直接和洋渡街衔接。按当地百姓说法："上船下船，各走各的路，免得到街上打挤。"显见自场镇端码头起，道路与空间的功能划分即已构成相当合理的格局。而人流分流的多少，又促成了新、老码头道路、石梯、房屋的优劣之分。自然新码头直通街上，为人流大股之道、众目睽睽之处，道路、石梯宽大，房屋讲究。当地人均称之为正码头，1935年烧毁的天上宫、川主庙即建在正码头上方。于此补充一点：川主

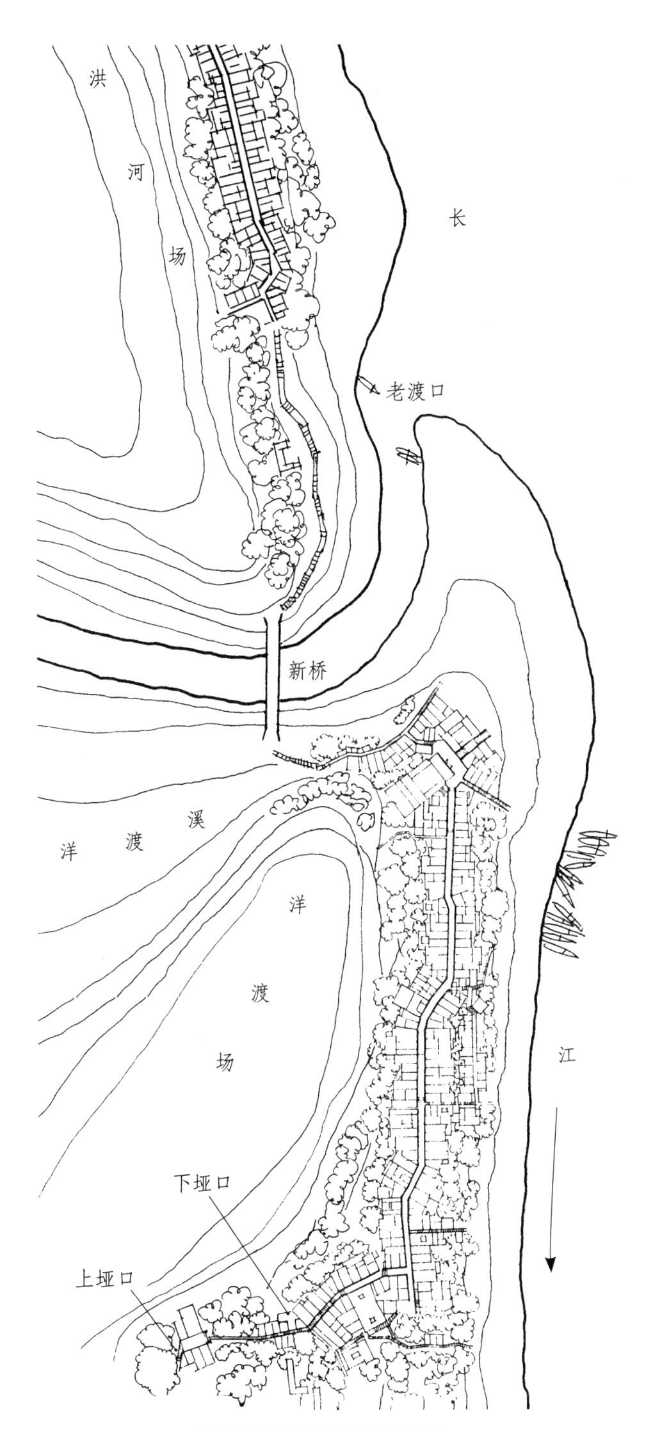

/|\ 洋渡场与洪河场关系示意图

一个场镇的形成和繁荣，与其特殊的地理位置有重要关系。据传：过去洋渡场为三县之争的地方，如图示。现洋渡镇老街为丰都县辖，今洪河场为忠县所辖，洋渡镇东以一小沟为界，为石柱县辖，造成如此三县版图在一小地方的错位，以至形成各县飞地的格局，皆因为争夺商业口岸计，核心在今洋渡镇老街。因为这里优良的港湾不仅有大量船只进出，更由此激活运输、农副业的发展。仅从道路走向即可判断：场镇上码头是因航运而兴，上、下坪口则为场镇辐射农村的主要通道。此一头一尾构成的空间格局，蕴藏着巨大的商机，也是造成三县争夺洋渡老场的根本原因。自然，这种畸形的商业竞争态势必然促进场镇空间的发展，凡两县交界之地、三县相邻之境均有不同表现。如西沱与忠县石宝场与万县金福，石柱沿溪场与忠县复兴场，万县黄柏场与云阳双江场，甚至巫山培石与湖北巴东楠木园场均程度不同地含有这种竞争因素。

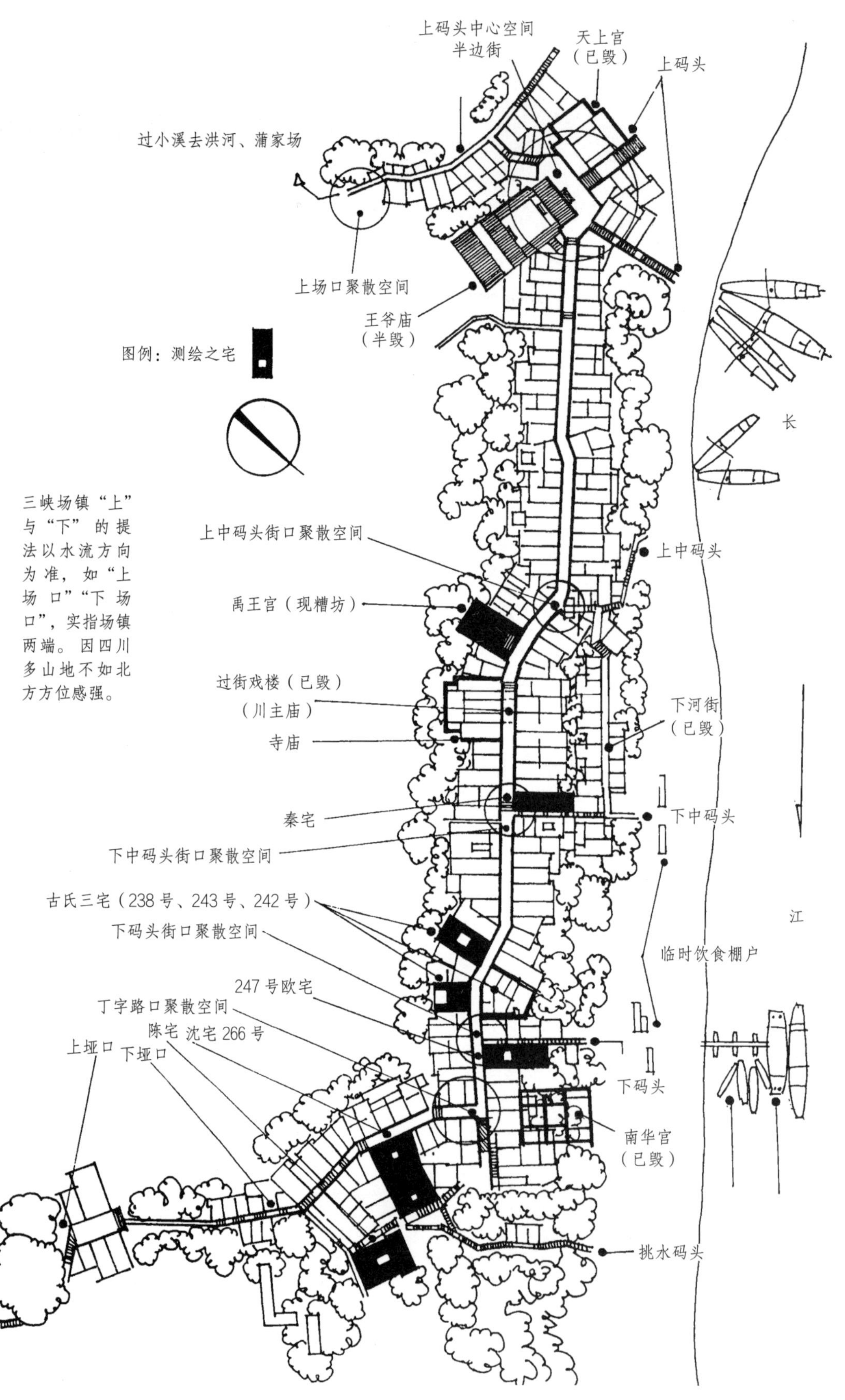

三峡场镇“上”与“下”的提法以水流方向为准，如“上场口”“下场口”，实指场镇两端。因四川多山地不如北方方位感强。

/\\ 洋渡场总平面图

洋渡场东端（下场口）外临江民居

选址坡岸，与江岸平行的洋渡场东端

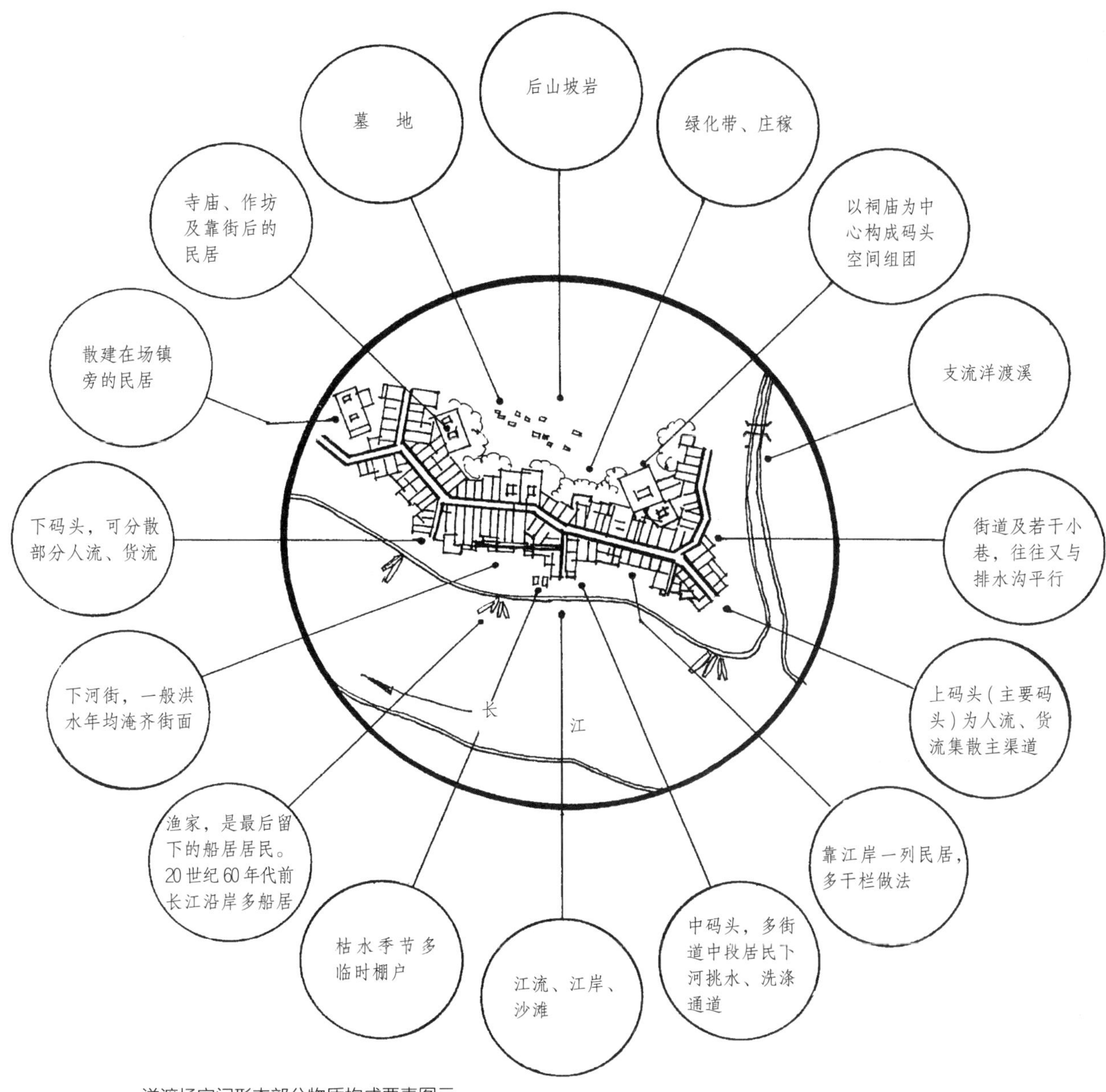

洋渡场空间形态部分物质构成要素图示

/ 洋渡场临江一列民居

/ 洋渡剖面图

庙为川中土著之祠庙，它能占据一场镇的显要位置，说明此镇人口土著较多，立庙较早。所谓“早”，即清中叶兴建宫观寺庙之风盛行时，它占天时地利抢先建在了各省移民祠庙会馆之前。清时，洋渡土著以石柱厅土家人居多，都信奉汉文化和宗教。而正码头与正街衔接的码头轴线顶端，又为船帮祠庙王爷庙。它和川主庙构成码头两大祠庙，并直对江面，深刻蕴含了人们依托江流生存，面向西方“蜀汉”中心成都平原的虔诚心态，那里正是川主李冰父子的创业之地。于是

/\ 洋渡场上街一段宅后立面写生

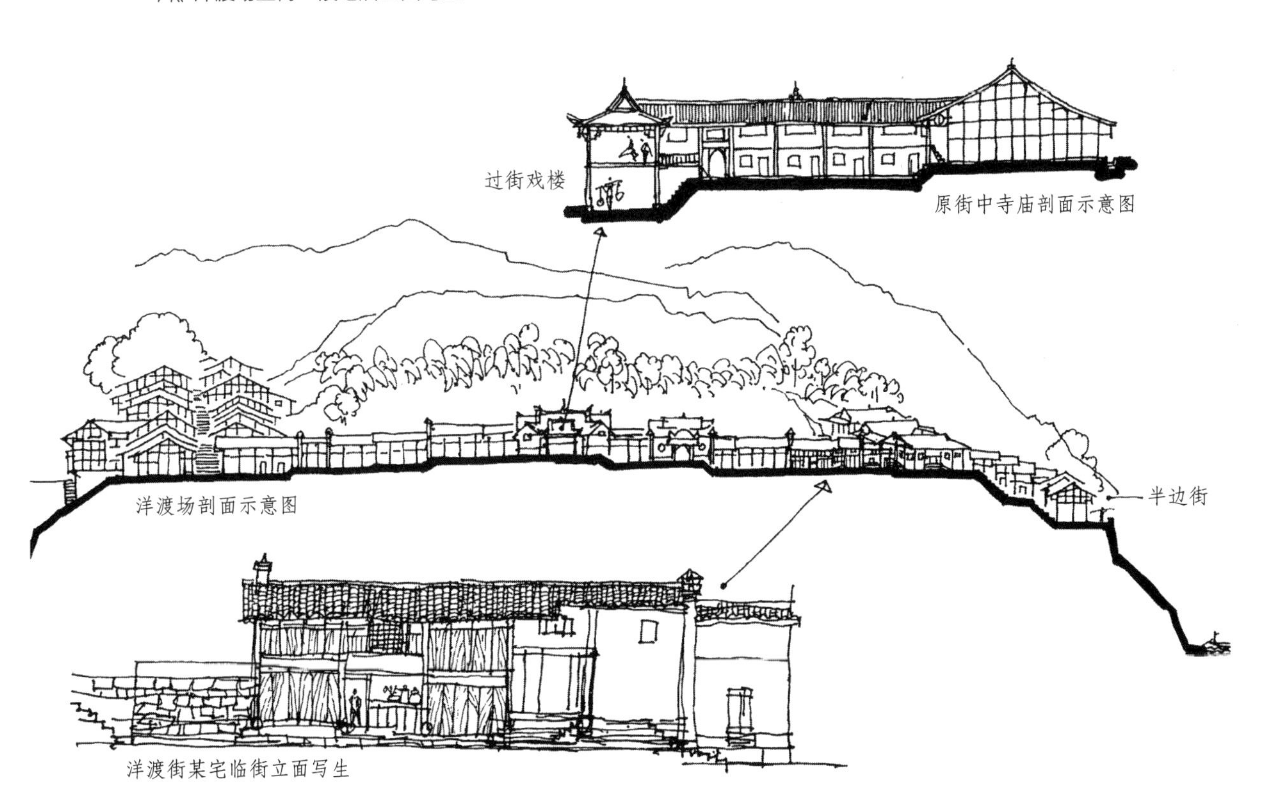

/\ 洋渡场考察手稿

/N 洋渡场屋面（有风火山墙者为古宅）

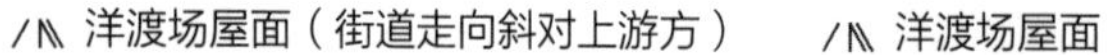

洋渡场屋面（街道走向斜对上游方）

洋渡场屋面

其空间与民居杂陈一体，造就码头景观的昌盛之势。加之地势凸出，整体烘托出了洋渡上码头背后王爷庙高耸威严与民居鳞次栉比的奇特景观。就是现在仍可欣赏到这一美妙景象。新中国成立前，巴蜀码头之地凡营造之事皆有因出，又有说法，不可乱为。洋渡码头在场镇旁长江的上游方，习称上场口。顺上场口进入街道，宽3~4米、长约200米的石板路两旁民居并列，傍山一列前店后宅实为若干四合院排列，不少人家进门即有几步石梯上天井、进堂屋。如古寿文宅，从天井沿石梯上堂屋后，又从堂屋两侧回耳房之上建2层，并有回廊绕天井之上一圈。2层住人，下层做生意，功能划分很得体。从堂屋往前看，空间、光影相互跌落、交错在一起，极富变化，让人感觉非常舒适。尤其是街道中段民居还夹杂了一间空间高敞的酿酒作坊，地面如古宅分成两个台面。齐街面的一个台面即为店铺，走几步石梯上去的二台面即为作坊。所谓川中街房前店后作坊者，此为典型。作坊内无任何隔断，仅有若干根大木柱支撑起高高的屋盖，为的是酒气、烟尘、糟味的扩散，同时可收良好采光之效。作坊内盛成品酒的大酒缸摆在前店，上一台面为酿酒的车间。整个酒厂占地300平方米左右。酒厂内热气腾腾，各工序有条不紊，营造了浓郁的农业手工业的成熟气氛。因其又建在街道中部，更把场镇“万事不求人”的小农经济体系的完整性和盘托出，同时把场镇的综合功能性质与场镇建筑紧密地结合在一起，深刻反映出儒学治城治镇理念在三峡沿江场镇渗透的深度和广度。

酿酒作坊建在街上和民居混列，可与成都明清时全兴酿酒房建在市内街上并

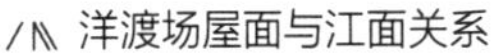
洋渡场屋面与江面关系

洋渡场老街景之一

洋渡场老街景之二

为同列。据《全兴酒传奇》言：一王姓商人于乾隆五十一年（1786年）选成都水井街创办“福开全”烧酒作坊，很大原因是水井街距位于合江亭的水码头很近。这一选址和洋渡街中糟坊选地同理，说明明清时期四川城镇中有较多的手工业作坊混建在市井之中。但令人遗憾的是，洋渡现街中酿酒糟坊是由原禹王宫改建的，不过改建得让人不易察觉到原来建筑的痕迹，又和民居分外谐和。这说明了改建的高明，同时显示出三峡一带大型建筑类型在结构、做法、用料各方面多有相通、相同之处。

洋渡场至下场口，道路分成两路，一路成直角右拐为梯坎上山路，有民居成街数十米，渐次稀疏，此正是从广大山区进入场镇的又一通道。另一路成小道从带过街楼的人家穿过，是去向几户大宅的必经之道。几户大宅有袁八老爷宅、沈纯久宅、陈一韦宅。大宅都建在街道末端和场镇外，显见宅主发迹时间较晚，这也符合钱财积累需要一定时间的规律，同时也反证三峡沿江城镇街道码头及中段建筑历史较久的事实。“大宅”之谓：一则房屋高大宽展，占地面积广；二则风貌出“格”。出格者，一般指和传统合院式有较大不同，反映在平面与空间组合上较为自由，在选址上，因财力雄厚，宅主敢于在基础部分大破费。比如，沈纯久于悬岩陡坡上建宅，则必须加砌大量重巨毛石在堡坎的构筑上。室内平面多一平方米，

1、2. 码头上来　　5、6. 厢房
3. 下到半边街　　7. 正殿
4. 戏楼

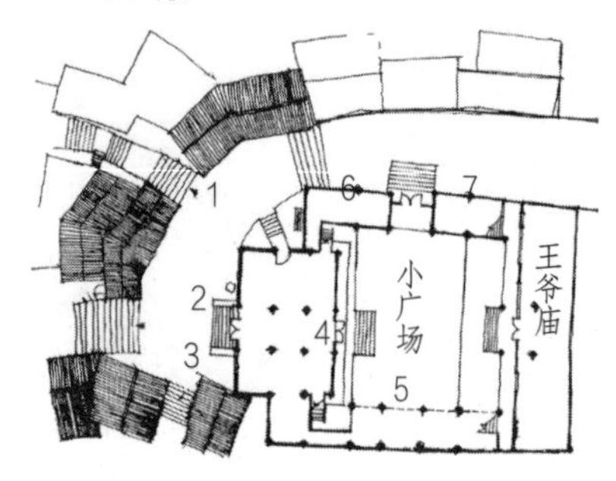

洋渡上码头平面图手稿（钟健作）

洋渡上码头王爷庙正立面手稿

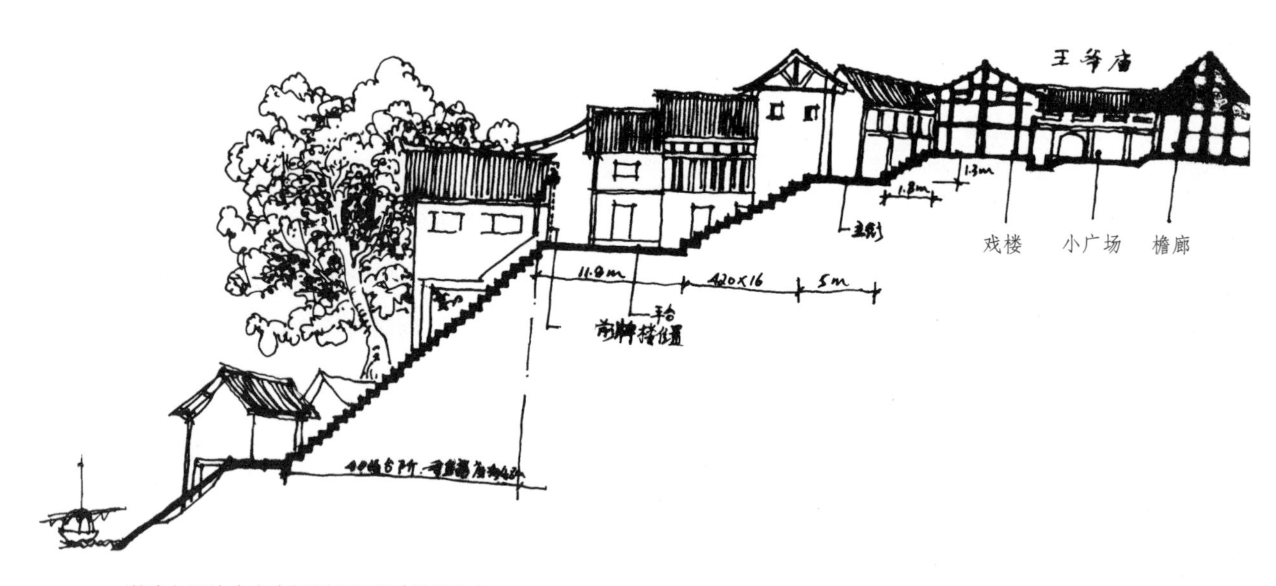

洋渡上码头中心空间剖面手稿（钟健作）

洋渡上码头现状

洋渡上码头人家

由上中码头上来之过街楼巷道

洋渡上中码头速写（杨春燕作）

洋渡上码头街段斜对上游江面

洋渡上中码头临江面仰视

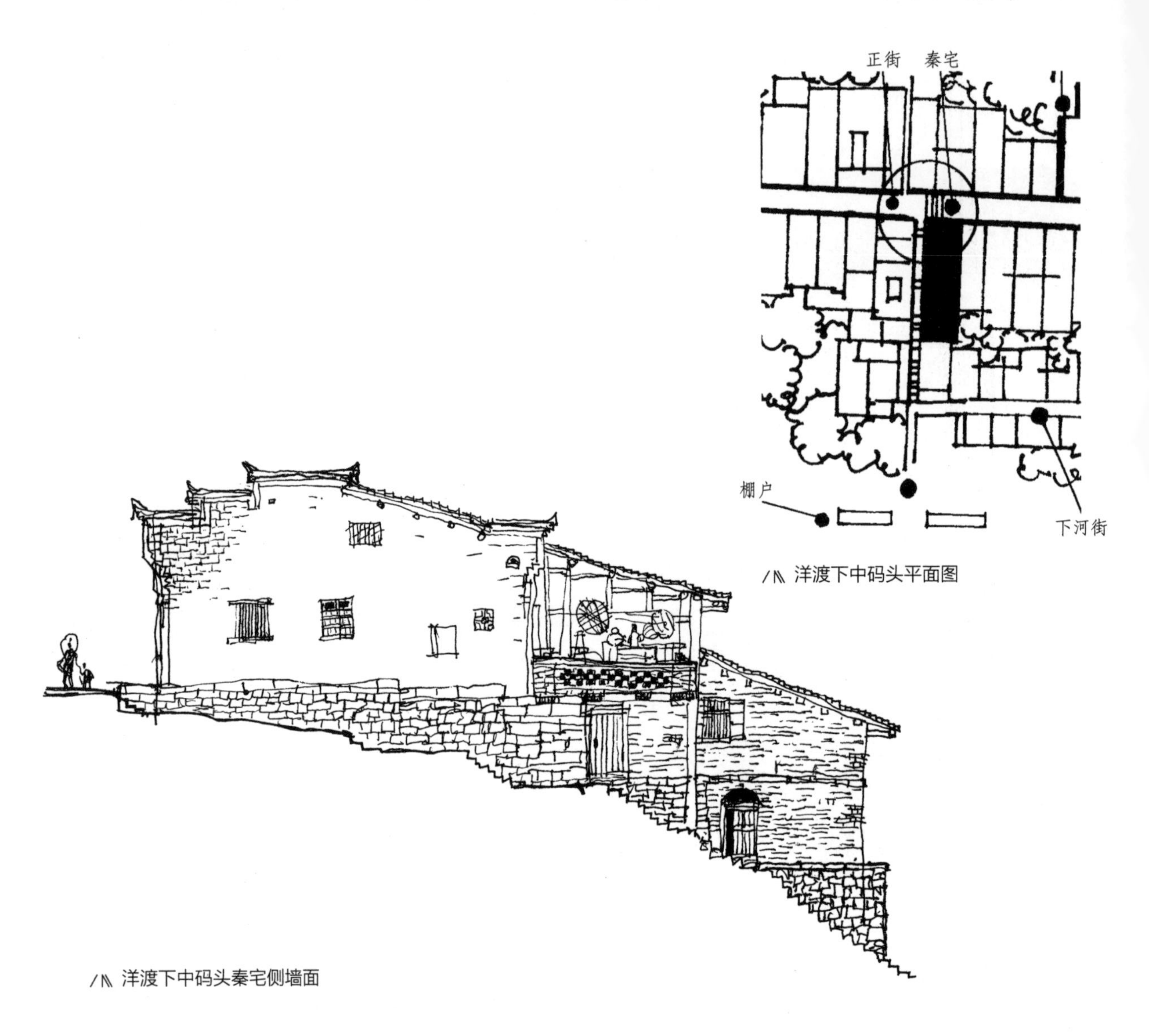

洋渡下中码头平面图

洋渡下中码头秦宅侧墙面

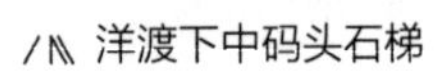

洋渡下中码头石梯

洋渡下中码头之石板地

/⑊ 洋渡码头河岸临时棚户

/⑊ 洋渡下场口挑水码头与中码头之间状况

/⑊ 洋渡洪河场下码头巷道外人家

/⑊ 码头之间下江边的小巷

/⑊ 洋渡各码头之间还有若干小巷下江边（小巷俗称尿巷子，常放有尿桶供人小便）

/⑊ 洪河下场口（东端）

/⑊ 洪河老街古风极纯的空间

/\ 洪河上场口

/\ 洪河上场口

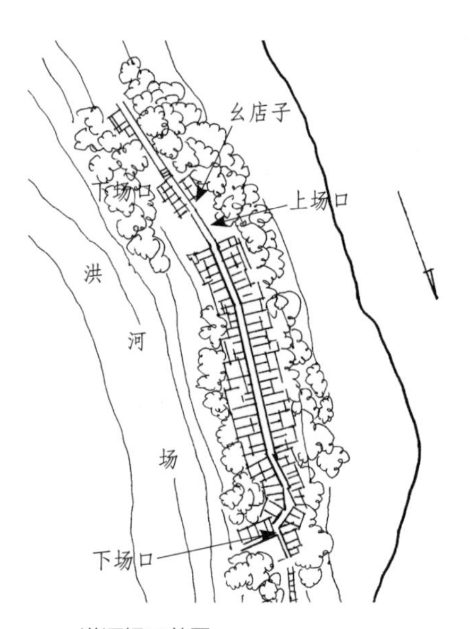

/\ 洪河场口总图

/\ 洪河上场口

堡坎则增加若干立方米。这样耸立起来的木构体，尤显高大巍峨，也显示出宅主与众不同的身份和气派。还有更晚建造的陈一韦宅。陈因在民国年间贩盐致富，于下场口外建宅，为因呈坡地状态的洋渡场无宅基回旋余地而做出的选择。20世纪二三十年代，西方文化逆江而上，先影响区域中心城市，进而波及场镇乃至农村及边远山区，于是形成了影响的纵深关系。譬如忠县西山街排列着的若干“西式民居”，示范似的影响着一个地区一段时间内的建筑风格。洋渡场在忠县行政区内，文化受其影响，仿效其衣食住行自当为时髦之事。其理亦如当代城市风尚对乡村的影响。陈一韦宅为合院式砖木结构2层楼房，四周砖墙形成围合；选址有“凤朝阳，虎落坪”之本地风水意向。入口大门位于前厅一侧，有些偏斜，与云阳张飞庙大门如出一辙，和正码头方向也一致。商人住宅多面向长江流水上游，谐喻钱财如流水滚滚而来；门斜开正对上游，为进财朝向。陈宅为了显示“西洋”新潮，窗套勾画西式线角，外墙于2层楼面做西式腰檐线，内部砖柱也做线角。楼梯间讲究，跑马廊形式也充满了西方建筑情调。和忠县西山街的“西式民居”一样，陈宅内部均采用穿逗式的结构，既有弄不清西方住宅内部空间做法和空间组织的迷茫、尴尬，又有中国人心灵深处眷恋传统文化的流露。因此，又可说陈宅是对东西方文化一知半解、生硬交汇的结果。

总体而言，洋渡古街由祠庙、寺庙、民居、作坊等建筑类型组成，虽然其中大多数“九宫八庙”都消失了，但仍不失乡土建筑和环境烘托出来的韵味。尤其是中段风火山墙夹杂在木结构的轻盈和深灰色调之间，既丰富了天际轮廓线，又强化了外空间节奏和色彩对比。而街道两列民居的结构几乎都为川东地区普遍使用的穿逗结构。这种结构适用于坡地分层分台、下沉跌落的空间划分。尤其在临江一面民居中，除与街面齐平的铺面外，其他空间可层层下落，分成天井、房间，再下则是畜圈、厕所等。这就构成了吊脚楼的丰富性。而靠山一列民居恰和上述相反，除大多数铺面与街面齐平之外，有的进门几步就开始设石梯，把天井推至上一层台面，接着几步石梯又把正房推至更高一层台面。因此，三峡沿江民居的多姿多彩性往往使内部空间的美更具深度，更能激活人的潜在审美基因，也带给了人们更美的居住理想。

最后，笔者不得不专门提及与洋渡隔溪相望的洪河场。虽然它不像洋渡场那样具有中心作用，而是退居于纯粹供居住的街道，但恰好保留了过去古镇清

/‖ 洋渡东端街道转折之一

/‖ 洋渡东端街道转折之二

/‖ 洋渡西端半边街

/‖ 洪河老街上场口外幺店子

/‖ 洪河老街上场口

静与古朴之风。笔者访问某临江之宅，窗外一群小鸟正在外面的黄桷树上欢叫，且见人也不飞走，可见生态环境已与过去差不多。若孤立地谈论居住环境，洪河场显然优于洋渡老街，且木构尚坚实，石板街面无甚塌陷错落，清洁做得很好。若与繁华的洋渡场老街功能互补，把教育、福利、文化等设施转移至此，那将形成一个很具特色的小镇。

附：几则日记（2000年5月26日至6月1日）

5月26日　晴

20:47由成都坐火车出发。车上，王梅（研究生）说晚上中央电视台一套的《读书时间》要播放陈志华讲他的《楠溪江中游乡土建筑》一书创作体会。没有办法，只有在火车上揣想他的风采了。（巧在一年后的5月28日，陈先生应邀来到西南交通大学做“西部乡土建筑与西部大开发”的学术报告，老先生谈到现状，差点儿哭了。）

5月27日　晴转雨

06:00时抵重庆，乘船去忠县，宿下河街旅馆；一夜急雨，天气渐凉，尚能入睡。

5月28日　雨

07:20乘快船到洋渡仅半小时，一般小轮船要两个多小时。淫雨绵绵，甚是令人发愁。

接着全面铺开工作，确定实测民居，有238号古宅、247号欧宅、266号沈宅，再大致了解三宅基本情况。古为粮绅，在街上建有3宅，临河岸1宅，傍岩2宅，所测为傍岩之一宅。宅建于何时，街上老人均不知，言儿时就有，传3宅3个儿子各1宅。古为湖广人，进士出身，家出大学士，估计至迟在清中叶即建3宅。其居街中段位置，建筑顽强追求合院形制，做工严格遵清中叶工程与文化习惯，故判。欧宅临江岸一列，年代比古宅晚，经济比古宅弱。前店后宅，中为天井，天井四方

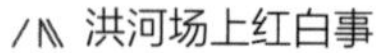 洪河场上红白事

喜庆宴上九大碗

房间无内壁，采光极佳，甚感爽快。临下码头上来小巷，有侧门联系，为下河挑水便门。基础分成三台。一台为临街店面。二台为有天井的正房，有楼回旋于天井之上，房间多为早年开栈房之用，实用、宽敞。底层综合作厨房、用餐、搁杂货挑担之用，是整座住宅的活动中心。三台为畜养之地，面积较小，上承两层由二台面伸出的楼层。最有创意的是在二层基础与楼面之间开了一个厕所，粪便排放顺管道与三台面的猪圈粪池合流。而房间门又与厕所门一门两用，即开房间门就可同时作为厕所门用，同时又看不见厕所内部，甚是巧作。欧宅仅住寡妇一人。沈宅在街道下游方端头转角爬坡的下段，三开间店面，分两台构筑，前半部为主体，中轴对称格局，较死板。中为天井加过厅，天井太小，采光不足。精彩处在于：在下一台面同开天井，上回廊有梯步弯曲下底层，开后门为下河挑水挑柴便门，房间为生活厨房、厕所。外观甚是令人寻味，木石错落横撑，亦感幽默。新中国成立后，该宅被供销社占用，宅主今仍在打官司之中。（29 日补写）

5月29日　雨　下午暂停

上午测绘陈一韦宅。中途沈宅主人从7.5千米外的乡间专程赶来会见，即趁机了解该宅的发生发展过程。由于门锁钥匙在乡间，我们只有破门而入，以后买一新锁归还原主。结果天色已晚，沈宅、酒厂王爷庙草图各作了一半，我们旋即转赴桥头餐馆用餐。大家都觉累，我也感冒了，喉咙肿痛。天气突然降温，犹是春日，幸皆作内业，无大碍。

沈宅原为药铺，同时开门诊行医，先辈沈纯久祖籍为长寿上背沱，祖父沈海亭孤身下来帮人，宅即在其手上兴建，时为清末。从长寿下洋渡，沈海亭先帮周家，同时边学医边下力，积攒一点钱后，又和蒲家场秦家结亲。秦家是富豪，有家底。沈家出钱，秦家出料，先建房子后结婚。当时街上已经建满房子，所以他们只有把房子建在下场口转角上，时间在光绪年间，沈宅开中药铺，两天井，前铺后住家，近300平方米。

/\ 洋渡沈纯久宅后门速写

/ 洋渡沈纯久宅屋后一角

掌墨师是石工黄玉龙，技术还可以。1963年，该宅被区供销社占用，至今产权不明。

5月30日　阴晴相间

基本上测完酒厂（禹王宫）、王爷庙、沈纯久宅（266号）。禹王宫建在中码头小巷上来街口，后面目全非。五六年前，人们在废弃木构框架基础上重新“捡漏”搭建。正殿柱头已锯短，但整个木构体系甚是气派，有的柱直径达40厘米。平面亦甚紧凑。前临街为大门及高大墙面，进门过几步石梯便入正殿台面，整栋建筑占地约200平方米。梯道之上为戏楼，正是川中会馆普遍做法。这种舍去中间过厅，“开门见殿”的做法，亦是坡地建房直奔主题、去掉缛节的因地制宜方式。今内部已将隔墙全部打通，殿堂作为酒厂酿酒灶头，旁为酒糟铺开晾凉之地，实成车间。其下台面巨大，成品酒酒缸挤拢排放，蔚为壮观，使人感到当年禹王宫决然不是等闲之处，定然是三峡场镇街道空间中了不起的、别致的建筑。

下午，诸同人疲惫已极，稍事休息，转赴洪河场一游。今洪河场已成“过路场”，与洋渡仅一溪之隔、咫尺之距。关于“两场镇三县”“插花界”的“龙门阵”流传很多。有言洪河早于洋渡者，有言洋渡最早属石柱县管辖者，有言忠县与丰都两县争夺两场镇者。此历史上形成的不断的行政归属之争，恰给民国年间两地人躲避抓壮丁带来了一时的好处。忠县洋渡壮丁跑到丰都洪河躲避，丰都洪河壮丁跑到洋渡躲避，时因各县抓各县的壮丁，不可到外县乱抓。

今属忠县的洪河场已没有新中国成立前的热闹，它已成为洋渡的一条街，显得清闲、宁静。干干净净的街面、稀疏的过客和居民反衬出小镇环境的悠闲。和洋渡相比，其街道与建筑烘托出的形态显得简朴一些，没有公共建筑，清一色民居。因部分段落有檐廊，尤显川中场镇的空疏，更宜于居住。因此，我们将晚餐选定在街口一家悬岩挑出的店子进行。其部分梁柱搁置在悬岩上的大黄桷树主干上，风情万种。通观两镇，仅此家最迷人。从临窗繁枝茂叶间望去，便是江轮出没之处。若出现的是帆船，则一派古典风貌。可供享受的大自然环境与建筑越来越少，偶得此景，应抓住不放，尽情深呼吸一番，后佐以饭菜。哪怕饭菜有些粗劣，正是醉翁之意不在酒。

5月31日　晴

全天在242号古宅旅馆出正式图。天气放晴，赤日炎炎。上午抽空去江边画临江一列民居后立面速写。冬天到洋渡，树枯叶落房露，尤感干栏风韵流露充分。今浓密树叶遮挡，仅透过缝隙见局部，画起来困难多了，但仍在阳光下完成一幅，甚是欣慰。此亦算若干三峡古镇临江面的典型。接着又速写了一幅江岸码头棚户，欲捕获一丝古已有之的临时房屋遗风。

想起今晨5时醒来之因，居然是被雨后初晴的雀鸟鸣叫声吵醒，立感天籁之趣的快慰。这不是都市汽车、飞机、叫卖声的混沌交响曲，而是大自然谐和的美妙旋律，绝妙至极。它们中能分辨者有：杜鹃（布谷）、家燕、八哥、麻雀、马鼻梁、水鸦雀、鸦雀（喜鹊）、猫头鹰、竹鸡、画

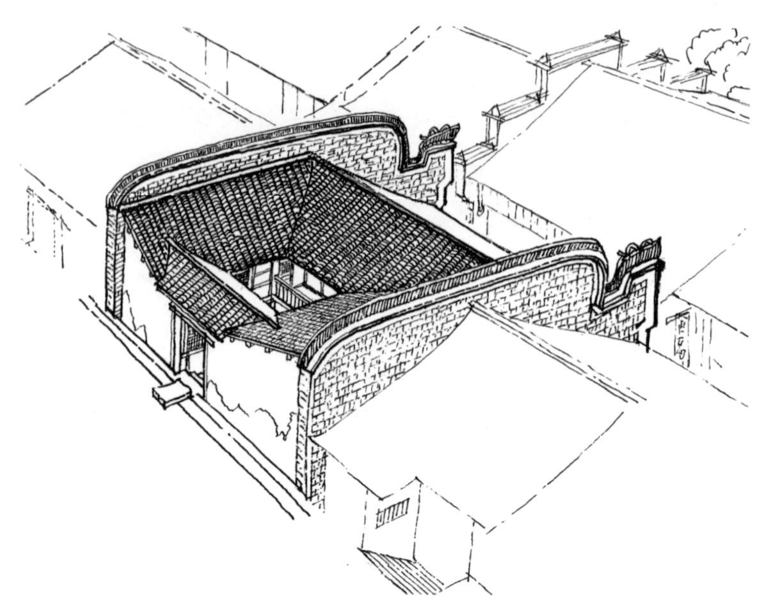

/⑉ 洋渡场街 242 号古宅透视图

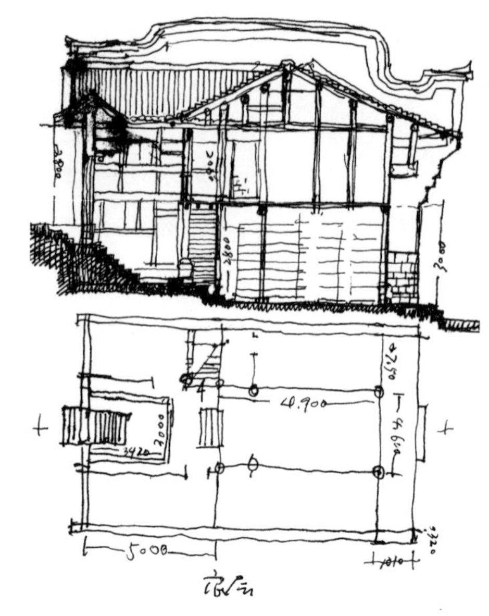

/⑉ 洋渡场街 242 号古宅测绘手稿

眉、黄瓜雀、白头翁、斑鸠……更多的则说不出名字了。

绿化自然是小镇特色，似乎没有谁有意按事先规划在栽花种树，但到处“绿云”萦绕，欣欣向荣，有黄桷树、水竹、慈竹、泡桐、苦楝子、麻柳、杨柳、洋槐、马桑、柏、松，等等。

6月1日　晴

上午继续完成正稿，发现漏测、错测，就立即去现场补测。不断有同学在街上往返，甚是认真。屋子光线太暗，但没有别的去处。钟健后去码头作平面图，以收集硕士课题“场镇中心空间研究”素材。

中午从江上渔船上购得长江特产麻花鱼4斤半，午餐有佳肴，诸同学饱餐一顿，连残汤剩水也尽收肚中。

下午租车去蒲家场，以为会见到一派方斗山麓土家山寨原始风貌，结果大失所望。倒是蒲家场和平大队秦氏上祠堂令人耳目一新。其址选在一浅土层坡地上，中轴对称格局，三进式分台构筑，层层爬高，有内向通廊式回廊绕整个祠堂一周，至正殿后有花园，是三峡民居堂屋后转堂的翻版，尺度显然被放大了，算一特点。第二个特点是各殿与厢房衔接处用敞廊的做法亦充满乡土色彩，很疏朗空透，非常宜人且合理，同时又分段分片连接了厢房，缩短了两厢房之间的距离。装饰图二龙戏宝、福禄寿禧等谐构的花草虫鱼之类，亦生动写实。当然，这也是山区艺匠的功夫，处理上尚待升华、提炼、抽象，确也不能苛求。综观整体，粗犷规整，朴实大派。若众多内部匾额、脊饰、楹联等尚存，则不只是朴实，也有些豪华。

四、酉阳龚滩——绝处逢生　干栏大观

龚滩镇，古为涪陵郡汉复县。《寰宇记》记载："涪陵汉复县，属巴郡，蜀立郡于此。"刘琳在《华阳国志校注》中说："汉复县，三国蜀汉置，属涪陵郡，治所在今酉阳县西龚滩镇。"建镇历史已有1700多年。虽经历代政权更迭，但龚滩镇行政隶属基本仍为酉阳县，据1934年统计，辖7保、18甲、1300户，6000多人。

龚滩古为巴人之境，是土家族先民中一支的活动地域，境内汉墓、画像砖可以证明。川东南土家族有7姓，"龚"姓为其中一姓。唐代居住龚滩镇上之居民多龚姓，故得名"龚湍"，后呼龚滩至今。另外，史学家邓少琴在《巴蜀史迹探索》中言："共、龚字通"，龚滩"当为共人所居而得名"。唐麟德二年（665年）移洪杜县于"龚湍"。"洪杜"即今龚滩下游10余千米处乌江对岸的洪渡场，属贵州沿河县辖。"共人"最早为东方滨海地区的越系民族，约春秋战国时代西上进入川东，本来是一个单独的族类，也是川东民族之一。据史学家考证，"共"与板楯七姓中的"龚"不同，板楯之"龚"，《蜀都赋》李善注引《风俗通》中作"龚"，二字形近而讹，当以"龚"为是。虽然板楯之"龚"与越系之"共"音同可通，但《华阳国志·巴志》却是将板楯七姓全部纳入賨人一系加以叙述，而"共人"单出，不与川东其他任何民族同系，因此，两者非一，实难混同。

据传明以前已有因农副产品交易而形成的市场，而真正形成市镇恐因明代一次偶然事件。明万历元年（1573年），乌江东岸凤凰山岩崩，大量的巨石滚

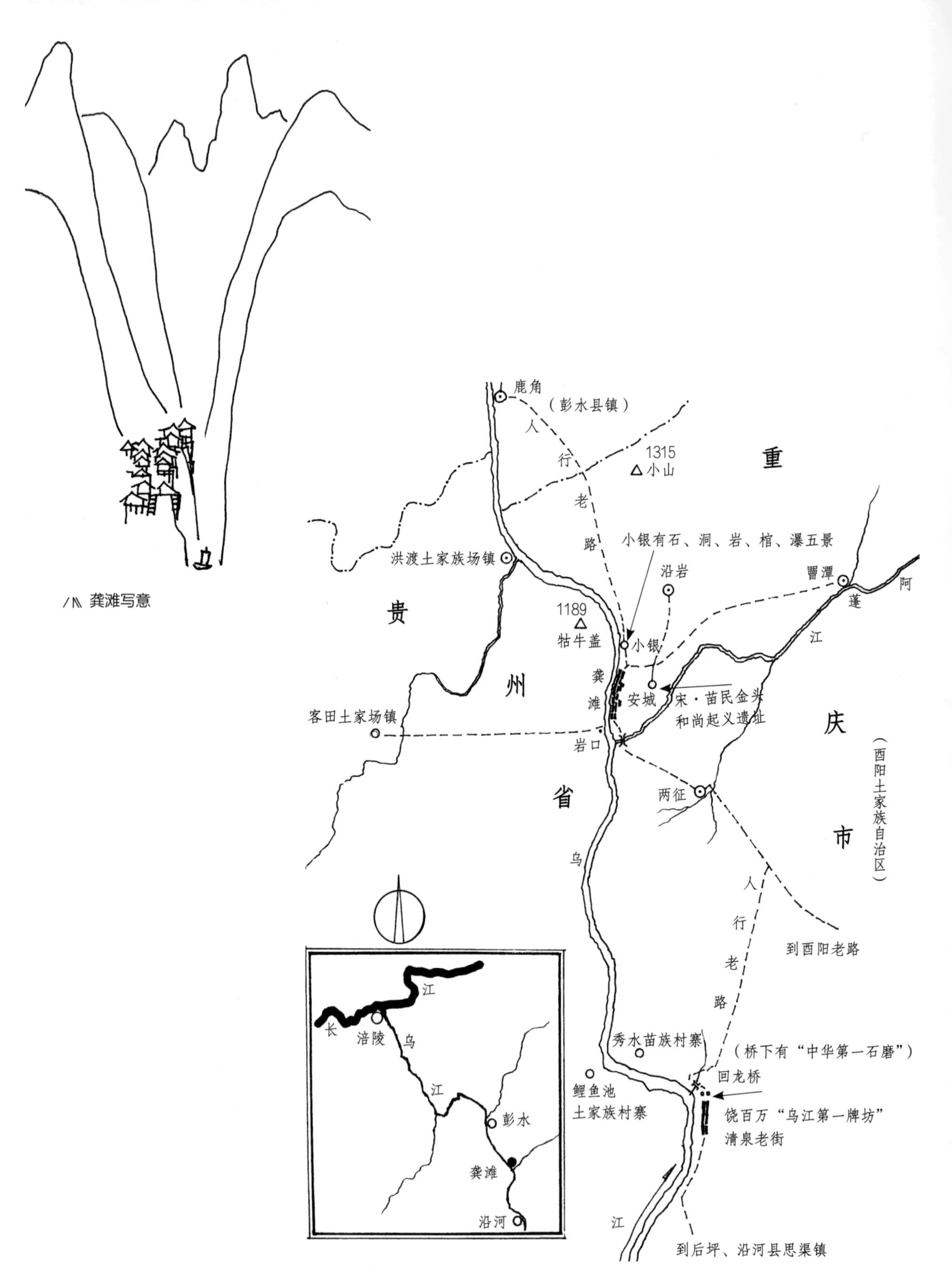

/\\ 龚滩写意

/\\ 龚滩自然、人文圈示意图

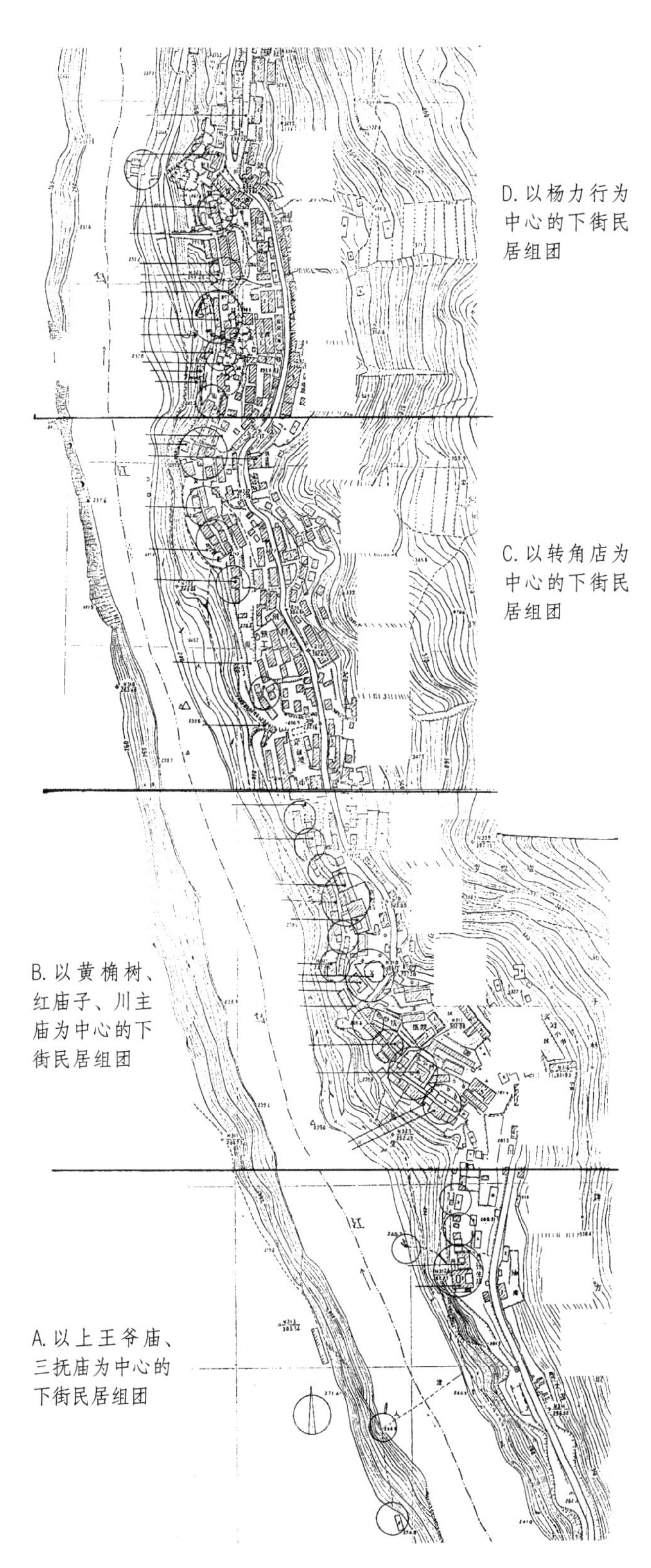

/\ 龚滩空间形态人文构成分析总格局

至江心阻塞航道，于是上、下游船只只好卸货下人，让其转至对方船上，俗称卸载搬滩。这古往今来的上下游船只一上一下，就在滩的上下游汇集了数百艘船只，一时商贾、船工、搬运工云集，又带动周围农民为其生产生活服务，这就极大地刺激了多功能市镇的发展。这种发展又有极特殊的自然障碍。若兴镇于西岸，显然无选择余地，西岸贵州境内陡岩在70°~90°之间，绝壁悬岩，可谓让人一筹莫展。东岸亦是陡坡，坡度也在40°左右，且无退路，非在此砌坎铺路择基不可。于是龚滩百姓极尽人类建房之智慧、灵气，形成了巴蜀小镇中极为罕见的于峡谷险境中绝处逢生式的建镇奇观。1933年，原酉属专员甘明蜀这样描写龚滩："龚滩处恶山环拥、险水迂回之中，环顾四周，悬岩壁立，无农作场地，无牧畜草野，仅能于湍如矢奔流中，看见几处如猛兽搏人形状的怪石错立其中，把奔腾水流激起绝大浪花。喧声震耳，如大雨打蕉叶的声浪，上下船筏，以此滩为分水岭，谁也不敢越雷池一步。"

龚滩，与其说是商埠，不如说是转运站。商品流通至此，本镇消耗微微。龚滩汇聚川、黔、湘3省边境之数百吨桐油、木油、生漆、五贝子、向日葵、猪鬃、牛羊皮、兽皮、粮食，由此转下涪陵、重庆、汉口，然后数百吨的川盐、红糖、白糖、烟酒、百货由此再转而运销3省边区。尤其清中叶、晚清、抗日战争时期，以龚滩为中心的繁重盐务转运任务，更加促进了市面的繁荣。故至今该地无场期，而号称“百日场”。

因此，与乌江平行的东面坡岸上出现了一条长达1.5千米（民间称5里）的狭长街道。街道分为三段，上游段形成以红庙子，即以陕西会馆为中心的建筑组团，自“第一关”起到转角店罗家盐仓形成中间段。两段间以夏家院子后一棵巨大的黄桷树为天然分界标志，同时又形成两街间的底景。中段核心公共建筑为川主庙，董家祠堂傍依其下，形成核心空间区域。众民居“仰其项背”形成三段中最长的街道与公共建筑组团。下游段由转角店到廖林贵宅，其核心是杨力行大宅，众民居皆围绕杨力行宅修建，适成下游段众望所归式的民居组团。

三段街道上的房屋因历史上火灾、洪灾而被毁，使民居系列出现断续形式，恰展示出原房室密集之中的疏松、开朗，显露出诸多民居的侧立面，又留出了大片产生距离美感的空间，于是干栏之气势、石砌之宏伟得以充分展现，可谓因祸得眼福。而将三段街道连为一体的民居与宫观寺庙，又分为临河与傍岩两列式。临河一面多干栏（吊脚楼）式，它和石砌堡坎相结合，构成1.5千米长的干栏大观，形成三大特点。一是它是至少在巴蜀境内表现在城镇形态上的、至今尚存的最大干栏组团。就是在全国范围内，我们也还没有发现类似空间形态。二是它有多个单体干栏高近20米、共6层的实例，这也是罕见的现象。三是有的单体平面有数百平方米，同是干栏民居不多见的奇观。因此，从临河江岸仰视，干栏柱网密如森林，皆“生长”在乱石陡坡上，粗粗细细，长长短短，正柱斜撑，构成中国建筑三大起源色调之干栏式建筑大观，似一座干栏建筑的博物馆。

傍岩一面建筑虽数量上多于临河面的，但家家建宅亦多费心思，家家有坎有梯，迂回曲折，并处处与干栏相结合，柱虽不高，却恰是坡地干栏建筑深度发展的必然。因此，可以说龚滩干栏建筑群不仅使今人看到了古代干栏遗风，还使人看到了干栏的历史发展。另外，由于公共建筑占地面积较大，又多摆在傍岩一面，这也就形成了傍岩一面建筑之特色。

古镇的道路系统中，自然1.5千米长的主干道路是脊梁。它的特色是直中有弯，起伏跌宕，路桥一体，宽窄随意，并和江边码头、滩涂、石崖若干上行小道、傍岩若干下行小巷交叉，构成十分方便、神秘、优美的道路体系及景

/\ 龚滩纵剖竖向示意图

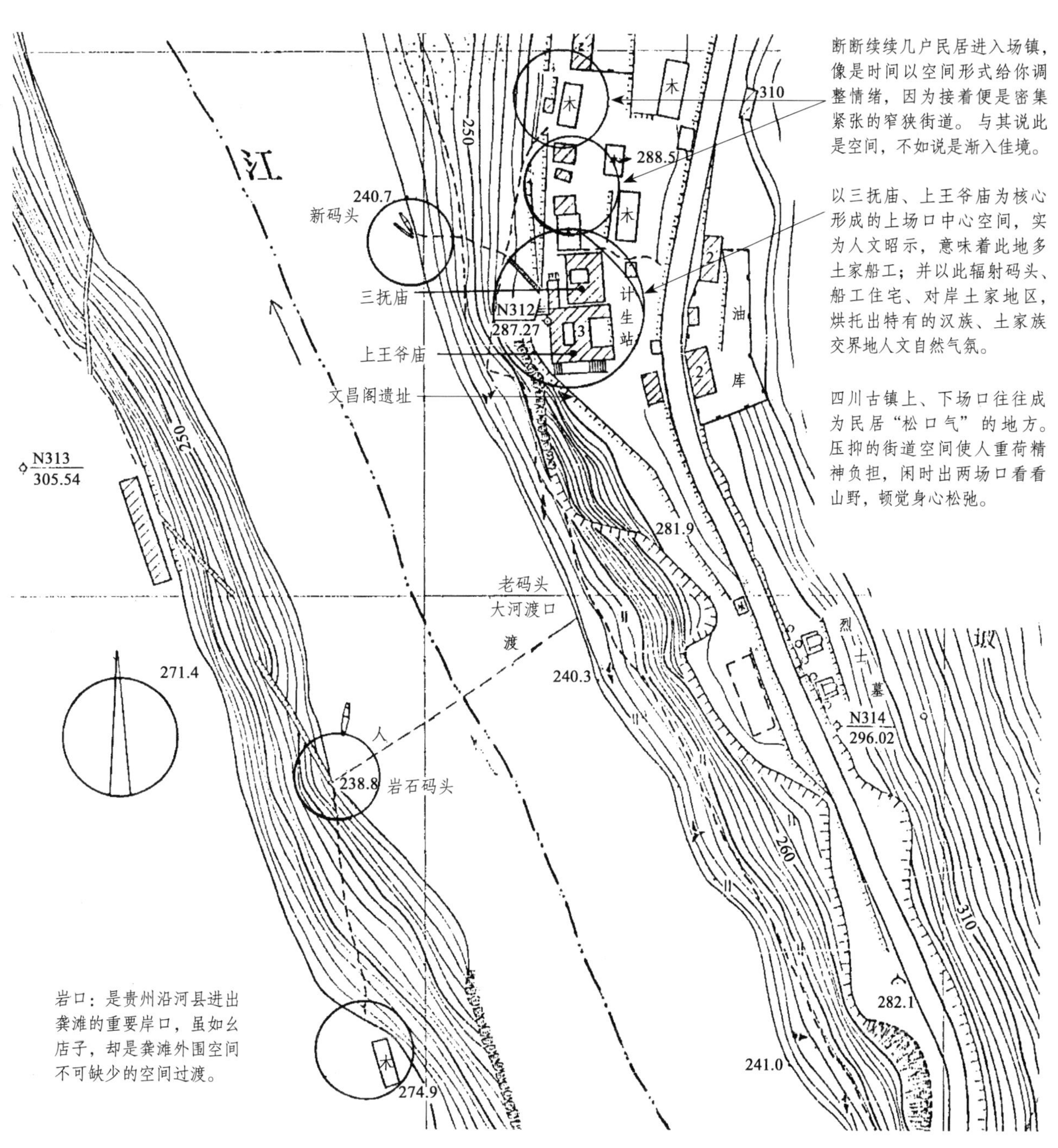

断断续续几户民居进入场镇，像是时间以空间形式给你调整情绪，因为接着便是密集紧张的窄狭街道。与其说此是空间，不如说是渐入佳境。

以三抚庙、上王爷庙为核心形成的上场口中心空间，实为人文昭示，意味着此地多土家船工；并以此辐射码头、船工住宅、对岸土家地区，烘托出特有的汉族、土家族交界地人文自然气氛。

四川古镇上、下场口往往成为民居“松口气”的地方。压抑的街道空间使人重荷精神负担，闲时出两场口看看山野，顿觉身心松弛。

岩口：是贵州沿河县进出龚滩的重要岸口，虽如幺店子，却是龚滩外围空间不可缺少的空间过渡。

/\ 以上王爷庙、三抚庙为中心的上场口码头局部放大图

由上码头下船爬上街口的龚滩妇女

原上王爷庙前老黄桷树

上码头

上码头三抚庙、上王爷庙（已改成计生站）民居组团

河对岸贵州境内岩口乡店子

观。石板油亮之色、石梯弯曲多姿之貌、洁净可卧的街面与淳朴民风合成龚滩古镇道路之美，更使人在建筑深层次的审美中唤起在思想中埋得很深的隐秘兴奋点。叹为观止间，人们转而注意烘托、铺垫房屋与道路桥梁的堡坎。尤其过江在对岸通览其整体漫延之长、高差之巨、做工之巧、工程之恢宏，又使人发出一番赞叹。须知，这是形成房屋错落、高低、大小、形式诸多变化极重要的方面，因而谓之基础。然而它的美感常被人忽略，实则其工程、工艺、石质石色的合成是一种更震撼人心灵的美。比如，杨力行下码头的私家石梯道，本为运输盐巴下船入仓之用，其"之"字形宽敞造型，使人行走惬意。它依托宽窄不同的堡坎和石滩凿步开梯，使人行走其间全无峡谷陡坡之惊恐感，反倒如履平地。这简直是一种道路艺术了。当然，各家各户都有因地制宜的各种道路做法，统归一点，皆精心设计，用心构作，绝无马虎之状，实在是集古人遇事皆认真、巧作品性之美的大成。

古镇水系，除镇后半山有一"四方井"自然泉源长流不息之外，多雨水冲刷形成的水沟，遇雨成溪，无雨干涸。因此，溪流在与道路交会时皆有桥跨越。故古镇又有桥多桥妙的美誉。如"一沟十八桥"，即邓家岩上观音洞有一小溪从群屋中穿行，百姓便于恰当处搭各种桥，有石拱桥、木梁桥、石梁桥，该宽则宽，该窄则窄，桥面多与街面齐平，不露痕迹，人过桥还不知脚下有桥。这也是坡地建筑尽量因地制宜不做桥栏、拓宽路面的做法。

综上，古镇选址、道路、水系三基础经千年磨砺，历代万人精心权衡。哪一处该如何处置，多一步少一梯对行人有何影响，实则如今已处处到位。能在这样复杂的特殊地形中处理好构成市镇基础的多方面因素，显然有一股人文力量在起作用。那就是儒化之风的渗透，核心仍是"仁"为主脉的道德力量。虽然龚滩不是传统的农业中心场镇，但作为交通、商埠型场镇，它仍是农业社会进行农副产品交易、流通的特殊形式，或者说是一种派生形式。所以，治镇之本是决然离不开儒化之本制约的，那么在此基础上产生的建筑，则与其他类型场镇的建筑并无本质区别。

古镇房屋建筑分两大部分：一是民居，二是公共建筑。前面讲了，龚滩民居最大特色是干栏式，其次是石砌加干栏式。至少和表现市镇形态上的组团相比，龚滩尚存的规模是目前川渝两地场镇无法比拟的。而单体之高，面积之大也属罕见。比如，转角店罗家盐仓及颇负盛名的“半边仓”“一半实地，一半凌空”，不仅体态高大，且营造独特，空间组合亦别出心裁。再比如，郑道明宅独家占据一孤岩，面阔达21米，进深约10米，面积在200平方米左右。下柱网密布，气象幽深。类此大宅还有不少，一起构成古镇民居干栏部分主体。其悬空于河岸，间以若干小宅，高高低低，互为依托，使得木构干栏体系的空间特征得以充分展示。而多数还有齐街面一二层少于街面以下三四层的区别，表现出功能分区和物以致用的精明。齐街面者做生意、作为卧室，以下作为货仓、厕所、杂屋、用人居室等。

民居结构通通为穿逗式，多为通柱，用材粗壮，做工严实。因街窄，房屋不像平原场镇屋檐伸出加檐柱以成檐廊，而采用长出檐、长挑枋做法，均是为赶场人遮雨挡太阳着想，又保全板壁不受溅雨湿朽。除临街一面因作为铺面而显得立面雷同之外，不少居家者仍把大门、门道、踏步、窗棂、栏杆、斜撑、吊柱、枋头等做得极为得体。无论何处如何构思，全镇似有一不成文的规矩，即不与街道相争，以维护街道的畅通。就是在街面上加一步家门口的石梯，亦要“倒棱”，即把锐利的方角打磨成圆弧形，以防伤及路人。在所有民居临江的后立面，家家都有门、窗、栏杆、挑台与江面疏通，这亦成为装饰上最讲究的部分。由此可见居民热爱自然环境的美好情操。另一部分石砌加干栏民居，因内部为干栏结构，外部有风火山墙左右挡护，下有层层堡坎叠砌，有的见不到街面以下的柱网，有的支撑柱变得较短。

由于它没有上述干栏全然以木构充分暴露，因此我们姑且称之为石砌加干栏。风火山墙一式进入土家族地区，显然与苏、浙、皖、渝、涪等地商人来此地开店设号有关，是土家族接受中原文化在建筑上的表现。而龚滩位于汉、苗、土家各民族的交融点，溯乌江而上7.5千米处，两岸各有一寨，左重庆秀水（40多户人家），右贵州鲤鱼池（20多户人家），前为苗族，后为土家族。民居皆为地道回廊重楼、翘角飞檐干栏式。龚滩以下再也没有如此民风淳厚的村寨了。因此我们说龚滩是多民族文化交融点，正是此理。石砌加干栏至为典型者是下码头之“杨力行”。“杨力行”之谓即杨家力行之意，亦称杨家行。“力行”为川东清以来对搬运行业的称呼，和现在重庆称“棒棒”、川东长江沿岸称“扁担”的搬运组织是一回事。杨家办力行，有如银行，不同的是银行存钞票，力行蓄备劳动力，故称“杨力行”。现杨家宅主蔡丹婵言：房子是在祖上杨雪香手上兴建的，早先又做盐巴生意又开力行（私家力行）。估计在同治年间川盐兴盛、龚滩转口时，杨家因经营盐业发迹方才建此宅，并以底层作为盐仓，仓门外有相当精致的石梯下码头，于此形成一处局部设计非常优美、完善的空间组合，是龚滩民居最精湛之处。宣统元年（1909年）乌江大水淹及街面2层之下30多厘米，杨力行上游偏房若无“石鼻子”以牵藤缠护固死，恐已被洪水冲走。今之杨力行仍展示出傲然挺立的风姿，主宅3层与上下偏房错位的造型，使其成为古镇一处独特的人文景点。分台构筑的石砌堡坎与道路结合，风火山墙的高大严实，“三宅错位”带来的空间变化是其突出特征。同时它又形成古镇下段民居组团的核心空间。与杨力行类似者，还有傍岩一面冉

龚滩上场口唯一过河码头是与贵州保持联系最近捷之道，又是去行政中心酉阳县城老路出口，同是古往今来黔东、东北出黔境，进四川，到全国的航道。行人比货物重要，即文化应视为头等大事。场镇给人印象如何，此等同于脸面。江河之岸城镇，素重水口，水口必选上游方，此亦不过求个钱财富贵，但并不能取代文化。唯文昌阁建于端点方显风尚，要害在以此祈“发科甲”，进而“优则仕”。如此又有钱财又当官，正表达了农业时代场镇人心趋向，理同普遍城镇建立的文笔塔、文峰塔之类，核心在一个“文”字。因此，上场口建筑组团以精神建筑为主，既表达了众人理想，又有文化气氛。行人于此，便有些肃然起敬了。余下自然涉及选址、建筑风格、各建筑之间距离等。这些都是全镇人心灵的塑造而已。不同的是这里是土家族及船工为数众多之地，以他们为主创造了乌江文化，故三抚庙、上王爷庙于此为主体，亦就成了上场口空间点题之作。

乌江 贵州 三抚庙 上王爷庙 文昌阁遗址 李氏贞节牌坊 计生站 油库 渡 人 A

/\ 以上场口三抚庙、上王爷庙为中心的空间形态

/\ 上码头岩口与上王爷庙两岸地形景况

/\\ 三抚庙与上王爷庙（已毁，前有黄桷树）空间概况

家院子等民居。

古镇公共建筑在全盛时亦“九宫八庙”齐全，有上、下王爷庙，三抚庙，天子殿，禹王宫，镇滩寺，玄天宫，红庙子（陕西会馆），武庙，川主庙，观音阁，董家祠堂，文昌阁等。现仅存三抚庙、红庙子、川主庙、董家祠堂。这些建筑与川渝的同类建筑在平面布局与空间组合上大同小异。进门为门洞，顶上为戏楼，左右为厢房，上为主殿。若建在坡地上，则主殿高于下层戏楼。厢房有楼、有栏，以便人们聚会时看戏，同时又显示出主殿的神圣。值得一提的是三抚庙，它是目前离传统汉族区域最近的一座尚存的土家族祠庙。“三抚”指朝廷下旨对酉阳冉姓、秀山杨姓、思南田姓三大土家族头人进行安抚加封宣慰，三抚庙即为此而建立的纪念性庙宇。《酉阳州志·风水志》记载：“田氏之先，为九江、大江、小江酋首，故曰土王，王最灵，春秋二祀，虽田氏子孙主之，土人无不毕集。”酉阳中部、西部多建三抚庙，湖北咸丰、来凤一带多建三抚宫，但供覃、田、向三宗神。湘西永顺、保靖一带则供彭、田、向三宗，叫

/I\ 上码头街段民居之一

/I\ 上码头街段民居之二

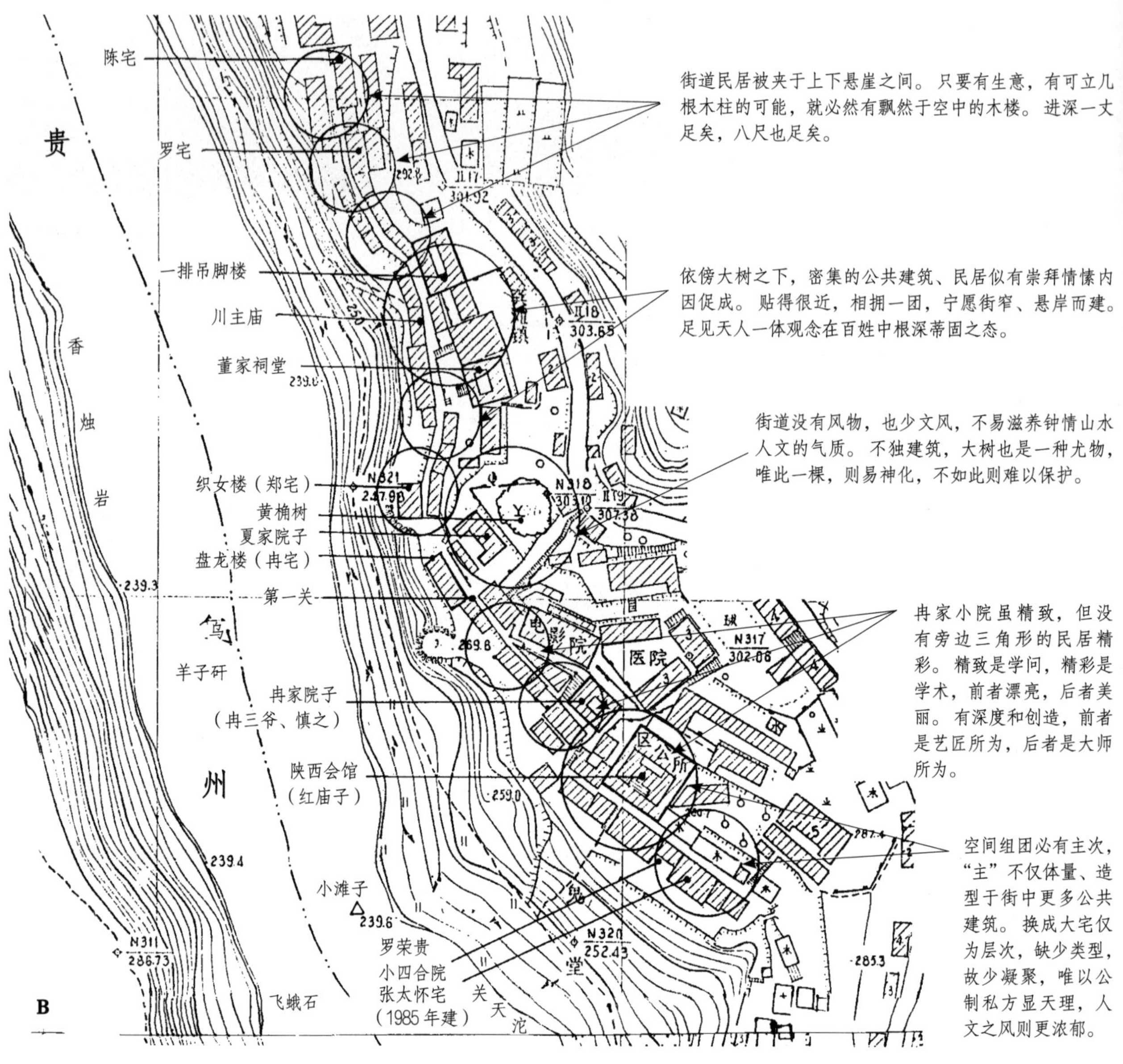

⁄⑪ 以黄桷树、红庙子、川主庙为中心的上街建筑组团

“土王庙”，秀山地区有的又称“土主庙”。今龚滩三抚庙和王爷庙紧邻。三抚庙为合院格局，全木结构，开间较小，做工粗放，用材粗大，弥漫着一股强烈的民间乡土气息，和汉式祠庙尤为不同。

龚滩建筑之美，可从整体到局部组合，再从单体到细部、宏观与微观两方面去把握。地处峡谷的古镇，东西高山对峙。你从上游渡口过河，沿河岸漫步下行，对岸干栏组团、层层叠叠的屋面便尽收眼底。你可以欣赏到局部组团的气势。若行至蛮王洞，经“惊涛拍岸”石刻爬陡岩上山约数十米，古镇整体形

/⑊ 远眺以红庙子为中心的建筑组团

/⑊ 黄桷树下绿丛中露出江岸的织女楼

/⑊ 董家祠堂、川主庙前街道

/⑊ 川主庙戏楼

态则尽收眼底。断断续续 1.5 千米长的屋面，如巨龙游弋。若要欣赏单体建筑、街道景观，则非流连古镇内部不可了。这里街道时开时合，时有屋，时有树，时有流水，时而半边街，这就在道路平面上极大地丰富了人的空间视觉感受。如果 1.5 千米的街两旁高屋耸立，则必成深街黑巷。这里恰处处有开敞段与乌江疏通，以此接纳光线，或开梯下河，或植树绿化，或给路人驻足处以窥江面、顾左右，或者仰首观察坡上巷道人家动态。因此，窄街虽狭但并不使人感觉局促、孤立，反使人感到处处受制于整体，又处处获得空间段落的自由，还不断接收到全镇局部发来的信息。这就和平直一条街一眼望到底的空间趣味大相径庭了。街道狭窄，一上一下，左拐右转，尺度短促，又迫使两旁建筑在立体形态构图上做到饱满和丰润，细致而精到。这种局部空间的丰富和开敞段空间的

/ 红庙子与干栏民居亲和关系

/ 以红庙子为中心的建筑组团

龚滩长1.5公里，又因江中巨石礁中分成上、下码头，码头又影响街道，分成上、下街道段。各街段必然又有建筑组团以大型建筑为核心形成空间高潮。高潮若囿于地形限制，再可分主次。主次如何分？恰有一棵大黄桷树介于陕西会馆和川主庙之间。此真可谓历史、文化、经济、社会的全真平面图，故言内因制约空间，实在确切。清代陕西人占川盐产销很大份额，各地陕人会馆周围都傍依若干民居者，皆多与其有关系，"套近乎"亦近水楼台，自然生意、运输好做得多。因而形成建筑组团。那冉家院子修得最好，恰如"陕买办"，带领一群一般生意人围绕着公馆的头人，所以其他民居多平淡。但毕竟此为川中边远之地，土著川人势力仍显强大，终因经济势力在陕人之下，虽拥有人势，但无财势，不过人势也逞强，便在另一旁依大树作界，与董家祠堂一起，以川主庙为主体形成另一中心。不过组团较小，比起前者略小为次，也就在上街出现主、次中心之分。妙在两组团之间有织女楼、夏家院子、盘龙楼三民居优美建筑衔接，个中各有传说再加空间独特，最后荫庇于黄桷树下，于是感到又在两组团之间形成柔性的"文化节点"，又恰如建筑高潮中的一个情节。

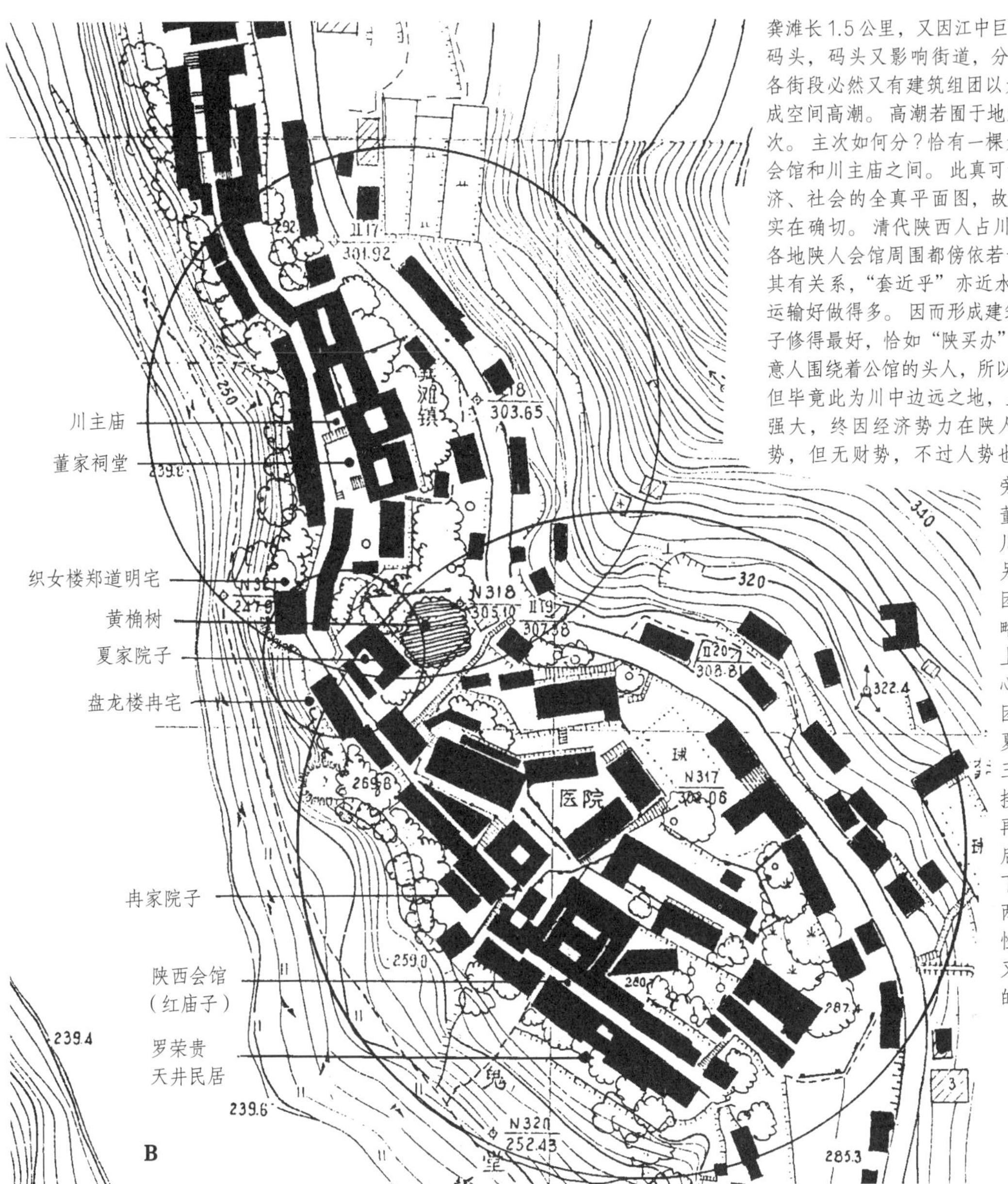

上街段空间形态分析

临江一列民居中唯一天井做法之罗荣贵宅

远眺红庙子

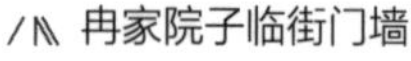
冉家院子临街门墙

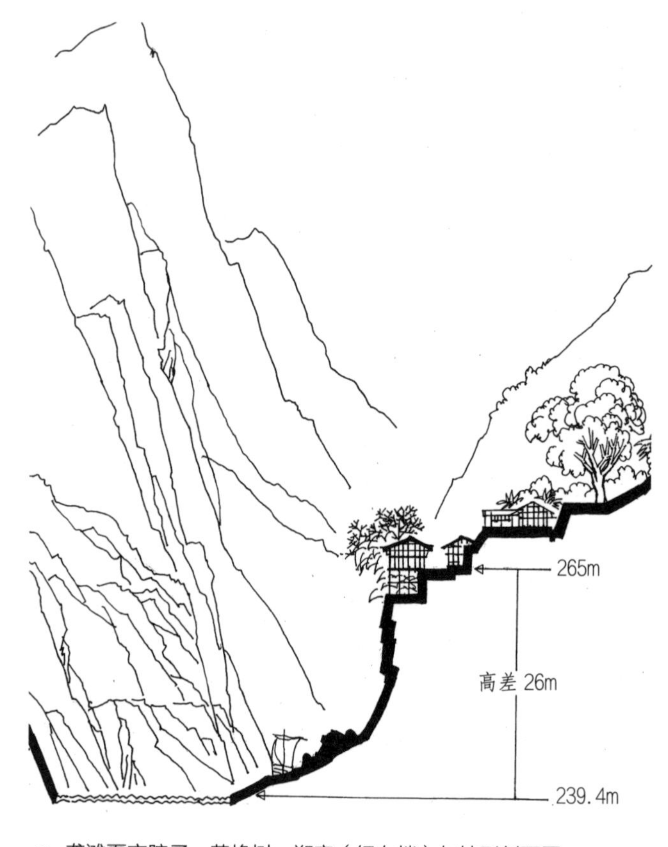

龚滩夏家院子、黄桷树、郑宅（织女楼）与地形剖面图

交替，彻底消除了窄街狭巷带给人的沉闷抑郁之感。有时倒还让人觉得应多几段封闭街道以暂时消化、回味刚才的美景，以待享受豁然开朗的又一空间景观，方才过瘾。这种富于节奏的，利用建筑封闭、半封闭、开敞形态的交替空间结构，首先依赖于街道平面结构的多变关系。平面之谓，不仅是水平状态的绝对平面，它还指以斜面、梯面、曲面组合成的很难用理论或方程式来描绘的变形平面。这就产生了高低错落、跌宕有加的立体面。

若再审视街道整体与局部，上中段之间坡脊上的黄桷树无形中把长街分成两大段。巴蜀城镇自古讲究以形胜治城，讲究街道格局中的风水意义。其中对景、底景术最为普遍，或山或岩，或巨石大树，总要以一险要风物作为联系城镇人心

/\ 第一关栅子门

/\ 董家祠堂、以川主庙为中心的建筑组团与黄桷树的关系

/\ 盘龙楼干栏柱网景观（后上为夏家院子）

之“焦点”，即所谓标志物。龚滩黄桷树，形大体美，枝叶繁茂，不仅成为古镇人的偶像，亦成为上中段街道的心理与空间界线。它无形中影响了街道分区，以及建筑的布局、形式、朝向。据说有人锯断树枝做成菜板私用，镇人极表愤然。可见其在小镇人心中的地位及当地人以树为偶像的天人观。同时，这也是当地人保护自然环境的一种方式。尤其大树稀少之地，人们往往崇拜这样的大树。乌江两岸巨树多有红布挂枝，表现了人们的祭祀，表明其深层心理有对自然的热爱，对家乡的热爱，对水土保持不良带来的后果的恐惧。所以，古镇川主庙、董家祠堂、红庙子、关帝庙等显要建筑皆环护其旁，可见其与树的关系。

综上，龚滩古镇沿江的空间布局，有不失和江流谐构的气魄。古镇不龟缩于

/ 盘龙楼多层干栏式做法

/ 织女楼（郑宅）后、侧面

/ 某些街段空敞处暴露出来的山花面干栏分层

/ 川主庙前街道空间景观（檐缝间能见黄桷树）

/⺀ 川主庙、董家祠堂、织女楼临江面与环境景观

/⺀ 董家祠堂实为天井民居做法

/⺀ 董家祠堂、川主庙另一角度透视图

/⺀ 邓家岩乱石堆民居景观

下王爷庙遗址

转角店

天子殿、禹王宫、镇滩寺遗址

江

椅子石

王爷石

邓家岩临江吊脚楼

邓家岩

贵

罗子南宅

火烧坝子（1969 年 10 月 9 日烧毁房 400 米）

老龚滩

州

桥重桥

派出所

供销社

铁工厂

街

龚滩

现派出所所在地为原禹王宫等三大公共建筑所在地，明显占尽选址于坡地凸出地形的优势，不仅地质可靠，亦突出了神圣，同时带来了以转角店为中心的民居组团空间效应。

从一定意义上讲禹王宫等三大公共建筑亦构成该镇寺庙、祠馆中心，它和民居相辖相成，直接刺激以下街道的发展，带来商业的繁荣。

商机无限必然吸引众多商家于两中心附近开设店铺，于是才敢不择手段，下大成本于基础。此段街道正是当年此状况鲜活的写照，其中亦必然产生优美的空间构作。

火烧街段后，亮出大块空旷地，无意中造成了街道空间虚实、疾徐、松紧、节奏关系。于此段消化前者的实、疾、紧则天成佳境。

似乎又是一个场镇入口的几户民居组合，实则是火烧幸免者。只有龚滩才有这样的偶得，故风貌独特于其他场镇。

C

/\ 以转角店为中心的民居组团

/\ 邓家岩乱石堆民居一侧

/\ 以转角店为中心的民居组团

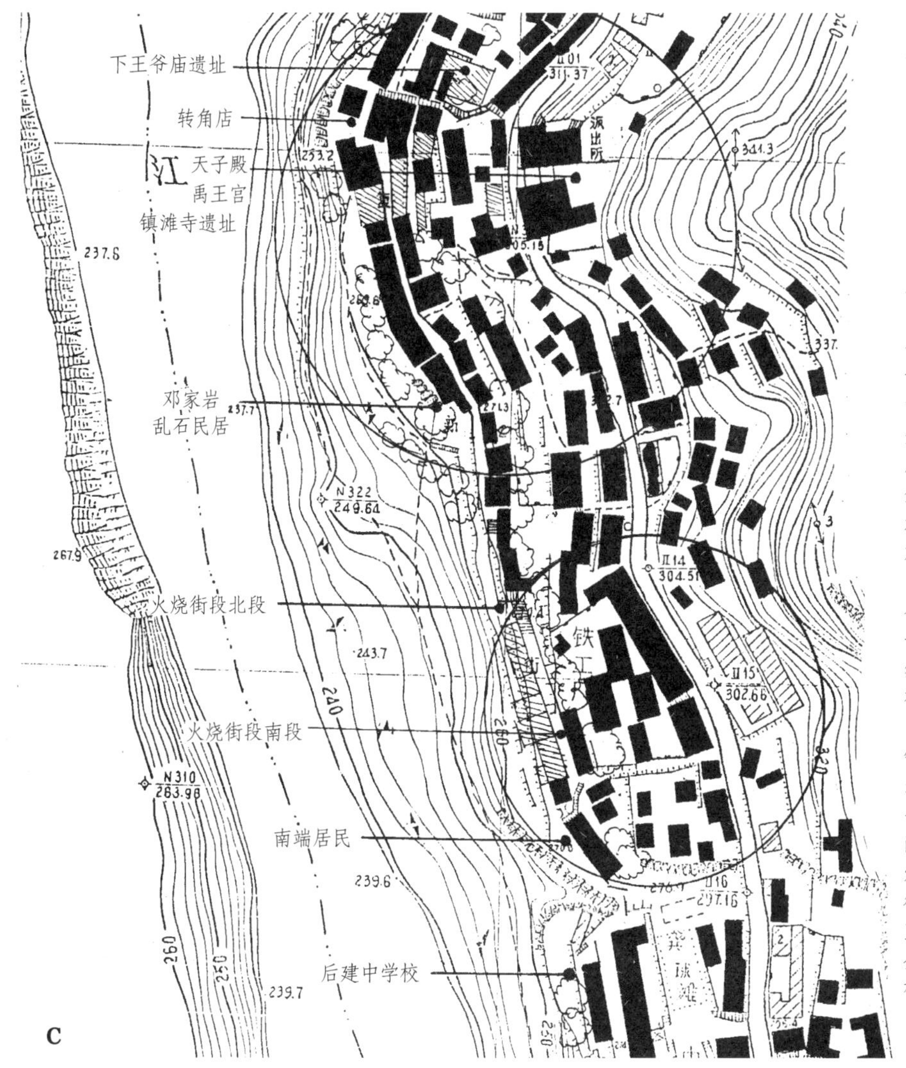

龚滩公共建筑全在傍岩一列，此和三峡沿江城镇如出一辙。一则靠岩傍坡基础稳定，易于砖石结构大型建筑展开。二则地势高于其他民居用地、以示与“人间”不同而显得神圣。但集天子殿、禹王宫、镇滩寺、王爷庙四大公共建筑于一小范围内、尤见此地具有其他地方不可取代之处，正如前述。问题是和下面以转角店为中心的民居组团和合而生人气构成的空间规模，无论谁先谁后，明白展示出三峡沿江城镇宫观寺庙与民居共生现象并由此产生建筑类型及功能的秩序，而秩序则以道路为媒介，十分有机地贯通大街小巷。实则形成以道路为载体的人文肌理。加之组团位置居于上、下街段之间，深层之趣，大有与上、下街各中心争夺商机之势。街道过长，以上、下码头各为据点，必然出现两者之间真空地，于是便有人乘机而入了。

以木构建筑体系为主的三峡城镇，多多少少都有火灾历史。悲诚可悲，但它和龚滩水毁房屋一样，在街道建筑中不时留下空敞空白。此倒成全了建筑文化爱好者时时都想窥探山花墙面的欲望，实则印证了距离产生美的至理名言。若不如此，1.5 公里全封闭窄街黑道，那将是何等的郁闷和无聊！

/ⅩⅢ 以转角店为中心的民居组团形态分析

江岸的隐蔽之处，而是面迎大江激流，傲然立于陡坡江岸，体现了劳动人民对自然既依附又改造，既顺应自然进行空间拓展，又对自然进行完善。与西方动辄“征服”，以主观动机彻底改造客观环境相比，这是一种截然不同的哲学观。

最后，当以龚滩为中心的自然、人文的宏大场面展开时，人们渐渐意识到，龚滩之成绝非仅巨礁阻塞江心导致明以来货物在此承转而衍成繁荣，而是此处的战略地位及由此形成的自然、人文圈令人不得不重新审视它的存在。首先，在乌江流域文明体系中，龚滩正处于中游节点上，亦正是四川盆地与贵州高原交界之处。沿河上溯进入贵州高原，地势开阔起来，顺流而下仅 10 多千米，则首见鹿角宽谷进入四川，之前则总在川黔两省边界的峡谷中流动。历史上之所以有洪渡与龚滩行政归属的反复变更，实因龚滩更有军事价值。由四川进入湘西、鄂西、黔东北或从此三地入四川，必须经过龚滩；解放战争时期，国共两军都很重视龚滩，可见其战略地位。占领龚滩直下涪陵，重庆就遥遥在望了。龚滩两山对峙的奇险地形又加强了它的战略地位，所以蜀汉时期于险境中设县，首要不是农业，而是军事。加之其处于乌江航运的交通命脉上，又巧在明万历元年（1573年）东岸巨石塞江，人货转运滞留，使其繁荣至今。千年以来，以其为中心孕育出的特殊文化圈，加之“钱龚滩，货龙潭”的经济支持，于是我们看到了文化在这里的昌盛。

文化之说，首先此地为汉、土、苗三族文化交流与分界地区，明显的是上游7.5千米处的两岸各有一寨，东岸秀水为苗寨，西岸鲤鱼池为土家族寨。土家族属印江县辖，建筑为纯粹土家族干栏做法，龚滩以下再没有土、苗两族村寨。再有龚滩街上，上游段多土家族大姓冉姓，特有的土家族祠庙三抚庙也建在此段。下游段则多罗姓，罗姓虽不可言全是汉族，但冉姓中汉族就罕见。罕见者还有一个镇中建两座王爷庙，笔者也怀疑紧靠三抚庙的上王爷庙为土家族船帮所建，下王爷庙为以汉族人为主的船帮所建。唯民族分野才有此信仰明晰的做法，哪怕祭奉的都是龙王、河神。当然，一镇两族和睦共处为主调，加之土家族民族文化已经长期汉化，特点不甚鲜明，所以须放大来看此地区多民族文化交融现象。

如果再从建筑角度看龚滩以上的乌江两岸，土家族文化影响上游甚于影响下游。以距龚滩10千米处之上游东岸清泉场为例，老街长1千米，《龚滩镇志》言，“全系青石板铺就，油光可鉴”，街道起起伏伏，“上三步，下三步”，“狭长街道两侧，木质吊脚楼飞檐翘角，土家族民居风味甚浓”。原老街北有乡人“饶百万”修建的“乌江第一牌坊”，楹联上书：“机杼辛劳柏舟之苦，龙章国宠鹤算年长。”犹可见当时此场镇织土布、驾柏木船（川东过去多称木船为柏木船）者为数众多。更绝者为北端龙凼河上的伸臂式廊桥，高架于乌江汇合的峡谷出口处，建于清同治辛未十月，算来已有130年历史。桥宽约4米、跨度40米、高3.6米，桥面距河面约36米，高悬于山涧岩畔，极为壮观，是土家族擅建廊桥的桥文化典型构作。它和一江之隔的黔东北众多造型奇巧的土家廊桥如出一

/⑊ 鸟瞰转角店临陡峭江岸民居组团

/⑊ 由转角店上行之道路

/⑊ 转角店一带与环境的关系

/⑊ 火烧街段遗留之南段

/⑊ 火烧街段遗留之北段

/⑊ 火烧街段南端之民居

街后坡地上民居

路旁小构之一

路旁小构之二

充满生活情调的转角店一带临江民居

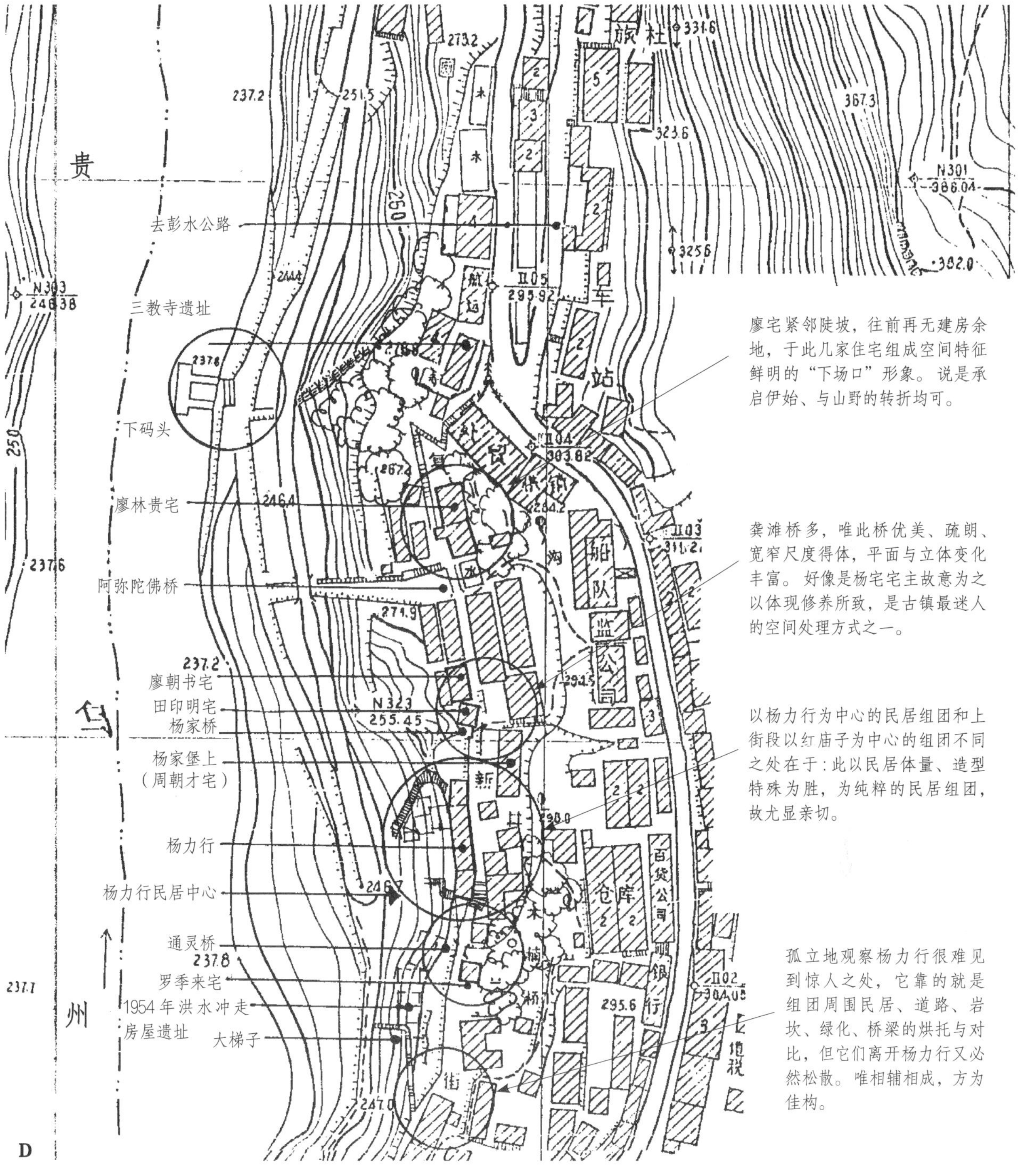

/\ 以杨力行为中心的下街民居组团

辙，理应是土家族建筑文化在乌江沿岸的延伸，同时也是川东南土家族建筑文化在边缘地区的展示。除了清泉，在龚滩周围还有罾潭、两征、沿岩、洪渡等乡场，一起构成文化影响范围，形成一方自然人文圈。不少地方借鉴学习龚滩文化，适成中心场镇的文化特殊地位。如原三层六角攒尖式文昌阁，“其设计之精巧，阁形之奇妙，木质之坚实茁壮，穿斗之烦琐缜密，六角拌爪飞龙之精工细琢”竟引来湘、鄂、黔各地匠工在此测绘、仿造，仿造建筑达10余处。自然，匠作对本地区建筑技艺，尤其是木构技艺的提高，也是有积极影响的。这也是龚滩干栏木构大、小木作辉煌一方、相辅相成的重要原因。

几个问题

龚滩选址

无论是从龚滩于蜀汉时期初建场镇或以后的发展来看，还是从现存整体格局来看，古人选址均带有强烈的风水意识。

乌江自贵州沿河县黑獭村起，就进入与四川酉阳交界的高山峡谷区域，至彭水县鹿角乡辖境内。川黔两省边界均以乌江江面中线为界，长60多千米。在这一江段地区内又有两条重要的支流，四川的唐昌河（又叫唐岩河、阿蓬江）与贵州的洪渡河流入乌江。两河与乌江交汇口相距不过七八千米。龚滩选址就在两交汇口之间距离唐昌河口1千米多的地方。

众所周知，人类文明起源于江河流域之地，水和土地是人类生存的根本，加上航运，就可将生存推向较高级的发展阶段。而人们生存最初交流的空间形式，初为聚落，进而为场镇。一旦有航运，便有更先进的文明传入，聚落与场镇又将成为接受这种文明的载体。龚滩自古处于传统汉文化地区的边缘，虽历史上为土家族文化领域之地，如明代为酉阳宣抚司辖，又与沿河祐溪相邻，但作为航运、军事、农商重镇，历代汉人大量进入自是必然之事。

但值得讨论的问题是，何以其选址既不在60多千米长的江岸的其他地方，又不在根据风水要求，于江岸选址必求两水交汇的三角形地块上？不

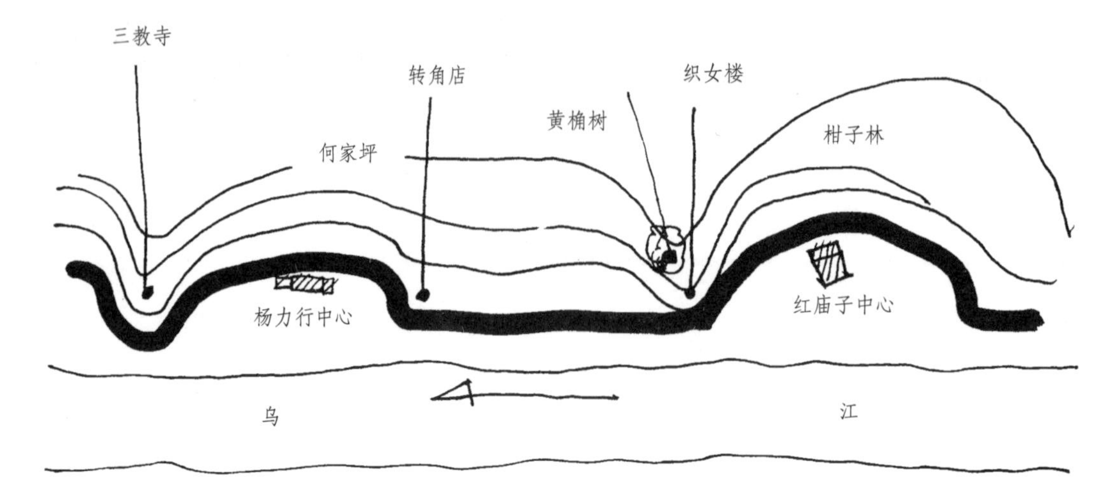

/ 龚滩街道“弓”字形意会图示

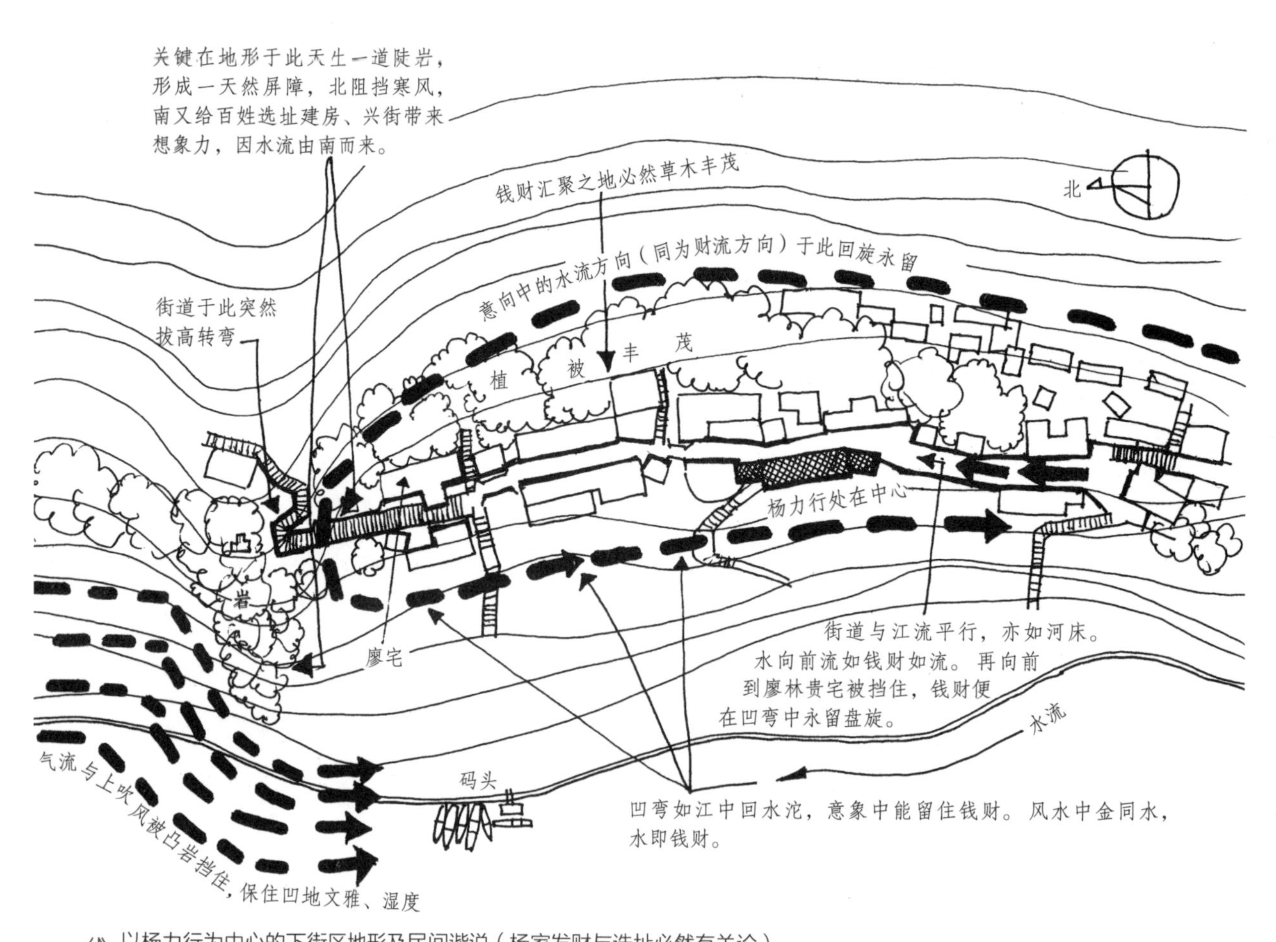

/ 以杨力行为中心的下街区地形及民间谐说（杨家发财与选址必然有关论）

/\ 鸟瞰以杨力行为中心的民居组团风貌，南开敞段为宣统元年（1909 年）洪水所冲毁房屋的遗址

/\ 杨力行鸟瞰

/\ 下场口廖林贵宅鸟瞰

在乌江与唐昌河交汇口岸上选址，而非要选今址之地不可，显然，答案必在今址特定的地形与环境中。龚滩坐落之地点，整体有如“弓”字形：一是在柑子林山下；二是在何家坪左侧山下，各形成一凹进去的山弯地形，两弯相连与乌江平行，呈南北走向，而山弯凸出部分的三教寺坡、黄桷树坡恰是两座高山向江边延长突出部分，无形中造成地形凹陷进去，又可挡住顺上游而吹的北风。这种地形正是历来城镇选址求之不得的风水宝地地形。问题是历来并无连续两道山弯以供城镇选址的奇异说法，所以，估计龚滩最早形成聚落或市镇之地应在上游方柑子林山下，即今以红庙子为中心的山弯内。还有一个原因是，唯有此地江岸可渡船过去，形成两岸码头，以联系贵州。今下街江边历来是无过江船只的，原因是对岸太陡，江水太急。无码头就无人流，就不会形成房屋。再则，明以前此处无急滩，上水船可直航上码头，用不着在今下码头停靠，所以

/ 杨家桥旁山野味浓郁的周朝才民居侧面

今下码头建于明初岩崩江中成滩时。另外，红庙子山弯内位置距历来行政中心酉阳更近，且距唐昌河与乌江交汇口也更近，就是把交汇口水流作为意象中风水之地的“金带缠腰”地形也比下码头来得近些。

当然，作为“水口”的乌江上游方亦有“金同水”的风水意象，所以整个红庙子前街道开口是呈垂直状朝着水口的。然而，“金水”必在街中盘留而不可前进后直出让财气流走。故街道又在冉家院子发生转折，转折内回旋之处“定聚大财”。这才有了做盐生意发财的陕西人会馆红庙子的兴建，又再有了财主冉家院子的产生。其他民居纷纷围绕红庙子而建，亦力图沾点儿财气。于是在以红庙子为中心的山弯内形成封建时代三峡场镇普遍的完整街道格局和形态，也才有不多的天井小院产生。故龚滩不独有特殊之处，亦有一般之处。

当然，还有以下更长的街道和以杨力行为中心的山弯民居组团，但在时间上要晚一些。转折点当以明万历元年（1573 年）东岸岩崩阻塞航道起，这也是刺激下街段建筑空间发展的根源。至于之前下街段是否已成街市，一是有可能断断续续有人家居住，有路无街；二是有街无市，只有幺店聚落与上街相连，

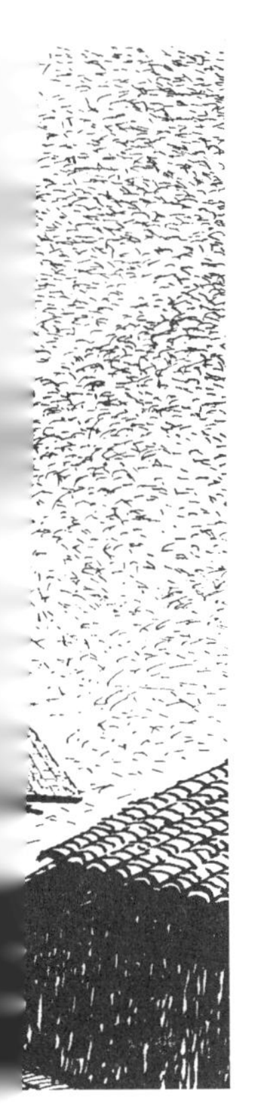

周朝才宅屋侧小景

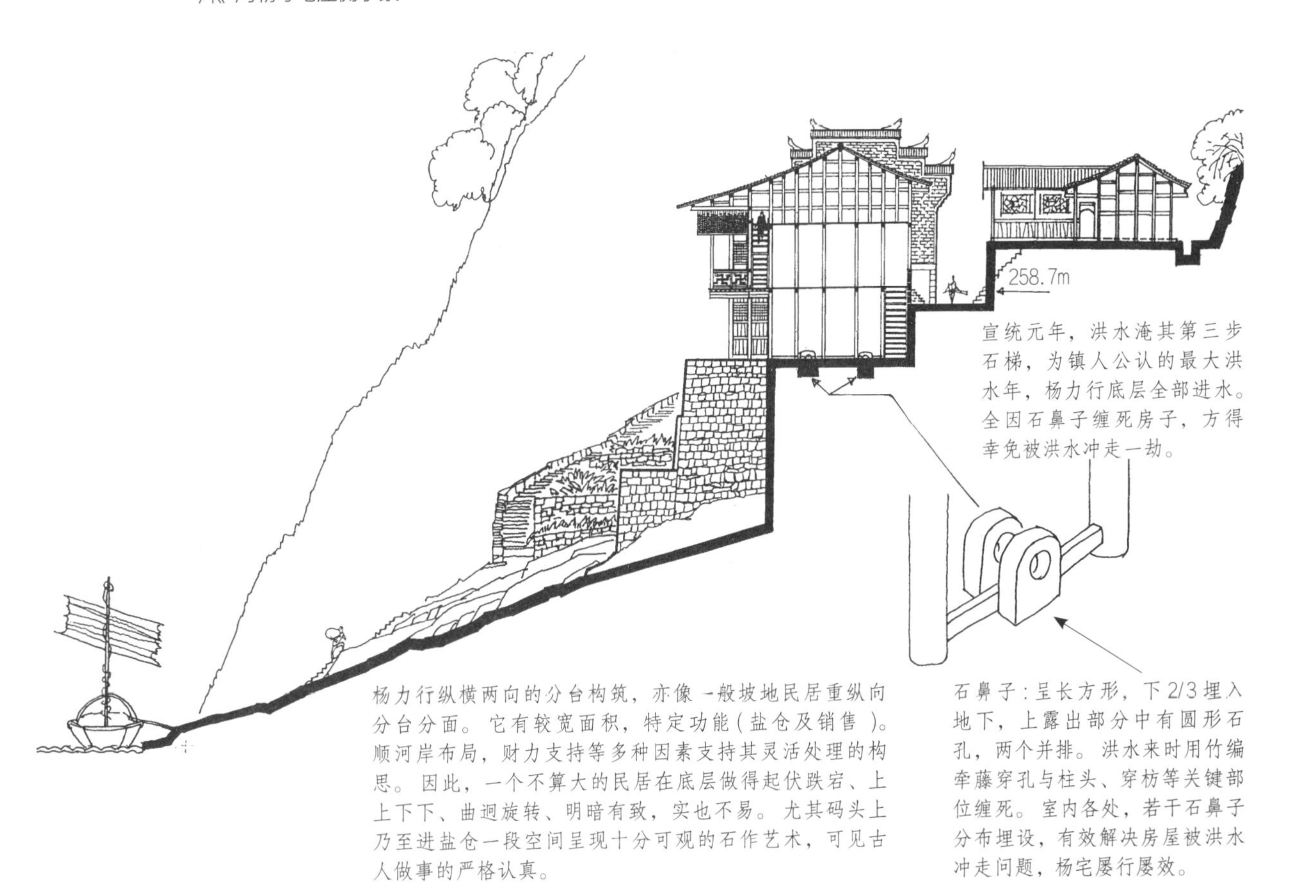

宣统元年，洪水淹其第三步石梯，为镇人公认的最大洪水年，杨力行底层全部进水。全因石鼻子缠死房子，方得幸免被洪水冲走一劫。

杨力行纵横两向的分台构筑，亦像一般坡地民居重纵向分台分面。它有较宽面积，特定功能（盐仓及销售）。顺河岸布局，财力支持等多种因素支持其灵活处理的构思。因此，一个不算大的民居在底层做得起伏跌宕、上上下下、曲迴旋转、明暗有致，实也不易。尤其码头上乃至进盐仓一段空间呈现十分可观的石作艺术，可见古人做事的严格认真。

石鼻子：呈长方形，下 2/3 埋入地下，上露出部分中有圆形石孔，两个并排。洪水来时用竹编牵藤穿孔与柱头、穿枋等关键部位缠死。室内各处，若干石鼻子分布埋设，有效解决房屋被洪水冲走问题，杨宅屡行屡效。

杨力行及码头坡段剖面图

/⑅ 杨力行南侧偏屋

/⑅ 投巨资于堡坎的杨力行临江各面

因只有现街道作为去向彭水县的老路，别无选择；三是已有街市，店铺商号俱存，笔者窃以为这种可能性较小。理由是明以前要想在僻远穷乡形成1.5千米的市镇，需要相当的经济基础。也就是说，就是到清代又迎来两次“川盐济楚”人货流量高潮，若不是航运阻塞造成人货在龚滩滞留转运，龚滩亦只不过是一般小场镇而已。

不管什么情况，龚滩以杨力行为中心的民居组团地形是与生俱来的，其形成聚合形态在风水意义上与红庙子山弯有同样的地形条件，故才有连续两个山弯构成“弓”字形地形特点。加之龚滩之名在明以前就有，也就是说巨石塞江之前龚滩已是急滩。以罗家岩东西向山体走向判断，滩口之位正是其延长江中部分，后岩崩不过加剧这一险况而已。综上讨论，笔者认为龚滩有可能一音二意，即龚滩同有弓滩的含义。

天井民居

把龚滩场镇民居和长江沿岸场镇民居做对比，发现有一种特殊现象：同一历史时期建造的民居中，长江沿岸场镇民居，无论是街道两旁临江一列或靠山一列，还是场镇旁单体或附近农舍，均多合院式，即有天井。而龚滩场镇民居中却罕见此空间现象。经查，龚滩场镇上除公共建筑均有天井外，仅冉家院子、罗荣贵宅为有天井之民居。

为什么会出现这种现象？我们不得不从地域文化的宏观方面先做些剖析。

正如前述，龚滩处于汉族、土家族居住区域的交界处。若以此作为一个文化交融点，往西向贵州沿河、道真县，甚至再到务川、正安县广大黔北地区，

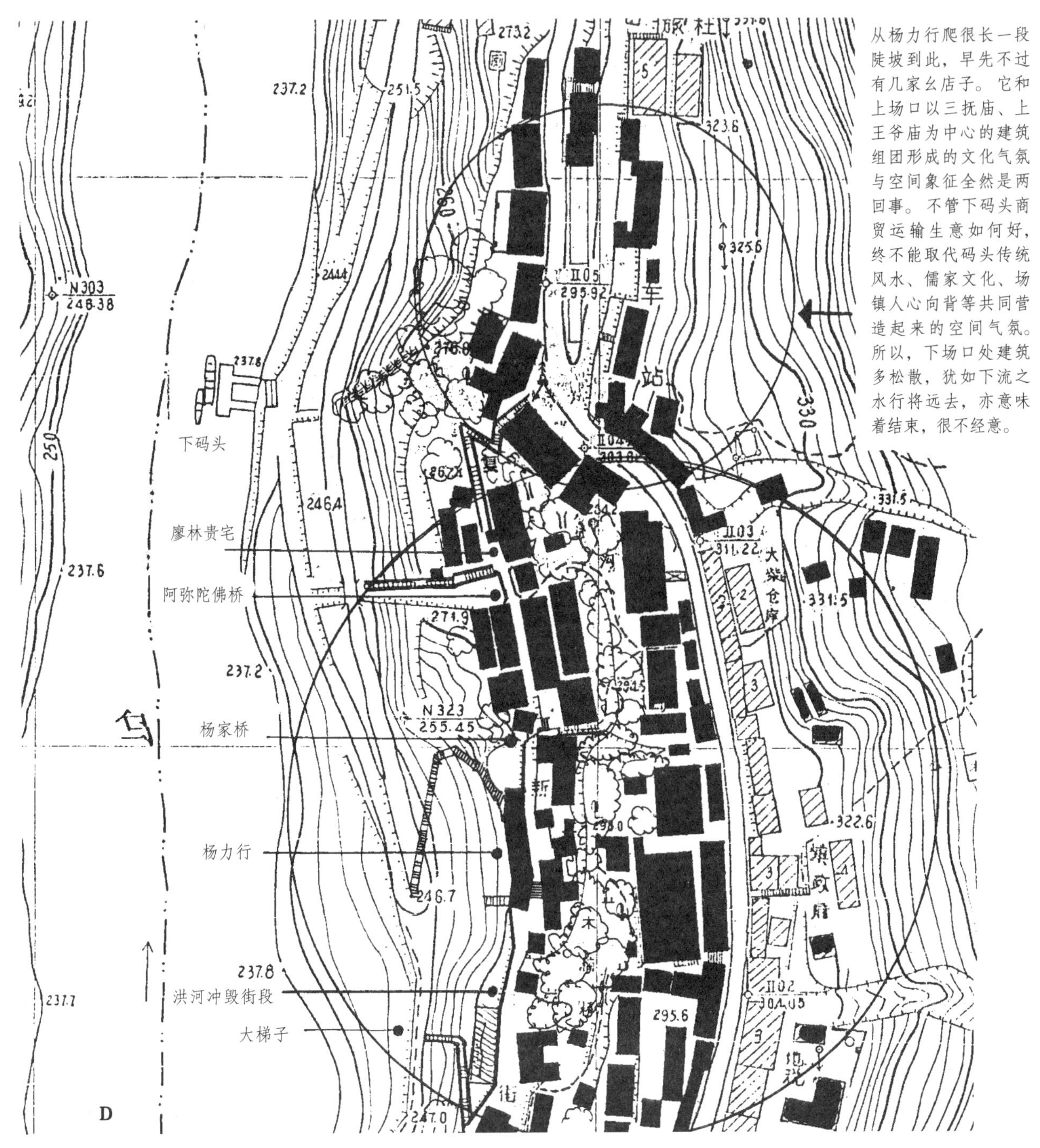

从杨力行爬很长一段陡坡到此，早先不过有几家幺店子。它和上场口以三抚庙、上王爷庙为中心的建筑组团形成的文化气氛与空间象征全然是两回事。不管下码头商贸运输生意如何好，终不能取代码头传统风水、儒家文化、场镇人心向背等共同营造起来的空间气氛。所以，下场口处建筑多松散，犹如下流之水行将远去，亦意味着结束，很不经意。

以杨力行为中心的下街民居组团形态

从码头到街面，大量的进出人货流量必然促使以石梯、堡坎为特色的地景出现。地景不以好看否为定夺，全为功能而来，阴差阳错而成美妙景观，适成石作艺术。建筑组团必有一中心使石作围绕其旋转。杨力行靠近码头，为的是搬运、仓储方便。于是石作延伸、扩散到周围饭店、客栈。建筑组团的结构因而形成，并构成与其他街段、组团相对独立的片区，蔚成颇具人文与自然特色的空间形态。故言杨力行必与码头及周围环境相提并论，也就产生了空间的完整概念。久而久之还可产生相应的物质与精神约定俗成的机制，衍生出充满文化趣味的行政架构，甚至于宫观寺庙也应运而生，形态就往纵深方向发展。此段没有上码头红庙子、川主庙之类，商业气氛比上码头浓郁，但人文气息不浓。不过恰是如此，又展示出一派纯粹的民间风范。

/↖ 仰视杨力行与转角店之间的街段空间概况

/ 周朝才宅与杨力行邻里空间韵味

那里无论场镇和民居，明显与四川盆地内场镇和民居存在较大的经济差异及文化区别。核心是：盆地内以移民为主体的人口状况诉诸会馆、祠堂、寺观等大型公共建筑的场镇或城市，构成一个场镇或城市的基本空间骨架。有能力建造这些公共建筑，必然更有能力建造大型住宅，加之移民中多系重中原文化的江南、华南、陕西籍人，亦必然注重文化在住宅上的反映，即多中轴对称、礼制制度对住宅的完善，而富饶的经济又支持了它的发展。贵州北部及乌江龚滩以上江段两岸，不仅山高民贫，而且历史上，尤其明清以来，基本上无大规模的外省移民进入，因此，其他文化的渗入非常有限。即使有外省移民进入，亦多为避乱的汉人、工匠、宦游者、行医者、商人等，数量不多，如要构成规模化的文化影响，显然缺乏有效的基础和相应的组织共同的文化理想。尤其是农业社会中，盆地内缺少规模化进入的先进的各省移民，亦等于基本上无“正宗”农业文明基础的社会细胞体系。那么，在住宅上能充分体现农业文明、中原特色浓厚的礼制、伦理、主次等宗法秩序的空间完善就无从说起。此亦说明，必是土著文化即土家文化在龚滩地区占有明显优势。

土家族民居并非没有受到中原文化影响，它亦讲中轴对称及因此而产生的空间人伦秩序，但类同于中原文化纵深影响需有的经济、地理、交通、文化基础、民族特质等条件及建筑技术习惯做法。相应地，在对中原文化的吸收和接纳上，土家族山区亦明显比其他地区缓慢。即我们现在看到的多三合院现象，对于下房的封闭很少，因此就少有围合的天井。此还是家庭经济尚好者，更多的则是曲尺形、一字形民居。我们只要沿着一条支流往土家族山区纵深走去，就会发现这种现象很普遍。

即使把这种基本格局搬到场镇中来，亦不过换了地点，遵循一定（街道）规矩，改变它们的一些空间功能，又把它们重新组合在一起。要想立刻使它们处处都有特定的街道民居空间性，显然是不可能的。正如长江三峡沿岸以汉人为主的场镇民居，辛亥革命以前，只要有条件者则顽强地追求天井民居模式，甚至在重庆、成都等大城市，我们也会看到一些乡间合院民居（有的还有草顶）安然立在街衢旁。所以本来历史上土家族文化占优势的龚滩地区，仅有一两家天井民居也就理所当然了。不过，仅有的两户天井民居又受到地形、街道尺度等方面的约束，于是产生了特定环境下街道天井民居因地制宜的特色。比如罗荣贵宅，下房临街三开间格局中，中开大门并仿农村汉区垂花门貌，即川东朝门做法。人由屏门两侧进出，门又呈八字状。进门后，厢房、堂屋、次间全按中轴对称传统做法布局。有趣的是两厢房还加建了一层楼，而堂屋的上房却成平房，如此恰又增加了堂屋的净高。显然，主人是以高度烘托堂屋的神圣。罗宅占地面积不大，却完满地塑造了很有个性的街道天井民居，这在土家族民居占优势的地区，尤其在农村前沿的场镇显得突出，因而特别难得。

多中心格局

不少巴蜀小场小镇仅有一处中心空间，人们亦乐乎其中。龚滩街长1.5千米，经历史积淀形成上以红庙子公共建筑为中心的建筑组团，下以杨力行较大体量民居即私家建筑为中心的民居组团。两中心组团明显不同的是建筑类型的区别：前者包括公私建筑，后者仅包括居住建筑。就是在两中心旁边形成的副中心亦是如此：以红庙子旁川主庙、董家祠堂为中心形成的副中心建筑组团模

/\ 街道景观：窄巷弯弯

/\ 街道景观：相距咫尺

/\ 街道景观：檐牙交错

/\ 街道景观：路回房转

/\ 街道景观：步步高深

/\ 街道景观：天中得“井”

式与以杨力行旁转角店为中心形成的副中心民居组团，都与各自的中心类同。此说明外延的空间现象必有诸多与内核相联系的因素。

（1）街道太长，一个中心不敷使用，于是出现副中心，以供聚散人流、张罗红白喜事甚至大宗货物流通等。在适当的段落、建筑等空间因素背景下，常有人、货集中在那里。如果把这种现象所占用距离以图表示，就会发现人流集中之地的中心和周边的距离都相差不多，有如一块磁铁和磁场的关系。龚滩是一个线形的较长的场镇，又是以上、下码头为端点，人流聚散多在码头。自然，距码头不远的街道必然会聚集人流，密建房屋。

（2）生物种群中，如蜂王、蚁王等以大为王。人同样以体大健壮者为“王”为强。建筑组群同理，体大者周围必有若干小屋依附。仰韶时代的聚落以大房子为中心，土司官寨

/\\ 街道景观：阁楼半边

/ 干栏小构：临风江岸

/ 干栏小构：石砌人家

/ 干栏小构：小楼风姿

/ 干栏小构：一柱万斤

/ 干栏小构：斜撑如戏

/⑊ 干栏小构：爬壁悬出

/⑊ 干栏小构：旁出门栏

/⑊ 干栏小构：底层柱网

/⑊ 干栏小构：镇边人家

/⑊ 干栏小构：临江一角

/⑊ 干栏小构：水风常至

周围必是农奴群屋。村落中总有一两家富裕者之大宅，关键是大建筑所有者必是权财同时拥有者。这种现象与传统市街、集镇的构成同理。

（3）人的步幅犹如一把尺子，他的行走亦如同在丈量道路的长度。生理上支撑这种丈量的“度”，决定着什么地方该暂停、该长歇。同时人们又在权衡着与其他地点的距离关系，往往在相互顾全、取得平衡的基础上产生新的中心。

（4）中心是人流与空间的相互整合，无避开人流自作多情地专营建筑空间之例。

（5）龚滩主、副中心多在上、下码头间人、货川流不息于街中的历史过程中形成。人流是社会的旋律、生存的曲调，中心则是控制节奏、设定“休止符”的地方，当然，一般旋律最后都在高潮处结束。场镇的布局和中心的设置都是按此旋律“舞蹈”的，即场镇中心应设在人流高潮处，而中心建筑物是为最集中的人流服务的。

附：几则日记（1999年3月22日至4月7日）

3月22日　阴

早上8点从重庆朝天门码头乘船，约11点到江北县洛碛镇。果不其然，老码头有牌坊一座。坊额书有“缙云故里”4字，“缙”字已斑驳，不好辨认。有文物家言坊门建于宋代，现存之物早不过晚清。据街上百姓言，“缙云”为一秀才名。

从半圆拱门向外看长江，江轮正从下游往上游慢慢驶过。若换成帆船，则和古坊门景框适成协调一景，动静天成。原门安有栅子。

我们去著名的余家大院民居，那里现为镇政府，问办公室同志，爱答不理遭白眼。我们转问一搞文化的同志，该同志则热情有加，我们不禁深受感动。余家院子为前店后宅式传统合院，前店改造为镇机关宿舍，共六层楼。和搞文化的同志爬上顶层，往下拍院子过厅和正房，感觉宽展平实有余，精致细作不足，平淡似乎多了一点儿。

在洛碛码头看江对岸，有麻柳嘴场，迷蒙中似觉不错。1994年4月，余曾率学生在附近测绘将被淹没的两座古桥，同时还发现一幢民居和一座祠堂。祠堂名田家祠堂，给人印象最深的是戏台前两柱的撑拱。撑拱实为原木，上做镂雕，在解放初期即被石灰包裹，今有脱落，里面色新如初。

下午到长寿。若干次乘船过长寿，都从江面看到老码头群屋叠加、路坎高耸之貌。今漫步老码头，到过街楼下，进一郭姓室内，反复在街道、民居间徘徊，甚感昔日辉煌貌。作完老码头平面图，转而绕老街一圈，无甚收获，匆匆下江乘船去丰都，但观下游北岸约1.5千米处，有

/⿲ 江北县洛碛镇余家大院后宅正房立面

/⿲ 洛碛镇余家大院屋面

一歇山顶小院不错，恐在淹没线下。余留下记号，今后再去此处，说不定又是一处美轮美奂之宅。

3月23日　阴

昨晚被丰都新车站一个体旅栈老板花言巧语骗入房间，房间简陋之况，令人吃惊。之前我们从船码头步行到新车站，四五千米，“累不择店”，自讨苦吃，活该。

昨天下午船过丰都境南岸一乡场时，眼前掠过其码头一组山花墙面，很美。今晨7时，我们乘车过长江大桥追寻，发现此为龙驹场。先下码头看，果然有古典乡土味。拍照后，我们又爬上场镇最高建筑信用社，俯拍码头和场镇的全貌。信用社主任向国志言信用社底层海拔168米，稍后的小学操场海拔180米。言谈间他流露出不忍搬迁之情。现规划场镇只知沿马路两边修房子，办事极不方便，哪里像古老场镇集中成团，一呼百应？确实，龙驹老场“小而精”，街长不过百米，沿一凸出江湾浅丘并顺等高线布局，弯弓形街道中接码头短街，简明中有变化，建筑组

丰富多彩的龙驹场码头

龙驹场码头前滩涂

团恰成方圆，集中且疏朗。作总平面图后，余更感规划朴实巧妙，且极为珍惜用地，很有大手笔味道。个中是否传递着一个信息：任何造化，极为人想，便是大作？

稍后又去上游方南沱场，拍照、徜徉、窥视、端详，画总平面示意图。该场已在拆迁中，有萧条之气，不容人久留。草草在街上来回走一趟又折回丰都县城。

天晴朗起来，热得人脱下衣服一大堆，难民貌是也，便急往县境边远之崇兴场和官圣场。民国《丰都县志》言官圣场为明代老场，林家庙场（崇兴场）“生意繁盛”，因而极想一睹其几百年前风光。崇兴场仅一段数十米长的老街尚存，穿一残破之“尿巷子”后反得一民居苍老墙面。阳光之下，唯其透溢出古韵。而新街全无规划，一条臭水沟被两列“现代”建筑夹于中间。污染已蔓及僻远山乡，危乎悲哉！又去官圣场，百姓言有路无车，说场镇老而风正，附近有一碉楼和现作为学校的大型宅院。但无车而步行，前途茫茫，遗憾之余只有去不在计划中的董家场。董家场临山梁沿等高线布局，街短，不过百多米，但有凉厅檐廊子毗连，进深一丈许。其中有一宅为全木构二层街院，内正办酒席，恰与木构内回廊栏杆、木柱、木壁相映，生出一股古风，似乡土人文之趣中的天人之乐。若不在木构庭院中欢宴，则情调寡淡。夜宿董家场，停电。

我们曾途经一叫作理明（李家寺）的场镇，有一正立面灿然煌煌的祠堂一闪而过，不知是谁家的祠堂。

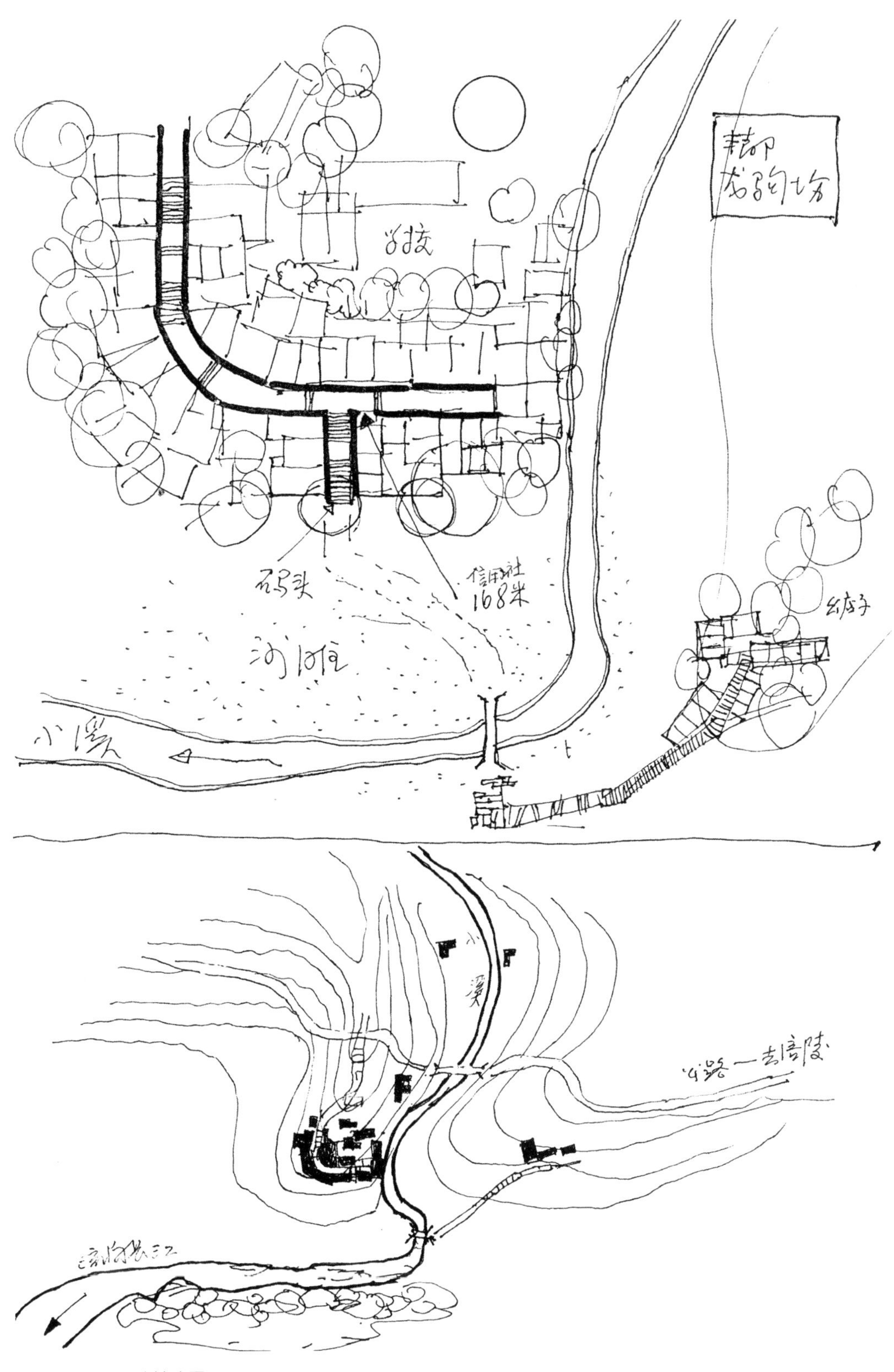

丰都龙驹场选址略图

3月24日　晴

晨6点，我们乘车去忠县拔山镇，途中路旁有被遗弃的女婴，惊得车停人骚动。余心中顿时涌现出一股怜悯之情，不敢深述，唯痛恨其父母的残忍、可恶。

拔山老街上居然有一夯土碉楼，且临街，不像多数场镇碉楼立于宅后。仅见之物也。

/∧ 丰都林家庙场（崇兴场）“尿巷子”外民居

/∧ 丰都董家场檐廊

午坐船由忠县西至洋渡场，该场为此行重点考察之地。洋渡居然如7年前我们前来考察时一样，除新建一石拱桥之外，全无变化，原因是老街全在淹没线下，迟早要淹没江中。此行要考察的是：老镇选址，与洪河场关系，街道总平面，形态特色，几户大宅空间，场镇与江面关系，祠庙、会馆、寺庙的具体数据和位置，场镇之变化等。洋渡古名洋渡溪，以溪流名作为场镇名。老百姓言以溪为界，东为洋渡场，西为洪河场；该溪流同为县界，东为忠县，西为丰都。老百姓并言丰都洪河场比洋渡场热闹云云。二场选址极为邻近，是一个很突出的特点，三峡沿江不乏此类例子。下游方忠县复兴与石柱沿溪之关系同理，估计有两县争夺边境财政之深层原因。川中不少地方亦是此状。

洋渡场正码头原在场西头近洋渡溪畔，在1935年被火烧，后改正码头至今，现正码头上有川主庙。这一改使得王爷庙正对江面和码头石梯，恰中船工对王爷庙的祈盼和崇拜，因为王爷庙是船帮的祠庙。余后问码头一老者，得知王爷庙仅为其中一庙，场镇上还有川主庙、天上宫、张爷庙、文昌宫、八圣宫、上山王庙、下山王庙、财神庙、南华宫、禹王宫、土地庙、牛王庙、观音阁等。尤其是观音阁仿石宝寨爬山楼阁建造，极其辉煌，谓之“九宫十八庙”。另外还有建筑豪华的住宅，如陈一韦中西合璧式封闭庭院。陈外号陈三长，传与军阀陈兰庭关系极深。再下场口有袁八老爷宅、沈纯久宅，街中有古寿文宅，还有酒厂等建筑，均各具特色，使人印象深刻。

为爬上老街中段唯一制高点拍摄全景，因其为银行怕嫌疑，余便搬出老友重庆医大副校长秦大锡关系，言亲密云云。秦为洋渡人，是妇孺皆知的名人。这一来深得银行职员热情鼎助，我们直奔顶楼，垒桌搭凳，翻越女墙，终一睹大江和老镇全貌。感叹间我们速拍数张屋面街道照片。正是夕阳西下时，色彩沉稳浑厚，全然一派古时苍茫境界。

3月25日　阴间晴

石柱县沿溪场与原丰都洪河场恰分置于忠县境内长江的两端，不过沿溪在下游，它与忠县复兴场隔一小河相望。选址位置和洋渡与洪河类似，表现出长江三峡沿江场镇在两县之交的边界上，争取财政、争夺人流的共同特点。

由于南岸滩涂太大，码头距沿溪要步行近一小时，交通甚是不便，窃以为沿溪必然凋敝。果不其然，沿溪街破人稀，加之一丧户正在播放哀乐，此背景音乐强化了古场末日之临界气氛。沿溪场街长不过百米，却建于明代。房屋由崔姓人始建，街道顺小河东岸布局。有北京建工学院一学者考察崔绍合宅，文章发表在《华中建筑》上。该宅亦为三峡民居普通之宅，形貌极为平淡。其后有三圣宫一座（“三圣”为川主李冰、土主冯绲、药王孙思邈，又有刘备、关羽、张飞一说），现为小学。建筑分台构筑，虽形制与川中祠庙大同小异，但空间宽敞、用料气派，由此亦可窥视当年沿溪繁华之貌。

从沿溪下河滩，走很远方才经乱石“跳蹬”过小河，接着猛爬比沿溪场高得多的泥岸，中途歇气三次，层层脱衣服，待入复兴场口，汗已湿透全身，便忙寻一男性老者家换衣。老者有文化且极通文理，言复兴场于光绪年间修建，先名为马场，由沿溪人始建，不过十来户人家；现属忠县，有300多户人家、2000多人。其规模与景象，大大超过沿溪。竞争结果和洋渡与洪河竞争结果相同，终是忠县境内场镇胜，另一方则冷淡萧疏。

所谓冷淡萧疏不一定就是坏事。沿江场镇几乎都兴起于清中前期，在“川盐济楚”时达到兴盛。时过境迁，场镇留下大量空房冷街，恰周围植被葱茏，空寂静谧，污染全无，一派清新。此为老人、儿童居住之佳境。尤其这些地方文化传承、交通、生活、安全等问题解决得好，最适合作为大城市之郊野。

下午去白石场，拍一单体大型民居。该民居为行车中偶见者，今折回拍之，转而又拍白石老场口一石拱桥和桥头民居，这些建筑密合得极为完美。

傍晚漫步忠县临江西山街，民居多为民国年间（尤其是前期）作品。之所以称作品，系指建筑至为完善周密，且明显有时代烙印而又不乏美感。西山街为半边街，临江数十株黄桷树错迭排列。时值初春，嫩叶星星点点，并与岩畔民居相互烘托，与石板路面、石梯相互呵护。民居在起起伏伏的坡地上，人们的视线透过窗户、大门，穿越枝叶而达江面，

/|\ 石柱沿溪场口（三根白柱者为崔绍合宅）

/|\ 忠县复兴下场口

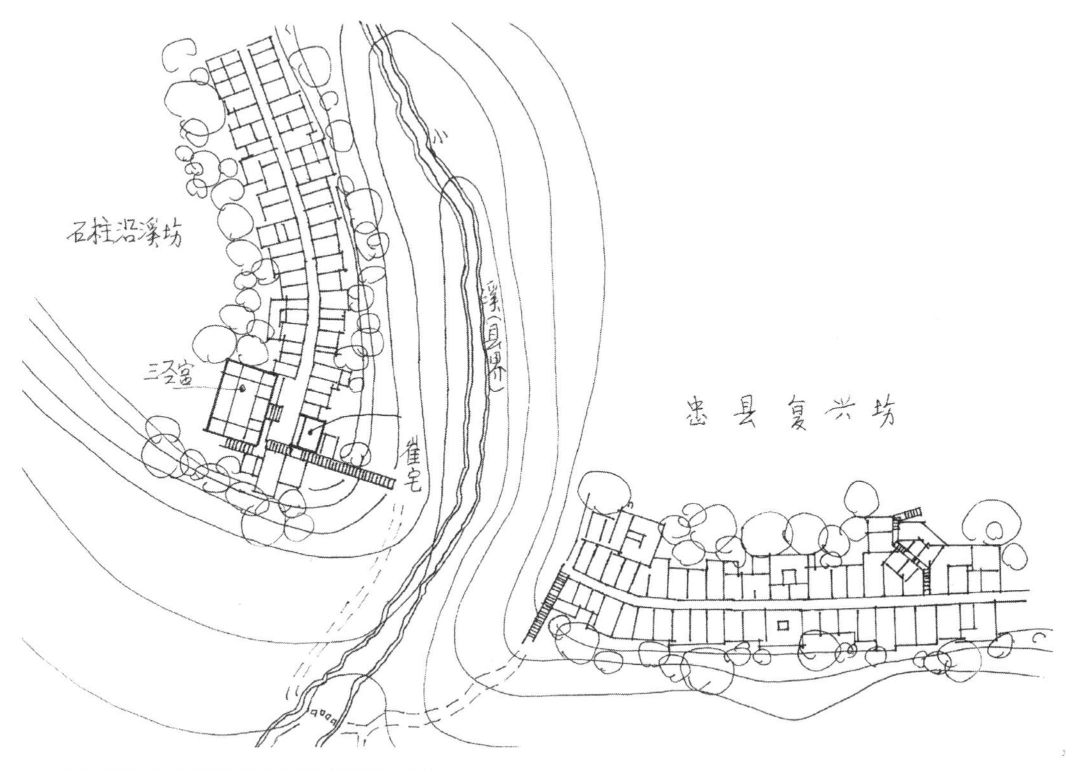

/⺀ 石柱县沿溪场与忠县复兴场两场相峙格局

/⺀ 忠县西山街优美景观

只见现代豪华江轮穿行在枝叶间，动静融合，顿感自然成为过去和现在的协调媒介。

西山街民居多为中西合璧式，但内部处处精湛，尤其讲究大门做法。虽砖拱、石砌、传统木构垂花朝门和合一街，门又大都斜开，还不少各朝一方，看似风水乱套，但又和衷共济，诚为这一时期民居特有现象。此无疑是当时的富人区。中国富人，向来是胆大敢为之人，所谓冒险系数越大，致富聚财越多，反映在民居上则是规矩越少，故西山街民居可称民居大观。不过内部空间仍多遵循中轴对称布局，由此又可见其骨子里传统文化坚稳牢实的一面。即便如此，民居还是各具特色，每家大小、做法、局部、装饰仍花样翻新。但有一个共同点是围护的封闭性都很好，以致不加改造即可作为关押犯人的看守所用。

民国年间是信仰重新组合的动荡年代，各种主义、思想直接影响到作为文化大走廊的长江航道。传统文化、殖民文化、西学中用文化交替激烈上演。物质形态、精神形态，穿越空间与时间而流传至今日者均会留下那个时期的印痕。它代表一个特殊的历史时期，自有典型杂糅其中，保护一些典型应为成熟而有前瞻性的民族的平常行为。彻底摧毁它们，挖地三尺，全部铲倒重来，显然还有顽存机体深处的极“左”思潮的影响。故保护三峡沿江一切有价值的物质形态和精神形态，是每一个公民应尽之责。对成熟而有前瞻性的民族而言，此乃不需大讲特讲的常理。

3月26日　阴

晨6点起床去顺溪场。

顺溪屋面之美出乎意料，完整的深灰色非常纯粹，几无一点新建筑的痕迹。尤其配上3月如网的枯枝和仍浓密的黄桷树枝丫，有疏有密，有深有浅，有墨绿，有深褐，再有远江近岸依稀变化的淡灰，层层消失直到江天一色，更显色彩之美。古镇之宁静不因江轮悠笛而变得现代化，倒是春天里不知名的各种鸟儿在镇后的浓树密竹间欢唱得忘乎所以，使我感到中国建筑和环境造就的天籁之趣。这不是其他国度的新建筑与环境关系所能比拟的，而是一种中国所特有的美学境界，是几千年积淀下

/\\ 江岸一色与老屋大树（顺溪场）

/\\ 顺溪场王爷庙中心和江岸环境

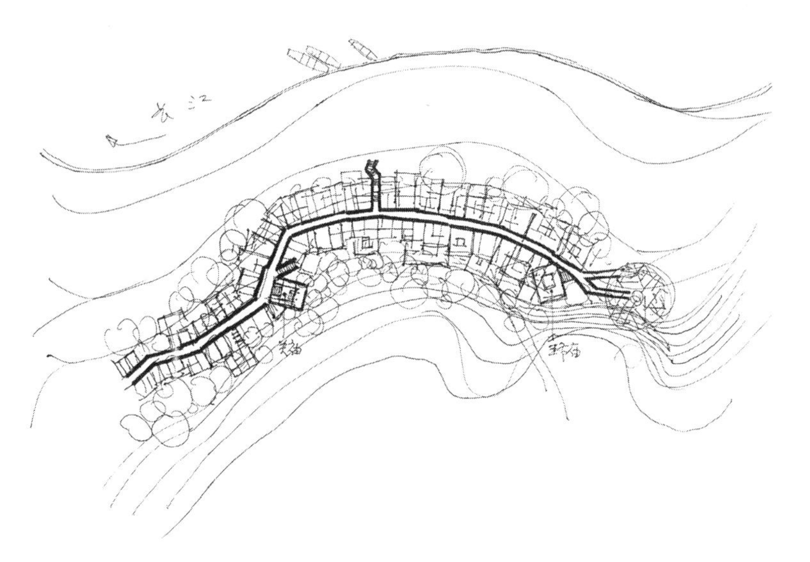

/\\ 忠县顺溪场总平面图手稿

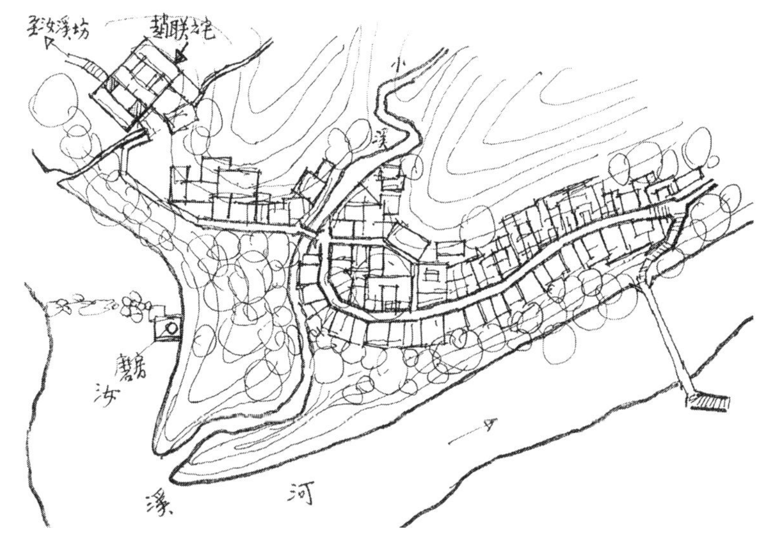

/\\ 忠县涂井场总平面图

来的文化与生态的平衡。当大城市大声疾呼保护环境时，这里的居民却过着与世隔绝般宁静的悠闲生活。花香鸟语，空气清新宜人，虽然不时有笛声提醒你当今的时代，就像艾芜《石青嫂子》中远方汽车的喇叭声一样，但山谷与江流显得更加寂静、遥远。

虽然顺溪老街民居无特别个性，甚至平淡得如老百姓的言谈举止，整体却相互顾盼，相依为命，紧紧相连，组合得生动自然。它不求夸张，慢慢叙事，以整体的内涵（而不是外表）给人以震撼。它来自小镇人共生存共命运的聚合力，隽永悠远，使人久久不能忘怀。

下游方的关庙也是以做法、空间、材料的表现与小镇整体表现殊途同归地展示了这种自然生动的同一性。

关庙即关帝庙，殿堂内塑三国大将关羽像，是忠、诚、信、义的集中展示。对于关羽，在明代广为崇祀的基础上，清雍正时，朝廷下旨追封关羽父祖三代为公爵，命各州府县卫在春秋二季广为祭祀，于是关羽成为消除祸害、辅佑民生的守备武士。这种顶礼膜拜历经各朝，愈演愈烈，以至在全国城邑、僻乡远镇，关帝庙都可谓处处可见。一些山陕会馆将关羽树为最高乡贤圣人，关庙也成为其祠庙的同义词。关羽实则已成为全民共同崇拜的忠义英武之神灵。在四川，由于陕人以产销盐业著称，关羽实又成为他们以地缘、志缘结合的精神领袖。

顺溪关庙外部形貌平平，内部平面空间亦如一般祠庙仪轨，使人感亲切之处在建筑做法上的随意和粗犷。按理，对圣人之居所必然进行一番精雕细刻，以示凡人虔诚之心。殊不知顺溪人“不顺”，对内部木构梁柱檩枋、门壁窗棂的木料几乎忘却深度加工，而是顺其自然状态，直接用到结构框架以至细微装修上，大有“不恭”嫌疑，且不用涂料粉饰，木质本色昭然，这就使得自然的“清水”本色与结构的随弯就曲、材料的自然状态等合为一体，并熔祠内空间于一炉。这反而表现出顺溪人对关圣人毫无虚伪、真诚坦露、直来直去的朴实之感。与全镇民居街道相比，顺溪风格气氛又如此谐和，毫无一丝矫揉造作之气，再加上丰满多姿的绿化烘托，于是出现了一个纯净到极致的长江沿岸小镇。而且这里人才辈出，如四川省规划研究院的总工程师熊世尧，下游不远乡间的作家马识途。据我所知，此二人皆以真心实感、不事雕琢面对人生和世界著称。

我们在小镇背后的山路上拍照片若干，估计有较好画面。

下午去黄金乡马道河榨油房测绘，这是第四次去那里了，用去约4个小时。夜宿石宝寨，写日记并追忆顺溪总平面图。

3月27日　雨

记不清来石宝寨多少次了。晚上总是想起1964年在不远的赶场坝东子大队搞“四清”的日子，全是热情的人、美好的山水，虽然吃得非常糟糕。1992年调查何其芳故居，又顺便去了一次，并拜见了老房东。

到石宝寨场也是由于那里有车去涂井场。涂井的吸引力是那里不断传出考古发掘新闻，其中以三国蜀汉时期的民居明器最为难得。遐想涂井场必然弥漫一种淳厚古风。

细雨纷纷，朦胧间，车行至涂井场对岸高岩上，一团房屋组合紧密、周围老树竹丛环抱的小镇出现在深谷底汝溪河畔。因有一定距离，小镇似笼罩着一层神秘的深蓝色。心中不免暗喜：果然一派古风。目光浏览中更发现小镇上游方有一造型别致的大屋，决定先俯拍若干张照片再说。下泥泞土路，过桥，漫步街上，感觉不如在对面山上鸟瞰时激动人心。何故？是否因为整体与局部出现不统一的地方？往前走！先去造型别致的大屋看看。这就不同了，一看此院落构思就有新意，便立即判断这是我调查的成百上千民居中所没见过的具有独到之处的又一民居新发现。

院落前半部分，公共山道横穿而过，且院落左侧还濒临一座石桥。这就形同街道从家中穿过的格局。而宅主利用这一特点，干脆在街道两

赵宅左侧丰富墙面

涂井场鸟瞰

端各立一歇山顶过街楼，并于前面再建一排五间房子与主宅齐平。这样就把道路围在家中，形同家中有一段街道。何以像街道，宅主用了三法。一是把最具街道空间特点、有街道空间符号意味的过街楼置于主宅前两端。二是加宽道路三四米，并仿街道路面精铺石板，其狭长两头从过街楼下进入且通透彻底，不同于院内天井。三是将围合的前端一排5间房子全作为商店铺面。可想而知，乡间场镇街道精致者不过如此，空间形貌营造亦不过如此。宅主正是利用这些空间特点营造了属于家中的一段街道，其理无非利用行人较多的山路做生意，但于距场镇较远之处做生意，在建筑上应有个讲究。虽然院落本质上仍属川中幺店子建筑，但幺店子一般又过于寒酸，此于大户之宅往往有伤脸面，于是精明的宅主来了一个截一段街道于家中的设计。这样一来确给人不同于幺店子的感觉，外人亦感到宅主很体面、很气派，居然修了一条街于家中，这对于过去的穷乡僻壤来说当是很惹人注意的消息。生意之事宣传手段各异，宅主此举以建筑做广告，精明之处，可见一斑。

宅主赵联云已不在人世。我估计赵宅建于清末民初。除街道外，它实为一进式四合院。宅外左侧有一山溪流向汝溪河。在山溪与住宅间为不规则坡地，被赵家改造，设杂屋一间，前置水池花园。宅主按其朴素理解，欲将之建成山野庄园，而集小桥、流水、花园、过街楼与亭子等多功能空间于一体。此为四川山间对庄园的一种普遍的个性理解，亦是川中庄园的一种特色，是乡土建筑宝贵的实例。

下午返回石宝寨场，急赶码头乘末班船赴万县市，下船后见天色尚早，“打的”到汽车站，于浓暮时到小周场。司机于距场2千米外抛客，我们无奈与一高中生偕行。倒是春雨土路，山色清新，空气可人。夜宿小周场唯一破败客栈。那里电灯电力充足，我便作涂井场、赵联云宅平面、剖面图，又写感想如下：

不是所有的江边小镇都迷人，小周场镇空间明显有财力不足的背景。虽历史上产生了这样的小乡场，但深丘地带沟壑纵横使农业基础薄弱，并影响到场镇建设。其次是文化，若一个地方文化基础差，即使有较好的农业经济做后盾，也难产生优美的场镇建筑。万县文化底蕴整体上似乎落后于忠县，这是一个有趣的现象。这个看法好像有些主观片面，但忠县给人感觉是它素来讲究教育，读书之风颇盛，商业气息没有万县的浓，人们待人接物、交谊闲谈间荡漾着一股古风的礼仪味。这自然也要反映到建筑上来。如涂井场，虽处深山，清冷寂寥，然百姓言必称火井、熬盐、考古之词，让人刮目相看。而场镇建筑与民居、公共祠庙、道路乃至一墙一坎、小桥、石栏等均与大树小丛配搭天成，规模中有错落，错落中分大小主次，弥漫着浓厚古风。这里虽僻远有被遗弃之感，但百姓优哉游哉，乐在其中，皆不知忧虑与苦寒，一如既往，自营一番世外桃源境地。

不知何故，在特别沉寂的夜反倒入睡不易，我索性坐在床上再写一篇感想，名《小周之夜》。如下：

江岸之夜，静得犹如远古，耳畔似有嗞嗞之声，我屏住呼吸细听，又像是没有声音，原来是夜沉静到极端在人生理上的反应。江轮停止夜航，公鸡尚未啼鸣，三月枯水没有一丝声响……远古峡江之夜必是如此。可这是一个躁动喧嚣的时代，何以仍有静得出奇的夜呢？

我辗转反侧，惊醒了（竹编夹泥墙）隔壁的雏鸭贩卖人。我向他道歉，他说其实他也一直没有睡着："怕耗子偷吃鸭儿，要时不时下楼看看。"我们声音很低，但听得很清楚，好像大地上只有我们两人的声音，因而具有对寂静的震荡力。我于是干脆写一点儿小见闻。

小周场离万县仅几十千米水路，也有公路可通；街面海拔 150 米左右，属应举镇全迁的三峡水库淹没小镇。街道长不过百米，宽不过 3 米。两列街房、店铺，陆陆续续开始被拆迁、破毁，尚未搬迁的房屋间不时出现已搬迁户留下的废墟，败落、清寂笼罩在小镇上空。镇上多是老人，妇女打毛线，三三两两聚在一起摆龙门阵，老人们不顾一切地专心打麻将。还剩下最后一家肉铺，以及几家临时性的杂货铺和唯一的一家客栈。平时主人多于客人，还在继续赶场，集市仅两小时就散了，远不如过去赶场时，像要把小镇掀翻般的热闹。这些不愿立即离去的小镇人，想多待一会儿，享受古镇散发出来的、酿得很醇厚的乡土气息。似乎唯其如此，他们才可能在大发展时代的躁动繁忙中，得到一个动与静、创造与

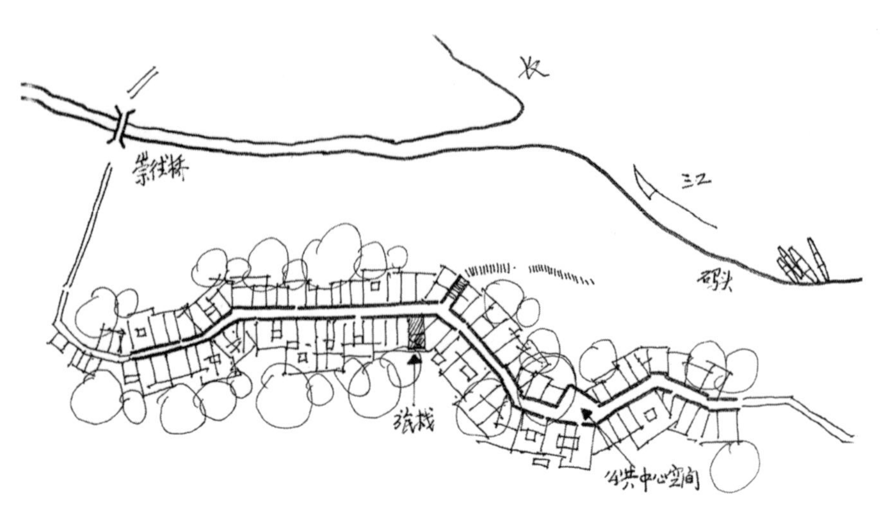

/≡ 万县小周场平面图

/≡ 小周场街上最后的“肉案桌棚”

消失的对比；也唯此才能得到一份清水一般的清明和淡雅，得到偏安一隅的、哪怕是短暂的安适与恬静。所以，这又是人生旅途中一种绝无仅有的间隙，要抓住它，享受够永远也不复返的乡情。

小镇人已说不清楚该镇建于何时。只是低矮的土墙和木板房似乎在无声地述说着历史，任凭我揣测无明显时代特征可资推断的建筑范式与结构、装饰。不像有的沿江小镇有特别提醒人注意的宗祠会馆和清代全盛时期遗存下来的华屋巨宅，这里仅有屋面长龙般呈弓状的长街，清一色平房不加修葺而凋败的景象……这样的现状使得夜色更加浓重。

我在床上睁大眼睛，痛苦地等待着黎明，5 点起床再观江面，仍是一片浓重夜色和一丝声响都没有的沉寂。卖小鸭人通宵没关灯，想来是另外一种痛苦：怕老鼠偷袭他的小鸭。他听我起床后便跟着起了床，在楼下拨弄着鸭群，时不时传来用嘴喷水在鸭群身上的噗噗声，这和小鸭见到主人的欢叫声混合在一起。生物间的通灵感受，预示黎明真正要来临了。不久鸡叫了，雀鸟也叫了，第一声遥远的江轮汽笛声也终于传来了，我一看表，呵，6 点半了，快下码头。第一艘下水轮船靠岸是 7 点。

3 月 28 日　阴

从小周场坐下水船到双江——一条在半岛上的独街，约 1 千米长。从江上看去，那条街倒还颇具阵容，中间夹杂不少干栏式民居。谁知内部因商店全部改建，沿街狭窄不说，还处处搭建遮阳棚，且材料五花八门，使人无法观察到可以一阅的古味。于是我们立即赶车到云阳，中途发现江岸有一聚落屋面排列呈“丁”字状，速返回拍摄，得知名复兴场，为不甚起眼儿的江边小场。此算今天收获。

从早起坐船到双江途中，发现黄柏不错，周围植被葱茏，有一股生气。整个南岸小镇似乎优于北岸，是否与“川盐济楚”的发生有关，是否今后之重点仍应放在南岸，值得深思。我们在云阳仅待几分钟即到南溪镇，一无所获。回云阳，旋到奉节，已是下午6点。我肚子不舒服，服藿香正气水，稍缓。

3月29日 阴转晴

晨7点由奉节出发去竹园场，车层层往山上爬，约3小时即到一山间盆地。那里犹如寒冬，朔风刺骨。小场完整，有上园门（城门且原带栅子）、下园门控制场镇两头，街长500米以上，中有一转折，上仍覆以过街楼，但形貌不规范，不过段落、节奏清晰，又房舍高大，极为严密，封闭性极佳，估计当地士绅、民团曾利用过该地势、房屋。据言常有土匪扰城，在新中国成立前夕这里又是川东游击队出没的区域；还据说江姐的丈夫彭咏梧等三烈士的头颅曾被悬挂于上、下园门之上示众，这和原来有的媒体说的悬于奉节城门上出入太大。

另街上民居气势很大，由于地处林木丰富之地，普遍用木材建造，且做工豪放，大木大料，毫不吝惜。尤其是挑枋粗厚状及宽大长弯的动态，使人感到这是山区人性格的一种展示。因其在街边大门之上，易于为常人察觉，大不同于川西常在枋头做吊柱且雕刻瓜头，显得细碎有余。而川东山区普遍采用这一做法，加之整体大木框架及前店后宅四合院内回廊充满泥土气息的文化氛围，深感这与川东人不事雕琢、性格耿直有直接关系。

这里还出现了这样的对比，川西富庶，土地金贵，人们对于房舍占地至为慎重，因而房舍往往低矮，用料简陋，让人有凑合居住，只管吃不管住的“乡习”之感。川东坡地占多占少不足为惜，地贫人穷，房舍

复兴老街

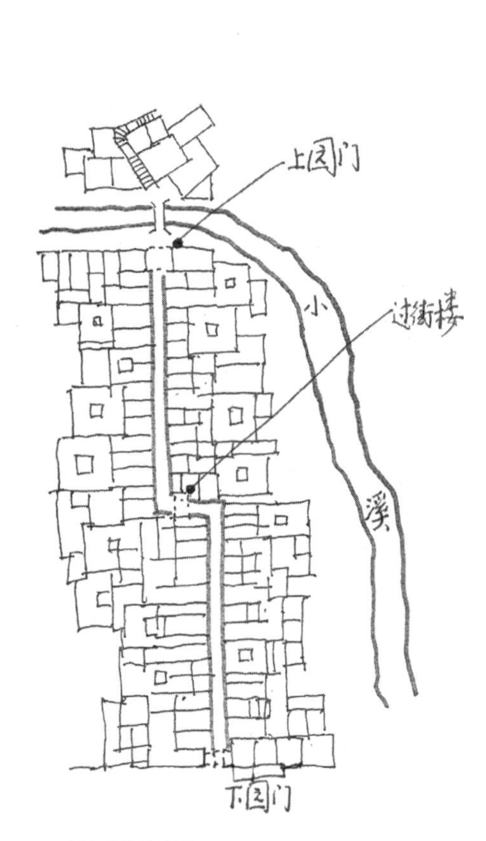

竹园场平面图

竹园下园门（1994 年拍摄）

反倒建得高大，尽其用料，又有只管住不管吃的“风尚”之嫌。此仅为农业小生产反映在建筑文化上的表面现象，深层次原因恐是两地小农经济发展程度不同，此亦是小农社会出现的怪胎，是一种扭曲的文化现象。

竹园场给人的另一种印象是淡褐色的土墙和泥土环境，这些给古镇罩上一层淡褐色彩，以至于庭院内的木质系统都染上了这种颜色。可能是久经岁月尘灰的罩染所致，这大俗之态反倒又生出新的美学境界，是一种原始的、统一的、充满真正泥土气息的景观的注脚。相反，亦有煤尘污染的城镇，如北碚白庙子，成为一座黑色小镇。两者都是大地尘灰罩染所致，就因颜色不同或所含有害成分的多少，留给人们不同的视觉感受。这是很有趣的现象。

我们在回程山路旁发现一民居，和龙泉驿、隆昌客家人所谓带南北厅的横屋一样，这里叫大树场，房子就在距场不远处。奉节不是客家人聚居之地，难道是个别单户发家于此？

我们和驾驶员谈天，他跑遍奉节城乡，一提起老场如何，记性极好，立即报出三角坝（现兴隆镇）还是木结构老样子，另外仰慕已久的大庙场亦还是老样子。所以我们决定明天过江去大庙，因为那里还有“巫山人”化石发现的地方，有60千米山路。

云阳、奉节街上卫生之差，令川人羞愧。

下午6点访奉节东门、草鞋街，那些地方皆大势已去。

晚作竹园、复兴平面图。

忽想起古人“山市小而寂”之言，其说于彼时彼地，是相对沿江大场而言的，单独看山市还是热闹一方的。山市建筑囿于特定环境，封闭多于开放。沿江场镇相反，理应也是造成山市和沿江场镇在规模和深度上的差别的原因。

3月30日　晴

傍晚，我们抵达巫溪时，一轮皓月挂在天际。巫溪县城周围高山雄峙，显天庭狭小。人如井底之蛙，却有设计不错的中心广场拓宽“井底”，给土地极为有限的居民以休闲空间。功能上没有话说，唯稍缺文化和乡土气息传播形态的点缀。

我生平第四次飘飘浮浮地来到四川盆地东缘的小镇，以了结宁厂资料不全之憾，怕的是老镇已面目全非。

一早从奉节过江去大庙。想不到才几年，长江两岸干线公路都已铺成水泥路面，汽车在山顶曲回旋转地畅跑，人也为之心旷神怡。看茫茫七曜山脉，想到就要去古人类产生地的大庙镇，我脑子里有些昏蒙起来。

我以为大庙僻远，定然是一番原始风貌，结果市街仍被改造得“遍体鳞伤”。不过从所剩无几的民居看，当初建镇建宅确有一番不同凡响的大构作。特色是：地处大山区一方中心，在清代四周山上不乏密布的森林资源，有相当粗大的树料可资建宅，所以几乎家家用料皆取粗大壮实之材。所见之柱、梁、枋、挑，绝无凑合之势。如没有丰厚的资源储藏量是不可能有此状况的。因此大庙（古称庙宇）街势恢宏，临街两列木作讲究、严谨。尤其是2层檐下皆做挑廊，多精心于在楼上栏杆上做文章，或圆雕花饰，或方中带圆，算是一种显富，也是一种文化的表现，透露出一段历史时期的建筑风尚和社会心态。可惜整条街已不成样子，我们稍息片刻，不得不打道回奉节，转赴巫溪。

大庙为长江支流官渡河、大溪河的发源地，周围群山环绕并形成山顶平坝，空气清新，气象升平。因海拔高于长江河谷，这里的季节晚一些。山下油菜花早已凋谢，这里还金黄灿烂，但庄稼因土质差而明显瘦弱。综观人文与自然，有自成一方文化之感。

从奉节到巫溪更是极漂亮的水泥路面，人行其间，惬意至极。中途有上磺场，从山上鸟瞰，夕阳余晖透染，一派祥瑞气氛。还有一名鹰嘴岩的山间浅丘处，风景突然不同于前后，呈现一股仙气，让人感到钟灵毓秀荡漾于群山众岭之间，亦突生此必是人才辈出之地之感。我问司机，司机答曰县长、区长、乡长出了不少。

3月31日　晴

一早起来急赴宁厂，车多客少，个体户拉客呼声不断，比前些年去宁厂动辄要50元一人的高价票平和得多了。

我记得已写了好几篇文章介绍宁厂。今痛感宁厂作为中国罕见的盐业古镇在步步退废。心情很沉重，涉河、过滩、走街……脚似乎无劲。老乡说去年发大水冲毁了一些街段、房舍，又搬迁户拆毁房，无人居住者自行垮塌、朽腐。如此一来就面目全非了。

所以，说宁厂将在一二十年内全部消失，这绝非危言耸听。一则地方上没有从根本上认识到古镇在旅游开发上的独特、长远价值，包括人文、历史、工矿小镇个性空间审美形态、川东民风民俗等。但是，反过来看，如能抓紧时间亡羊补牢，也确实未为迟也。

尤其是三峡水库建成后，回水与宁厂距离大大缩短，大昌古城不复存在，此时大宁河古镇唯此宁厂一家，媒体只稍加引导即可使其成为热点。二则古镇木构体系因空气湿度加重，又含有盐分，易腐蚀木质，导致房舍过早垮塌。三则外迁及公私房拆毁必殃及邻舍墙体，使古镇格局与建筑进一步恶化，等等。因此，我借一切机会大声疾呼，提请全社会重视，在还来得及的时段内抢救即将一去不复返的文化遗产，实在太有必要了！

4月1日（旧历二月十五日，56岁生日）晴

又一次由巫溪坐下水船顺流而下，人气一重，和80年代初我来巫溪所看到的景象全然不同，那时的感觉全部消失，一种完美生态已经消失了。船底擦着河床上大大小小的石头发出嚓嚓声，令人惊心动魄。11点抵大昌南门码头。

南门城墙依旧，站在码头上看大宁河于此突然开阔的河面，色绿如染，田野平远，四周山峦环抱。如此风景秀丽、土地肥沃之地不出现佳城美邑才怪。

此大昌之行有两个目的：一是弄清古镇格局，二是测绘著名的温家大院。终得世居古城的80岁老人刘锦兰做向导，除踏勘古城一周外，还获得不少关于古城及民居尤其是温家大院的传说。刘老无后嗣，两老皆80岁，自产小菜出售，生活艰辛。他为一陌生外客带路，使我感激不尽。我以20元钱作为答谢，实穷知识分子一点儿心意，非常拿不出手。

/⑊ 宁厂半边街段

/⑊ 大昌“蓝半边”街段

后测绘温家大院，我发现它还是多年前的样子。我一人拉皮尺麻烦，又年龄稍大，大汗淋漓之态感动了温家后代，他们终于丢下活路帮我拉尺子另一头，我又见到了川东人秉性笃厚的一面。半天下来，虽似觉有些累，我仍在临近河边的一家旅舍中写约2000字的古城感受，并作大昌古城草图两张。自然，大昌作为三峡地区有重要特色的古镇，我必定要在今后的著作中大书一笔。夜无月色，我倒以为3月30日（旧历二月十三）是自己的生日。到巫溪县城的那天晚上，月亮呈金黄色，又大又圆，像在为我祝寿。似因辛苦感动上苍，上苍无特别的祝贺，仅以一轮明月的美丽、一路行程的晴好及一路坦途为我祝福。人生旅途得此佳景，虽短暂得很，但我也十分满足了。不在于佳肴美酒、儿孙满堂的喧嚣，做一件平常之事得一时顺心景况亦为大乐。

4月2日　晴间阴

早晨由大昌乘船下巫山。船上认识万县市文化局一行几位干部，他们也是去大昌收集文学艺术方面相关资料的。我索资料一看，其中居然有不少关于大昌历史的记载。征得对方同意，我便在抖动的船上歪歪斜斜地摘录起来，说来这也是意外收获。诸干部言谈之中流露出四川、重庆分家后，怀念原隶属四川的旧情。

今天无作为，不断地乘船、换船，直到万县。印象深刻一些的是巫山物价高于上游诸县，且有“宰人”之事，我就遇上了。在码头一面馆吃牛肉面，臊子居然是2片小小卤牛肉剁碎撒在面条上，一反常态，属巫山独创，实在又令人啼笑皆非。

夜宿女儿婆家万县市二中石先生家；傍晚去三峡学院，商谈为其撰写关于三峡乡土建筑文章之事。杨院长、中文系主任程地宇教授等一行在街上设宴款待。同桌同叙往事，于寂寞考察路上又生起一股欢快豪放之风，似乎又回到30多年前的学生生活。

4月3日　雨

昨夜欢宴上，中文系副主任任桂园教授谈到云阳南溪河务村有碉楼，共9层，是其任云安中学校长期间下乡时亲眼所见。这自然是高度不一般的碉楼，细算起来若层高3米，至少也有27米之高，无论夯土或石砌，均是相当了不起的高度了。晨6点就又返云阳转南溪。顺南溪古镇往上爬，沿途不断问老者，老者言碉楼早已拆毁，又言河务之地全是上山路，且有二三十里，天又下着毛毛雨，泥路特滑。加之爬山路气喘急促，所以只有打退堂鼓了。自然今后我若写四川碉楼一书，则又少了一佳妙奇特的例子。天公不作美，年龄不饶人，开始对我双管齐下，悲哉！人生之旅已呈夕阳之势了。

晚回万县，仍住亲家之宅。

4月4日　阴雨相间

晨8点，我乘飞船由万县出发，11点抵达涪陵；转而到鸭江，经几折几波，下午4点到武隆县凤来乡庄房叶家碉楼。碉楼在三合院右厢房端头延长线上，始建于临解放时，尚未竣工，当地即告解放。农民言：叶氏没有享受到就解放了。雕楼为夯土墙歇山屋顶，3层，长宽皆六七米，为川中中等碉楼，无突出特点。碉楼现为叶氏后人居住。不过院落朝门倒还高耸挺拔，八字门，因临近解放，清制完全消失，全由乡人自作主张修建。但我亦感受尺度非百姓之为，犹官式气派，欣于深山之境造成新奇感，而不独是一种自娱自乐。

在凤来老场，还仅剩几座街房，檐廊歪斜错综，很有形式感。不想一拍照竟招来一场激烈争吵。一着毛领皮大衣、留分头、眼吊斜的40岁左右的瘦人不许人拍照，亦不表露身份，并说：是不是拍起来卖给外国人宣传中国的贫穷落后，等等。争吵引来乡人围观。我孤身一人于大山深处，天将近黑，怕遭报复。心极虚，立即脱身奔场口高价包车离开险境。恰车内三青年根本不理我，全在摆谈黑道之事，涉及往日血雨腥风，使我更加胆战心惊。在山路颠簸约半小时到达目的地，我说：口袋里所有钱都作为车费给你们。殊不知车主问：“全给了我你又咋办呢？”我谎说有亲戚在此地可借钱。车主继言：“那又何必呢，算了算了！下车下车！”结果又获得一番惊喜。

夜宿南川县。车抵达时已是晚上9点。

4月5日　阴　午大晴

由南川到綦江县扶欢场，《清代四川史》中言其地为明清时古驿站。其选址在缓斜山梁之上，倒还有一些古道驿站的韵味，但街房几近全毁，无心久留，继续前往赶水镇。那是父母年轻时经商常往来之地，母亲常言那里有一条谢家街。果然，那条街还在，虽建筑已非昔日之貌，但此街正是去贵州必经之路，想当年自是川、黔客商聚散之地。

紧接着去贵州坡渡河场，此行全因重庆画家陈道学的鼓动，言古镇民居不错云云。结果大失所望。只停留约半小时，转而租一“摩的”回赶水，摩托在川黔边境崇山峻岭间穿梭。车手高大体壮肤黑，我昨日的余悸又被唤起，谁知小伙子极为厚道、坦率，一路摆家常不断，重峦叠

/⑊ 凤来乡叶家碉楼

/⑊ 凤来老场檐廊

嶂之貌亦因此变得悦目和善起来。

赶水街头后河边岩畔仅剩一组吊脚楼，干栏之韵百分之百，配置奇巧，组合天成，为近几天来最大的收获。拍十来张照片足可产生一幅精彩之建筑钢笔画。

夜宿东溪，是我第五次到此了。

/// 赶水场之綦河小渡

/// 扶欢老街挑檐做法

/// 东溪金银凼民居

4月6日 晴

夜宿镇政府招待所，干净，铺陈不错，又便宜。早晨我去书院街某民居五层楼顶拍川主庙、南华宫及街道民居屋顶，晨雾薄薄，轻纱一般，至为典雅。川主庙内空间比南华宫大，尤其是戏楼，恐可上演武戏全剧。庙内柱粗网密，气度很不凡。和南华宫一样，戏楼屋顶内有藻井。不同者在川主庙藻井除层层往上收缩外，中心还悬挂垂吊一沥金木雕龙头。做法无出处可考，川中营造事，多在制作各部表达吉祥之意，不一定就有法式准则。但纪念川主李冰，必与治水联系。治水亦降龙，个中使人充满联想。

又游东溪镇著名的金银凼，所谓著名，是因为此景点在重庆的四川美院、建院、西师美院等美术界中声誉卓著。其特色是建筑与自然环境关系如诗画般亲密与和谐，几十年来不断有老师、学生来此写生。我把镇旁分布于几百米至一千米路上的系列民居，归结为系列幺店子空间现象，并著文在《建筑意匠》上发表和纳入《巴蜀城镇与民居》一书中。今重游，痛感镇人失去了捕捉开发此景的灵感和机遇。因为它已经有了相当知名度，但今景已毁了一半，包括古老的磨房、清美水流及多台瀑布、山径及石梯、断断续续的临水民居、大石与土坡的地貌、数不清的巨大黄桷树的簇拥……

午到盖石场，过綦河吊桥，拍吊脚楼。乱石、黄桷树和老屋混陈一起，自是乡土文化的一种表现，至为老辣又显得安详。这些逐渐都会变得遥远，任何人也无回天之力。现代科学技术的发展和农业文明的静美、安适、停滞是方向相反的两个端点，后者不免要被时间荡涤一空。我们追求它，也仅是于今有可借鉴的部分。当然一个文明古国，也是由很多地面建筑于其中构架起来的。中国人是很看重祖先业绩的。但过去书上讲的大都是统治者的建筑业绩，我多有鄙夷，而更亲善乡土，忘情其间，宁可一身泥土。

4月7日　晴

宿綦江一旅馆。我曾多次住宿于此，皆为调查乡土建筑之事。刚过清明节，轰动全国的綦江彩虹桥垮塌的桥头仍残留着祭祀死去亲人的白花纸屑。街上百姓言必涉此案之事。

去重庆的公路不通，行人一片惶恐，改乘火车。炎夏将至，车厢内人爆满。旅程行将结束，不承想最后一刻有些不愉快。

结　语

三峡场镇向何处去

在三峡库区淹没城镇的搬迁新建中，在地方领导对三峡新城镇诸般美景的描绘中，在各方争夺新城镇规划与建筑设计权的混战中……人们渐渐淡忘了过去。尤其是新城镇光鲜亮丽的建筑以夺目耀眼的形象在整体三峡建设舞台上争得突出的地位，那种淡忘于是还夹杂着对过去的抱怨，比较趋同的怨声无非过去如何之糟，今天的思绪如要碰撞到过去三峡传统城镇在整体空间形态、个性张扬上，与自然环境互为拥有中，在浓烈的人文气氛的融融营造间，各类型建筑与农业、商业、交通、宗教、工矿等关系天衣无缝地制衡时，我们疑窦丛生，随之心灵大受震撼。我们愧色有加地掩面过街，同时也感到古人在地下的抱怨，抱怨我们把洗澡水与儿子一起倒掉，抱怨膨胀的急功近利之风。

三峡是区域的，更是人类的

在狭义的人居环境理解中，古今之人似乎翻了一个面。古人多注重自身居住条件的改善，同时亦注重所居城镇的整体面貌。他们多言必称吾城吾镇之由来发展，八景十二景之爱，并诉诸具体物象以丰富城镇空间及内涵，调集各种有利于城镇整体形态及个性发展的因素以求得和其他城镇不同，并有相应的“地方理论”诸如儒学、风水、宗教等制约着城镇空间的无序状态。比如，在任何三峡古城镇均难发现乱搭乱建现象，其中就无不包含当地人对整体空间的维护之理。再加上选址上的合理性，道路上时间整合下的稳定性，农、商等关系与城镇发展利益分配的磨合性，建筑自然状态与相互忍让的睦邻性等，这些因素对产生一个空间形态别致的城镇无疑起着重要作用。这样一来，实则使我们从对城镇的规划格局及空间形态中产生一种可识别性和可把握性。下面我们由库区溯江而上选择几个城镇谈一谈，以加深印象。

秭归县香溪镇：道路向香溪流域兴山县境内延伸，建筑随斜上道路起伏错落，自成一方空间锁钥。

巴东县信陵镇：一临江长街汇若干垂直小巷，最后又归于山上一条通往恩施之大道。建筑于其间垒叠，适成大面积山花面和青瓦顶总汇。

巴东县楠木园镇：两山夹成一斜谷，道路呈“之”字形曲回向上爬，建筑疏密有致，下密上疏。

巫山县大溪镇：面对瞿塘峡，道路随弯就曲，建筑随之疾徐或聚散。

巫山县大昌镇：三街一坊，外围城墙，自成一组团。

巫溪县宁厂镇：临河街长 1 千米，建筑见缝插针，组团时密时疏，开合自成。

石柱县西沱镇：长江岸唯一全程垂直于等高线的场镇，有长达 2.5 千米、高差 160 米的“通天式”云梯街。山花墙面大量重叠，蔚为大观。

忠县石宝镇：街道围着孤峰玉印山转，圆形街房拱护山寺，中有爬山楼阁作为媒介。

忠县洋渡镇：一镇两街，东洋渡西洪河一溪隔断，东繁荣，西静幽。西街像东街的别墅区。

丰都县新建镇：一石拱廊桥，两岸是街，众民居向溪谷汇聚，有须臾不能分离之自然形势。

酉阳县龚滩镇：选址峡谷无回旋余地，小镇绝处逢生，适成国内干栏建筑表现在城镇形态上的罕见组团规模。

以上城镇之形态可谓令人过目不忘，均具可描述、可识别、可把握的空间个性特征，亦仅是数百个各具特色的三峡古镇中的一小部分。这和不少以建标志性物体而不是靠城镇本身而闻名天下者不可同日而语。前者以规划和建筑及绿化，共同营建城镇整体形态面貌和气氛；后者则以点缀而忽略其他强化个体印象的举措，企图以个性气势和审美感染力震撼心灵，但有的标志物（例如某些为显示政绩而兴建的“形象工程”）是对城镇形态平庸的补救，犹如麻木状态下的一支兴奋剂。一个是重拳出击，一个是指头而且还是小指头轻轻戳一下，面与点之差异使效果有天壤之别了。当然，也不能把标志性建筑物这种复杂的社会现象简单地一概予以否定。

回眸过去，把时过境迁的不同制度、不同社会、不同经济、不同人口构成等诸多变化同拉在一条线上比较，是不是进入了形而上学的怪圈和难以自拔的恋旧的误区？这个问题的症结其实就是文化问题，就是我们常常提到的“建筑是文化的载体”问题。古人经2000多年的儒学熏陶，把农业文明推向极致，尤其对物质文明之首的营造类大事，从来就高度重视。它的核心便是：物质的同时又是文化的两者不可分的亘古理念，建筑是如何对自己同时也是如何对别人的问题。尤其三峡沿江两岸，地处巴蜀与中原交流的大走廊，为群体生存计，如何昭示本港本埠、本城本镇的独特存在，以建筑夸张个性、以整体空间特征晓示天下，不能说个中没有此般渊源。然而，就是此般“对别人”的同时，也许是无意间留给了人类一笔宝贵的物质与精神财富，因为人类财富表现在创造上，而创造又凝聚着人类厌恶雷同的最优秀的本质。说直白点儿，在这个星球上，人类生存质量的提高，需要丰富多彩的不同领域，需要充满个性的物质与精神生活。若千城一面，那带给人类的该是何等漫长、何等深重的痛苦！经济转轨时期的三峡地区，库区兴建使得大批城镇迁建，相比全国其他城镇以改造为主而言，这确是三峡创造新一轮各具空间形态个性城镇的千载难逢的机会。可是就出现的现状而言，这种机会流失了。流失原因固然多多，其中对新建城镇充满个性的文化追求前期准备酝酿不足，算是一大原因。这种认识在一定程度上基于建筑教育这一特殊专业与机械、电子等专业在文化含量多寡上的不同。近几十年来它向纯工科倾斜又隐含着“文化即政治”的恐惧，于是干脆叫“工程”。当然，急功近利的浮躁，地方行政复杂的干扰，特定区域建设缺乏前期的学术讨论，社会公认的学术权威无法进入决策层，穷困群众急于改善居住条件，甚至规划设计市场的混乱，等等，这些使我们白白丢失了三峡，丢失了一个可待再创造、再开发以实现人文再生和可持续发展的机会。

保护发展古今个性突出的城镇

云南丽江、江苏周庄、成都黄龙溪等古城镇旅游何以热度不减？我们常听到的一句话是“今人怀旧”。朝圣般的人流拥向那里，像是告别文化的圣殿，哀挽它有朝一日也会消失。个中无不透溢出人们对今日新城镇南北同一格调的无声抗议与愤懑。这就暴露出今人的矛盾心态：一方面急于追求人居条件与环境的现代化，另一方面对古典城镇及文化表现出无比的眷恋。在此社会心理潮流中，趋同的认识和解决矛盾的办法是：保留少部分有历史、科学、艺术价值的古城镇，以待旅游之用，充分提炼古镇形态及内涵纯度，排除一切非传统文化信息的干扰，使其成为一块净土。而大多数城镇推倒铲平重来，至于要建立什么样的个性形态，则现状最能说明问题。尤其是三峡沿江城镇多属搬迁城镇，那些陆续已成规模的新建搬迁城镇中，人们已无明确的空间信息可从城镇本身形态的个性上去判断它的“姓氏”，而只能从坐标、交通空间距离等建筑空间以外的因素中去猜测那是某城某镇。这不能不说是现代城镇规划设计在整体形态塑造上的悲哀。

三峡地区，尤其是沿江（包括长江干流及重要支流）不仅有类似丽江、周庄、黄龙溪等表现形式殊异的古镇及可利用开发的人文资源，而且这些古镇的形态独特性不同于国内已开发的。这就在完成库区城镇保护与搬迁两大任务中，为保护一翼带来无限的“枯木逢春”的生机。生机的核心仍是这些古镇别致独特的整体形态与内涵。比如，上述提到的临近库区不被淹没的巫溪宁厂镇、酉阳龚滩镇，淹没一部分的石柱西沱镇，全淹的忠县石宝镇等。虽然有如石宝镇制定的保护规划，但保护核心在玉印山顶上的凌霄殿、爬山楼阁等偏重于文物意义的地面建筑，其周围场镇似“附带”成为被保护者。试想，玉印山孤峰诸建筑若失去拱护的街道及建筑的烘托，那将是何等清寂的山寺！但毕竟客观上周围场镇被纳入了保护之列。茫茫浩大三峡仅此一例偶得，也算不幸中之大幸了。

以上表明，时至今日，从上到下，对三峡古镇还没有一个顾及深远、表现在文化上的总体保护发展构想，多是个别寺庙的搬迁重建。那些水库边缘的诸如宁厂、西沱、龚滩等特色突出的古镇则只有任其自生自灭了。

三峡库区城镇搬迁重建不是一般意义的建设，它是在特定时期对特殊地区进行产业调整、重新挖掘资源、重树支柱产业。这一地区的美好前景必须依托一个浩渺的巨大蓝色湖面。水环境已构成自然生态良好的开端，它的优美必然要求相应的人文生态以相谐调的形式出现，以完善完美立体的生态组合，构成生态概念完整的科学框架。自然这就涉及人文生态重要架构的新一轮城镇空间形态的塑造，涉及对形成中国建筑艺术的区域建筑艺术的了解和研究。要做到这一点当然绝非易事，但总要有孰是孰非、谁美谁丑的判断力和表现力方能完成这一历史重任。

因此，诸事归一，我们亦需从哲学高度首先认识中国几千年哲学对人对建筑的影响，亦即建筑的民族特色是怎样形成的，这样才能对建筑学产生理解和感情。如此探源的目的，不是要依葫芦画瓢去复制若干古典形态，而主要是建立与培养一种民族尊严和信心，并终成信念，如此我们方能成为世界建筑营垒中之强者。仰人鼻息、嚼人残馍、以建筑舶来品取代固有民族特色者，永处于尾随别人、步其后尘的被动地位，结果终将被抛弃。独立创造性思维若严重削弱，代之而来的作品必然是天下一大抄。长此以往，中国建筑的创作前景实在是不容乐观的，中国建筑师的国际地位将是尴尬的、难登大雅之堂的。

提倡追求个性形态共生

科学与艺术，历史与未来，民族文化与外来文化，继承与创新能否共存共荣、共处于一个世界？尤其在经济基础发生本质变化的当代，人们的心理、生活方式、行为模式都随之发生变化。不同民族在不同生产力、生产关系的基础上产生不同的认识、审美，从而又带来对一切事物的重新组合与客观评价。因此事物随之具有多重性、多向性和多元性，但这不是结果，而仅是社会进化中追求更高层次的一个过程。影响这个过程发展的因素既存在矛盾，又互为补充，互相促进，所以过程的发展是辩证的。

古典主义反映在城镇形态上的小农封闭性、与科学的不相容性，以及消极中庸性，使其成为所在城市工业化的障碍。而现代主义否定传统、炫耀形式、愤世嫉俗，又把观念推向极端，它和唯物主义不相容，又注定脱离客观社会现实。于是人们从生物互不伤害、互相需要、彼此共存间得到启发，更从人们的多种需求这一根本性上肯定共生原则的科学性与辩证性。科学与生产均非常发达的现代欧洲城市分布中，那些古典色彩浓重的城市依然保持着自成系统的氛围，互不干扰，没有强求一律。至于古典主义的弊端，则被引向文化的界定、圈护，定位在一个历史时期的地理坐标上，把共生概念丰富到极致，弊端反成“利端”，有力地强化城市多元化形态张力，充分展示了城市形态的人性、立体性、网络性，腐朽于是演变为神奇，反倒又促进了人民心理健全性，使社会更趋成熟。

共生原则既是对古典主义和现代主义同时的批判，又是同时的肯定。共生产生的共生美学观于社会进化中产生，目的是寻求解决矛盾、追求统一的方法，在创造中以求生存发展。在信息社会已经来临的时候，信息已成为生产力，挖掘、交流、开发信息是生产力发达的标志。科学的高度发达必将大开人类眼界和心胸，把那些蒙上神秘色彩、美学层次较高的建筑艺术介绍给大众，人们便可以理解艺术与科学，从而在认识世界、改造世界这两者不可或缺的理性思考中完善自身，同时去完善社会。

前面提到的丽江、周庄、黄龙溪等古镇的参观浪潮，中外游人的络绎不绝证明了信息成为生产力的可能性。我们还可以从中国古典城镇本身就是一个完整的信息系统去理解信息论的全面性，又可以此启发新城镇建设必须完善信息系统以求长远发展。前一阶段对丽江动大“手术”，拆掉掩埋干扰古城信息的“现代建筑”和管线，以古城整体传统信息极高的纯度展现于社会，创造了空前的生产力。四川都江堰、青城山在向联合国申报人类文化与自然两种遗产的过程中，同样也采用了丽江的手法，拆除了价值达几个亿的干扰、影响传统空间信息纯度的建筑和设施，亦是深层次挖掘生产力的大手笔，体现了信息社会中对信息论的全面认识和正确运用，是艺术与科学完美结合的绝妙实践。

综上，我们难道不可以在三峡新城镇的建设中，在创造各自城镇形态信息系统中，在这些城镇古典艺术与科学完美结合以挖掘生产力的伟大实践中去寻求与古镇共生的方式吗？须知，三峡不是边远山区这样一种褊狭概念，它是中国内陆享誉世界的最大人工湖泊，是亿万人常来常往的黄金水道，是人类历史与灿烂文化的发祥地之一，是创造过若干形态卓绝的古典城镇的独特地区。

保护也是一种发展

邓小平同志提出的“发展才是硬道理”的至理名言，是充满辩证思维的，使国家、民族走上复兴之道的指导方针。这是他站在历史与未来、继承与创造、中国特色与外国经验、民族文化与外来文化等关系高度上综合做出的，并且被实践证明是英明、正确的判断。事实上，在传统文化领域内的发展问题上，有的人把小平同志的“发展才是硬道理”理解片面化了，以致把具有开发潜能的且在建筑学方面具有特色的古镇予以“推倒铲平重来”，或根本不理解特色之所在而胡来一气。实则保护这样的古城镇同样也是一种发展，而且保护得越好发展势头就越强，这和表现历史、文物等方面特色的古镇应视为殊途同归，并互补相融，构成古镇保护完整概念。这样的问题本为一般发展中国家先期建设所忽略，但深化时期皆能引起高度重视，并有强硬政策出台以完善发展的全面性和科学性。

但是在古镇这个概念里，究竟何为可资保护发展的古镇？在公布的已知历史文化名镇中，多是以历史学、文物学的观点去判定的。很明显，对具有建筑学突出特征，而历史不足道的城镇却缺乏应有的认识和重视。而具有建筑学突出特征的城镇往往会带来更大的发展。对建筑的认识不足正如梁思成先生在《中国建筑史》上所言：“建筑之术，师徒传授，不重书籍，建筑在我国素称匠学，非士大夫之事。”甚至还“以建筑为劳民害农之事，古史记载或不美其事，或不详其实，其记述非为叙述建筑形状方法而作也”。因此，“不求原物长存之观念，修葺原物之风，远不及重建之盛，历代增修拆建，素不重原物之保存，唯珍其旧址及创建年代而已”，“唯坟墓工程，则古来确甚着意于巩固永保之观念”。梁先生这一席话可谓把历来不重建筑学，喜欢“推倒铲平重来”的社会风气，“唯重坟墓工程”的偏颇性批驳得淋漓尽致，并洞察秋毫地指出产生这种社会病态的历史根源。

然而，对非建筑学专业出身者可不予计较，情有可原，而对以发展保护建筑学纯洁性为己任的建筑界人士来说，尚有不少仍处于“病态”之中，对有些人认为建筑学是“匠学”“非士大夫之事”的错误认识，不敢从建筑学所承担的历史性、文化性、发展性的高度予以指出，晓以大义，衡以利弊。为何会产生这种现状，为何老一辈建筑学家普遍对民族文化有如此深厚认识，而且一遇诘难敢挺身而出，现在的人却很少有这种捍卫自己信念的勇气？因此，在这里不能不追究我们建筑教育的弊端。

我们的建筑教育体制自院系调整后开始脱离多学科交叉的课程设置体系，一切皆围绕“实用”而取消诸多人文课程，把建筑学教育变得狭隘，唯“工程”是尊，孤芳自赏，圈子变小，甚至生造一些不被社会认同仅在圈子内流行的诸如“文脉”之类的词汇。这样环境中产生的群体，其科学的抗争力、学术思想的独立性、对事物发展的判断力等素质构成将大打折扣。这里建筑学是不是又退回到“匠学”“非士大夫之事”的历史怪圈中去了呢？匠随主意，这样的人才不被当代“士大夫”支配才怪。而老一辈建筑学家除自身所处特定年代的特殊性外，或学贯中西，或饱读经书，皆在多学科交叉并存的高等教育环境中成长（不独建筑学，其他工科专业亦然），这对于形成健全的学术人格无疑是至关紧要的。所以，他们在遇到诸如保护与发展之类问题时，显得充满信心，大义凛然地维护国家、民族的长远利益。其例则不胜枚举。

历史又把三峡古城镇保护与新城镇重建两大任务摆在我们面前，如何全面、准确理解邓小平同志“发展才是硬道理”的深刻含义，如何探索两大任务在发展上的基本因素和促使这种因素转换成生产力，并带来国民经济健康、正常的发展，这将是历史赋予每一个人的义不容辞的崇高责任。

后　记

1964年秋天，大学生响应党的号召下乡参加“四清”运动。我被分配到长江边上的忠县赶场（现叫野鹤乡）公社东子大队，这已是40年前的故事。有三件上不了大雅之堂的事我至今难忘。一是在县城集训期间的一个停电夜，我们一帮同学在河边老街上散步，模模糊糊看见街面散落一些纸屑。不待大家有任何反应，我就本能地扑向它们，瞬间便全扒入手中，一数，1元8角钱，全是1角的小钞。当天晚上，在一家点煤油灯的昏蒙蒙的餐馆，一群穷大学生狠狠地饱餐了一顿。以后，我便深深地记住了长江边上那条窄窄的老街和点昏黄油灯的民居。二是春节临近回重庆度假，国画老师羊放在河边码头放开嗓门儿大声呼叫：“季富政，牛肉两角钱一斗碗，旺实得很。”那是由冬季河滩上搭起的临时棚户形成的市场，做什么买卖的都有。从此，我记住了长江边上的码头，和那市镇般的草市。三是我驻队的公社与石宝寨之间只有几千米路程，不断有老人反复介绍它的奇绝与精彩，搞得我处于寝食难安的状态。终于有了一个单独去公社汇报工作的机会，我铤而走险消失了一天。结果石宝寨周围一圈美丽的场镇和街道给我留下了无比深刻的印象。于是弄清楚三峡长江边的更多城镇是什么模样，便成为我人生追求的一个目标，我要全部跑完、看完，把瘾过足。

后来几十年，因各种原因又去过三峡若干次。其中有调研三峡库区桥梁、四川名人故居、川东碉楼民居等项目，和三峡城镇接触频繁，自然那非凡的形态促使我下决心申请国家自然科学基金。就这样我断断续续去过三峡十五六次，沿江场镇跑了数十个。五六十岁阶段的光阴，我几乎都枕着三峡长江在做梦。绝大多数的事我都记不住了，却有好些挥之不去的记忆如石刻玉雕般铭镌在脑中：

一个80岁的培石老妪牵着皮尺的一头帮我丈量着老街的历史。

天都黑尽了，洋渡266号沈宅主人还从7.5千米远的乡间踏着泥路跑来为我们打开宅门。

西沱独门嘴谭宅主人看我们测绘太累了，坚决要留我们一群师生吃一顿午餐，可想而知那是一顿多么令人激动的三峡乡土美食。

大溪文化站的同志和我们一道过小河去大溪文化遗址，又上山拜谒乡民，又一同在街上吊脚楼上的小酒馆以麻花鱼佐酒，其间慢慢悠悠，大溪场镇风俗画卷就展开了。

我怎么在西沱街上发表起演说来了，围了上百的人，睁着渴望保护古镇的眼睛，流露着由此可能带来经济复苏的希望。

92 岁（2000 年）的西沱老人谭安余记忆最深的是清末民初的事，对几百家西沱民居居然可以从里到外如数家珍。

我进入过上百家民居内部，迎接我的总是一张张笑脸，没有遇到一家拒绝。民风之淳，令人难忘。

感谢三峡场镇的父老兄弟姐妹对我工作的支持，感谢他们的祖辈留下这样多美丽的空间。

当然参加此项工作的老师们、同学们的张张笑脸就更加灿烂和迷人了。他们是西南交通大学建筑学院的陈颖教授、王梅博士、王俊博士、杨春燕博士，西华大学建筑系的钟健主任，北京交通大学建筑系的赵湘伟先生及在北京工作的童辉先生，广西百色建筑设计院的李华红先生，重庆设计院的李非先生。尤其是正在美国读书的张若悬教授和魏力女士，不仅在 1994 年随我调研三峡古桥，临去美国的前一个星期还争着与我一同到长寿扇沱王爷庙做了测绘与调查。他们的身影和音容笑貌仿佛就在眼前。在此我深深地感谢他们对本项工作的支持。

最后要感谢的是我妻子余世惠。她是一个会计师，1998 年退休后，几乎全部时间都围绕我的研究工作转。为三峡场镇项目，她自学电脑，把复杂纷乱的图文稿处理得妥妥帖帖。一去五六年，她才将几十万字书稿整理成型。如果没有她的鼎力相助，本项烦琐浩大的“工程”是难以完成的。占去了她的宝贵退休时光，我感到非常内疚，但她也因此在学校内获得了一个“老秘”的幽默称呼和美誉。

季富政

2004 年 11 月 26 日于成都聊村

参考文献

[1] 陈世松，贾大泉．四川通史 [M]. 成都：四川大学出版社，1993.

[2] 蒙默，等．四川古代史稿 [M]. 成都：四川人民出版社，1989.

[3] 徐中舒．论巴蜀文化 [M]. 成都：四川人民出版社，1985.

[4] 王刚．清代四川史 [M]. 成都：成都科技大学出版社，1991.

[5] 任乃强．羌族源流探索 [M]. 重庆：重庆出版社，1984.

[6] 程地宇．三峡文化研究 [M]. 重庆：重庆大学出版社，1993.

[7] 赵万民．三峡工程与人居环境建设 [M]. 北京：中国建筑工业出版社，1999.

[8] 刘敦桢．中国住宅概说 [M]. 天津：百花文艺出版社，2004.

[9] 屈小强，蓝勇，李殿元．中国三峡文化 [M]. 成都：四川人民出版社，1999.

[10] 孙大章．中国古代建筑史 [M]. 北京：中国建筑工业出版社，2002.

[11] 刘致平．中国建筑类型及结构 [M]. 北京：中国建筑工业出版社，1987.

[12] 刘致平．中国居住建筑简史：城市·住宅·园林（附四川住宅建筑）[M]. 北京：中国建筑工业出版社，1990.

[13] 梁思成．清式营造则例 [M]. 北京：中国建筑工业出版社，1981.

[14] 刘敦桢．刘敦桢文集：三 [M]. 北京：中国建筑工业出版社，1992.

[15] 刘敦桢．刘敦桢文集：四 [M]. 北京：中国建筑工业出版社，1992.

[16] 董鉴泓．中国城市建设史 [M]. 北京：中国建筑工业出版社，1989.

[17] 刘敦桢．中国古代建筑史 [M]. 北京：中国建筑工业出版社，1980.

[18] 王其亨．风水理论研究 [M]. 天津：天津人学出版社，1989.

[19] 汪国瑜．汪国瑜建筑画 [M]. 北京：中国建筑工业出版社，1998.

[20] 卢济威．山地建筑设计 [M]. 北京：中国建筑工业出版社，2001.

[21] 王日根．乡土之链：明清会馆与社会变迁 [M]. 天津：天津人民出版社，1996.

[22] 王绍荃．四川内河航运史 [M]. 成都：四川人民出版社，1989.

[23] 杨嵩林．中国近代建筑总览：重庆篇 [M]. 北京：中国建筑工业出版社，1993.

[24] 季富政．巴蜀城镇与民居 [M]. 成都：西南交通大学出版社，2002.

[25] 季富政．四川民居散论 [M]. 成都：成都出版社，1995.

参考资料

明吴守忠撰修:《三峡通志》五卷，上海图书馆，1979。

有关各期《四川文物》《四川建筑》。

《兴山县志》《归州志》《巴东县志》《大宁县志》《云阳县志》《忠州直隶志》《奉节县志》《巫山县志)《万县乡土志》《夔州府志》《石柱厅乡土志》《丰都县志》《涪州志》等。